"十四五"普通高等教育本科系列教材

JIXIE SHEJI（JICHU）KECHENG SHEJI

机械设计(基础)课程设计

主　编　叶铁丽　张悦刊
副主编　戴向云　陈修龙
参　编　李桂莉　高　丽
主　审　李学艺

内 容 提 要

本书按照教育部高等学校机械基础课程教学指导委员会制订的《机械设计课程教学基本要求》和《机械设计基础课程教学基本要求》编写，是高等工科院校机械设计和机械设计基础课程教学的配套教材。全书分两篇：第一篇为机械设计（基础）课程设计指导，以圆柱齿轮减速器、圆锥-圆柱齿轮减速器、蜗杆减速器的设计为例，全面介绍了总体方案拟订、传动零部件设计计算、减速器结构设计、装配工作图和零件工作图设计等内容；第二篇为机械设计（基础）课程设计常用标准及规范。同时，在附录中提供了课程设计题目，可供课程设计指导教师参考。

本书可作为高等工科院校机械类和近机类专业的机械设计、机械设计基础课程设计指导书，也可供其他相关专业师生和工程技术人员参考使用。

图书在版编目（CIP）数据

机械设计（基础）课程设计/叶铁丽，张悦刊主编．—北京：中国电力出版社，2021.8（2024.1重印）

"十四五"普通高等教育本科系列教材

ISBN 978-7-5198-5493-5

Ⅰ.①机…　Ⅱ.①叶…　②张…　Ⅲ.①机械设计—课程设计—高等学校—教材　Ⅳ.①TH122-41

中国版本图书馆 CIP 数据核字（2021）第 050465 号

出版发行：中国电力出版社
地　　址：北京市东城区北京站西街 19 号（邮政编码 100005）
网　　址：http：//www.cepp.sgcc.com.cn
责任编辑：周巧玲（010－63412539）
责任校对：黄　蓓　郝军燕
装帧设计：郝晓燕
责任印制：吴　迪

印　　刷：北京天泽润科贸有限公司
版　　次：2021 年 8 月第一版
印　　次：2024 年 1 月北京第三次印刷
开　　本：787 毫米×1092 毫米　16 开本
印　　张：14
字　　数：363 千字
定　　价：42.00 元

前　言

本书按照教育部高等学校机械基础课程教学指导委员会制订的《机械设计课程教学基本要求》和《机械设计基础课程教学基本要求》编写，用于指导机械设计及机械设计基础的课程设计。

本书分为机械设计（基础）课程设计指导和常用标准及规范两部分，既包括机械设计（基础）课程设计指导的内容，又包括机械设计常用标准、规范和参考图例等相关设计资料，是一本综合性的教材。

本书在课程设计指导及设计参考资料编排上具有以下特点：

（1）按照典型机械传动装置的设计进程及环节精心设计，思路清晰，逻辑性强，层次分明。

（2）涵盖内容全面、丰富，对包括带传动、齿轮传动、蜗杆传动的典型机械传动装置设计全过程中所涉及的问题进行了详细讲解，宜教易学。

（3）采用最新的国家标准、规范和设计资料。

（4）参考图例类型多，并对学生在课程设计制图中常出现的错误进行了归纳总结，给出了常见错误示例，以便于学生对照检查。

（5）在附录中给出了若干课程设计题目，可供课程设计指导教师参考。

本书由山东科技大学叶铁丽、张悦刊任主编，戴向云、陈修龙任副主编，李桂莉、高丽参加编写。王明燕、张金峰、杨通、张弘斌、周海萍、于蓉蓉在本书的编写过程中给予了大量的支持，在此表示感谢。

本书由山东科技大学李学艺教授主审，他对本书的内容提出了宝贵的意见和建议，在此表示衷心的感谢。

由于编者水平有限，书中不妥之处在所难免，敬请广大读者批评指正。

编　者

2021.02

目　　录

第二篇　机械设计（基础）课程设计常用标准及规范

第一篇

机械设计(基础)课程设计指导

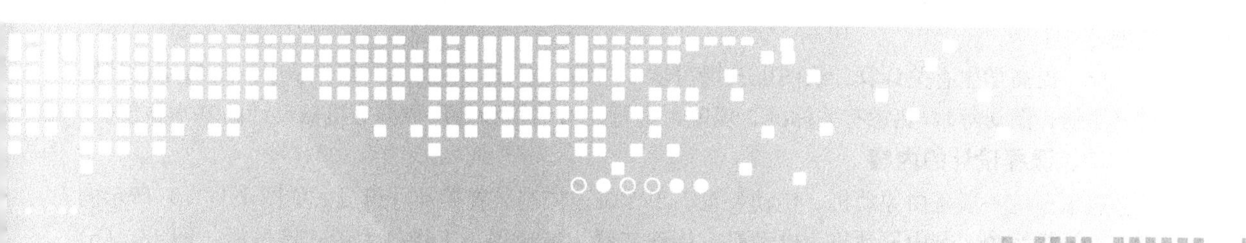

第一章　概　　述

一、课程设计的目的

机械设计和机械设计基础课程的教学包括理论教学和实践教学两部分，课程设计是实践教学中最重要的一个环节。在课程设计过程中要综合应用制图、力学、机械工程材料与热处理、机械原理、机械设计、几何量公差与检测等先修课程的知识，更贴近工程实际，通过课程设计可以锻炼学生独立思考、分析问题、解决问题的能力。课程设计的主要目的如下：

(1) 使学生能够综合运用机械设计课程及其他相关的先修课程知识，分析和解决机械设计问题，起到巩固、加强、融合及扩展有关机械设计相关知识的作用。

(2) 培养学生独立分析和解决工程实际问题的能力，使学生掌握机械零件、机械传动装置或简单机械系统的基本设计方法和步骤；树立正确的设计思想，为以后从事设计工作打下良好的基础。

(3) 提高学生有关计算、绘图以及撰写学术总结（报告）的能力，培养学生熟练应用设计资料（手册、图册等），熟悉有关标准、规范，进行经验估算和处理数据等机械设计的基本技能。

二、课程设计的内容

机械系统一般是由原动机、传动装置、工作机、控制装置等部分组成。如图 1-1 (a) 所示的带式输送机系统，其中原动机为电动机，传动装置为减速器，工作机为带式输送机，图 1-1 (b) 为其机构简图。传动装置位于原动机和工作机之间，用以传递运动和动力并实现速度或运动方式的改变。传动装置方案设计是否合理，对整个机械系统的工作性能、尺寸、质量和成本影响很大，因此传动装置设计是整个机械系统设计的重要部分。课程设计常采用以减速器为主体的传动装置为设计内容，包括传动的总体方案设计，传动零件设计计算，装配工作图和零件工作图设计和绘制，编写设计计算说明书等。

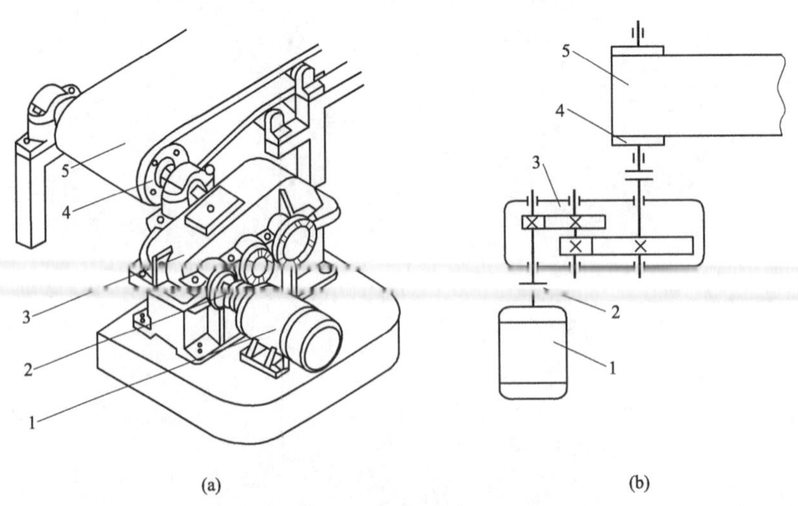

图 1-1　带式输送机传动装置及机构简图

1—电动机；2—联轴器；3—减速器；4—驱动滚筒；5—输送带

三、课程设计的一般步骤

机械设计课程设计首先是进行总体方案设计，然后是零部件的计算、选择和结构设计，绘制装配图及零部件工作图，最后整理设计计算说明书。课程设计可按下述步骤进行，开始每一阶段的工作之前，应先通读指导书中的相应内容，理清要做的工作之后再动手。

（1）设计准备。熟悉设计任务书，明确设计内容和要求；了解设计对象（阅读相关资料和图册，参观实物或模型，观看视频教学片，进行减速器拆装实验等）；准备好设计需要的图书、资料和用具等（为完善强化设计过程，除本指导书外，还应借阅其他相关的参考资料）。

（2）传动装置的总体设计。分析、确定传动装置的方案；选择电动机；确定传动装置的总传动比，分配各级传动比；计算传动装置的运动和动力参数（各轴功率、转速和转矩）。

（3）传动零件的设计计算。箱体外部传动零件的设计计算；箱体内部传动零件的设计计算。

（4）装配草图的设计和绘制。设计、选择减速器箱体结构及其附件；确定润滑、密封和冷却的方式；进行轴、轴上零件和轴承组合的结构设计；校核轴的强度、轴毂连接强度及滚动轴承的寿命；完成减速器装配草图，并进行检查和修正。

（5）装配工作图的绘制。绘制减速器装配图，标注尺寸、公差配合及零件序号；编写零件明细表、标题栏、技术特性和技术要求；画剖面线，加深线条等。

（6）零件工作图绘制。绘制齿轮、轴、箱体等零件工作图（具体由指导教师指定）。

（7）编写设计计算说明书。

（8）答辩。

四、课程设计中应注意的事项

机械设计课程设计是学生第一次进行综合性的设计训练，为了尽快投入并适应设计实践，达到预期的教学目的，课程设计中必须注意以下事项：

（1）要自主学习、独立思考、勇于动手，不要过多依赖老师。作为系统全面的综合性、实践性训练，课程设计的目的是培养学生独立分析和解决问题的能力。课程设计用到的知识在先修课程中都已学到，因此设计中要认真阅读指导书，独立思考，查阅有关资料，刻苦钻研，主动提问，以一丝不苟、精益求精的态度独立进行设计工作。指导教师的工作是引导、启发、解惑，完成任务要靠学生自己。

（2）学习前人经验与创新相结合。任何设计都不可能脱离前人的经验而凭空想象出来。借鉴和继承成熟的经验，既可加快设计进度，避免不必要的重复劳动，又可提高设计质量，进一步进行创新。课程设计中许多工作要在借鉴学习前人经验的基础上进行，但借鉴不是盲目、机械地抄袭已有资料，应结合设计题目要求认真分析，活学活用，在消化吸收的基础上进行再创造，这才是设计工作能力的重要体现。

（3）注重学习掌握正确的设计方法。设计中零部件的尺寸不是完全由理论计算确定的，还要考虑结构、工艺、经济性、标准化等要求。正确的设计过程是“边计算，边画草图，边修改”。另外，要学会利用类比、初估的方法确定结构参数初始值，通过综合分析各种因素来调整修改设计参数或结构。

（4）重视装配草图设计质量。最终设计结果是以装配工作图为主要形式表达的，装配工作图的质量取决于装配草图，而草图要考虑所有零部件的尺寸、结构、制造、装配、经济性、标准化等各种因素，诸多因素集于一体难免会有冲突和矛盾，“三边”设计方法中的边修改即指不断地分析各种因素，发现冲突，解决矛盾，寻求最佳。草图应按比例画，以利于及早发现干涉等问题；应按正确的作图顺序绘制，要注意零件间的可装配性和各零件的结构工艺性；为减少修改的工作量，细部结构可先用简化画法，待最终细化。

（5）注意标准和规范的采用。标准化、系列化、通用化是机械设计应遵循的原则之一，也是评价设计质量的一项指标，熟悉和正确应用有关技术标准和规范是课程设计的训练目的之一。要注意哪些尺寸应直接选用标准尺寸，哪些尺寸计算后应圆整为标准值或优先数值，哪些尺寸不能圆整而要确定合理的有效位数；要尽量选用标准件、通用件；要尽量减少材料品种和标准件规格。

（6）把握好设计进度。在教师指导下，学生应制订好进度计划，避免前松后紧；每一阶段的设计要认真检查，避免出现失误影响后续设计；设计过程中注意对资料和数据的保存积累，以备后用。

第二章　机械传动装置的总体设计

机械传动装置总体设计的内容包括：①拟订传动方案；②选择电动机；③确定总传动比及分配传动比；④计算运动和动力参数。

第一节　拟订传动方案

一、传动方案分析

拟订传动方案就是合理选择确定原动机及机械传动机构，并用机构运动示意图表明运动和动力传递路线及机构的组成和连接关系。合理的传动方案首先要满足机器的功能要求，包括传递的功率、速度和运动形式；其次要适应工作条件（工作环境、场地、工作年限等），满足工作可靠、结构简单、尺寸紧凑、传动效率高、使用维护方便、工艺性和经济性合理等要求。要同时满足这些要求是比较困难的，因此需要通过分析比较多种方案，选择能保证重点要求的较好的传动方案。

图 2-1 所示为带式输送机传动方案。方案（a）采用带传动和圆柱齿轮减速器，带传动具有过载保护作用，传动平稳，成本较低，但使用寿命较短；方案（b）采用圆柱齿轮减速器和链传

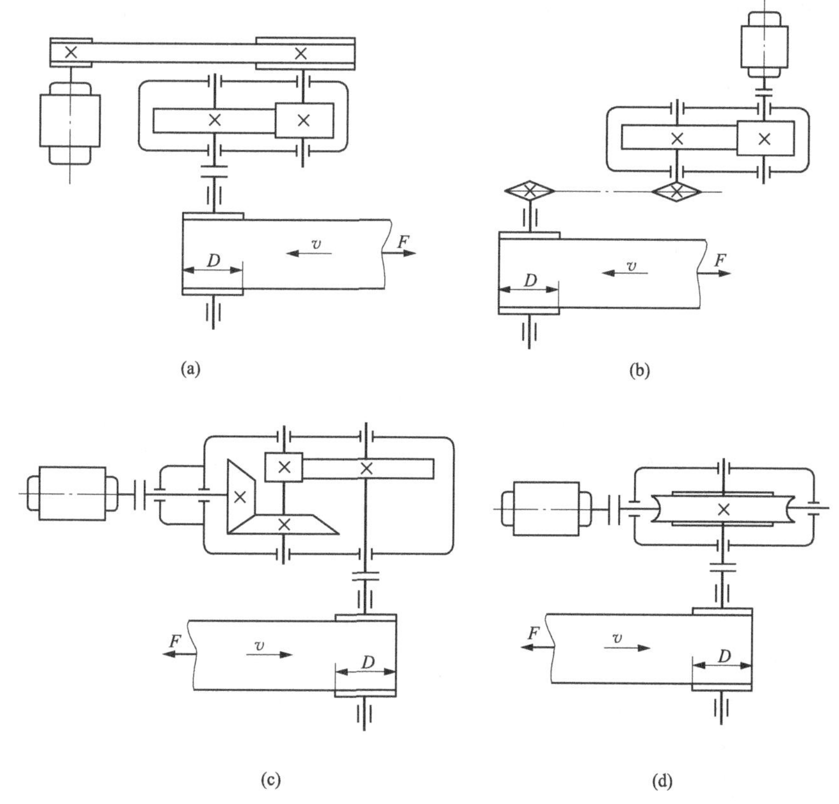

图 2-1　带式输送机传动方案

动，环境适应性较好，但工作平稳性较差；方案（c）采用二级圆锥-圆柱齿轮减速器，外廓尺寸较小，使用维护方便，但成本较高；方案（d）采用蜗杆减速器，结构紧凑，运转平稳，但传动效率较低，不适于长期连续工作，成本较高。这四种方案虽然都能满足带式输送机的传动功能要求，但结构、性能和经济性等方面各有不同。总之，传动方案的分析比较是设计过程中的一项重要工作，它直接关系到设计的合理性、可行性和经济性。通常做方案设计时要拟订出多种可选方案，然后对各个方案进行分析、比较，最终确定出最优方案。

二、多级传动的合理布置

当传动装置由多种机构组成以实现多级传动时，布置传动机构的顺序应遵循以下原则：

（1）带传动承载能力较低，在传递相同转矩时结构尺寸较其他传动形式大，但是传动平稳，能缓冲吸振，有过载保护作用，因此应布置在传动装置的高速级。

（2）链传动运转不均匀，有冲击，不适用于高速传动，宜布置在传动装置的低速级。

（3）蜗杆传动较适用于传动比大、中小功率、间歇工作的场合，承载能力较齿轮传动低，宜布置在传动的高速级，以获得较小的结构尺寸和形成润滑油膜提高承载能力。

（4）锥齿轮（特别是模数较大时）加工较困难，因此锥齿轮传动宜布置在传动装置的高速级并限制其传动比，减小其直径和模数。

（5）斜齿轮较直齿轮传动平稳，宜布置在高速级或要求传动平稳的场合。

（6）开式齿轮传动的工作环境较差，润滑条件不好，磨损较严重，宜布置在低速级。

（7）一般情况下，将改变运动形式的机构，如连杆机构、凸轮机构、螺旋传动等布置在传动装置末端。

三、拟订传动方案

在充分阅读相关资料，了解各种传动机构和各类型减速器特点（可参阅《机械设计》教材及本书第四章）的基础之上，根据设计要求拟订传动方案，主要包括以下工作：

（1）选择原动机类型。

（2）选择传动机构（传动件）类型。

（3）选择减速器类型。

（4）确定减速器布置形式。没有特殊要求时，尽量采用水平布置（卧式）。对于二级圆柱齿轮减速器，可由传递功率大小和轴线布置要求等来决定采用展开式、分流式或同轴式；对于蜗杆减速器，可由蜗杆圆周速度大小来决定采用蜗杆上置式或下置式。

（5）初选联轴器类型。

（6）绘制机构运动示意图。

依据设计题目要求，一般可初步拟订若干个传动方案进行分析比较，从中选出合理方案。此时选出的方案并不是最终方案，最终方案要等选择了原动机并合理分配好各级传动比之后才能确定。当传动比不能合理分配时还需修改方案。

第二节 选择电动机

与其他类型的原动机相比，电动机结构简单、工作可靠、控制方便、维护容易，一般机械通常采用电动机驱动。电动机已系列化，设计中应按照工作机的特性、工作环境、载荷特点等条件，选择电动机的类型、结构形式、功率和转速，确定电动机的具体型号和尺寸。

一、选择电动机的类型和结构形式

电动机的类型和结构形式要根据电源（交流或直流）、工作条件（温度、环境、空间尺寸等）

和载荷特点（性质、大小、启动性能和过载情况）来选择。

电动机有交、直流之分，一般情况下采用交流电动机。交流电动机按结构可分为鼠笼式和绕线式，绕线式启动力矩大，能满载启动，但重量大，价格高，因此一般情况下尽量选用鼠笼式。交流电动机按工作原理又分同步和异步两种，一般选用异步电动机。总之，无特殊要求时通常可选用交流鼠笼式异步电动机，最常用的是Y系列鼠笼三相异步电动机，适用于不易燃、不易爆、无腐蚀性气体和无特殊要求的场合，由于启动性能好，也适用于某些要求较高启动转矩的机械。

需要经常启动、制动和反转的机械，要求电动机转动惯量小，过载能力强，应选用起重和冶金用的YZ系列或YZR系列异步电动机。易燃易爆场合应选用防爆电动机。

按照安装位置不同，电动机有卧式和立式两类，一般常用卧式。按防护方式不同有开启式、防护式（防滴式）、封闭式、防爆式等，一般常用封闭式。同一类型的电动机又制成了多种机座安装形式供选择。有关电动机的技术参数可查阅本书第十五章相关内容。

二、选择电动机的功率

电动机的额定功率选择得合适与否，对电动机的工作质量和经济性都有影响。若额定功率小于工作机负载要求，则不能保证工作机正常工作，或使电动机长期过载、发热大而过早损坏；若额定功率过大，则增加成本，并且由于效率和功率因数低而造成浪费。

电动机的功率主要由运行时发热条件限定，在不变或变化很小的载荷下长期连续运行的机械，只要其电动机的负载不超过额定值，电动机便不会过热，通常不必校验发热和启动力矩。

所需电动机的功率可通过式（2-1）确定：

$$P_d=\frac{P_w}{\eta} \tag{2-1}$$

式中：P_d为工作机所需的电动机输出功率，kW；P_w为工作机所需输入功率，kW；η为电动机至工作机之间传动装置的总效率。

工作机所需输入功率P_w由机器工作阻力和运动参数计算求得，例如：

$$P_w=\frac{Fv}{1000\eta_w} \tag{2-2}$$

或

$$P_w=\frac{Tn_w}{9550\eta_w} \tag{2-3}$$

式中：F为工作机的工作阻力，N；v为工作机的线速度，m/s；T为工作机的工作阻力矩，N·m；n_w为工作机的主轴转速，r/min；η_w为工作机的效率。

总效率η为

$$\eta=\eta_1\eta_2\eta_3\cdots\eta_n \tag{2-4}$$

其中，η_1、η_2、η_3、…、η_n分别为传动装置中每一传动装置（齿轮、蜗杆、带或链传动）、每对轴承、每个联轴器的效率，其概略值见表2-1。选用表中数值时，一般取中间值，若工作条件差、润滑维护不良时应取低值，反之取高值。

所选电动机的额定功率应等于或稍大于按式（2-1）求出的工作机所需要的电动机输出功率。Y系列三相异步电动机的技术数据可参阅表15-1。

三、确定电动机的转速

额定功率相同的同类型电动机通常具有几种不同的同步转速。例如，三相异步电动机有四种同步转速，即3000、1500、1000、750r/min。同步转速低的电动机，磁极对数多，外廓尺寸及重量较大，价格较高，但选用同步转速低的电动机可减小传动装置的总传动比及结构尺寸，从而降低传动装置的制造成本；选用同步转速高的电动机则相反。在确定电动机的转速时，应同时考虑电动机及传动装置的尺寸、重量和价格，使整个设计既合理又经济。

表 2-1 机械传动效率概略值

传动副分类		效率	传动副分类		效率
圆柱齿轮传动	6、7 级精度（油润滑）	0.98～0.99	带传动	平带传动	0.98
	8 级精度（油润滑）	0.97		V 带传动	0.96
	开式传动（脂润滑）	0.94～0.96	链传动	齿形链	0.97
圆锥齿轮传动	6、7 级精度（油润滑）	0.97～0.98		滚子链	0.96
	8 级精度（油润滑）	0.95～0.97	滚动轴承	球轴承	0.99（一对）
	开式传动（脂润滑）	0.92～0.95		滚子轴承	0.98（一对）
蜗杆传动	自锁蜗杆（油润滑）	0.40～0.45	滑动轴承	不完全液体润滑	0.97（一对）
	单头蜗杆（油润滑）	0.70～0.75		液体润滑	0.99（一对）
	双头蜗杆（油润滑）	0.75～0.82	摩擦传动	平摩擦	0.85～0.92
	四头蜗杆（油润滑）	0.80～0.92		槽摩擦	0.88～0.94
螺旋传动	滑动丝杠	0.30～0.60	联轴器	弹性联轴器	0.99～0.995
	滚动丝杠	0.85～0.95		齿式联轴器	0.99

通常应优先选用同步转速为 1500r/min 或 1000r/min 的电动机，如无特殊需要，一般不选用 3000r/min 和 750r/min 的电动机。选用时可按照式（2-5）进行试算：

$$n_d/n_w = i_1 i_2 \cdots i_n \tag{2-5}$$

式中：n_d 为电动机的拟选用转速，r/min；n_w 为工作机主轴转速，r/min；i_1、i_2、…、i_n 分别为各级传动机构的传动比。

所选电动机的转速应使各级传动比在合理范围内，常用传动机构的传动比见表 2-2。

同步转速是由电流频率与磁极对数而定的磁场转速，电动机空载时可能达到同步转速，负载时的转速都低于同步转速，而与满载转速相近，故设计计算中一般用满载转速。

确定电动机类型、额定功率、转速后，应查出并记录电动机型号、额定功率、满载转速、外形尺寸、中心高、轴伸尺寸、键连接尺寸、底脚尺寸等参数备用。电动机的技术参数见本书第十五章相关内容。

表 2-2 常用传动机构的传动比

传动机构		平带传动	V 带传动	链传动	圆柱齿轮传动	圆锥齿轮传动	蜗杆传动
单级传动比	推荐值	2～4	2～5	2～3.5	3～5	2～3	10～40
	最大值	5	7	6	8	5	80

第三节 确定总传动比及分配传动比

传动装置的总传动比为

$$i_{总} = \frac{n_m}{n_w} \tag{2-6}$$

式中：n_m 为所选电动机的满载转速，r/min。

多级传动中，总传动比为

$$i_{总} = i_1 i_2 i_3 \cdots i_n \tag{2-7}$$

其中，i_1、i_2、i_3、…、i_n 分别为各级传动机构的传动比。

求出总传动比后，应合理分配各级传动比。这是传动装置设计中的一个重要问题，它会影响到传动装置的外廓尺寸、质量、润滑、成本等。分配传动比一般应考虑以下几个原则：

（1）各级传动比最好在推荐范围内选择，不应超过其最大值，可参见表 2-2。

（2）应使传动装置的外廓尺寸尽可能紧凑，即应有尽可能小的外廓尺寸和中心距，且重量较轻。如图 2-2 所示，二级减速器总中心距和总传动比相同时，比较两种传动比分配方案，图 2-2（b）所示方案因低速级大齿轮直径较小而使减速器外廓尺寸较小。

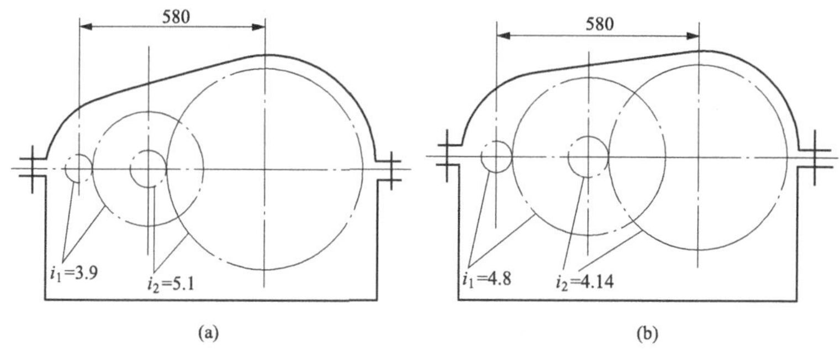

图 2-2　传动比分配方案不同对尺寸的影响

（3）应使各级传动件尺寸协调、传动结构匀称合理，避免传动件之间互相干涉。例如，由带传动和齿轮减速器组成的传动中，一般应使带传动的传动比小于齿轮传动的传动比；否则，就可能使大带轮半径大于减速器中心高，致使带轮与机座相碰，参见图 3-2。又如图 2-3 所示的二级圆柱齿轮减速器，由于高速级传动比过大，致使高速级大齿轮与低速轴发生干涉。

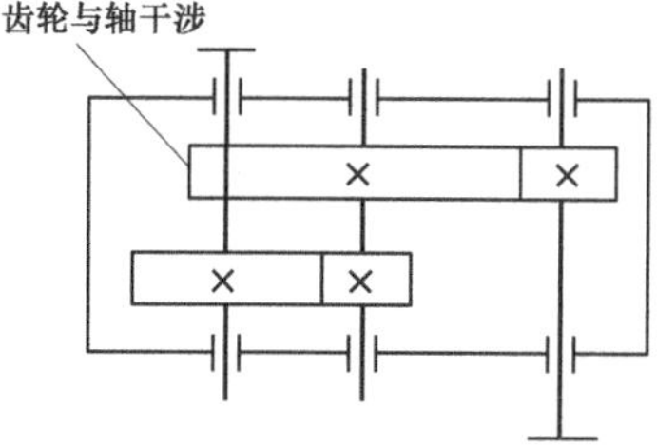

图 2-3　齿轮与轴干涉的情况

（4）在齿轮减速器中，应使各级大齿轮浸油深度合理（低速级大齿轮浸油稍深，高速级大齿轮能浸入油中），即希望各级大齿轮直径相近。如图 2-2（b）所示的方案较好。

对于各类减速器，考虑上述原则，可按下列参考值分配传动比：

（1）二级展开式和分流式圆柱齿轮减速器，取 $i_1=(1.3\sim1.4)\ i_2$；二级同轴式圆柱齿轮减速器，取 $i_1=i_2\approx\sqrt{i}$。其中，i_1、i_2 分别为高速级和低速级传动比；i 为减速器总传动比。

（2）圆锥-圆柱齿轮减速器，$i_1\approx0.25i$ 且 $i_1\leqslant3$，其中，i_1 为圆锥齿轮传动比，i 为减速器总传动比。

（3）蜗杆-齿轮减速器，$i_2\approx(0.03\sim0.06)\ i$，其中，$i_2$ 为齿轮传动的传动比，i 为减速器总传动比。

按以上原则确定的各级传动比只是初始值。由于带轮直径要符合带轮的基准直径系列，齿轮和链轮的齿数需要圆整；有时为了调整高、低速级大齿轮的浸油深度也可适当增加齿轮的齿数。因此，传动系统的实际传动比与初始分配值会有误差。传动件设计完成之后应验算误差是否在允许的范围之内。若设计要求中未规定速度的允许误差，则速度允许误差一般可取 $\pm(3\%\sim5\%)$；若经验算误差不在允许范围内，则应调整传动件参数，甚至重新分配传动比。

第四节　计算运动和动力参数

传动装置的运动参数和动力参数是指各轴的转速、功率和转矩。一般按电动机到工作机之间运动传递的顺序推算出各轴的运动和动力参数。

一、各轴的功率

对于通用设备，一般以电动机的额定功率作为计算功率。对于专用设备，通常以工作机所需的电动机输出功率作为计算功率，这样计算出的各轴功率是实际传递的功率，设计出的传动零

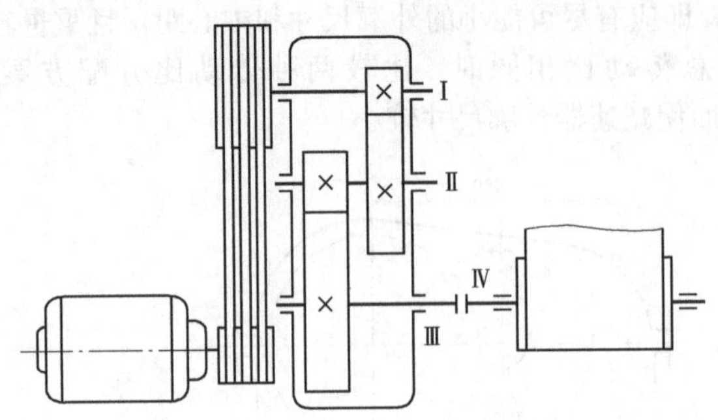

图 2-4 带式输送机传动装置

件尺寸较小，结构紧凑。本书以工作机所需的电动机输出功率 P_d 作为计算功率。以图 2-4 所示的带式输送机传动装置为例，设各轴的先后顺序依次为电动机轴、Ⅰ轴、Ⅱ轴、Ⅲ轴、…，则各轴的输入功率为

$$P_{\mathrm{I}} = P_d \eta_{01} \tag{2-8}$$

$$P_{\mathrm{II}} = P_{\mathrm{I}} \eta_{12} = P_d \eta_{01} \eta_{12} \tag{2-9}$$

$$P_{\mathrm{III}} = P_{\mathrm{II}} \eta_{23} = P_d \eta_{01} \eta_{12} \eta_{23} \tag{2-10}$$

……

式中：P_{I}、P_{II}、P_{III}分别为Ⅰ、Ⅱ、Ⅲ轴的输入功率，kW；P_d 为工作机所需的电动机输出功率，kW；η_{01}、η_{12}、η_{23}分别为电动机轴与Ⅰ轴、Ⅰ与Ⅱ轴、Ⅱ与Ⅲ轴间的传动效率。

二、各轴的转速

$$n_{\mathrm{I}} = \frac{n_m}{i_{01}} \tag{2-11}$$

$$n_{\mathrm{II}} = \frac{n_{\mathrm{I}}}{i_{12}} = \frac{n_m}{i_{01} i_{12}} \tag{2-12}$$

$$n_{\mathrm{III}} = \frac{n_{\mathrm{II}}}{i_{23}} = \frac{n_m}{i_{01} i_{12} i_{23}} \tag{2-13}$$

……

式中：n_{I}、n_{II}、n_{III}分别为Ⅰ、Ⅱ、Ⅲ轴的转速，Ⅰ轴为高速轴，Ⅲ轴为低速轴，r/min；n_m 为电动机的满载转速，r/min；i_{01}、i_{12}、i_{23}分别为由电动机至Ⅰ轴、Ⅰ轴至Ⅱ轴、Ⅱ轴至Ⅲ轴的传动比。

三、各轴的转矩

$$T_{\mathrm{I}} = T_d i_{01} \eta_{01} \tag{2-14}$$

$$T_{\mathrm{II}} = T_{\mathrm{I}} i_{12} \eta_{12} = T_d i_{01} i_{12} \eta_{01} \eta_{12} \tag{2-15}$$

$$T_{\mathrm{III}} = T_{\mathrm{II}} i_{23} \eta_{23} = T_d i_{01} i_{12} i_{23} \eta_{01} \eta_{12} \eta_{23} \tag{2-16}$$

……

式中：T_{I}、T_{II}、T_{III}分别为Ⅰ、Ⅱ、Ⅲ轴的输入转矩，N·m；T_d 为电动机的输出转矩，N·m。

$$T_d = 9550 \frac{P_d}{n_m} \tag{2-17}$$

以上计算得到的各轴运动和动力参数应以表格的形式整理备查，见表 2-3。

表 2-3 运动和动力参数

参数 \ 轴名	电动机轴	Ⅰ轴	Ⅱ轴	Ⅲ轴	Ⅳ轴
转速 $n/(\mathrm{r \cdot min^{-1}})$					
功率 P/kW					
转矩 $T/(\mathrm{N \cdot m})$					
传动比 i					
效率 η					

第五节　总体方案设计示例

已知某带式运输机（见图 2-1），运输带的拉力 $F=6000$N，运输带速度 $v=0.5$m/s，卷筒直径 $D=500$mm，卷筒传动效率 $\eta_w=0.96$，在室内常温下长期连续工作，可能会有冲击、过载情况发生。试进行该运输机动力及传动装置的总体方案设计。

一、拟订传动方案

为了拟订传动方案，先估算传动装置的总传动比。

卷筒转速为　$n_w=60\times1000v/(\pi D)=60\times1000\times0.5/(\pi\times500)=19.11(\text{r/min})$

若选用同步转速为 1500r/min 或 1000r/min 的电动机，可估算出传动装置的总传动比为 1500/19.11≈78 或 1000/19.11≈52。根据总传动比数值，可以初步拟订以三级传动为主的多种传动方案。

传动方案的拟订及分析可以仿照本章第一节的内容进行。针对本例中带式输送机的工作条件，最终确定传动方案如图 2-4 所示。该方案结构较简单，制造成本也比较低廉，带传动可以缓冲减振，并且具有过载保护作用。

二、选择电动机

1. 选择电动机的类型

按已知的工作要求和条件，选用 Y 系列（IP44）全封闭笼型三相异步电动机。

2. 选择电动机功率

工作机所需的电动机输出功率为　$P_d=\dfrac{P_w}{\eta}$

其中　$$P_w=\frac{Fv}{1000\eta_w}$$

则　$$P_d=\frac{Fv}{1000\eta_w\eta}$$

由电动机至运输带的传动总效率为　$\eta\eta_w=\eta_1\eta_2^3\eta_3^2\eta_4\eta_w$

式中：η_w 为卷筒传动效率；η_1 为带传动机构的效率；η_2 为一对滚动轴承的效率；η_3 为一对齿轮传动的效率；η_4 为联轴器的效率。

其大小分别为 $\eta_1=0.96$，$\eta_2=0.98$，$\eta_3=0.97$，$\eta_4=0.99$，$\eta_w=0.96$。

则有　$$\eta\eta_w=\eta_1\eta_2^3\eta_3^2\eta_4\eta_w=0.96\times0.98^3\times0.97^2\times0.99\times0.96=0.81$$

$$P_d=\frac{Fv}{1000\eta_w\eta}=\frac{6000\times0.5}{1000\times0.81}=3.7(\text{kW})$$

由表 15-1 选取电动机额定功率 $P=4$kW。

3. 确定电动机的转速

卷筒轴工作转速为 19.11r/min。试分别用电动机的同步转速为 1000r/min 和 1500r/min 计算总传动比并分配传动比，所得结果列于表 2-4 中。

表 2-4　电动机参数比较

传动比方案	电动机型号	额定功率/kW	电动机转速/(r·min⁻¹)		传动装置的可选传动比		
			同步转速	满载转速	总传动比	V 带传动	齿轮
1	Y132M1-6	4	1000	960	50.24	2.8	17.94
2	Y112M-4	4	1500	1440	75.35	3.5	21.53

综合考虑电动机和传动装置的尺寸、传动比等，方案 1 比较合适。因此，选定电动机的型号

为 Y132M1-6。所选电动机的主要性能和尺寸列于表 2-5 和表 2-6 中。

表 2-5　电动机（型号 Y132M1-6）的主要性能

额定功率/kW	同步转速/($r\cdot min^{-1}$)	满载转速/($r\cdot min^{-1}$)	$\dfrac{堵转转矩}{额定转矩}$	$\dfrac{最大转矩}{额定转矩}$
4	1000	960	2.0	2.2

表 2-6　电动机（型号 Y132M1－6）的主要外形尺寸和安装尺寸　mm

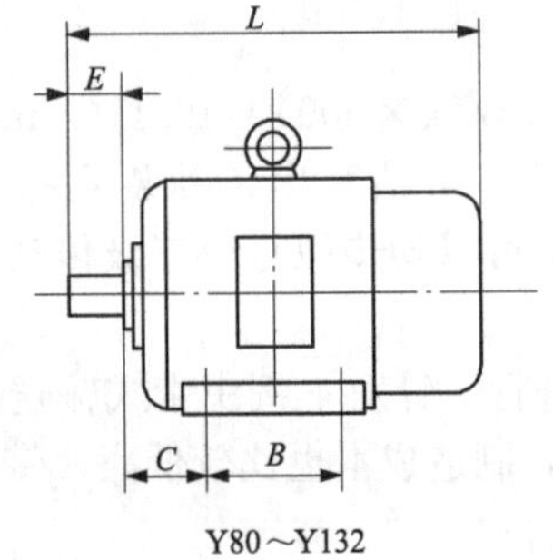

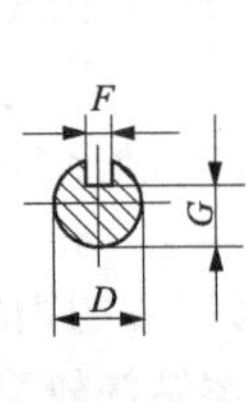

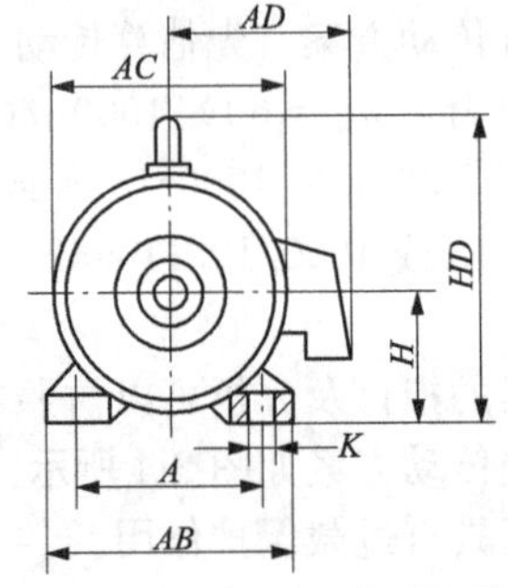

中心高 H	外形尺寸 $L\times(AB/2+AD)\times HD$	底脚安装尺寸 $A\times B$	地脚螺栓孔直径 K	轴外伸尺寸 $D\times E$
132	515×350×315	216×178	12	38×80

三、分配传动比

传动装置的总传动比为 $i_{总}=\dfrac{n_m}{n_w}=\dfrac{960}{19.11}=50.24$。

因总传动比 $i_{总}=i_{01}i_{12}i_{23}$，初取 $i_{01}=2.8$，则齿轮减速器的传动比为 $i=\dfrac{i_{总}}{i_{01}}=\dfrac{50.24}{2.8}=17.94$。

按展开式布置，取 $i_{12}=1.3i_{23}$，可算出，$i_{23}=\sqrt{\dfrac{i}{1.3}}=3.7$，则 $i_{12}=\dfrac{17.94}{3.7}=4.85$。

四、计算运动和动力参数

1. 各轴的功率

Ⅰ轴的输入功率：　$P_{Ⅰ}=P_d\eta_{01}=P_d\eta_1=3.7kW\times0.96=3.55kW$　$(\eta_{01}=\eta_1)$

Ⅱ轴的输入功率：　$P_{Ⅱ}=P_{Ⅰ}\eta_{12}=P_1\eta_2\eta_3=3.55kW\times0.98\times0.97=3.37kW$　$(\eta_{12}=\eta_2\eta_3)$

Ⅲ轴的输入功率：　$P_{Ⅲ}=P_{Ⅱ}\eta_{23}=P_{Ⅱ}\eta_2\eta_3=3.37kW\times0.98\times0.97=3.20kW$　$(\eta_{23}=\eta_2\eta_3)$

Ⅳ轴的输入功率：　$P_{Ⅳ}=P_{Ⅲ}\eta_{34}=P_{Ⅲ}\eta_2\eta_4=3.20kW\times0.98\times0.99=3.10kW$　$(\eta_{34}=\eta_2\eta_4)$

2. 各轴的转速

Ⅰ轴的转速：$n_{Ⅰ}=\dfrac{n_m}{i_{01}}=\dfrac{960}{2.8}r/min=342.86r/min$

Ⅱ轴的转速：$n_{Ⅱ}=\dfrac{n_1}{i_{12}}=\dfrac{342.86}{4.85}r/min=70.69r/min$

Ⅲ轴的转速：$n_{Ⅲ}=\dfrac{n_{Ⅱ}}{i_{23}}=\dfrac{70.69}{3.7}r/min=19.11r/min$

Ⅳ轴的转速：$n_{Ⅳ}=n_{Ⅲ}=19.11r/min$

3. 各轴的转矩

电动机输出转矩：$T_d=9550\dfrac{P_d}{n_m}=9550\times\dfrac{3.7}{960}N\cdot m=36.81N\cdot m$

Ⅰ轴的输入转矩：$T_{\mathrm{I}}=T_{\mathrm{d}}i_{01}\eta_{01}=T_{\mathrm{d}}i_{01}\eta_{1}=36.81\mathrm{N\cdot m}\times2.8\times0.96=98.95\mathrm{N\cdot m}$

Ⅱ轴的输入转矩：$T_{\mathrm{II}}=T_{\mathrm{I}}i_{12}\eta_{12}=T_{1}i_{12}\eta_{2}\eta_{3}=98.95\mathrm{N\cdot m}\times4.85\times0.98\times0.97=456.20\mathrm{N\cdot m}$

Ⅲ轴的输入转矩：$T_{\mathrm{III}}=T_{\mathrm{II}}i_{23}\eta_{23}=T_{\mathrm{II}}i_{23}\eta_{2}\eta_{3}=456.20\mathrm{N\cdot m}\times3.7\times0.98\times0.97=1604.56\mathrm{N\cdot m}$

Ⅳ轴的输入转矩：$T_{\mathrm{IV}}=T_{\mathrm{III}}\eta_{34}=T_{\mathrm{III}}\eta_{2}\eta_{4}=1604.56\mathrm{N\cdot m}\times0.98\times0.99=1556.74\mathrm{N\cdot m}$

运动和动力参数的计算结果列于表 2-7 中。

表 2-7　　运动和动力参数的计算结果

<table>
<tr><th>轴名
参数</th><th colspan="2">电动机轴</th><th colspan="2">Ⅰ轴</th><th colspan="2">Ⅱ轴</th><th colspan="2">Ⅲ轴</th><th colspan="2">Ⅳ轴</th></tr>
<tr><td>转速 $n/(\mathrm{r\cdot min^{-1}})$</td><td colspan="2">960</td><td colspan="2">342.86</td><td colspan="2">70.69</td><td colspan="2">19.11</td><td colspan="2">19.11</td></tr>
<tr><td>功率 P/kW</td><td colspan="2">3.7</td><td colspan="2">3.55</td><td colspan="2">3.37</td><td colspan="2">3.20</td><td colspan="2">3.10</td></tr>
<tr><td>转矩 $T/(\mathrm{N\cdot m})$</td><td colspan="2">36.81</td><td colspan="2">98.95</td><td colspan="2">456.20</td><td colspan="2">1604.56</td><td colspan="2">1556.74</td></tr>
<tr><td>传动比 i</td><td colspan="3">2.8</td><td colspan="2">4.85</td><td colspan="2">3.7</td><td colspan="3">1</td></tr>
<tr><td>效率 η</td><td colspan="3">0.96</td><td colspan="2">0.95</td><td colspan="2">0.95</td><td colspan="3">0.97</td></tr>
</table>

第三章　传动零件的设计计算及联轴器的选择

决定传动装置工作性能、结构布局和尺寸大小的主要是传动零件。画装配草图以前应先设计计算传动零件和选择联轴器，以便为装配草图的设计做好准备。各种传动件的设计计算方法和选择方法可参阅《机械设计》教材，本章仅介绍其设计和选择要点。

一、减速器外传动零件的设计要点

通常先设计减速器外的传动零件，外部传动件的传动比确定后，根据情况可能需要对减速器的传动比进行调整，然后进行减速器内部传动零件的设计，这样可使整个传动装置的传动比误差尽量小。

1. V 带传动机构

(1) V 带传动机构设计需确定的主要内容包括：传动带的型号、长度和根数；中心距、安装要求（初拉力、张紧装置)、对轴的作用力；带轮直径、材料、结构尺寸和加工要求等。有些细部结构尺寸（例如轮毂、轮辐、斜度、圆角等）可以留待画装配图时再确定。

(2) 设计时应注意检查带轮尺寸与传动装置外廓尺寸的相互关系。例如，装在电动机轴上的小带轮外圆半径应小于电动机中心高，带轮的轴孔直径和长度应与电动机的轴径和长度相适应，如图 3-1 中带轮的 D_e和 B 均过大；大带轮外圆半径应小于减速器的中心高度，过大会造成带轮与机座相碰，见图 3-2。

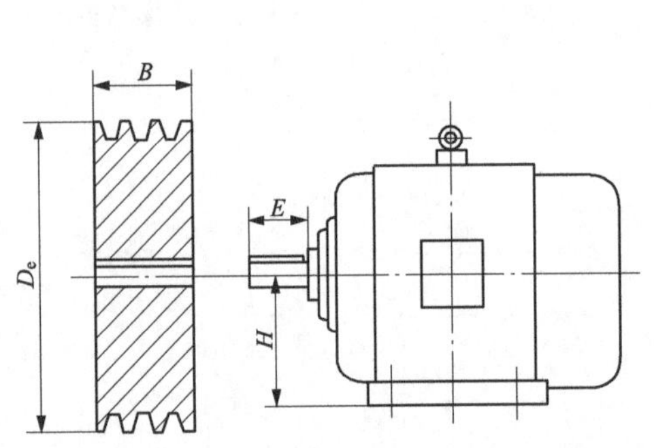

图 3-1　带轮尺寸与电动机尺寸不协调

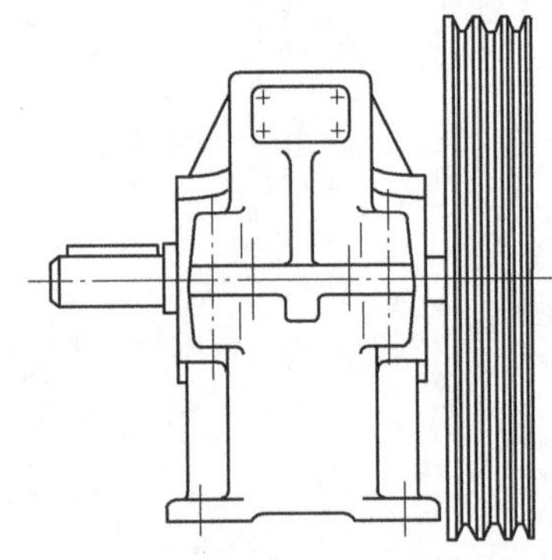

图 3-2　带轮外圆半径过大

(3) 带轮的结构形式主要由带轮直径大小而定，其具体结构及尺寸可参考表 9-1～表 9-3。注意，大带轮轴孔直径和长度与减速器输入轴轴伸尺寸应相适应。带轮轮毂长度 L 与带轮轮缘宽度 B 不一定相同，如图 3-3 所示。一般轮毂长度 L 按轴孔直径 d 的大小确定，常取 $L=(1.5\sim2)d$，而轮缘宽度 B 则取决于带的型号和根数。

(4) 由带轮直径及带传动的滑动率计算实际传动比和从动带轮的转速，并以此修正设计减速器所要求的传动比和输入转矩。

(5) 应计算出初拉力以便安装时检查张紧要求及考虑张紧方式。

(6) 带的根数一般不应超过 7～8 根，根数太多会使电动机和减速器轴的悬臂较大，而且当带受拉变形后易使每根带的受力不均匀。

2. 链传动机构

一般采用滚子链传动。

(1) 设计计算的主要内容包括：根据工作要求选出链条的型号（链节距）、排数和链节数；确定传动参数和尺寸（中心距、链轮齿数等）；设计链轮（材料、尺寸和结构）；确定润滑方式、张紧装置和维护要求等。

(2) 与前述带传动设计中应注意的问题类似，应检查链轮直径尺寸、轴孔尺寸、轮毂尺寸等是否与减速器、工作机协调；应由所选链轮齿数计算实际传动比，并考虑是否需要修正减速器所要求的传动比。应记录选定的润滑方式和润滑剂牌号以备查用。

(3) 设计时还应注意，当选用的单排链尺寸过大时，应改用双排或多排链，以尽量减小节距；大小链轮齿数最好为奇数或不能为链节数所整除的数，链节数最好为偶数。

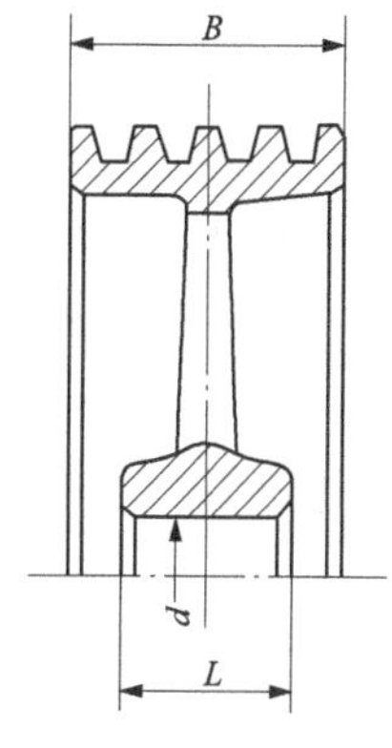

图 3-3　大带轮轴孔直径和长度

3. 开式齿轮传动

(1) 设计计算的主要内容包括：选择材料；确定齿轮传动的参数（中心距、齿数、模数、螺旋角、变位系数和齿宽等）、齿轮的其他几何尺寸及其结构。

(2) 开式齿轮传动一般只需按轮齿弯曲强度进行设计，考虑齿面磨损，应将强度计算求得的模数加大 10%～15%。如果是进行轮齿弯曲强度校验计算，则应将模数减小 10%～15%。

(3) 开式齿轮传动一般用于低速级，为使支承结构简单，常采用直齿。由于润滑和密封条件差，要注意材料配对，使轮齿具有较好的减摩和耐磨性能。应注意检查大齿轮的尺寸与材料及毛坯制造方法是否相适应，例如，齿轮直径超过 500mm 时，一般应采用铸造毛坯，材料应选用铸铁或铸钢。还应检查齿轮尺寸与传动装置总体尺寸及工作机尺寸是否协调，是否与其他零件相干涉。

(4) 当开式齿轮传动为悬臂布置时，其轴的支承刚度较小，因此齿宽系数应取小一些，以减轻轮齿载荷分布不均匀的程度。

(5) 开式齿轮传动的尺寸确定之后，要按大、小齿轮的齿数计算实际传动比，并考虑是否需要修改传动装置中减速器的传动比。

二、减速器内传动零件的设计要点

1. 圆柱齿轮传动

(1) 所选齿轮材料应考虑与毛坯制造方法相协调，并检查是否与齿轮尺寸大小相适应。例如，当齿轮直径 $d \leqslant 500$mm 时，一般选用锻造毛坯，其材料应选用锻钢；当 $d > 500$mm 时，由于受锻造设备能力的限制，多用铸造毛坯，应选用铸钢、铸铁材料，或用焊接齿轮。小齿轮根圆直径与轴径接近时，齿轮应与轴制成一体（齿轮轴），因此，所选材料应兼顾轴的要求。同一减速器中各级小齿轮（或大齿轮）的材料应尽可能一致，以减少材料品种和简化工艺要求。

(2) 锻钢齿轮分软齿面（HBS≤350）和硬齿面（HBS>350）两种，应按工作条件和尺寸要求来选择齿面硬度。对于软齿面齿轮，小齿轮齿面硬度应比大齿轮高 30～50HBS；对于硬齿面齿轮，大、小齿轮的齿面硬度可以相同。

(3) 根据齿宽系数 $\phi_d = b/d_1$ 计算得到的齿宽 b 应作为大齿轮的齿宽。考虑到装配后两啮合齿轮可能产生的轴向位置误差，为了便于装配并保证全齿宽接触，应使小齿轮齿宽大于大齿轮齿宽。因此，取大齿轮齿宽 $b_2 = b$，并且向上圆整为整数；取小齿轮齿宽 $b_1 = b_2 + (5\sim10)$mm。

(4) 齿轮传动的几何参数和尺寸取值有严格的要求，应分别按要求取标准值、圆整或计算其精确数值。例如，模数必须取标准值，中心距、齿宽和其他结构尺寸应尽量圆整，而啮合尺寸（分度圆、齿顶圆、齿根圆的直径、螺旋角、变位系数等）则必须求出精确数值，一般长度尺寸（以 mm 为单位）应精确到小数点后 2～3 位，角度应精确到秒。

（5）为了便于制造和测量，中心距应尽量圆整成为偶数、以 0 或 5 结尾的数值。对于直齿圆柱齿轮传动，可以通过调整模数 m 和齿数 z 或采用角度变位来达到；对于斜齿圆柱齿轮传动，还可以通过调整螺旋角 β 来实现中心距圆整的要求。

（6）齿轮的结构尺寸（如轮毂、轮辐及轮缘尺寸），如按参考资料给定的经验公式计算，都应尽量圆整，以便于制造和测量。

（7）齿轮几何尺寸和参数的计算结果应及时整理并列表表示，例如圆柱齿轮传动参数见表 3-1。

表 3-1　　圆柱齿轮传动参数

名称	代号	单位	小齿轮	大齿轮
模数	m	mm		
齿数	z			
中心距	a	mm		
传动比	i			
螺旋角	β	(°)		
端面压力角	α_t	(°)		
啮合角	α_t'	(°)		
总变位系数	$x_{n\Sigma}$			
变位系数	x_n			
中心距变动系数	y			
齿顶高降低系数	Δy			
分度圆直径	d	mm		
齿顶圆直径	d_a	mm		
齿根圆直径	d_f	mm		
齿宽	b	mm		
螺旋角方向				
材料及齿面硬度				

2. 圆锥齿轮传动

圆锥齿轮的设计要求除参看圆柱齿轮传动的要点外，还需注意以下几点：

（1）圆锥齿轮以大端模数为标准。锥齿轮的锥距 R、分度圆直径 d 等几何尺寸，都应按大端模数和齿数精确计算至小数点后三位数值，不能圆整。

（2）两轴交角为 90°时，节锥角 δ_1 和 δ_2 可以由 $\delta_1=\arctan\frac{z_1}{z_2}$，$\delta_2=90°-\delta_1$ 算出，小锥齿轮齿数一般取 $z_1=17\sim25$。δ 值的计算应精确到秒。

（3）锥齿轮的齿宽按齿宽系数 $\phi_R=b/R$ 求得并圆整。大、小圆锥齿轮的齿宽应相等。

3. 蜗杆传动

（1）蜗杆传动的工作特点是滑动速度大，因此要求蜗杆副材料有较好的减摩和耐磨性。不同的蜗杆副材料，适用的相对滑动速度范围不同。蜗杆传动尺寸确定后，要校验传动效率与初估值是否相符，计算相对滑动速度并检查材料选择是否恰当。

（2）蜗杆螺旋线方向尽量取成右旋，以便于加工。

（3）模数 m 和蜗杆特性系数 q 要符合标准规定。在确定 m、q、z_2 后，计算的中心距应尽量圆整成尾数为 0 或 5（mm），为此常需将蜗杆传动设计成变位传动，变位系数应满足 $1 \geqslant x \geqslant -1$；如不符合，则应调整 q 值或改变蜗轮 1～2 个齿数。变位蜗杆传动只改变蜗轮的几何尺寸，而蜗杆几何尺寸保持不变。

（4）根据蜗杆分度圆圆周速度 v_1 决定蜗杆上置还是下置，当 $v_1 \leqslant 4 \sim 5$m/s 时，一般将蜗杆下置；当 $v_1 > 4 \sim 5$m/s 时，为了减小蜗杆的搅油损失，应将蜗杆上置。

三、联轴器的选择要点

减速器一般是通过联轴器与电动机轴、工作机轴相连接，联轴器的选择包括选择联轴器的类型和尺寸（型号）等，应根据传动装置的工作要求来合理选择。

连接电动机轴与减速器高速轴的联轴器，由于轴的转速较高，一般应选用具有缓冲、减振作用的弹性联轴器，例如弹性套柱销联轴器、弹性柱销联轴器等。连接减速器低速轴（输出轴）与工作机轴的联轴器，由于轴的转速较低，传递的转矩较大，又由于减速器与工作机一般不在同一底座上，两轴之间往往可能有较大的轴线偏移，因此通常选用对轴线偏移有补偿能力的刚性联轴器，如滚子链联轴器、齿式联轴器等。对于中、小型减速器，其输出轴与工作机轴的轴线偏移量不大时，也可选用如弹性柱销联轴器等有弹性元件的挠性联轴器。

联轴器的型号按计算转矩进行选择。所选定的联轴器，其轴孔直径的范围应与被连接两轴的直径大小相适应。应注意减速器高速轴外伸段轴径与电动机的轴径不要相差太大，否则难以选择合适的联轴器。电动机选定后，其轴径是一定的，应注意调整减速器高速轴外伸端的直径。

第四章 减速器的结构与润滑

第一节 减速器的结构

减速器的类型很多，但其基本结构都是由箱体、传动件、轴系部件、附件等几部分组成的。图 4-1～图 4-3 所示分别为圆柱齿轮减速器、圆锥-圆柱齿轮减速器和蜗杆减速器的典型结构。传动件及轴系部件在《机械设计》教材和课堂教学中已经做了介绍和讨论，这里仅简要介绍减速器的箱体和附件。

一、箱体

减速器箱体是减速器中所有零件的基座，是支承和固定轴系部件、保证传动零件正常啮合、承受作用在减速器上载荷的重要零件，应具有足够的强度和刚度。箱体一般还兼作润滑油的油箱，并具有密封箱内零件的作用。减速器箱体的质量约占减速器总质量的 50%。箱体的结构对减速器的工作性能、加工工艺、质量及成本等有很大影响，设计时必须全面合理考虑。

减速器箱体可按其毛坯制造方法、剖分形式及外形等分成各种形式。

1. 铸造箱体和焊接箱体

箱体按制造方式的不同可分为铸造箱体（见图 4-1～图 4-3）和焊接箱体（见图 4-4）。铸造箱体材料一般多采用铸铁（HT150、HT200）。在重型减速器中，为了提高箱体强度，可采用铸钢（ZG200-400 或 ZG230-450）。铸造箱体较易获得合理且复杂的结构形状，易切削，抗压性能

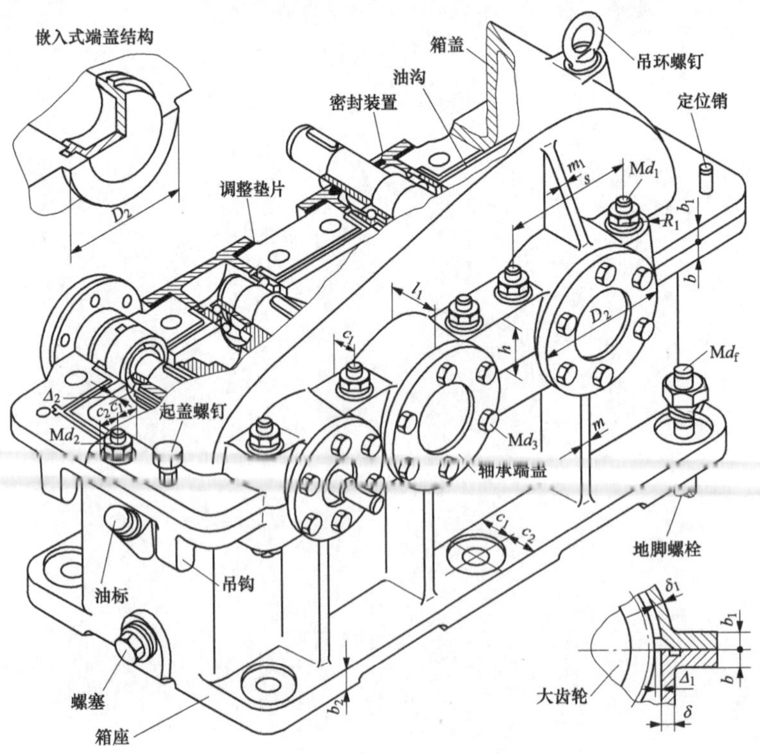

图 4-1 圆柱齿轮减速器

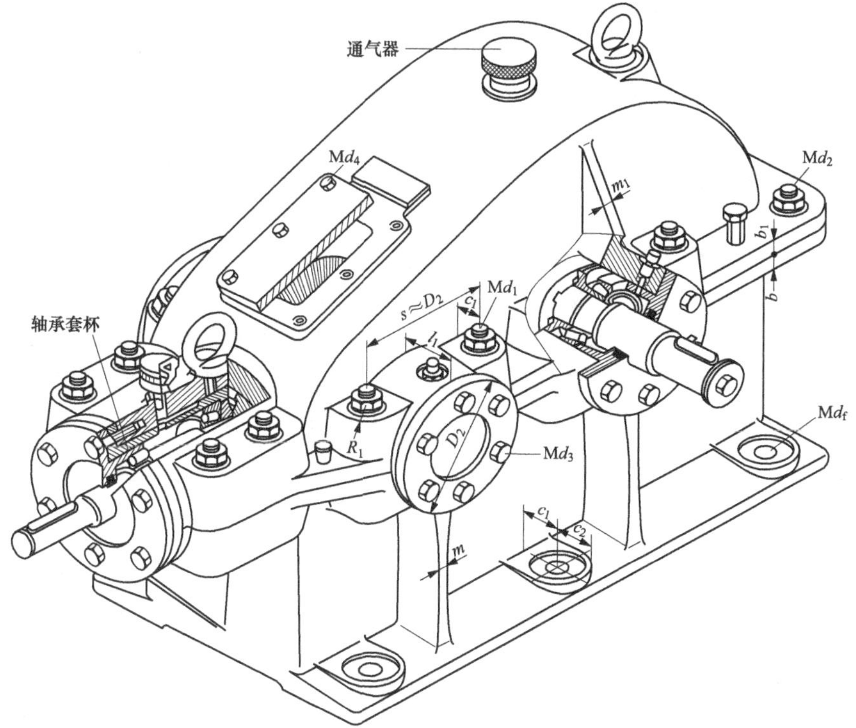

图 4-2　圆锥-圆柱齿轮减速器

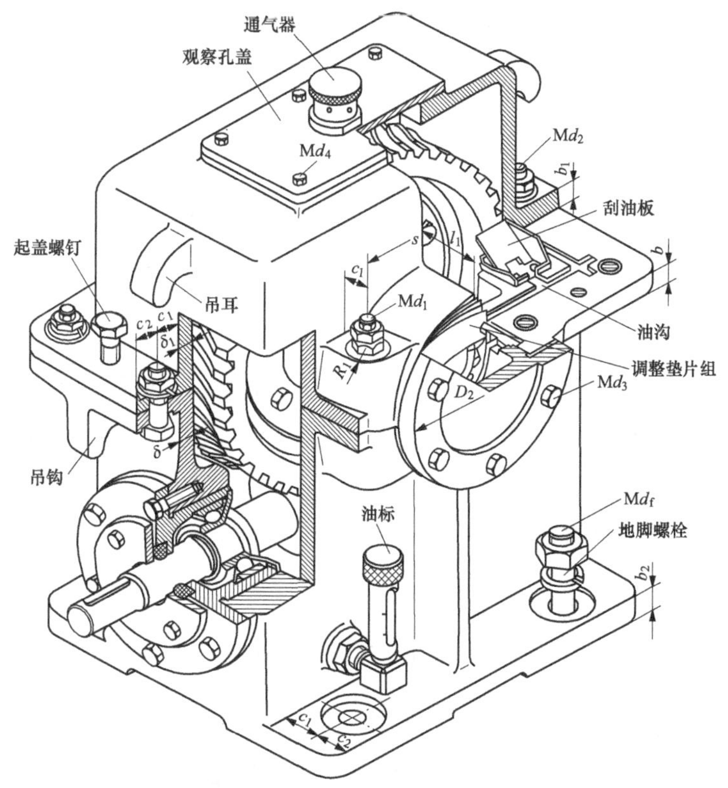

图 4-3　蜗杆减速器

好，但制造周期长，质量较大，因而多用于成批生产中。

焊接箱体比铸造箱体壁薄，质量轻 1/4～1/2，生产周期短，但焊接时容易产生热变形，故需进行退火及校直处理，并应留有足够加工余量。焊接箱体多用于单件、小批量生产。

2. 剖分式箱体和整体式箱体

为了便于轴系部件的安装与拆卸，减速器箱体大多做成剖分式，由箱座和箱盖组成，剖分面多为水平面，与传动件轴线平面重合（见图 4-1～图 4-3）。箱座和箱盖采用普通螺栓连接，用圆锥销定位。在大型立式减速器中，为了便于制造、安装和运输，也有采用两个剖分面的（见图 4-5）。剖分式箱体增加了连接面凸缘和连接螺栓，增大了箱体质量。

图 4-6 和图 4-7 所示分别为蜗杆减速器和齿轮减速器的整体式箱体。整体式箱体的结构尺寸紧凑，无接合面螺栓连接，质量较轻，箱体加工量也少，易于保证轴承与座孔的配合精度，但轴系装拆及调整不如剖分式箱体方便，常用于小型圆锥齿轮和蜗杆减速器。

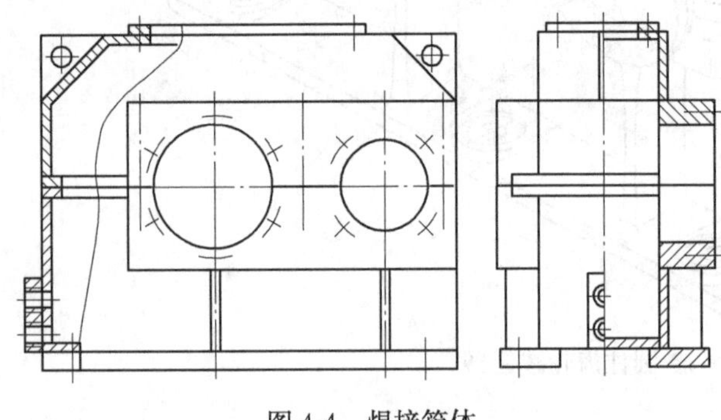

图 4-4　焊接箱体

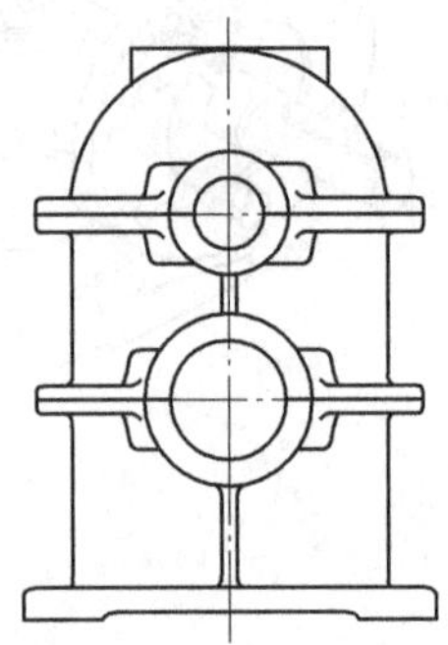

图 4-5　两个剖分面的减速器箱体

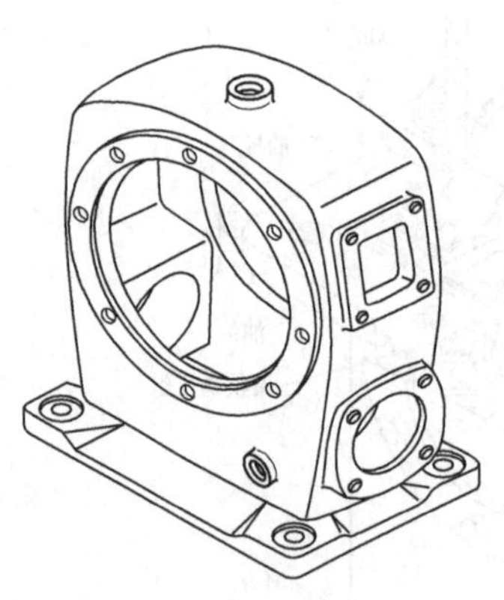

图 4-6　蜗杆减速器的整体式箱体

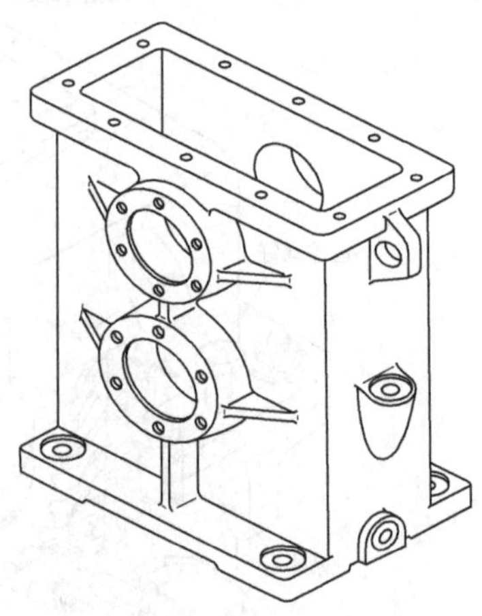

图 4-7　齿轮减速器的整体式箱体

3. 内肋式箱体和外肋式箱体

为保证箱体的支承刚度，箱体轴承座处应有足够的厚度，并设置加强肋。箱体加强肋有外肋和内肋两种结构形式。加强肋在箱体内的称为内肋，如图 4-8（b）和 图 4-9 所示。内肋结构刚度大，箱体外表面光滑平整，但内肋会阻碍润滑油流动，增加搅油损耗，制造工艺也比较复杂，所以应用较少。当轴承座伸到箱体内部时，常采用内肋。加强肋在箱体外的称为外肋，如图 4-1 和图 4-8（a）所示。外肋结构可增加散热面积，且铸造工艺性较好，故应用较多。图 4-8（c）和

图 4-10 所示采用的是凸壁式箱体，可以看作加强肋的又一种结构形式，刚度更大，外形整齐，但箱体制造工艺复杂，常用于大型减速器。

为了提高箱体刚性，方形外廓减速器（见图 4-11）得到了日益广泛应用。这种结构采用内肋，增强了轴承座刚度，并采用便于拆装的双头螺柱或螺钉（如用内六角头螺钉）的连接结构，不用底凸缘，而将底座下部四角凹进一块放置地脚螺栓，使箱体结构更加紧凑，造型也更加美观。

表 4-1 列出了计算减速器铸造箱体有关尺寸的经验值及公式，设计时可参考。

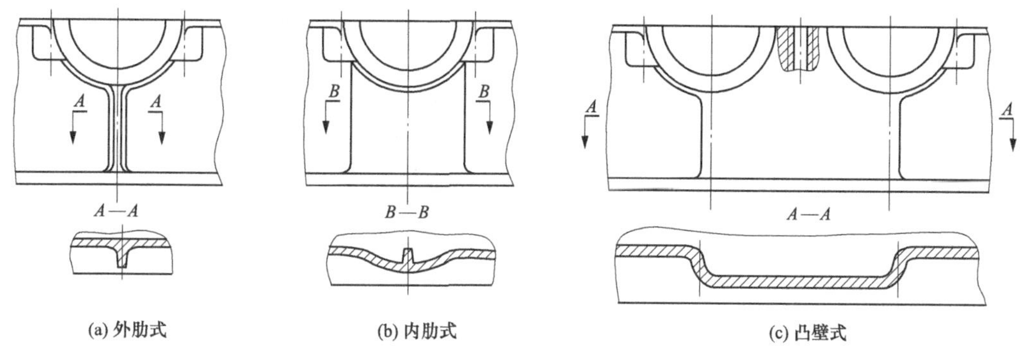

图 4-8　箱体加强肋结构

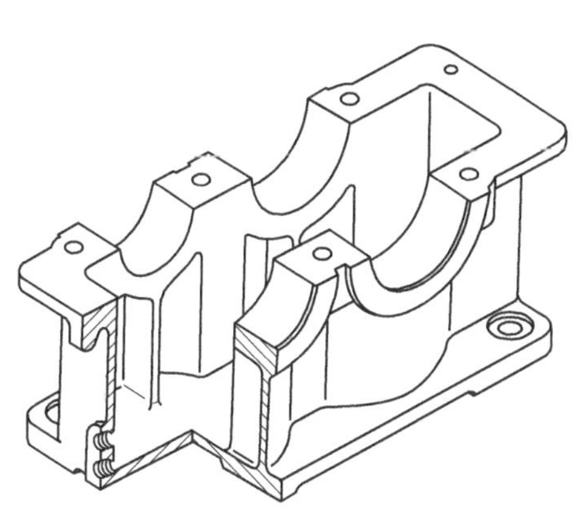

图 4-9　内肋式箱体加强肋结构

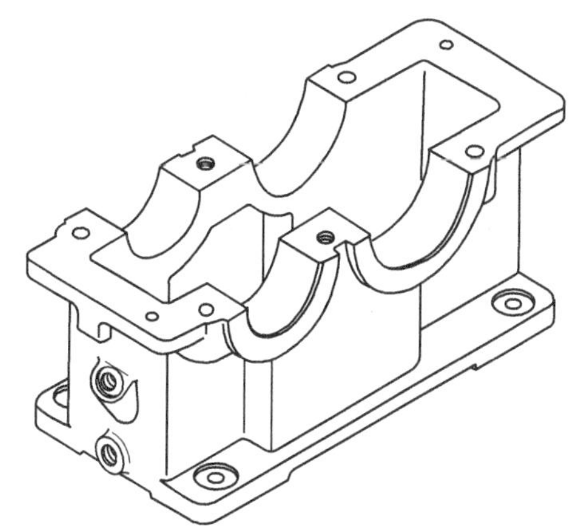

图 4-10　凸壁式箱体加强肋结构

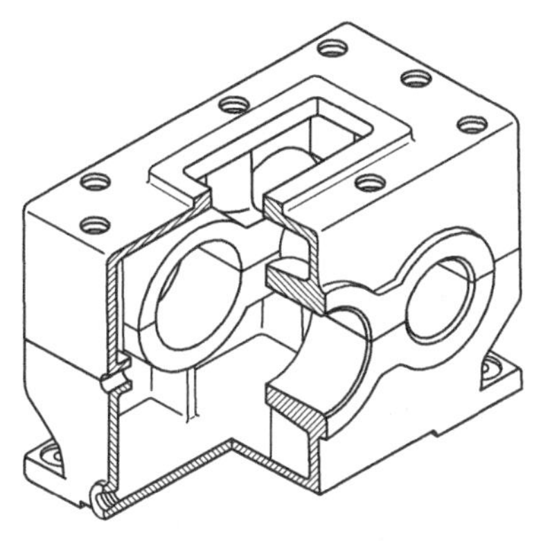

(a)

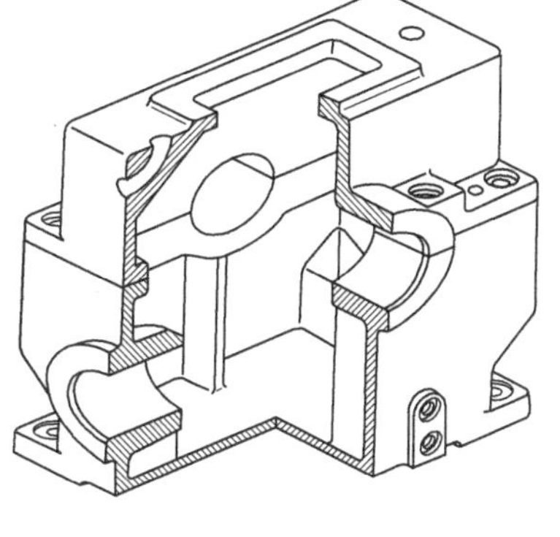

(b)

图 4-11　方形外廓减速器的箱体结构

二、减速器的附件

为了保证减速器的正常工作，减速器箱体上通常设置一些附加装置或零件，以便于减速器的注油、排油、通气、吊运，以及检查油面高度和传动件啮合情况，保证加工精度和装拆方便等。减速器附件的名称、作用及设计方法详见第五章第三节。

表 4-1　　铸铁箱体减速器结构尺寸（各参数见图 4-1～图 4-3）

<table>
<tr><th rowspan="2">名　称</th><th rowspan="2">符号</th><th colspan="9">减速器形式及尺寸关系（单位：mm）</th></tr>
<tr><th colspan="3">圆柱齿轮减速器</th><th colspan="3">圆锥齿轮减速器</th><th colspan="3">蜗杆减速器</th></tr>
<tr><td>箱座壁厚</td><td>δ</td><td colspan="3">一级：$0.025a+1\geqslant 8$
二级：$0.025a+3\geqslant 8$</td><td colspan="3">$0.0125(d_{m1}+d_{m2})+1\geqslant 8$
d_{m1}、d_{m2}为两锥齿轮的平均直径</td><td colspan="3">$0.04a+3\geqslant 8$</td></tr>
<tr><td>箱盖壁厚</td><td>δ_1</td><td colspan="3">$(0.8\sim0.85)\delta\geqslant 8$</td><td colspan="3">$(0.8\sim0.85)\delta\geqslant 8$</td><td colspan="3">蜗杆在上：$\delta_1=\delta$
蜗杆在下：$\delta_1=0.85\delta\geqslant 8$</td></tr>
<tr><td>箱体凸缘厚度</td><td>b、b_1、b_2</td><td colspan="9">箱座，$b=1.5\delta$；箱盖，$b_1=1.5\delta_1$；箱底座，$b_2=2.5\delta$</td></tr>
<tr><td>地脚螺栓直径</td><td>d_f</td><td colspan="3">$0.036a+12$</td><td colspan="3">$0.018(d_{m1}+d_{m2})+1\geqslant 12$</td><td colspan="3">$0.036a+12$</td></tr>
<tr><td>地脚螺栓数目</td><td>n</td><td colspan="3">$a\leqslant 250$ 时，$n=4$
$a>250\sim500$ 时，$n=6$
$a>500$ 时，$n=8$</td><td colspan="3">$n=\dfrac{\text{机座底凸缘周长之半}}{200\sim300}\geqslant 4$</td><td colspan="3">4</td></tr>
<tr><td>轴承旁连接螺栓直径</td><td>d_1</td><td colspan="9">$0.75d_f$，螺栓间距见图 5-35</td></tr>
<tr><td>箱盖与箱座连接螺栓直径</td><td>d_2</td><td colspan="9">$(0.5\sim0.6)d_f$，螺栓间距 $l\leqslant 150\sim200$</td></tr>
<tr><td>轴承盖螺钉直径</td><td>d_3</td><td colspan="9">$(0.4\sim0.5)d_f$，数量见表 9-17</td></tr>
<tr><td>观察孔盖螺钉直径</td><td>d_4</td><td colspan="9">$(0.3\sim0.4)d_f$，数量见表 9-14</td></tr>
<tr><td>定位销直径</td><td>d</td><td colspan="9">$(0.7\sim0.8)d_2$</td></tr>
<tr><td rowspan="4">d_1、d_2、d_f至箱体外壁距离
d_2、d_f至凸缘边缘距离
沉头座直径</td><td rowspan="4">c_1
c_2
D_0</td><td>螺栓直径</td><td>M8</td><td>M10</td><td>M12</td><td>M14</td><td>M16</td><td>M20</td><td>M24</td><td>M30</td></tr>
<tr><td>$c_{1\min}$</td><td>13</td><td>16</td><td>18</td><td>20</td><td>22</td><td>26</td><td>34</td><td>40</td></tr>
<tr><td>$c_{2\min}$</td><td>11</td><td>14</td><td>16</td><td>18</td><td>20</td><td>24</td><td>28</td><td>34</td></tr>
<tr><td>$D_{0\min}$</td><td>18</td><td>22</td><td>26</td><td>30</td><td>33</td><td>40</td><td>48</td><td>61</td></tr>
<tr><td>轴承旁凸台高度和半径</td><td>h、R_1</td><td colspan="9">h 由结构确定，见图 5-35，$R_1=c_2$</td></tr>
<tr><td>箱体外壁至轴承座端面距离</td><td>l_1</td><td colspan="9">$c_1+c_2+(5\sim10)$</td></tr>
<tr><td>加强肋厚</td><td>m、m_1</td><td colspan="9">箱座，$m\approx 0.85\delta$；箱盖，$m_1\approx 0.85\delta_1$</td></tr>
<tr><td>大齿轮顶圆至箱体内壁距离</td><td>Δ_1</td><td colspan="9">$\geqslant\delta$</td></tr>
<tr><td>齿轮端面至箱体内壁距离</td><td>Δ_2</td><td colspan="9">$\geqslant\delta$，见图 5-2～图 5-4</td></tr>
<tr><td>轴承端面至箱体内壁距离</td><td>Δ_3</td><td colspan="9">采用车制挡油盘时，$\Delta_3=10\sim12$，见图 5-16 和图 5-17（b）；
不用或采用冲压挡油盘时，$\Delta_3=3\sim5$，见图 5-17（a）</td></tr>
<tr><td>旋转零件间的轴向间距</td><td>Δ_4</td><td colspan="9">$10\sim15$，见图 5-3 和图 5-4</td></tr>
</table>

注　1. a 为齿轮传动中心距，多级传动时，a 取低速级中心距。

2. 圆锥-圆柱齿轮减速器，按二级圆柱齿轮减速器计算，a 按圆柱齿轮传动中心距取值。

第二节　减速器的润滑

减速器内部的传动件和轴承都需要良好的润滑，这不仅可以减小摩擦损失、提高传动效率，还可以防止锈蚀、降低噪声。表 4-2 列出了减速器内部传动件的润滑方式及其应用。表 4-3 列出了减速器滚动轴承的润滑方式及其应用。传动零件和滚动轴承的润滑剂选择可参见《机械设计》

教材及本书第十六章的有关内容。

表 4-2　　减速器内部传动件的润滑方式及其应用

润滑方式			应用说明
浸油润滑	单级圆柱齿轮减速器	浸油深度 h 约为 1 个齿高，但不小于 10mm	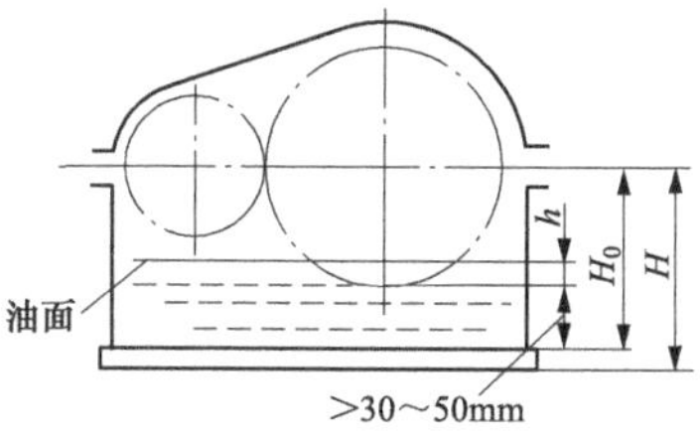 适用于圆周速度 $v \leqslant 12\text{m/s}$ 的齿轮传动和 $v \leqslant 10\text{m/s}$ 的蜗杆传动。传动件浸入油中的深度要适当，既要避免搅油损失太大，又要保证充分的润滑。油池应保持一定的深度和储油量。大齿轮距箱体底面的高度应 >30～50mm，以避免大齿轮回转时将箱底的沉积物搅起。对二级或多级齿轮减速器，应选择合适的传动比，使各级大齿轮的直径尽量接近，以便浸油深度相近。若低速级大齿轮尺寸过大，为避免其浸油太深，对高速级齿轮可采用带油轮润滑等措施，见图 10-6 对于下置式蜗杆传动，当要求油面高度不高于滚动轴承最低滚动体中心时，如果蜗杆齿浸油深度不够，应加装溅油轮，利用溅起的油对传动件进行润滑，见图 10-4
	双级或多级圆柱齿轮减速器	高速级：大齿轮浸油深度 h_f 约为 0.7 个齿高，但不小于 10mm。 低速级：当 $v=0.8\sim12\text{m/s}$ 时，大齿轮浸油深度 $h_s=1$ 个齿高（不小于 10mm）～1/6 齿轮半径；当 $v=0.5\sim0.8\text{m/s}$ 时，$h_s=(1/6\sim1/3)$ 齿轮半径	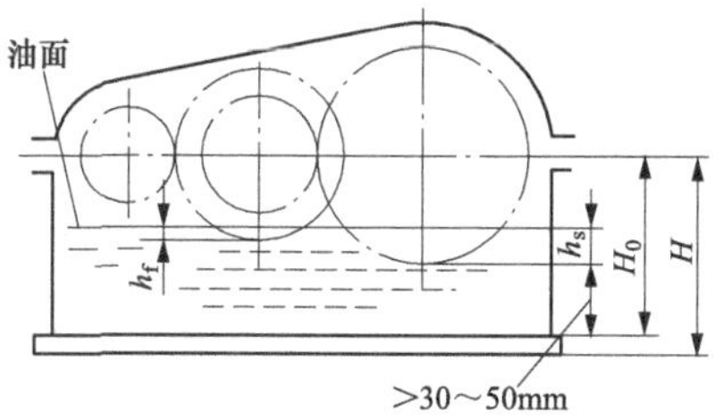
	圆锥齿轮减速器	大圆锥齿轮整个齿宽（至少半个齿宽）浸入油中	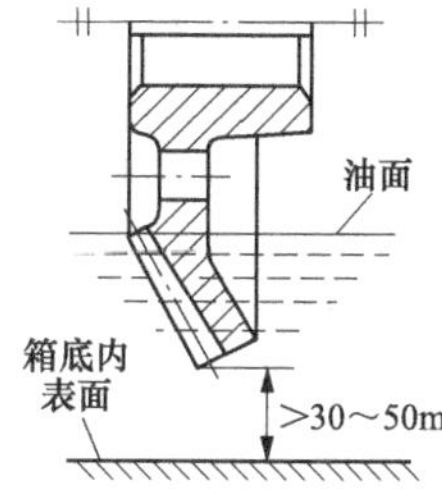
	蜗杆减速器	蜗杆上置式：蜗轮浸油深度约一个齿高～（1/6～1/3）蜗轮半径。 蜗杆下置式：蜗杆浸油深度 $h_1=(0.75\sim1)$ 蜗杆齿高，但不应高于蜗杆轴轴承最低滚动体中心，否则搅油损耗过大	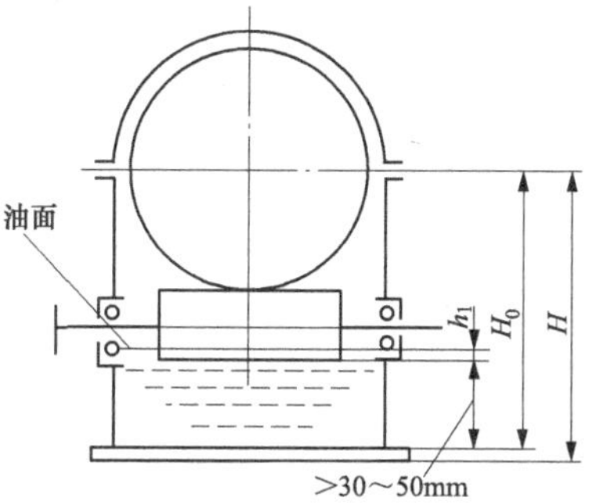
喷油润滑	利用油泵将润滑油加压后从喷嘴直接喷到啮合齿面上。喷油润滑需要专门的供油装置，费用较高	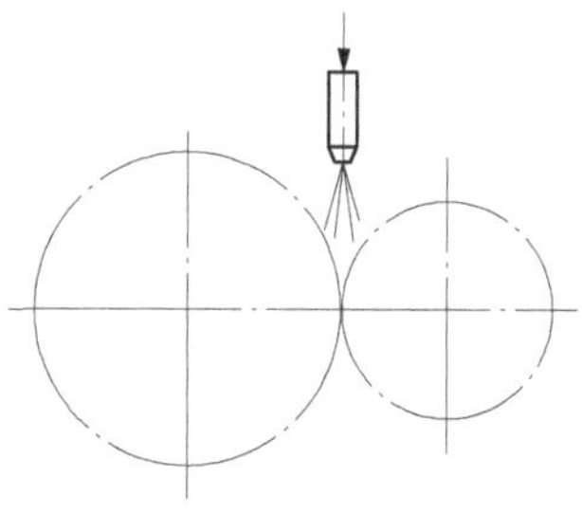	适用于 $v>12\text{m/s}$ 的齿轮传动和 $v>10\text{m/s}$ 的蜗杆传动。此时因高速会使粘在轮齿上的油被甩掉，而且搅油损失大，温升高，故宜用喷油润滑

表 4-3　　减速器滚动轴承的润滑方式及其应用

润滑方式			应用说明
脂润滑		润滑脂直接填入轴承室	适用于浸入油中的齿轮圆周速度 $v<1.5\sim2$m/s 时。通常在装配时将润滑脂填入轴承室，以后每年添加 1～2 次
油润滑	飞溅润滑	利用齿轮溅起的油形成油雾进入轴承室或将飞溅到箱盖内壁的油汇集到输油沟内，再流入轴承进行润滑，见图 4-12	适用于浸油齿轮圆周速度 $v\geqslant1.5\sim2$m/s 的场合。当 v 较大（$v>3$m/s）时，飞溅油可以形成油雾；当 v 不够大或油的黏度较大时，不易形成油雾，应设置输油沟等引油结构
	刮板润滑	利用刮板将油从轮缘端面刮下后经输油沟流入轴承，见图 4-13，蜗轮顺时针方向转动时刮板上面刮油，油按实线箭头方向流动；蜗轮逆时针转动时，刮板下面刮油，油按虚线箭头所示路线流动	适用于不能采用飞溅润滑的场合（当浸油齿轮的圆周速度 $v<1.5\sim2$m/s 时，油飞溅不起来；下置式蜗杆的圆周速度即使大于 2m/s，由于蜗杆位置太低，且与蜗轮轴呈空间垂直方向布置，飞溅的油也难以进入蜗轮轴的轴承室）；同轴式减速器中间轴承的润滑；蜗轮轴轴承、上置式蜗杆轴轴承的润滑
	浸油润滑	使轴承局部浸入油中，但油面应不高于最低滚动体的中心	适用于中、低速如下置式蜗杆轴的轴承润滑。高速时因搅油剧烈易造成严重过热

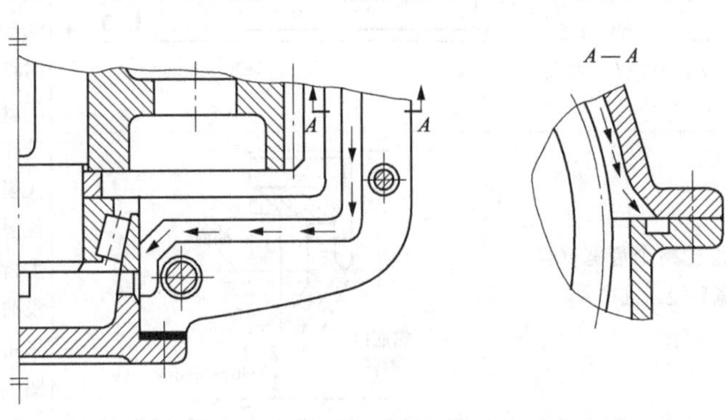

图 4-12　飞溅润滑

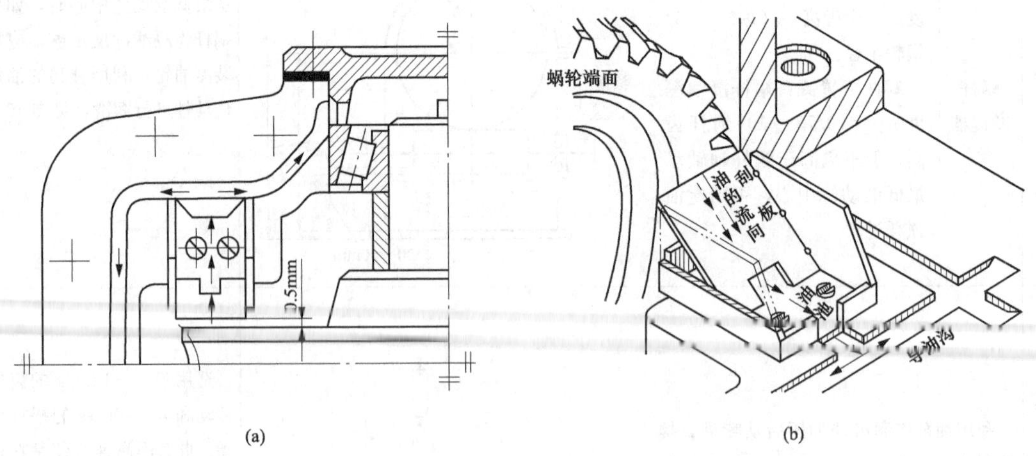

图 4-13　刮板润滑

第五章　减速器装配图设计

减速器装配图是用来表达减速器的整体结构、轮廓形状、各零件间的相互关系以及尺寸的图纸。它是绘制零件工作图、部件组装、调试及维护等的技术依据。因此，设计通常是从绘制装配图入手。装配图的设计和绘制是设计过程中的重要环节，必须综合考虑工作要求、材料、强度、刚度、加工、装拆、调整、润滑和使用等多方面的要求，并用足够的视图表达清楚。

由于装配图设计所涉及的内容较多，既包括结构设计，又有校核验算，因此设计过程比较复杂，往往要边计算、边画图、边修改。减速器装配图的设计过程一般包括以下几个阶段：①装配图设计的准备；②初步绘制减速器装配图草图（第一阶段）；③减速器轴系部件设计（第二阶段）；④减速器箱体和附件的设计（第三阶段）；⑤完成装配工作图（第四阶段）。

在装配图的设计过程中，各个阶段不是绝对分开的，常常会有交叉和反复。在进行后续设计时，可能需要对前面已完成的设计做必要的修改。

第一节　初步绘制减速器装配图草图

初步绘制装配草图是减速器装配图设计的第一阶段，其任务是确定箱体的结构形式（例如铸造、剖分式箱体），确定各传动件及箱体内壁的位置。

一、视图选择和图面布置

课程设计中的减速器装配图应采用 A0 或 A1 图纸绘制，应尽量优先采用 1∶1 或 1∶2 的比例尺，以增强真实感。减速器装配图通常采用三个视图并加以必要的局部视图来表达。绘制装配图时，应根据前面设计计算得到的减速器内部传动件的直径、中心距以及有关箱体尺寸数据等估算减速器的总体外形尺寸，考虑三个视图（可能还需要局部视图），同时考虑标题栏、明细表、技术要求和尺寸标注等所需的图面位置布置要求，以选择合适的比例尺。具体绘制时，应尽量把减速器的工作原理和主要装配关系集中表达在一个基本视图上。对于齿轮减速器，应尽量集中在俯视图上；对于蜗杆减速器，则可在主视图上表示。装配图上应尽量避免用虚线表示零件结构，必须表达的内部结构（如附件内部结构）可采用局部剖视图或局部视图表达。图面布置的一般形式可参考图 5-1。做好上述准备工作后即可开始绘图。绘制装配图时应采用国家标准规定的画法和简化画法，具体的画法可参见《机械制图》教材或相关的手册资料。

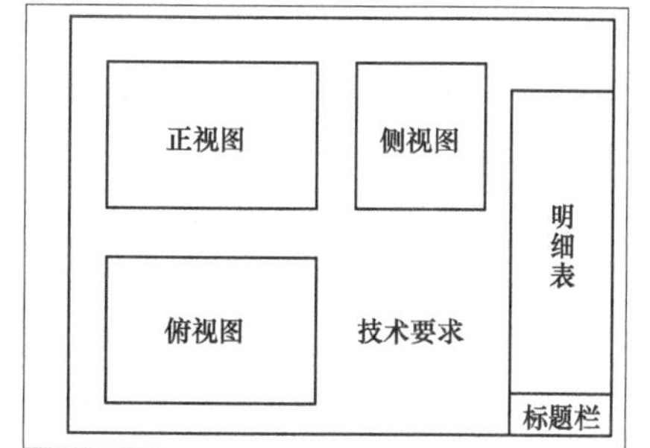

图 5-1　图面布置

下面分别讲述不同类型减速器第一阶段初始草图的绘制方法。

二、圆柱齿轮减速器

1. 画出齿轮轮廓和箱体内壁线

在俯视图位置上画出齿轮的中心线，根据前面完成的传动件设计计算所得到齿轮的直径及宽度，并按照表 4-1 的推荐值绘出齿轮轮廓和箱体内壁的位置，如图 5-2 或图 5-3 所示。高速级小齿轮一侧的箱体内壁线还需考虑其他条件才能确定，故暂不画出。对于二级减速器，输入与输出轴上的齿轮应布置在远离轴外伸端的位置，以使齿面受载较均匀。

在设计二级展开式齿轮减速器时，要注意检查中间轴上的大齿轮顶圆与输出轴（此时还不知道该段轴的直径，只能估算）之间应保持一定距离（≥5～10mm），防止出现图 2-3 所示的干涉现象，若不能保证，则应调整齿轮传动的参数。

2. 画出轴承内端面线及箱体轴承座孔外端面线

参阅表 4-3 确定滚动轴承的润滑方式，然后按表 4-1 的推荐值画出轴承内侧端面位置。

根据箱体壁厚 δ 和表 4-1 中的长度 l_1，可画出箱体轴承座孔外端面线，各轴的轴承孔外端面线应在同一条直线上。箱体内壁之间的距离 L 及轴承座端面之间的距离 B 应进行圆整。

该阶段完成的草图如图 5-2 或图 5-3 所示。

三、圆锥齿轮减速器

1. 画出齿轮轮廓及箱体内壁线

(1) 在俯视图位置上，画出齿轮的中心线，根据前面完成的传动件设计所得齿轮的直径及宽度画出圆锥齿轮的轮廓位置，如图 5-4 所示。大圆锥齿轮的轮毂宽度 h 可初步取值为$(1.2\sim1.5)e$，e 由作图确定，待轴径确定后，必要时对 h 值再做调整。圆锥齿轮的结构设计可参见表 9-5。

(2) 圆锥-圆柱齿轮减速器的箱体通常以小锥齿轮轴线作为箱体宽度方向的中线，以便于将中间轴和低速轴调头安装时可改变输出轴的位置。

按照表 4-1 推荐的 Δ_2 值可绘制出大圆锥齿轮一侧箱体的内壁线，然后以小锥齿轮轴线作为箱体宽度方向的对称中线Ⅰ—Ⅰ，对称地画出箱体另一侧的内壁线。再根据箱体内壁确定小圆柱齿轮端面位置，并画出大、小圆柱齿轮的轮廓。注意应使大圆柱齿轮端面与大圆锥齿轮之间有一定的距离 Δ_4，若间距太小，可适当加宽箱体。同时要注意检查大圆锥齿轮顶圆与输出轴（此时还不知道该段轴的直径，只能估算）之间保持一定距离（≥5～10mm），防止出现干涉现象，若不能保证，则应调整齿轮传动的参数。

2. 画出轴承内侧端面线及箱体轴承座孔外端面线

参阅表 4-3 确定滚动轴承的润滑方式，然后按表 4-1 的推荐值画出轴承内侧端面位置。

根据箱体壁厚 δ 和表 4-1 中的长度 l_1，可画出箱体轴承座孔外端面线。箱体内壁之间的距离 L 及轴承座端面之间的距离 B 应进行圆整。箱体上小圆锥齿轮轴轴承座外端面位置可待设计该轴系部件结构时再具体考虑。该阶段完成的草图如图 5-4 所示。

四、蜗杆蜗轮减速器

1. 按蜗轮外圆确定箱体内壁和蜗杆轴承座位置

(1) 由于蜗杆与蜗轮的轴线呈空间交错，不能在一个视图中同时画出蜗杆与蜗轮轴的结构，因此绘制装配草图需在主视图和侧视图上同时进行。在主视图、侧视图位置上画出蜗杆、蜗轮的中心线后，按前面完成的传动件设计所得尺寸数据画出蜗杆和蜗轮的轮廓，如图 5-5 所示。再由表 4-1 推荐的 Δ_1 和 δ、δ_1 值，在主视图上根据蜗轮外圆尺寸确定箱体内壁和外壁位置。

(2) 为了提高蜗杆轴的刚度，其支承跨距应尽量减小，因此蜗杆轴承座通常伸到箱体内。在主视图上取蜗杆轴承座孔外端面凸台高度为 5～10mm，可定出蜗杆轴承座外端面的位置（见图 5-5）。内伸轴承座的外径一般与轴承盖凸缘外径 D_2 相同（D_2 由轴承尺寸及轴承盖结构形式确定，可参见表 9-17）。设计时应使轴承座尽量内伸，并使轴承座内伸端部与蜗轮外圆之间保持适当距离 Δ_1，若间距过小可考虑将轴承座内伸端制成斜面，如图 5-5 所示。斜面端部应有一定的厚度，一般其厚度应不小于 0.4×内伸轴承座壁厚，由此可确定轴承座内端面的位置。

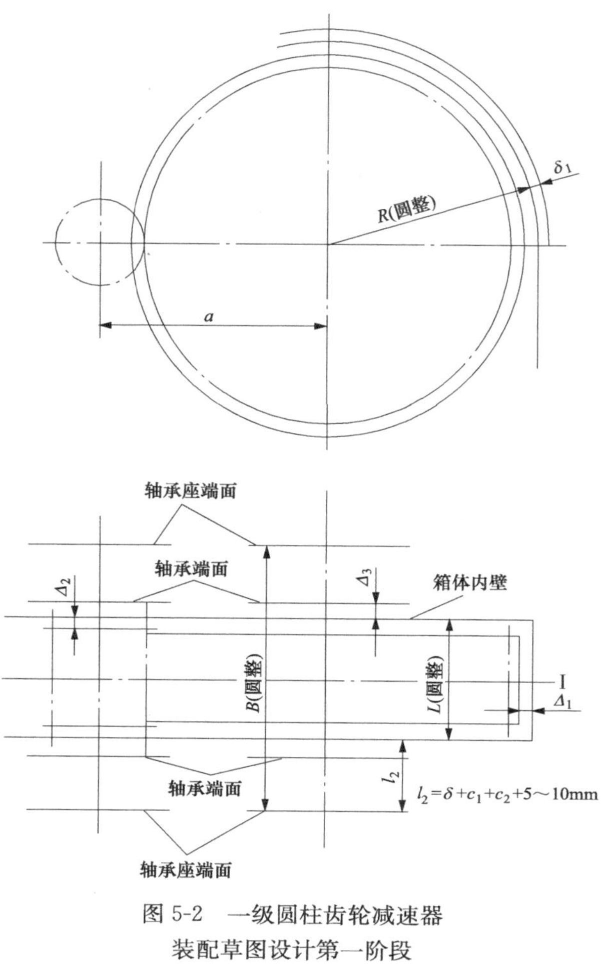

图 5-2　一级圆柱齿轮减速器
装配草图设计第一阶段

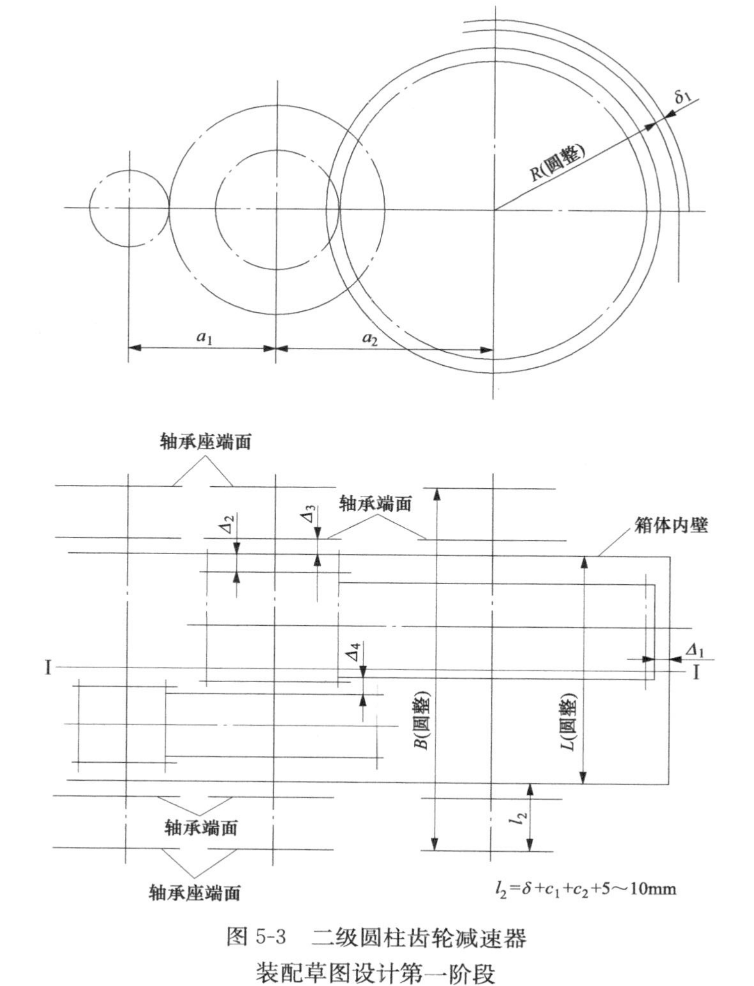

图 5-3　二级圆柱齿轮减速器
装配草图设计第一阶段

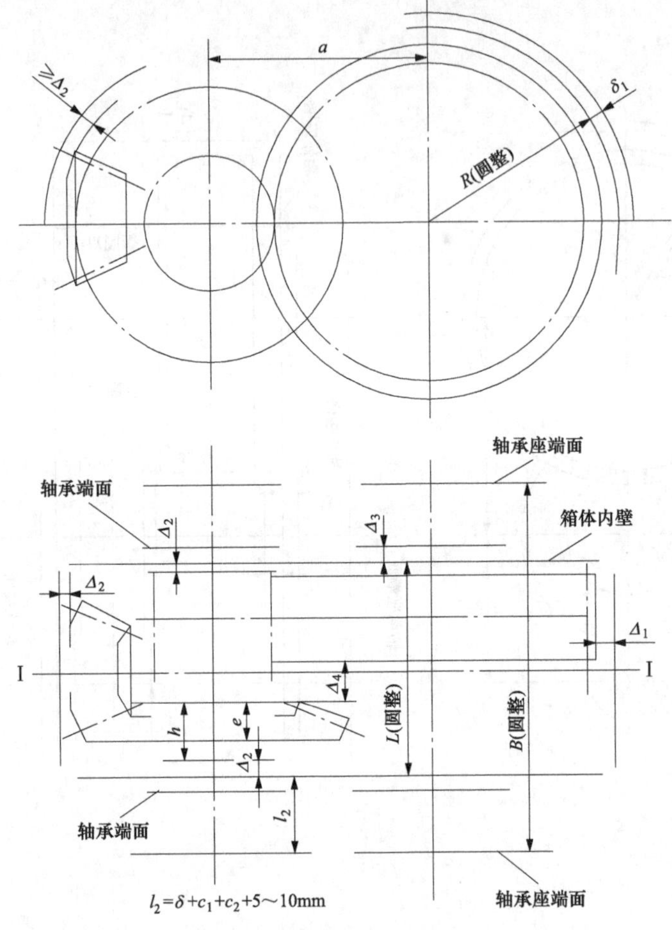

图 5-4　圆锥-圆柱齿轮减速器装配草图设计第一阶段

2. 按蜗杆轴承座尺寸确定箱体宽度及蜗轮轴承座位置

通常取箱体外壁间距等于蜗杆轴承座外端面外径 D_2，即 $B_2 \approx D_2$（见图 5-5），由此画出箱体

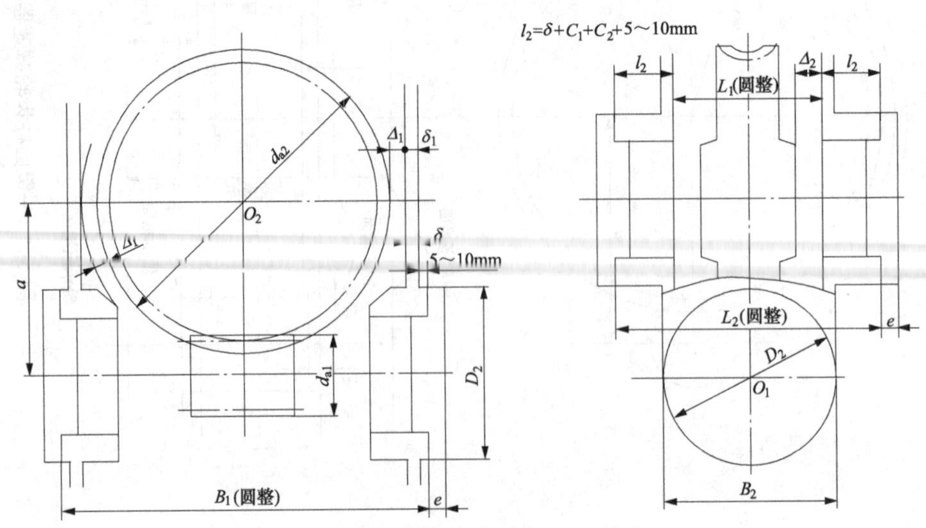

图 5-5　蜗杆减速器装配草图设计第一阶段

宽度方向的外壁和内壁。蜗轮轴承座宽度为 l_2，可确定蜗轮轴承座外端面位置。图中 e 为轴承盖凸缘厚度。

第一阶段完成的草图如图 5-5 所示。

第二节　减速器轴系部件设计

减速器轴系部件设计是减速器装配图设计的第二阶段。

一、初算轴的直径

按扭转强度估算各轴的直径，即

$$d \geqslant A_0 \sqrt[3]{\frac{P}{n}} \quad \text{mm} \tag{5-1}$$

式中：A_0 为由材料的许用扭转应力所确定的系数，其值见《机械设计》教材；P 为轴所传递的功率，kW；n 为轴的转速，r/min。

估算轴径时应注意以下几点：

（1）由式（5-1）求出的直径，为轴的最小直径；轴径处有键槽时，应适当增大轴径以补偿键槽对轴强度的削弱，具体方法可参见《机械设计》教材。

（2）外伸轴段装有联轴器时，外伸段的轴径应与联轴器毂孔直径相适应；外伸轴段用联轴器与电动机轴相连时，应注意外伸段的直径与电动机轴的直径不能相差太大；外伸轴段装有带轮或链轮时，应注意外伸段的轴径应与带轮或链轮毂孔直径相适应。

二、轴的结构设计

轴的结构既要满足强度的要求，也要保证轴上零件便于定位、固定、调整和装配，并有良好的加工工艺性，因此通常将轴设计成阶梯形（见图 5-6）。轴的结构设计的任务是合理确定阶梯轴的形状和全部结构尺寸。

阶梯轴径向尺寸的变化是根据轴上零件受力情况、安装、固定及对轴表面的加工精度等要求而定的，轴向尺寸则根据轴上零件的工作位置、配合长度及支承结构确定。减速器中各轴的设计一般是先设计高速轴，然后设计中间轴和低速轴。

1. 确定轴的各段直径

（1）轴上有轴、孔配合要求处的直径，如图 5-6 中安装齿轮处的直径 d_3，一般应取标准值（参见表 11-7）；而安装带轮、密封元件、滚动轴承及联轴器等标准件处的直径，如 d、d_1、d_2 及 d_5，则应与带轮、密封元件、轴承及联轴器的内孔尺寸一致。在确定这些直径时，可同时选出相应标准件的型号。轴上两个支点的轴承应尽量采用相同的型号，以使轴承座孔径相同，可一次镗出，保证加工精度。

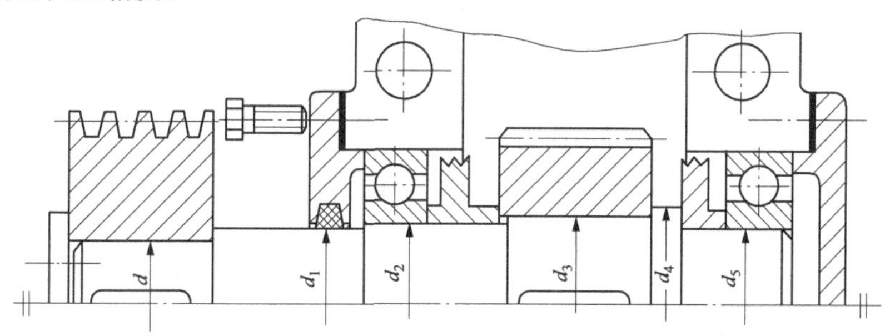

图 5-6　轴的结构设计

（2）相邻轴段的直径不同即形成轴肩。当轴肩用于轴上零件定位和承受轴向力时称为定位轴肩，如图 5-6 中 d 与 d_1、d_3 与 d_4、d_4 与 d_5 之间所形成的轴肩。定位轴肩的高度 h 一般取（2～3）C 或（2～3）R，如图 5-7 所示。用作滚动轴承内圈定位时，轴肩处（或套筒）的直径应按轴承的安装尺寸要求取值（参见表 14-1～表 14-4）。

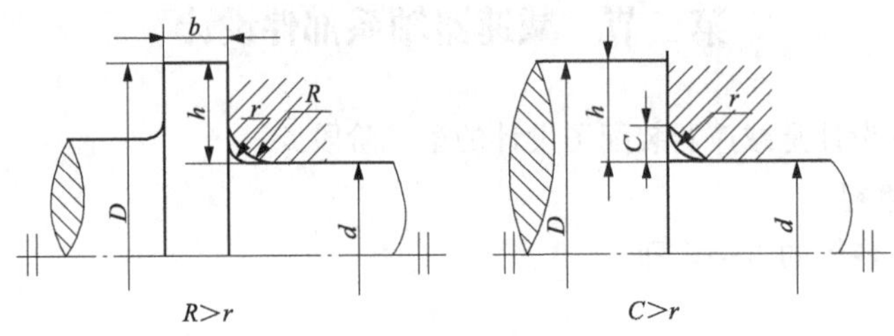

图 5-7　轴肩高度及圆角半径

如果两相邻轴段直径的变化是为了轴上零件装拆方便或区分加工表面，不用于固定轴上零件时称为非定位轴肩，如图 5-6 中 d_1 与 d_2、d_2 与 d_3 间形成的轴肩，非定位轴肩高度一般取 1～2mm。

（3）为了降低应力集中，轴肩处的过渡圆角 r 不宜过小。但为了保证轴上零件定位可靠，轴肩处的过渡圆角半径 r 又必须小于零件毂孔的倒角 C（或圆角半径 R），如图 5-7 所示。一般配合表面处轴肩和零件毂孔倒角、倒圆尺寸见表 11-13。当用轴肩固定滚动轴承时，过渡圆角半径应按轴承的安装尺寸要求取值（参见表 14-1～表 14-4）。

（4）需要磨削加工的轴段应设置砂轮越程槽，如图 5-8 所示，越程槽尺寸见表 11-14；车制螺纹的轴段应有退刀槽，螺纹退刀槽尺寸见表 13-8。

应注意，对于直径相近的轴段，其过渡圆角、越程槽、退刀槽、倒角等尺寸应尽量一致，以便于加工。

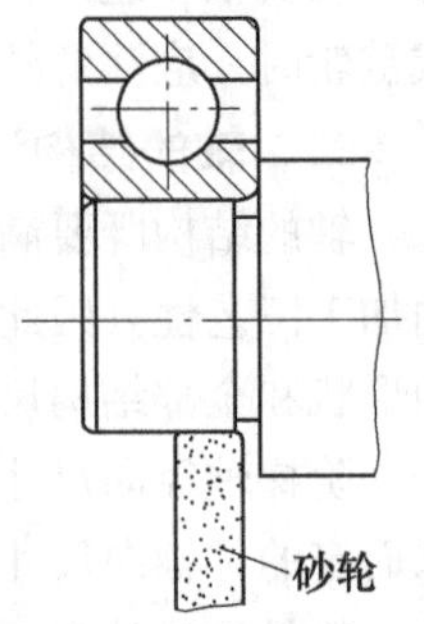

图 5-8　砂轮越程槽

2. 确定轴的各段长度

（1）对于安装齿轮、带轮、联轴器的轴段，当这些零件靠其他零件（套筒、轴端挡圈等）顶住来实现轴向固定时，该轴段的长度应比相配轮毂的宽度略短 2～3mm，以保证固定可靠，如图 5-6 中所示安装齿轮和带轮的轴段。

（2）安装滚动轴承处轴段的轴向尺寸由轴承的位置和宽度来确定。前面确定轴径直径时，已初选了轴承型号，查出轴承宽度和轴承外径等尺寸，即可在轴承座孔内画出轴承的图形（轴承内侧端面距箱体内壁的距离 Δ_3 可按表 4-1 确定），可取轴上轴肩立面与轴承端面平齐，从而确定该段轴的长度，如图 5-6 所示。

（3）轴的外伸段长度取决于外伸轴段上安装的传动件尺寸和轴承端盖的结构。当外伸轴端装有弹性套柱销联轴器时，则必须留有足够的装配尺寸，如图 5-9（b）所示，轴伸出轴承端盖外部分的长度 l_A 由装拆弹性套柱销的距离 A 确定（A 值可由联轴器标准查出）。

采用不同的轴承端盖结构，将影响轴外伸的长度。在图 5-10（a）、（b）中，当采用凸缘式端盖时，l_B 的长度必须考虑装拆端盖螺钉所需的足够长度，以便在不拆卸联轴器（或齿轮）的情况下，可以打开轴承端盖。图 5-6 中要考虑不拆卸皮带轮能打开轴承端盖。在图 5-9（a）中，轴上零件不影响螺钉的拆卸，则 l_A 可取小些，这时，可取 $l_A=(0.15\sim0.25)d_2$，d_2 为轴伸出段的直径。采用嵌入式端盖时，由于不需要考虑连接螺钉的拆装则 l_A 可取小些。

3. 轴上键槽的尺寸和位置

当采用平键连接时，键的长度应比配合轴段的长度短 5～10mm。键槽不要太靠近轴肩处，以避免键槽加重轴肩过渡圆角处的应力集中。

当轴上有多个键槽时，若轴径相差不大，可按直径较小的轴段取相同的键槽宽度，以减少键槽加工时的换刀次数；同时，为便于一次装夹加工，各键槽应布置在轴的同一母线上。

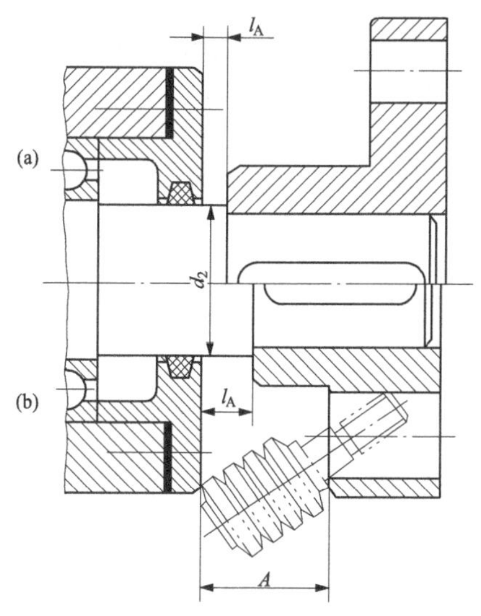

图 5-9　轴的外伸段长度 l_A

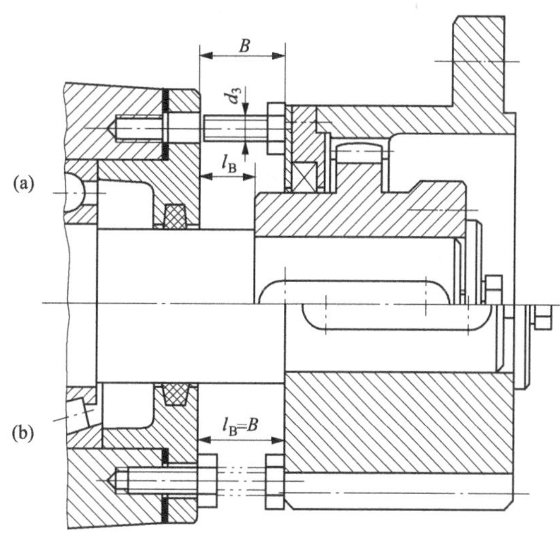

图 5-10　轴的外伸段长度 l_B

三、传动件结构设计

减速器设计所涉及的传动零件包括齿轮（蜗轮、蜗杆）、带轮、链轮等，各传动件的结构设计方法可参阅《机械设计》和《机械设计基础》教材，以及本书第九章相关内容。

四、滚动轴承的组合设计

1. 轴的支承结构形式和轴系的轴向固定

按轴系轴向定位方法的不同，轴的支承结构可分为三种基本形式，即两支点各单向固定支承，一支点固定、另一支点游动支承和两支点全游动支承。它们的结构特点和应用场合可参阅《机械设计》教材。

对于普通齿轮减速器，其轴的支承跨距较小，常采用两支点各单向固定支承。轴承内圈在轴上可用轴肩或套筒做轴向固定，轴承外圈用轴承端盖实现轴向固定。

对于固定间隙轴承（如深沟球轴承），在装配时可采用调整垫片来控制轴向间隙。调整垫片可设置在轴承盖与箱体轴承座端面之间（用于凸缘式轴承端盖），如图 5-11（a）所示；或设置在轴承盖与轴承外圈之间（用于嵌入式轴承端盖），如图 5-11（b）所示。对于圆锥滚子轴承或角接触球轴承等可调间隙轴承，则可利用调整垫片或螺纹件（见图 5-12）来调整轴承游隙，以保证轴承正常运转。

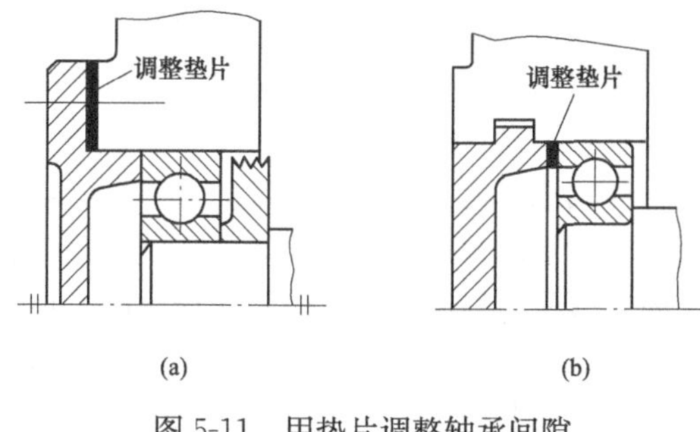

图 5-11　用垫片调整轴承间隙

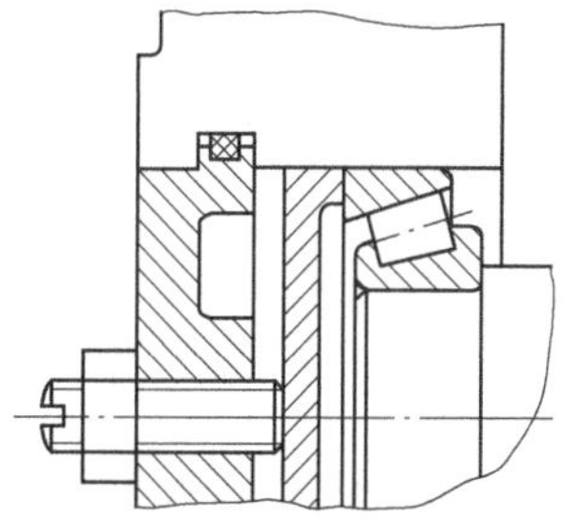

图 5-12　用螺纹件调整轴承间隙

2. 轴承端盖的结构

轴承端盖的作用是固定轴承、承受轴向载荷、密封轴承座孔、调整轴系位置和轴承间隙等，其类型主要有凸缘式和嵌入式两种。

嵌入式轴承端盖不用螺钉连接，结构简单，但密封性能差。在轴承盖中设置O形密封圈能提高其密封性能，如图5-13所示。另外，采用嵌入式轴承盖时，调整轴向间隙比较麻烦，需要打开箱盖，放置调整垫片。凸缘式轴承盖用螺钉固定在箱体上，调整轴承间隙时不需开箱盖，比较方便，密封性能也好（在端盖与箱体之间放置若干薄垫片起密封作用），所以用得较多。

当轴承端盖的宽度 L 较大时［见图5-14（a）］，为减少加工量，可在端部铸出一段较小的直径 D'，但必须保留有足够的配合长度 l［见图5-14（b）］，否则拧紧螺钉时容易使端盖倾斜，以致轴承受力不均，可取 $l=0.15D$。图中端面凹进 δ 值，也是为了减少加工面。端盖多用铸铁铸造，结构设计需考虑铸造工艺要求，尽量使整个端盖厚度均匀，如图5-15（b）、（c）所示结构较好，应避免设计成如图5-15（a）所示的结构。

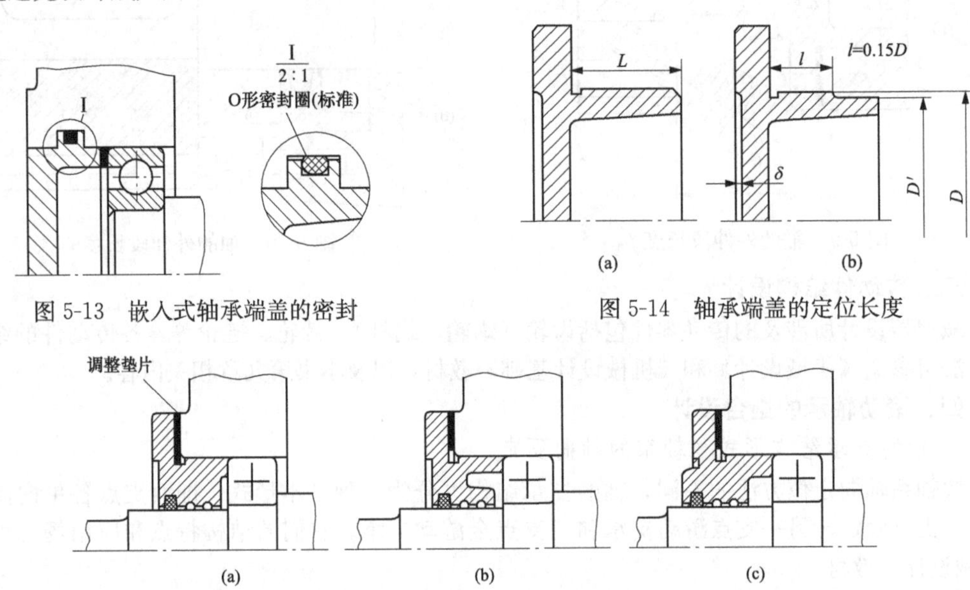

图5-13　嵌入式轴承端盖的密封

图5-14　轴承端盖的定位长度

图5-15　凸缘式轴承端盖的铸造工艺性

轴承盖的具体结构尺寸设计可参考表9-17和表9-18。

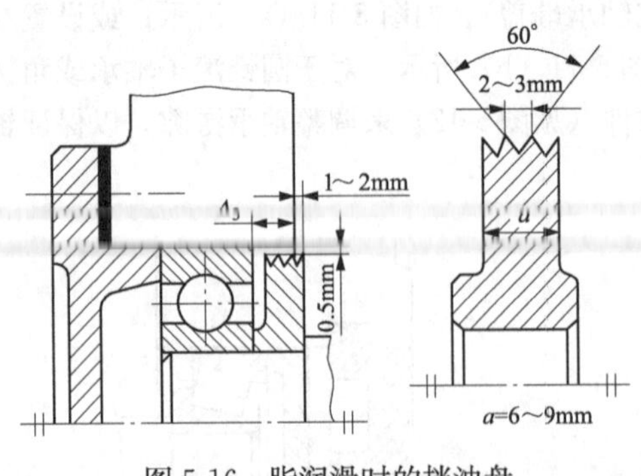

图5-16　脂润滑时的挡油盘

3. 滚动轴承的润滑与密封

（1）滚动轴承的润滑。减速器中滚动轴承的润滑方式可参见表4-3确定。

（2）滚动轴承内侧的挡油盘。当轴承用润滑脂润滑时，为了防止轴承中的润滑脂被箱体内齿轮啮合时挤出的润滑油冲刷、稀释而流失，需在轴承内侧设置挡油盘，如图5-16所示。

当轴承采用油润滑时，若轴承旁小齿轮的齿顶圆小于轴承的外径，为防止齿轮啮合时（特别是斜齿轮啮合时，斜齿有沿齿轮轴向排油作用）所挤出的热油大量冲向轴承内部，尤其在高速时更为严重，增加轴承的阻力，应设置挡油盘，如图5-17所示。挡油盘可用薄钢板冲压制成［成批生产时，见图5-17（a）］或用圆钢车制［见图5-

17（b）]。蜗杆在下的蜗杆传动，其蜗杆轴承旁也应设置这种挡油盘，如图 5-27 和图 5-28 所示。

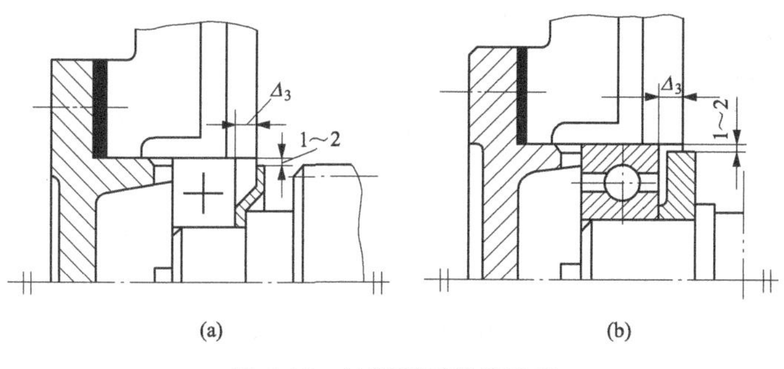

图 5-17　油润滑时的挡油盘

（3）轴外伸处的密封。输入轴和输出轴的外伸段，都必须在端盖的轴孔内安装密封件，以防止润滑油外漏及灰尘、水汽和其他杂质进入箱体内。密封装置分为接触式和非接触式两类，并有多种形式，其密封效果也不相同，为了提高密封效果，必要时可以采用 2 个或 2 个以上的密封件或不同类型的密封构成的组合式密封装置。

设计时可参阅《机械设计》教材及本书第十六章中密封件的相关内容。

五、小圆锥齿轮轴系部件设计

圆锥-圆柱齿轮减速器轴的结构设计与上述圆柱齿轮减速器轴的结构设计方法基本相同，这里仅介绍小圆锥齿轮轴系设计的特点。

1. 小圆锥齿轮的悬臂长度和轴的支承跨距

小圆锥齿轮支承通常采用悬臂结构（见图 5-18）。齿宽中点至轴承压力中心的轴向距离 l_2 即为悬臂长度。为使轴系轴向尺寸紧凑，设计时应尽量减小悬臂长度 l_2。如图 5-19（a）所示的结构 l_2 过大，图（b）结构尺寸紧凑。为了使悬臂轴系具有较大的刚度，轴承支点距离 l_1 不宜过小，一般取 $l_1 \approx 2l_2$ 或 $l_1 \approx 2.5d$，d 为轴承处轴径。

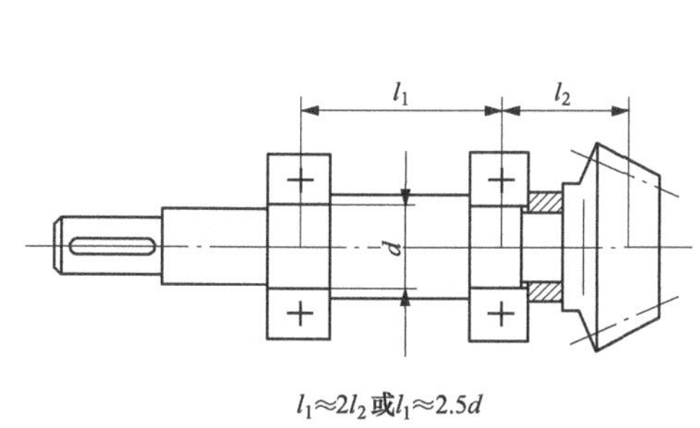

图 5-18　小圆锥齿轮轴系支点跨距与悬臂长度

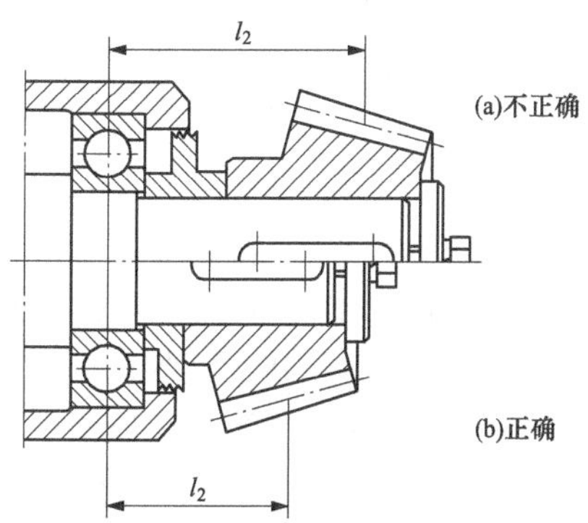

图 5-19　小圆锥齿轮悬臂长度

2. 轴承套杯

为保证圆锥齿轮传动的啮合精度，装配时需要调整大、小圆锥齿轮的轴向位置，使两轮锥顶重合。为了便于调整，小圆锥齿轮轴和轴承通常装在套杯内，通过增减套杯凸缘端面与轴承座外端面之间的一组垫片来调整小圆锥齿轮的轴向位置［见图 5-20（a）］。同时，采用套杯结构也便于设置用来固定轴承外圈的凸肩，并可使小圆锥齿轮轴系部件成为一个独立的装配单元。套杯常用铸铁制造。δ_2 为套杯厚度，凸肩高度应使直径 D 不小于轴承手册中的规定值，以免造成轴承外圈拆卸困难。图 5-20（b）所示为不正确的结构，无法拆下轴承外圈。

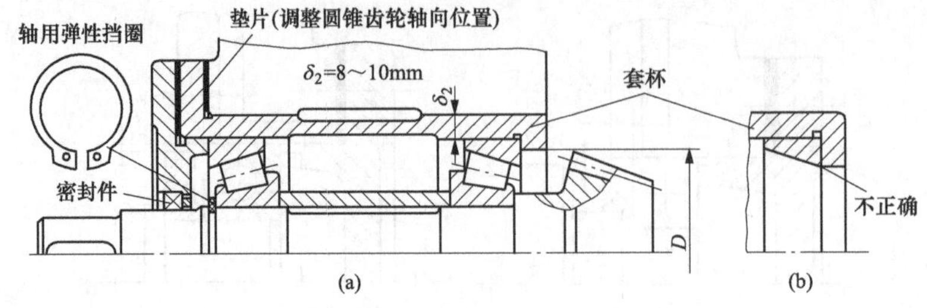

图 5-20　小圆锥齿轮轴向位置的调整

图 5-21 所示为短套杯结构，两个支承一端固定、一端游动，结构简单，装配方便。图 5-22 所示为将套杯做成独立部件，套杯长度替代了一部分箱体，可以减小箱体上套杯座孔长度，简化箱体结构。采用这种结构时，必须注意保证套杯刚度，可取套杯厚度 $\delta_2 \geqslant 1.5\delta$，$\delta$ 为箱座壁厚，并增加支承肋。

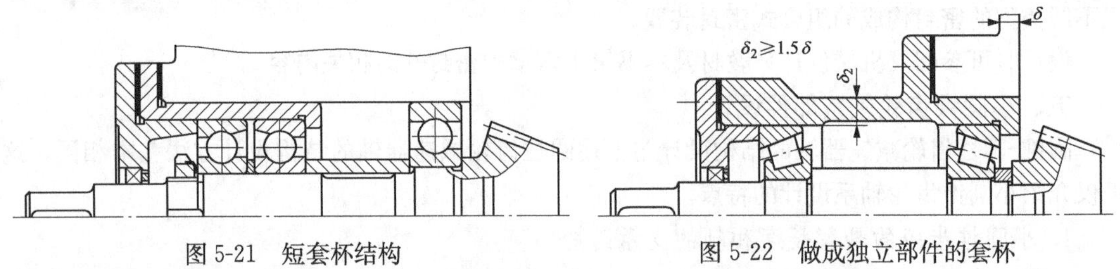

图 5-21　短套杯结构　　　图 5-22　做成独立部件的套杯

轴承套杯的结构尺寸可参考表 9-19 确定。

3. 轴的支承结构

小圆锥齿轮轴较短，通常采用两支点各单向固定式支承结构。当采用角接触球轴承或圆锥滚子轴承时，轴承有两种不同的布置方案，如图 5-23 所示，图（a）为轴承正装，图（b）为轴承反装。两种方案的轴结构、刚度和轴承固定方法皆不同。当空间尺寸相同时，方案（b）中轴承支点跨距 l_1 较大，锥齿轮的悬臂长度 l_2 较短，因此悬臂支撑刚度较大。但是方案（b）中受径向载荷较大的右轴承要同时承受圆锥齿轮的轴向力。

对于方案（a），轴承固定方法与小圆锥齿轮及轴的结构有关。如图 5-20（a）所示的齿轮轴结构的轴承固定方法，两个轴承的内圈两端面都需要固定，而外圈各固定一个端面。这种结构适用于小圆锥齿轮顶圆直径小于套杯凸肩孔径的场合。当锥齿轮顶圆直径 $d_{a1}>D$ 时，应采用齿轮与轴分开的结构，如图 5-24 所示，其轴承只在内、外圈固定一个端面。上述两种结构的轴承游隙都是通过轴承盖与套杯间的垫片来调整的。

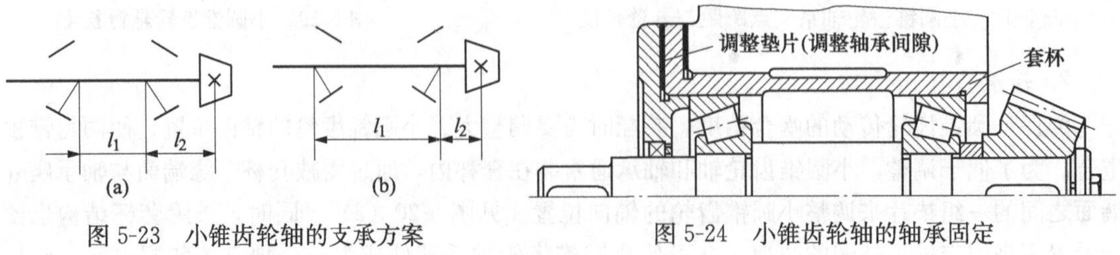

图 5-23　小锥齿轮轴的支承方案　　　图 5-24　小锥齿轮轴的轴承固定

对于方案（b），轴承固定和调整方法也与轴和齿轮的结构有关。如图 5-25 所示的齿轮轴结构，以及图 5-26 所示的齿轮与轴分开的结构，两种结构的轴承游隙都要靠圆螺母调整，比较麻烦，虽然轴的刚度较大，但应用较少。

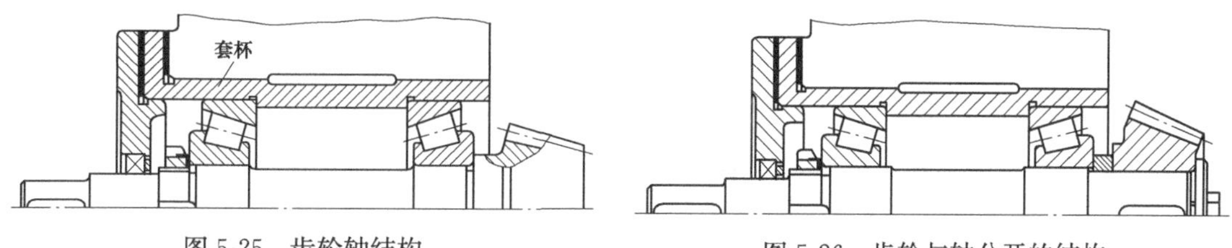

图 5-25　齿轮轴结构　　图 5-26　齿轮与轴分开的结构

六、蜗杆轴系部件设计

当蜗杆轴较短（支点距离小于 300mm）、温升不是很高时，蜗杆轴的支承可采用两支点各单向固定式结构（见图 5-27）；当蜗杆轴较长、轴热膨胀伸长量较大时，如果采用两支点固定结构，则轴承将承受较大的附加轴向力而运转不灵活，甚至会导致轴承卡死压坏。这时常采用一支点固定、另一支点游动的支承结构（见图 5-28）。固定支点一般选在非外伸端并常用套杯结构，以便于固定轴承。设计时，应使蜗杆的两个轴承座孔直径相同并且大于蜗杆外径，以便于箱体上轴承座孔的加工和蜗杆装入。为此，游动端可用套杯结构（见图 5-28）或选取轴承外径与座孔直径相同的轴承（见图 5-29）。当采用角接触球轴承作为固定端时，必须在两轴承之间加一套圈（见图 5-29），以避免外圈接触。

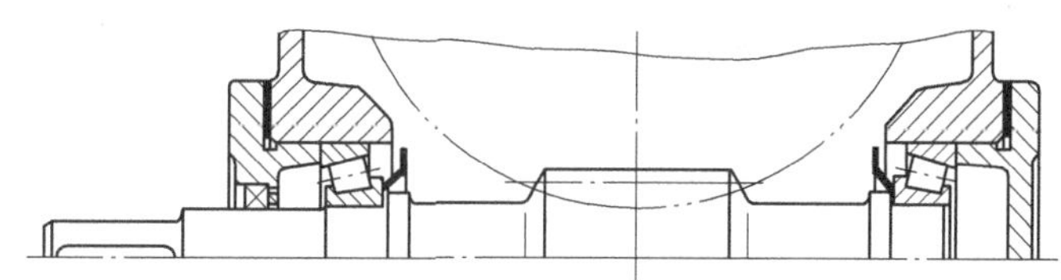

图 5-27　两支点各单向固定

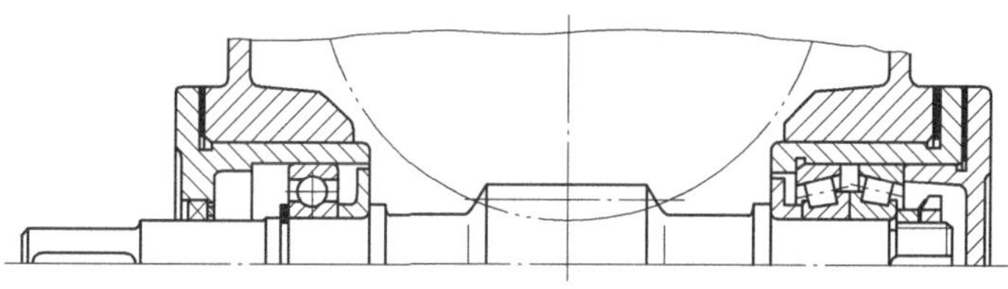

图 5-28　一支点固定、一支点游动（1）

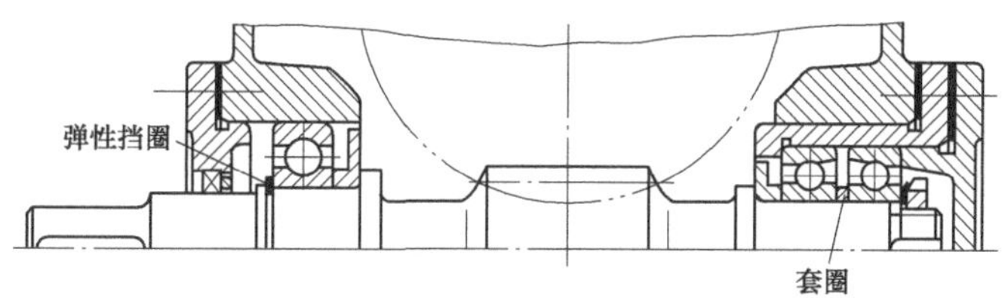

图 5-29　一支点固定、一支点游动（2）

按本节所述，可在装配草图第一阶段的基础上确定各轴段的直径和长度、绘制轴上传动零件、轴承组合、固定及密封件等，完成装配草图第二阶段的设计工作，如图 5-30～图 5-33 所示。

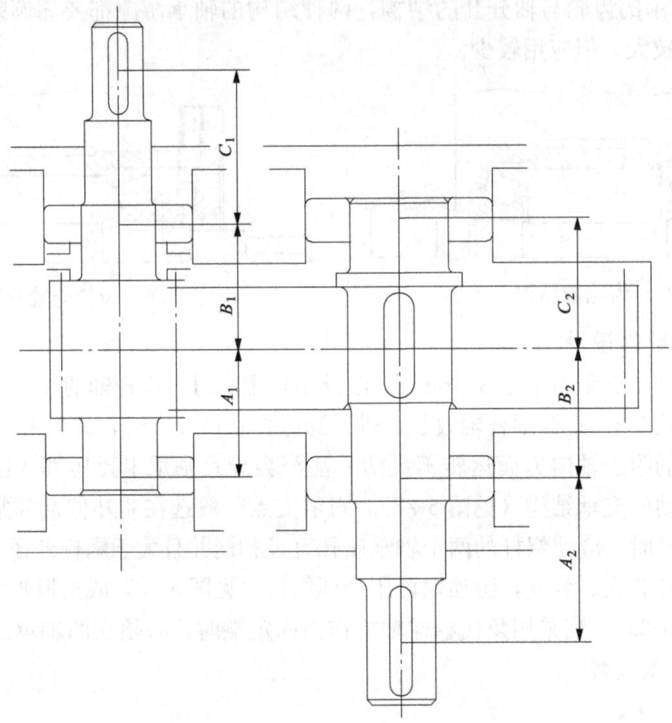

图 5-30 一级圆柱齿轮减速器装配草图设计第二阶段

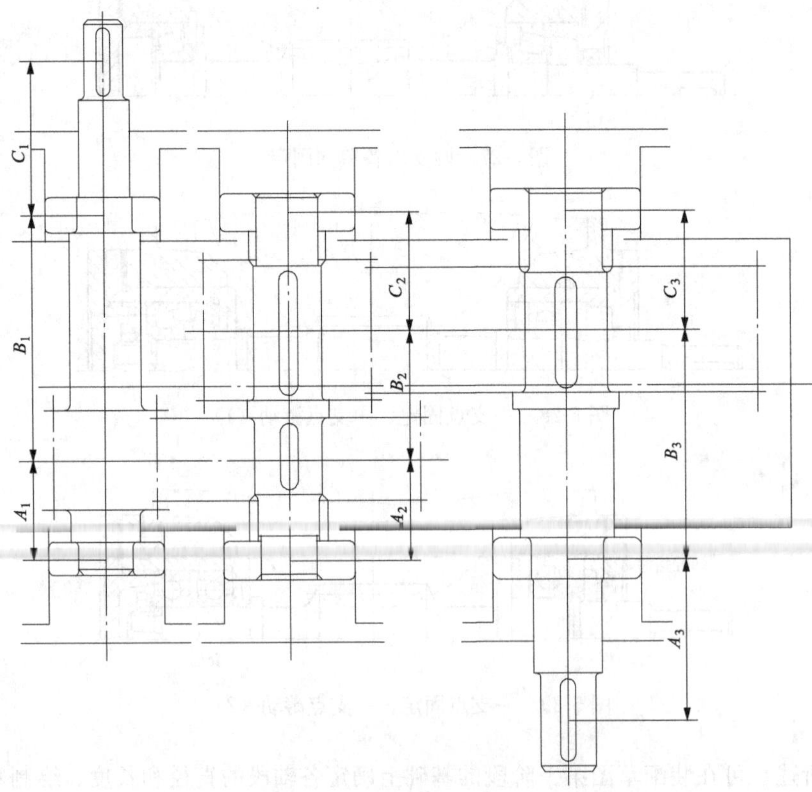

图 5-31 二级圆柱齿轮减速器装配草图设计第二阶段

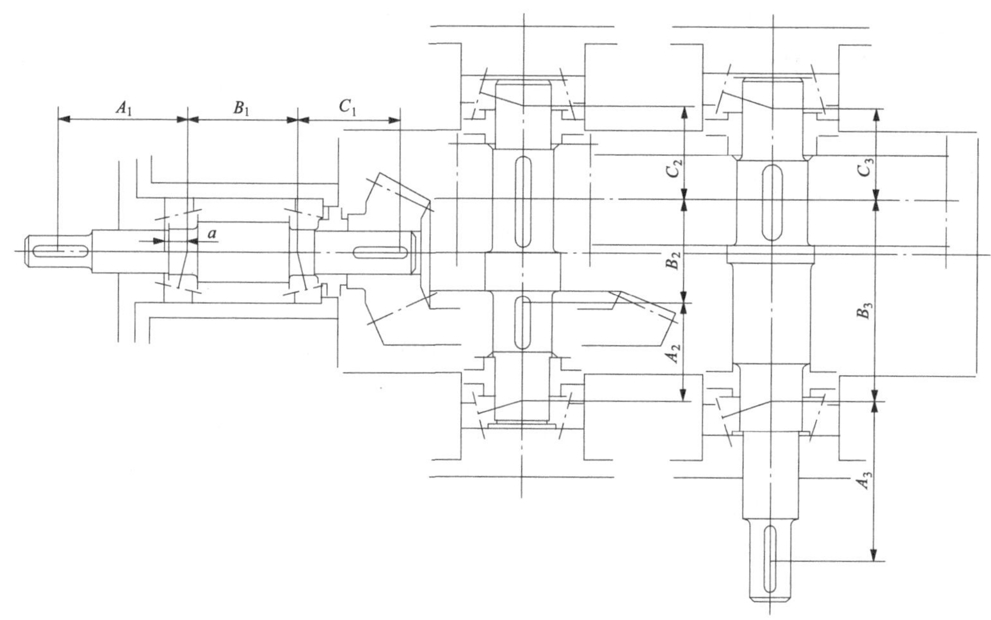

图 5-32　圆锥-圆柱齿轮减速器装配草图设计第二阶段

七、轴、轴承及键连接的强度校核

装配草图设计第二阶段的工作完成之后，轴承及轴上零件的选型及安装位置就确定下来了，此时可以对轴系进行受力分析，对轴、轴承及键等零件进行工作能力校核计算。

(1) 确定轴上力作用点和轴承支点距离。根据所绘装配草图，可以确定轴上传动零件受力点的位置和轴承支点间的距离（见图 5-30～图 5-33）。圆锥滚子轴承和角接触球轴承的支反力作用点与轴承端面间的距离 a（见图 5-34）可查轴承标准。

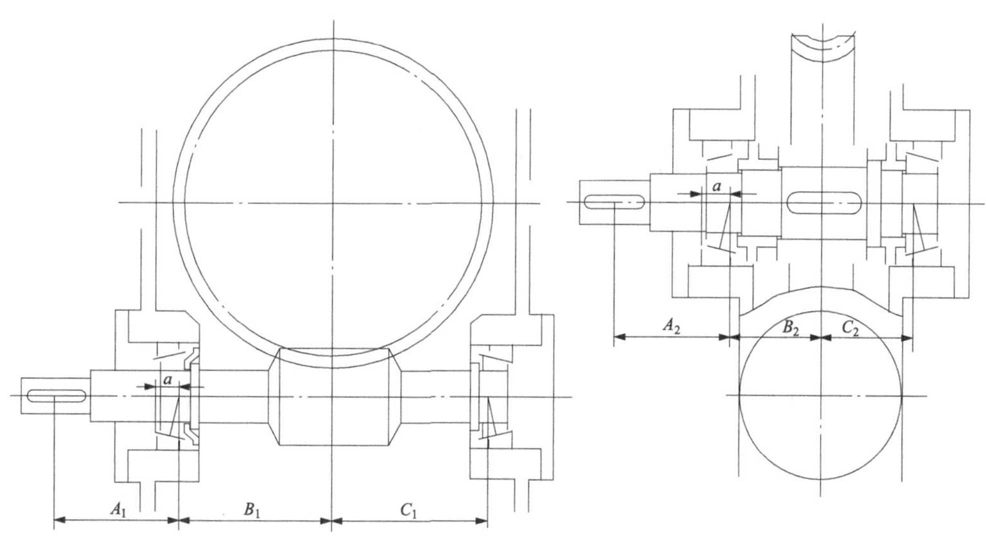

图 5-33　蜗杆减速器装配草图设计第二阶段

(2) 轴的校核计算。轴的强度校核计算按照《机械设计》教材中介绍的方法进行。若校核后强度不够，应采取适当措施提高轴的强度；若强度富余量过大，不必马上改变轴的结构参数，可待轴承寿命及键连接的强度校核之后再综合考虑。

（3）滚动轴承寿命的校核计算。滚动轴承的寿命可与减速器的寿命或减速器的检修周期（2～4 年）大致相符。若计算出的寿命达不到要求，可考虑选另一种系列的轴承，必要时可改选轴承类型。

（4）键连接强度的校核计算。键连接主要是校核其挤压强度。若键连接的强度不够，应采取必要的修改措施，如增加键长、改用双键等。

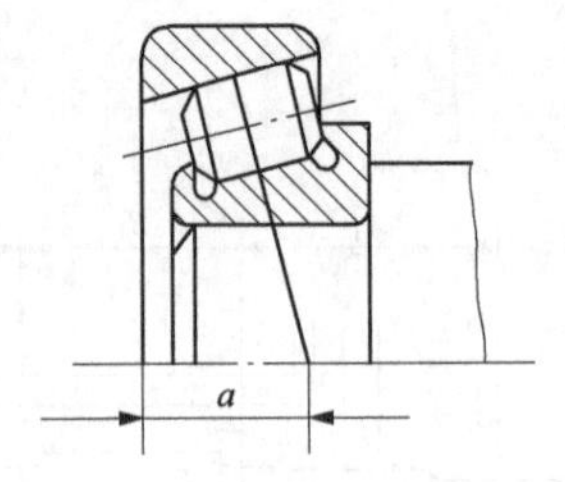

图 5-34　支反力作用点位置

第三节　减速器箱体和附件设计

减速器箱体和附件设计是减速器装配图设计的第三阶段。这一阶段的主要任务是在已确定箱体结构形式（如剖分式）、箱体毛坯制造方法（如铸造箱体）以及前两阶段装配草图设计的基础上，进一步设计箱体及其附件的具体结构。设计绘图工作应在三个视图上同时进行。绘图次序应先箱体，后附件；先主体，后局部；先轮廓，后细节。

一、减速器箱体的结构设计

减速器箱体起着支持和固定轴系零件，以及保证轴系运转精度、良好润滑及可靠密封等重要作用。所设计的箱体结构应满足上述要求并保证有足够的刚度和良好的工艺性。

1. 箱体要具有足够的刚度

若箱体的刚度不够，会在加工和使用过程中产生过大的变形，从而引起轴承座孔中心线歪斜，在传动中产生偏载，导致运动副的加速磨损，影响减速器正常工作。箱体的刚度主要取决于箱体的壁厚、轴承座螺栓连接的刚度和肋板尺寸。

（1）箱体的壁厚。箱体要有合理的壁厚。对于铸造箱体，壁厚应满足铸造壁厚最小值要求，同时壁厚应尽可能一致，并采用圆弧过渡。铸造箱体壁厚和结构尺寸可参考表 4-1 确定。

（2）轴承座连接螺栓凸台的设计。为了提高剖分式箱体轴承座处的连接刚度，座孔两侧的连接螺栓应尽量靠近，为此需要在轴承座孔两侧设置凸台结构，如图 5-35 所示。轴承座凸台上螺栓孔的间距 $s \approx D_2$，D_2 为凸缘式轴承盖的外径。若 s 值过小，螺栓孔可能会与轴承盖螺钉孔或油沟相干涉，如图 5-36 所示。图 5-37 所示为设置与不设置凸台结构时轴承座的连接刚度比较，其中 $s_2 > s_1$，图（a）的刚度要大于图（b）的刚度。

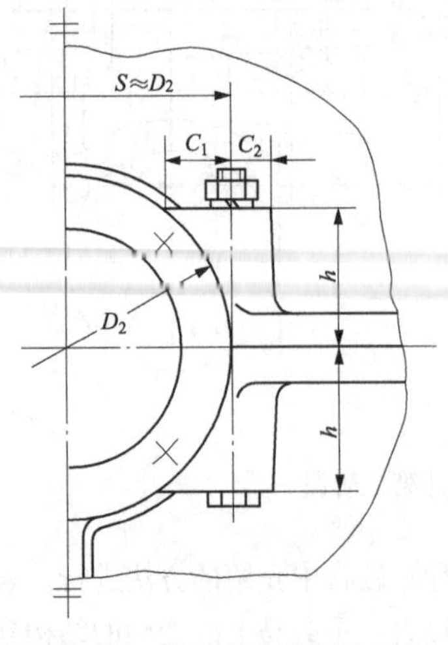

图 5-35　轴承座连接螺栓凸台

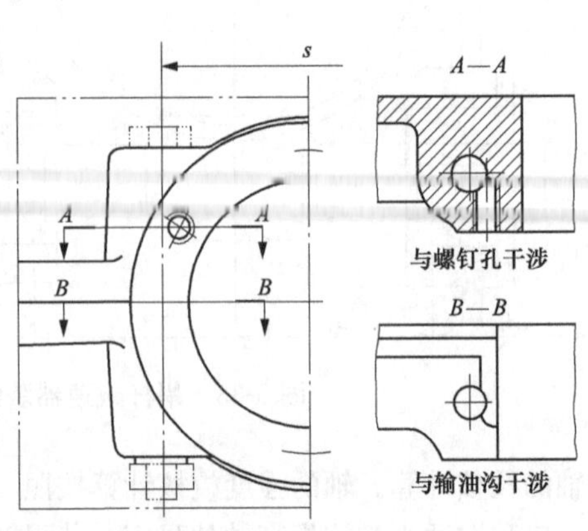

图 5-36　连接螺栓相距过近，造成干涉

凸台高度 h 与扳手空间尺寸要求有关，参照表 4-1 确定螺栓直径和 c_1、c_2 的值，根据 c_1 和 c_2 用作图法来确定凸台高度 h，如图 5-35 所示。为制造加工方便，各轴承座凸台高度应当一致，并且按最大轴承座凸台高度确定。考虑铸造拔模，凸台侧面的斜度一般取 1∶20。

（3）设置加强肋板。为保证减速器的支承刚度，应适当设置加强肋板。箱体加强肋的结构形式可参阅图 4-1～图 4-3，肋板厚度可参考表 4-1。

2. 箱盖顶部外表面轮廓的设计

对于铸造箱体，箱盖顶部外轮廓通常以圆弧和直线组成。大齿轮所在一侧的箱盖外表面圆弧一般与大齿轮齿顶圆成同心圆，设箱盖外表面圆弧半径为 R，$R=\frac{d_{a2}}{2}+\Delta_1+\delta_1$，其中，$d_{a2}$ 为大齿轮齿顶圆直径，Δ_1 为箱体内壁到大齿轮顶圆的距离，δ_1 为箱盖壁厚，按表 4-1 确定。以大齿轮轴心为圆心，以 R 为半径画圆弧即可作为箱盖顶部的部分轮廓。一般情况下，大齿轮轴承座凸台均处于箱盖圆弧的内侧。

在高速轴一侧，箱盖外廓圆弧半径应根据结构通过作图确定。一般可使高速轴轴承座螺栓凸台位于箱盖圆弧内侧，如图 5-38 所示，可取圆弧半径 R 大于 R'（R'为小齿轮轴心到凸台肩处的距离，半径 R 圆心可以不在轴心上）画出圆弧作为箱盖外廓圆弧。

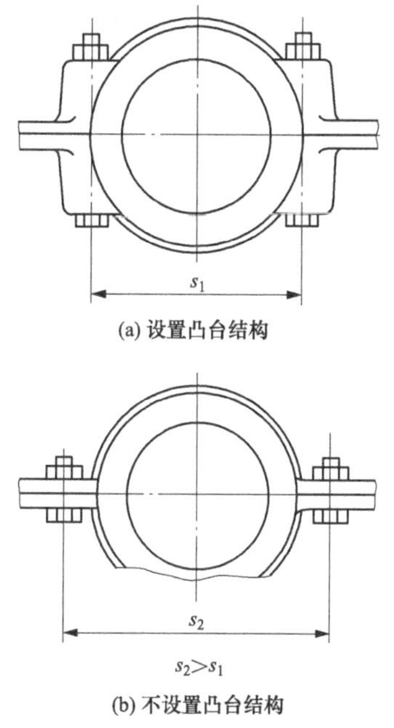

图 5-37　轴承座的连接刚度比较

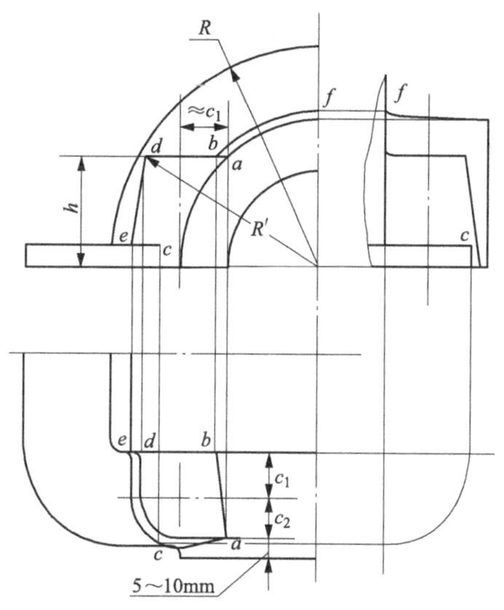

图 5-38　凸台三视图及箱盖圆弧的确定

画出小齿轮、大齿轮两侧圆弧后，可作两圆弧切线。这样，箱盖顶部轮廓便完全确定了。

当在主视图上确定了箱盖基本外廓后，便可在三个视图上详细画出箱盖的结构。

前阶段绘制装配草图时，在俯视图长度方向小齿轮一侧的箱体内壁线还未确定。这时根据主视图上的箱体内壁圆弧投影，可画出俯视图上小齿轮侧的箱体内壁线。

3. 箱体中润滑油面高度及箱座高度的确定

大多数减速器中传动件的圆周速度 $v\leqslant 12\text{m/s}$，常采用浸油润滑。若速度 $v>12\text{m/s}$，则应采用喷油润滑，见表 4-2。

当传动零件采用浸油润滑时，箱体内需存储足够量的润滑油，用以润滑和散热。对于单级减速器，每传递 1kW 功率所需油量为 350～700cm^3（油的黏度低，用小值；油的黏度高，用大值）；对于多级减速器，按级数成比例增加。

传动件应有合适的浸油深度，浸油深度过大会使搅油损失增大，浸油深度过小则不能保证充分润滑。浸油深度具体值可参考表 4-2 确定。

为了避免传动零件转动时将沉积在油池底面的污物搅起，造成齿面磨损，应使大齿轮的齿顶圆距箱底内壁的距离大于 30～50mm。

根据此前绘制的俯视图草图可以估算出减速箱箱座横截面的面积，再考虑所需的润滑油量、齿轮浸油深度以及大齿轮齿顶距箱体底面的最小距离要求，就可以通过计算法及作图法确定出润滑油的油面高度及箱座的高度，如图 5-39 所示。

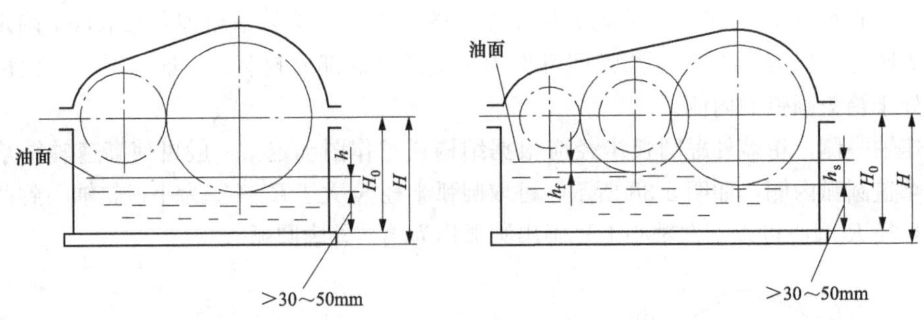

图 5-39　箱座高度的确定

4. 箱盖与箱座连接凸缘、箱体底座凸缘的结构设计

箱盖与箱座的连接凸缘、箱体底座凸缘要有一定宽度和厚度，可参照表 4-1 及图 5-40 确定。为了保证箱盖与箱座的连接刚度，箱盖与箱座的连接凸缘应较箱壁厚些，约为 1.5 倍箱体壁厚，见图 5-40（a）。为了保证箱体底座的刚度，取底座凸缘厚度为 2.5δ。底座凸缘宽度 B 应超过箱体内壁，一般取 $B=c_1+c_2+2\delta$，其中，c_1、c_2 为地脚螺栓扳手空间的尺寸。图 5-40（b）为正确结构，图 5-40（c）为不正确的结构。

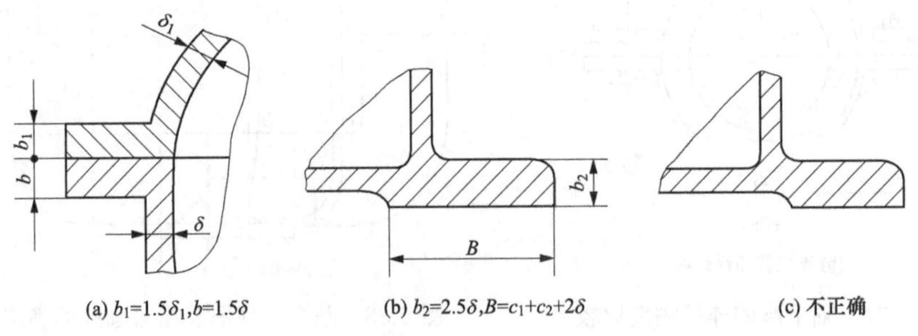

图 5-40　箱体连接凸缘及底座凸缘

5. 导油沟的形式和尺寸

当轴承利用箱体内传动件飞溅起来的润滑油润滑时，通常在箱座的剖分面上开设导油沟，在箱盖上制出斜口，使飞溅到箱盖内壁上的油经斜口流入导油沟，再经轴承端盖上的开口流入轴承，见图 5-41（a）。

导油沟有铸造油沟和机械加工油沟两种结构形式。机械加工油沟由于加工方便、油流阻力小，故较常应用。斜口、导油沟的布置和油沟尺寸见图 5-41。

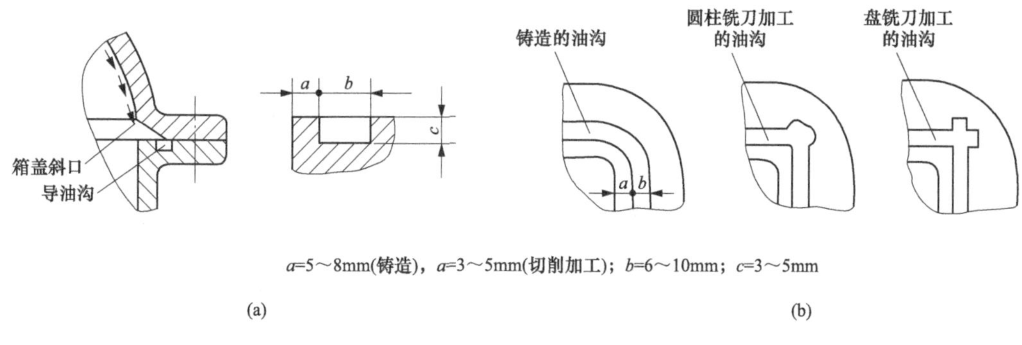

图 5-41　导油沟形状及尺寸

6. 箱体接合面的密封

为了保证箱盖与箱座接合面的密封，常在接合面上涂密封胶（为保证轴承与座孔的配合精度，在接合面上不允许用加垫片的方法来密封）。为了保证密封，箱盖与箱座凸缘连接螺栓间距也不宜过大，一般为 150～200mm，并尽量匀称布置。

另外，对接合面的几何精度和表面粗糙度应有一定的要求，密封要求高的表面要经过刮研。

7. 箱体应有良好的结构工艺性

箱体的结构工艺性对箱体的质量和成本，以及对加工、装配、使用和维修等都有影响，应特别注意。

(1) 铸造工艺性。考虑到液态金属流动的畅通性，应力求铸件结构简单，且壁厚不可太薄，最小壁厚见表 11-21。为了避免因冷却不均而造成的内应力裂纹或缩孔，结构变化处不应出现金属局部积聚（见图 5-42），倾斜面不宜直接形成锐角（见图 5-43）。铸件各部分的壁厚应力求均匀，尺寸变化平缓过渡，内外转折处都应有铸造圆角。铸造过渡斜度、铸造内/外圆角等尺寸见表 11-22～表 11-25。

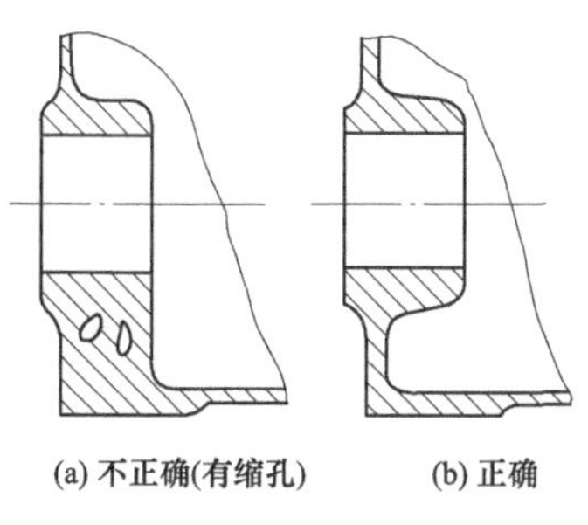

图 5-42　铸造时金属不应局部积聚

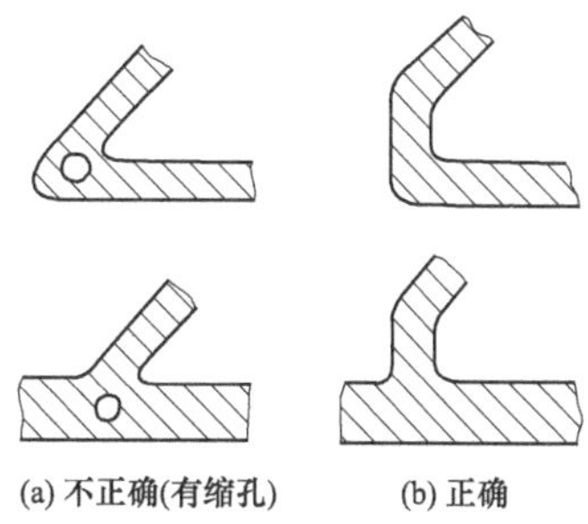

图 5-43　箱壁结构

为便于制模、造型，铸件外形应力求简单、统一（如各轴承座凸台高度应一致）。为了造型时拔模方便，铸件表面沿拔模方向应有 1∶20 ～1∶10 的斜度。当箱体表面有多个凸起结构时，应尽量连成一体，以简化拔模过程。如图 5-44（a）所示的结构需用两个活块，若改为图 5-44（b）所示的结构则不用活块，拔模方便。因此，在拔模方向上应尽量减少孤立的凸起结构。

铸件应尽量避免出现狭缝，因这时砂型强度差，在取模和浇注时易形成废品。图 5-45（a）中两凸台的距离过近而形成狭缝，应将凸台连在一起；图 5-45（b）所示为正确结构。

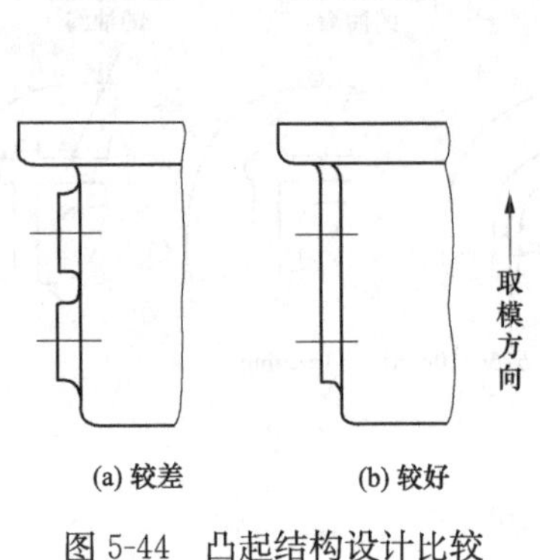

图 5-44　凸起结构设计比较

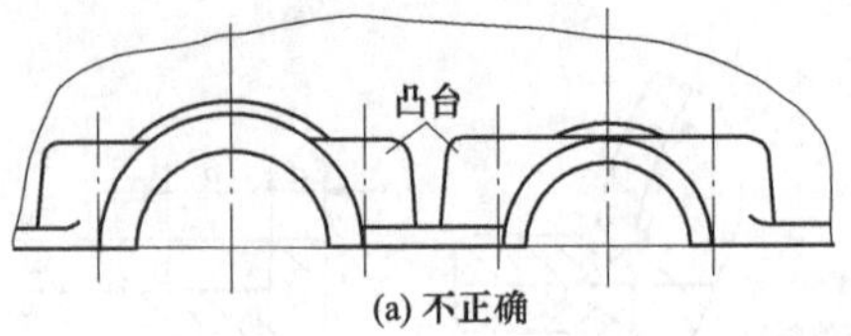

凸台

(a) 不正确

(b) 正确

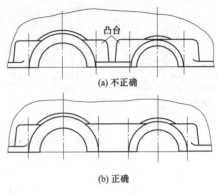

图 5-45　凸台设计避免狭缝

（2）机械加工工艺性。设计箱体结构形状时，应尽可能减小机械加工面积，以提高劳动生产率，并减少刀具磨损。在图 5-46 所示的箱座底面结构中，图（a）所示需要全部进行机械加工的底面结构不正确；中、小型箱座多采用图（b）所示的结构；大型箱座则采用图（c）所示的结构。

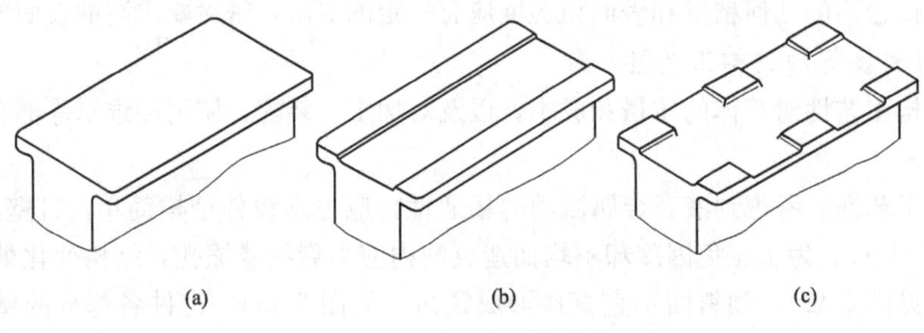

图 5-46　箱座底面的结构

为了保证加工精度和缩短加工时间，应尽量减少机械加工过程中刀具的调整次数。例如，同一轴线的两轴承座孔直径应尽量一致，以便于两轴承孔一次镗出，保证镗孔精度。又如，同一方向的平面应尽量一次调整加工，因此，各轴承座孔外端面都应在同一平面上，如图 5-47（b）所示；图 5-47（a）所示不正确。

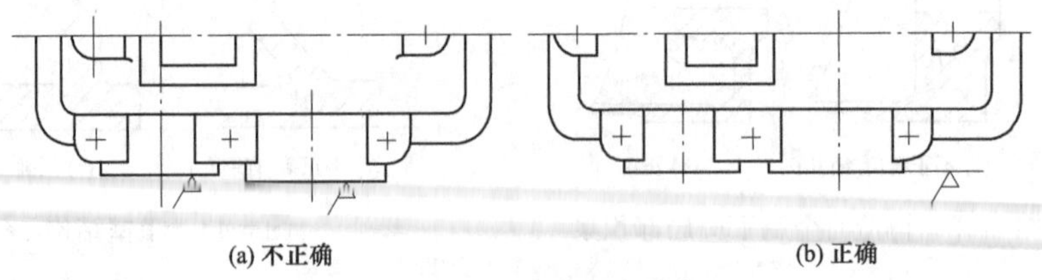

图 5-47　箱体轴承座端面结构

设计铸造箱体时，箱体上的任何一处加工面与非加工面应严格区分开，应使它们不在同一平面上，如图 5-48 所示。采用凸起或是凹下结构应视加工方法而定。轴承座孔端面、观察孔、通气器、吊环螺钉、油塞等处均应做出凸台（凸起高度 $h=3\sim8$mm），支撑螺栓头部或螺母的支承面，一般多采用凹下的结构，即沉头座。沉头座锪平时，深度不限，锪平为止，在图上可画 2～3mm 深，以表示锪平深度。

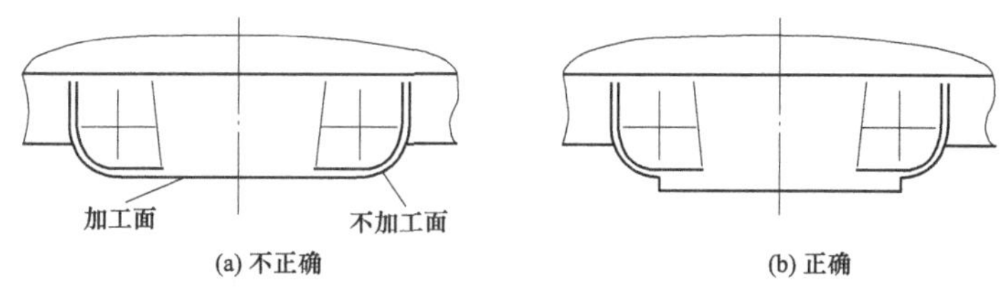

图 5-48　加工表面与非加工表面应当区分开

二、减速器附件设计

1. 观察孔和观察孔盖

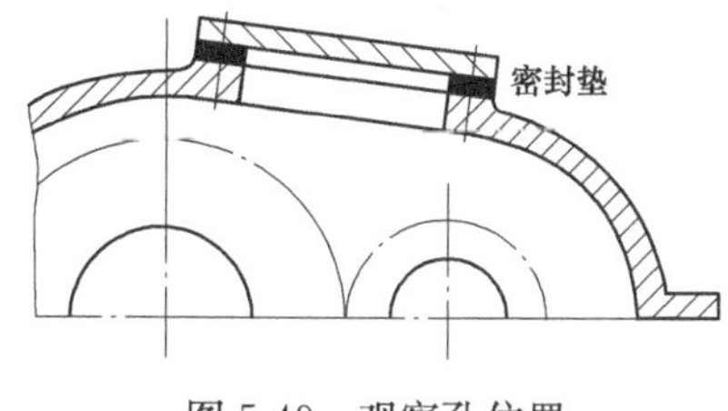

图 5-49　观察孔位置

减速器箱盖顶部要开设观察孔，以便检查传动件的啮合情况、润滑状况、接触斑点、齿侧间隙等。

观察孔应设在能看到传动零件啮合区的位置，如图 5-49 所示，其尺寸应足够大，以便能将手伸入箱体内进行操作。减速器内的润滑油也由观察孔注入，为了减少油的杂质，可在观察孔口装一过滤网。观察孔要有观察孔盖，以防污物进入箱体内以及润滑油飞溅出来。观察孔处应设计凸台，以便机械加工出支承观察孔盖的表面并用垫片加强密封。观察孔盖常用轧制钢板或铸铁制成，用螺钉紧固在凸台上，其典型结构形式如图 5-50 所示。图 5-50（a）所示为轧制钢板式，其结构轻便，上、下面无须机械加工，无论单件或成批生产均常采用；图 5-50（b）所示为铸铁式，需制木模，且有较多部位需进行机械加工，故应用较少。观察孔及观察孔盖的尺寸见表 9-14。

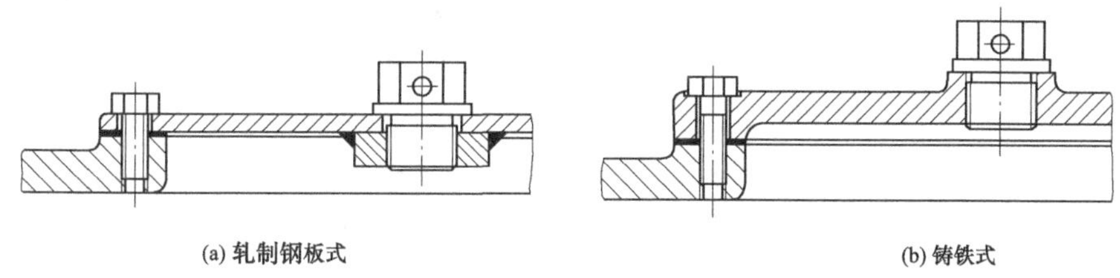

图 5-50　观察孔盖

2. 通气器

减速器运转时，箱体内温度升高气压增大，对减速器密封极为不利。因此应在箱盖顶部或观察孔盖上安装通气器，使箱体内热涨气体自由逸出，以保证箱体内外压力平衡，提高箱体有缝隙处的密封性能。

简易的通气器常用带孔螺钉制成，见表 9-9，但通气孔不应直通顶端，以免灰尘进入。这种通气器没有防尘功能，一般用于比较清洁的场合。较完善的通气器内部做成各种曲路，并有防尘金属网，可以减少减速器停车后灰尘随空气吸入箱体，见表 9-10 和表 9-11。安装在钢板视孔盖上时，用一个扁螺母固定，为防止螺母松脱落到箱体内，可将螺母焊在视孔盖上，见图 5-50（a），这种形式结构简单，应用广泛；安装在铸造视孔盖或箱盖上时，需要在铸件上加工螺纹孔和端部平面，见图 5-50（b）。

3. 起盖螺钉

为了防止漏油，在箱座与箱盖接合面处通常涂有密封胶或水玻璃，接合面被粘住不易分开。为便于开启箱盖，可在箱盖凸缘上设置 1 或 2 个起盖螺钉，如图 5-51 所示。拆卸箱盖时，可先拧动此螺钉顶起箱盖。

起盖螺钉的直径可与凸缘连接螺栓直径相同或稍小，其上的螺纹长度要大于箱盖连接凸缘的厚度，钉杆端部要做成圆柱形或半圆形，以免顶坏螺纹，如图 5-51 所示。也可用方头、圆柱头紧定螺钉代替。

4. 定位销

为了保证剖分式箱体轴承座孔的镗孔精度和装配精度，需在箱体连接凸缘上相距较远处设置两个定位销，并尽量放在不对称位置，以提高定位精度。定位销孔是在箱体剖分面加工完毕并用连接螺栓紧固以后，进行配钻和配铰的。因此，定位销的位置还应考虑到便于钻、铰孔的操作，且不应妨碍邻近连接螺栓的装拆。

定位销有圆锥形和圆柱形两种结构。为保证重复拆装时定位销与销孔的紧密性和便于定位销的拆卸，应采用圆锥销。定位销的直径一般取 $d=(0.7\sim0.8)d_2$，d_2 为凸缘连接螺栓直径，其长度应大于箱盖和箱座连接凸缘的总厚度，以便装拆，如图 5-52 所示。

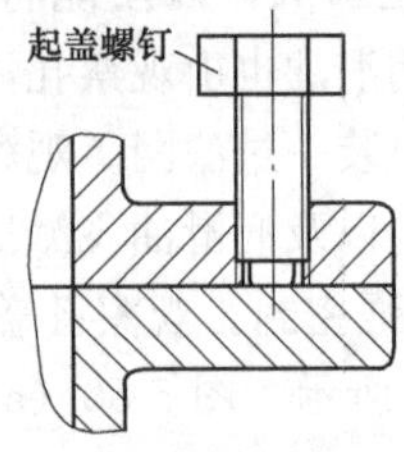

图 5-51　起盖螺钉

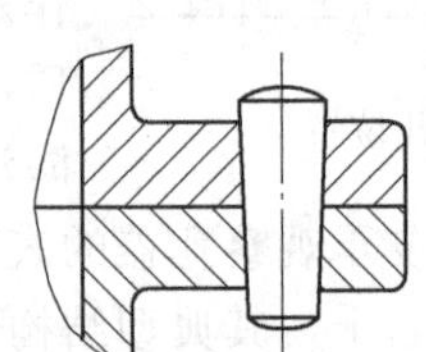

图 5-52　圆锥销定位

5. 油标

油标用来指示箱体内油面高度，常设置在便于观察减速器油面及油面较稳定之处（如低速级传动件附近）。常见的油标有杆式油标、圆形油标、长形油标等，杆式油标（油标尺）结构简单、使用方便、应用较多，如图 5-53 所示。检查油面高度时拔出油标，以杆上油痕判断油面高度。油标上两条刻线的位置，分别对应最高和最低油面，油痕应位于油标上最高、最低油面位置标线之间，如图 5-53（a）所示。如果需要在运转过程中检查油面，为避免因油搅动而影响检查效果，可在油标外装隔离套，如图 5-53（b）所示。

杆式油标多安装在箱体侧面，设计时应合理确定油标插孔的位置及倾斜角度，要便于油标尺的取出和装入。油标尺的安装位置不能太低，以免润滑油溢出。杆式油标插孔凸台的主视图与侧视图的局部投影关系，如图 5-54 所示。

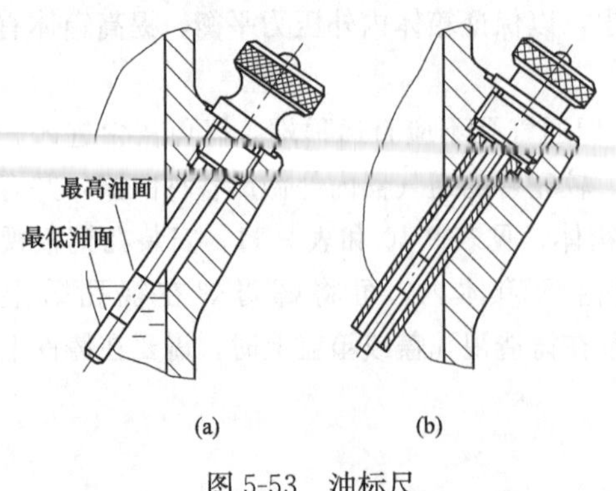

图 5-53　油标尺

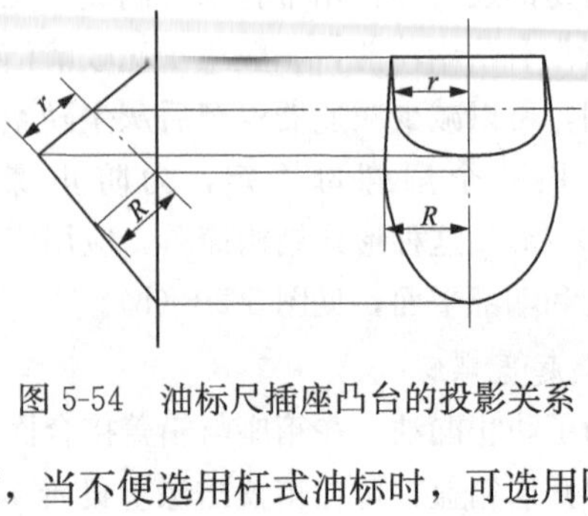

图 5-54　油标尺插座凸台的投影关系

圆形油标为直接观察式油标，可随时观察油面高度，当不便选用杆式油标时，可选用圆形油标。各种油标的结构尺寸见表 9-12 和表 9-13。

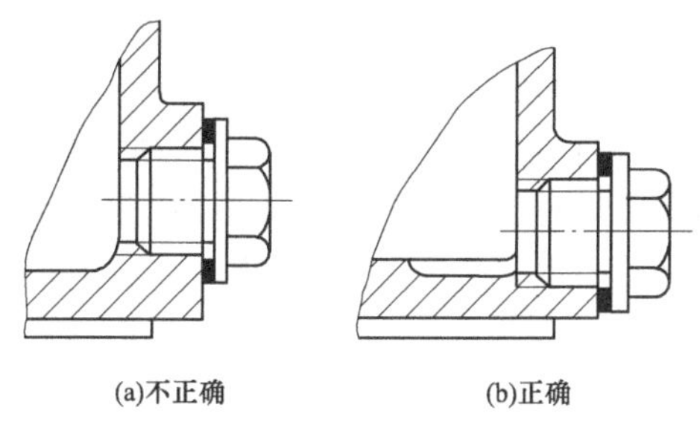

图 5-55　放油孔

6. 放油孔和螺塞

箱体中的润滑油需定期更换，为了将污油排放干净，应在油池的最低位置处设置放油孔。图 5-55（a）所示不正确，孔的位置稍高，油放不干净。箱座内底面常做成 1°～1.5°倾斜面，在油孔附近应做成凹坑，以便污油汇集而排尽，如图 5-55（b）所示。放油孔应设置在减速器不与其他部件靠近的一侧，以便于放油。

放油孔平时用螺塞堵住，因此，油孔处的箱体外壁应铸出凸台，经机械加工成为螺塞头部的支承面，应采用封油垫圈以加强密封。螺塞及封油垫圈的结构尺寸见表 9-8。

7. 起吊装置

为方便搬运减速器或箱盖，应在箱座及箱盖上分别设置起吊装置。起吊装置通常直接铸造在箱体表面或采用标准件。

吊环螺钉是标准件，设计时按起吊重量选取，其结构尺寸及减速器参考重量见表 9-16。吊环螺钉通常用于吊运箱盖，也可用于吊运小型减速器。箱盖安装吊环螺钉处应设置凸台，以使螺钉孔有足够的深度，装配时必须把螺钉完全拧入螺孔，使其台肩抵紧箱盖上的支承面，为此箱盖上的螺钉孔必须局部锪大。如图 5-56（c）所示的螺钉孔工艺性较好。

采用吊环螺钉会增加机加工工序，欲减少机加工量可在箱盖上直接铸出吊耳。而箱座上更多采用的是直接铸出吊钩，用于吊运箱座或整体减速器。吊耳和吊钩的结构尺寸参照表 9-15，设计时可根据具体条件进行适当修改。设计时还需注意其布置应与机器重心位置相协调，并避免与其他结构相干涉。

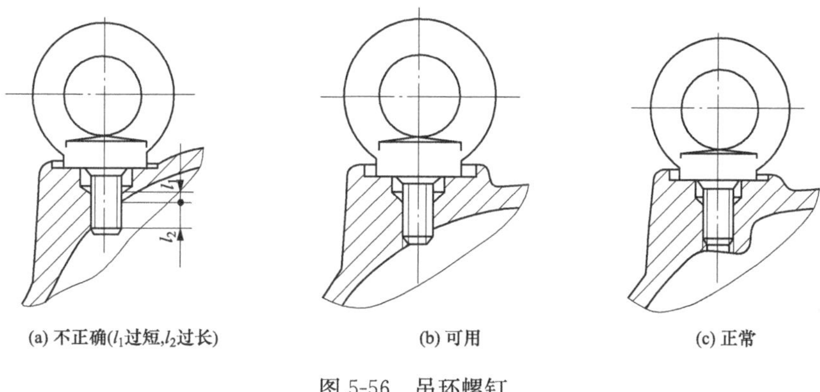

图 5-56　吊环螺钉

第四节　完成装配工作图

完成装配工作图是减速器装配图设计的第四阶段。完整的装配图应包括以下内容：表达机器工作原理、零部件装配关系、零件主要结构的各个视图，主要尺寸和配合，技术特性和要求，零件编号、明细表和标题栏。经过前面三个阶段的设计，各个视图已基本确定，本阶段将完成其他内容。

在装配工作图中某些结构可以采用简化画法。例如，对于相同类型、尺寸、规格的螺栓连接，可以只画一个，其他用中心线表示。螺栓、螺母、滚动轴承可以采用制图标准中规定的简化画法。

在剖视图中，对于相邻的不同零件，其剖面线的方向应该不同，以示区别；对于同一个零件，在各视图中的剖面线方向和间隔应一致；对于很薄的零件（如调整垫片），其剖面可以涂黑。

用轻细实线完成装配工作图后，先不要加深，应先转入零件工作图的设计。这是因为设计零件工作图时，如果发现某些零件间相对关系或结构尺寸不合理时，可能还要修改装配工作图，所以应在零件图设计完成之后再完成装配工作图的加深工作。

一、标注尺寸

装配图上应标注的尺寸有四类。

（1）特性尺寸：表示减速器性能、规格、特征的尺寸，如传动零件的中心距及其偏差。

（2）外形尺寸：减速器外形的长、宽、高尺寸，供空间总体布置及包装、运输的需要。

（3）安装尺寸：减速器安装在地基上及与其他机器连接的各有关尺寸，如箱体底座尺寸（包括长、宽、厚），地脚螺栓孔中心的定位尺寸，地脚螺栓孔的直径，减速器的中心高度，主动轴与从动轴外伸端的配合长度和直径等。

（4）配合尺寸：凡是对运转性能和传动精度有影响的主要零件的配合处，均应标出基本尺寸、配合性质和精度等级。配合性质和精度的选择对减速器的工作性能、加工工艺及制造成本等有很大影响，应根据手册中有关资料认真确定。另外，配合性质和精度也是选择装配方法的依据。

表 5-1 给出了减速器主要零件推荐使用的配合，供设计时参考。

表 5-1　减速器主要零件推荐使用的配合

配合零件	荐用配合	装拆方法
一般情况下齿轮、带轮、联轴器与轴的配合	H7/r6，H7/n6	压力机压入
经常装拆的齿轮、带轮、联轴器与轴的配合	H7/m6，H7/k6	压力机压入或木锤打入
轴与滚动轴承内圈的配合	j6，k6，m6	压力机压入或温差法
座孔与滚动轴承外圈的配合	H7，G7	木锤或徒手装拆
轴承套杯与箱座孔的配合	H7/js6，H7/h6	
轴承盖与座孔（或套杯孔）的配合	H7/d11，H7/h8	
轴套、溅油轮、挡油盘等与轴的配合	D11/k6，F9/k6，H8/h7，H8/h8	徒手装拆
嵌入式轴承盖的凸缘厚与座孔凹槽之间的配合	H11/h11	
与密封件接触的轴段	f9，h11	

二、注明技术特性

应在装配图的适当位置列表写出减速器的技术特性。二级圆柱斜齿轮减速器技术特性见表 5-2。

表 5-2　二级圆柱斜齿轮减速器技术特性

<table>
<tr><th rowspan="3">输入功率
/kW</th><th rowspan="3">输入转速
/(r·min^{-1})</th><th rowspan="3">效率
η</th><th rowspan="3">总传动比
i</th><th colspan="8">传动特性</th></tr>
<tr><th colspan="4">高　速　级</th><th colspan="4">低　速　级</th></tr>
<tr><th>m_n</th><th>z_2/z_1</th><th>β</th><th>精度等级</th><th>m_n</th><th>z_2/z_1</th><th>β</th><th>精度等级</th></tr>
<tr><td></td><td></td><td></td><td></td><td></td><td></td><td></td><td></td><td></td><td></td><td></td><td></td></tr>
</table>

三、编写技术要求

凡是无法在视图上表达的技术要求，如装配、调整、检验、维护、润滑、试验等内容，均应用文字编写成技术要求，写在图中适当位置，与图面内容同等重要。正确制订技术要求对保证减速器的工作性能十分必要。技术要求通常包括以下几方面的内容：

（1）对零件的要求。装配前所有零件均应用煤油或汽油清洗干净，在配合表面涂上润滑油。箱体内不允许有任何杂物存在，箱体内壁应涂上防侵蚀的涂料。

（2）对润滑剂的要求。润滑剂对传动性能有很大影响，起着减小摩擦、降低磨损和散热冷却的作用，同时也有助于减振、防锈及冲洗杂质。在技术要求中应标明传动件及轴承所用润滑剂的牌号、用量、补充及更换时间。

（3）对密封的要求。在试运转过程中，所有连接面及外伸轴密封处都不允许渗、漏油。对箱座、箱盖结合面处应涂以密封胶或水玻璃密封，不允许加用任何密封垫片。

（4）对安装调整的要求。对滚动轴承必须写明安装时应保证的轴向游隙调整范围。游隙的大小将影响轴承的正常工作。游隙过大，会使滚动体受载不均、轴系窜动；游隙过小，则会妨碍轴系因发热而伸长，增加轴承阻力，严重时会将轴承卡死。当轴承支点跨度大、运转温升高时，应取较大的游隙。

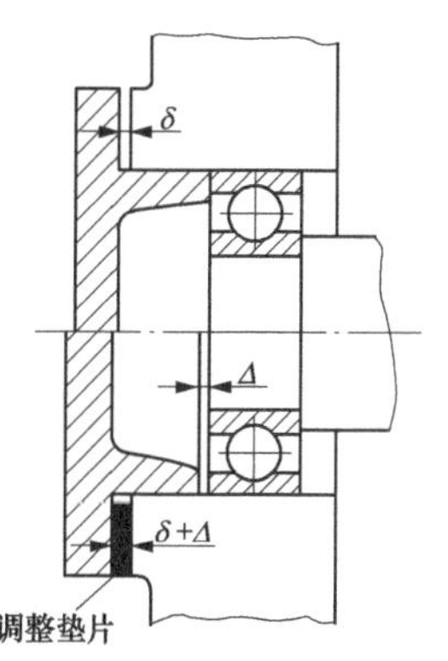

图 5-57　用垫片调整轴向游隙

当两支点各单向固定的轴承支承结构中采用不可调间隙的轴承（如深沟球轴承）时，可在端盖与轴承外圈端面间留有适当的轴向间隙 Δ（$\Delta=0.25\sim0.4$mm）（见图 5-57），以容许轴的受热伸长，间隙大小可用垫片调整。其调整方法是先用端盖将轴承顶紧到轴能够勉强转动的位置，如此基本消除了轴承的轴向间隙，此时端盖与轴承座之间有间隙 δ，再用厚度为 $\delta+\Delta$ 的调整垫片置于端盖与轴承座之间，拧紧螺钉，即可得到需要的间隙 Δ。

对可调间隙的轴承（如角接触球轴承和圆锥滚子轴承），由于其内、外圈是分离或可以互相窜动的，所以应仔细调整其游隙。这种游隙一般都较小，以保证轴承刚性，减少噪声和振动。游隙的推荐值可从相关手册中查出或参考表 14-9。图 5-12 和图 5-25 所示为采用调节螺钉或圆螺母调整轴承游隙，调整时先把螺钉或螺母拧紧至基本消除轴向间隙，再退转至留出需要的轴向游隙为止，最后锁紧螺母即可。

对齿轮传动和蜗杆传动应写明啮合侧隙和接触斑点的大小及检验方法，供安装后检验用。侧隙和接触斑点是由传动精度确定的，其值可参见第十八章相关内容。

传动侧隙的检查可以用塞尺或铅片塞进相互啮合的两齿间，然后测量塞尺厚度或铅片变形后的厚度。接触斑点的检查是在主动轮齿面上涂色，当主动轮转动 2～3 周后，观察从动轮齿面的着色情况，由此分析接触区位置及接触面积大小。

当传动侧隙及接触斑点不符合精度要求时，可对齿面进行刮研、跑合或调整传动件的啮合位置。对于圆锥齿轮减速器，可通过增减垫片来调整大、小圆锥齿轮位置，使两圆锥齿轮锥顶重合。对于蜗杆减速器可调整蜗轮轴承垫片（一端加垫片，一端减垫片），使蜗杆轴心线通过蜗轮中间平面。

对于多级传动，当各级的侧隙和接触斑点要求不同时，应分别在技术要求中写明。

（5）对试验的要求。机器在交付用户前，应根据产品设计要求和规范进行空载和负载试验。做空载试验应正、反转各一小时，要求运转平稳、噪声小、各连接固定处不得松动。在额定载荷、转速下做负载试验时，油池温升不得超过 35℃，轴承温升不得超过 40℃。对蜗杆传动油池温升不超过 85℃，轴承温升不超过 65℃。

（6）对包装、运输和外观的要求。机器出厂前，应按用户要求或相关标准做外部处理。例如，对外伸轴及其零件需涂油包装严密，机体表面应涂防护漆，运输外包装应注明放置要求（如勿倒置、防水、防潮等），需做现场长期或短期储藏时应对放置环境提出要求等。

四、零件的编号

为了便于读图、装配及进行生产准备等工作（备料、订货、预算等），必须对装配图上所有零件进行编号，编号引线及写法如图 5-58 所示。零件的编号要完全、不遗漏、不重复。可以对标准件和非标准件统一编号，也可以分别编号，且在标准件前加“B”以示区别。相同零件只能有一个编号。对于独立组件，如滚动轴承、通气器、油标等可用一个编号。对于装配关系清楚的零件组（如螺栓、螺母、垫圈）可写出不同编号共用一个编号引线，如图 5-59 所示。编号引线不得相互交叉，或与剖面线平行。

编号应按顺时针或逆时针方向有序排列整齐，编号字高应比图中标注尺寸的字高大一号或两号。

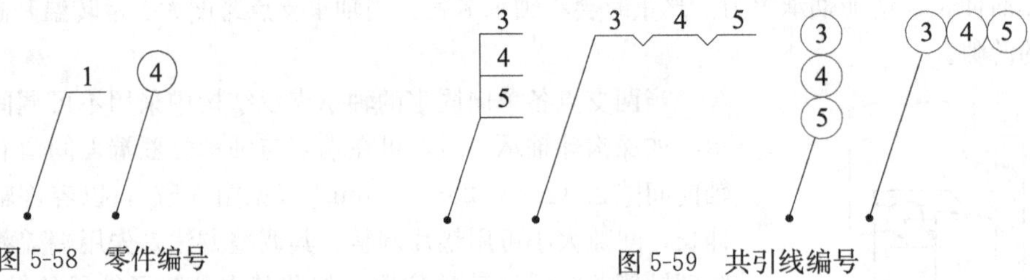

图 5-58 零件编号

图 5-59 共引线编号

五、标题栏及明细表

国家标准规定，每张技术图样中均应有标题栏，并布置在图纸右下角。标题栏中应注明装配图的名称、比例、图号、设计者姓名等。

明细表是减速器所有零件的详细目录，填写明细表的过程也是最后确定材料及标准件的过程。应尽量减少材料和标准件的品种规格。明细表应布置在装配图中标题栏的上方，由下向上填写。标准件必须按照规定的标记完整地写出零件名称、材料、主要尺寸及标准代号。材料应注明牌号，外购件一般应在备注栏内写明。对各独立部件（如轴承、联轴器）可作为一个零件标注。齿轮必须说明主要参数，如模数 m、齿数 Z、螺旋角 β 等。

标题栏和明细表的格式可参考表 11-16。

按本节所述内容即可在前三个阶段的基础上完成减速器装配工作图设计，此时应再次对图纸进行全面检查，待画完零件图后再加深描粗。视图应符合相关国家标准规定，文字和数字要按标准规定的字体格式清晰写出，图纸应保持整洁。

第六章 零件工作图设计

零件工作图是零件制造、检验和制订工艺规程的基本技术文件。它既要表达清晰零件的详细结构，反映出设计意图，又要考虑到制造的可能性及合理性。因此，零件工作图应包括制造和检验零件所需要的全部内容，如图形、尺寸及其公差、几何公差、表面粗糙度、材料及热处理的说明及其他技术要求、标题栏等。零件工作图由装配图拆绘设计而成，其基本结构及主要尺寸应与装配图一致，一般不应随意更改，如果必须更改，应对装配图做相应的修改。零件工作图的设计质量对减少废品、降低生产成本、提高生产率和产品机械使用性能至关重要。零件工作图的设计要求如下：

(1) 正确选择和合理布置视图。每个零件必须单独绘制在一个标准图幅中，视图选择应符合《技术制图》标准的规定，要能清楚地表达零件内、外部的结构形状及尺寸，并使视图的数量最少。应尽量采用1∶1的比例尺，对于细部结构（如环形槽、圆角等）如有必要可用放大的比例尺绘制局部视图。

(2) 合理标注尺寸。标注尺寸时要选好基准面，标出足够的尺寸且不重复，并且要便于零件的加工制造，尽量减少加工时基准不重合的尺寸换算。大部分尺寸最好集中标注在最能反映零件特征的视图上，对配合尺寸及要求精确的几何尺寸（如轴孔配合尺寸、键配合尺寸、箱体孔中心距等），均应注出尺寸的极限偏差。所有细部结构尺寸（如倒角、圆角等）都应标注或在技术要求中说明。

(3) 表面粗糙度及几何公差。零件的所有表面都应注明表面粗糙度的数值，如较多表面具有同样的粗糙度，可在图纸右下方统一标注。表面粗糙度的数值按表面作用及制造经济的原则选取。

零件工作图上要标注必要的几何公差，以保证加工精度和装配质量。

尺寸公差、几何公差、表面粗糙度等数值规范参见本书第十七章及有关手册和图册。

(4) 编写技术要求。零件工作图上应提出必要的技术要求，这是指一些在图纸上不便用图形或符号表示，而在制造或检验时又必须保证的要求，如材料、热处理、中心孔加工要求等，它的内容广泛多样，需视具体零件的要求而定。

(5) 零件工作图标题栏。在图纸的右下角应画出标题栏，格式可参考表11-16。

对不同类型的零件，其工作图的具体内容也各有特点，现分述于后。

第一节 轴类零件工作图设计

一、视图

轴类零件一般只需一个主视图，在有键槽和孔的地方，可增加必要的剖视图。对于轴上不易表达清楚的局部，例如退刀槽、砂轮越程槽、中心孔等细小结构，必要时应绘制局部放大图。

二、尺寸标注

标注直径尺寸时，凡有配合要求处，都应标出尺寸偏差。对尺寸及偏差相同的直径应逐一标注，不得省略。

标注轴向尺寸时，应正确选择基准面，应使尺寸标注符合轴的加工工艺和测量要求，不允许出现封闭尺寸链。一般来说，轴都是以最大轴肩为界，车削完一端，调转过来车削另一端。如图 6-1 所示的轴，图上尺寸标注为该轴按小批量生产采用普通车床加工时轴向尺寸的合理标注方式。以齿轮的轴向定位面Ⅰ作为主要基准面，以两端面Ⅱ作为辅助基准面。

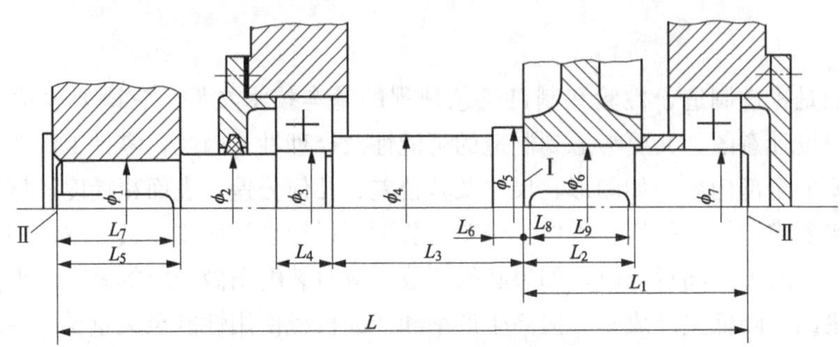

图 6-1　轴的轴向尺寸标注

该轴的加工工序如下：①选取直径稍大于最大轴径的一段棒料下料；②按长度 L 车削两端面，钻中心孔；③以中心孔定位车削外圆 ϕ_5；④夹住左端，测量 L_1，车削直径 ϕ_6；⑤测量 L_2，车削直径 ϕ_7；⑥调头重新装夹，测量 L_6，车削直径 ϕ_4；⑦测量 L_3，车削直径 ϕ_3；⑧测量 L_4，车削直径 ϕ_2；⑨测量 L_5，车削直径 ϕ_1；⑩车削 ϕ_3处的砂轮越程槽；⑪加工键槽及倒角等。

零件图中未标注尺寸是工序过程中自然形成的尺寸，为封闭尺寸，不必标出。

对所有细部结构的尺寸（如倒角、圆角等）都应标注，或在技术要求中说明。

三、表面粗糙度

轴的所有表面都要加工，都需要标注表面粗糙度值。其表面粗糙度值可参考表 6-1 推荐的数值确定，或查阅其他有关资料。在满足使用要求的前提下，应尽量选取较大值，以降低加工成本。

表 6-1　　轴的加工表面粗糙度 *Ra* 荐用值

<table>
<tr><th>加工表面</th><th colspan="4">表面粗糙度 Ra 值/μm</th></tr>
<tr><td>与传动件及联轴器等轮毂相配合的表面</td><td colspan="4">3.2～0.8</td></tr>
<tr><td>与传动件及联轴器相配合的轴肩端面</td><td colspan="4">6.3～3.2</td></tr>
<tr><td>与普通精度等级滚动轴承相配合的表面</td><td colspan="4">0.8（轴承内径 d≤80mm），1.6（轴承内径 d>80mm）</td></tr>
<tr><td>与普通精度等级滚动轴承相配合的轴肩端面</td><td colspan="4">3.2</td></tr>
<tr><td>平键键槽</td><td colspan="4">3.2～1.6（工作面），12.5～6.3（非工作面）</td></tr>
<tr><td rowspan="4">与轴承密封装置接触的表面</td><td colspan="2">毡圈油封</td><td>橡胶油封</td><td>间隙或迷宫密封</td></tr>
<tr><td colspan="3">与轴接触处的圆周速度/(m·s⁻¹)</td><td rowspan="3">3.2～1.6</td></tr>
<tr><td>≤3</td><td>>3～5</td><td>>5～10</td></tr>
<tr><td>3.2～1.6</td><td>0.8～0.4</td><td>0.4～0.2</td></tr>
</table>

四、尺寸公差和几何公差

轴类零件工作图有以下几处需要标注尺寸公差和几何公差：

(1) 安装传动零件（齿轮、蜗轮、带轮、链轮等）、轴承及密封装置处轴的直径公差。

(2) 键槽的尺寸公差。键槽宽度和深度的极限偏差可参见表 13-26。为了检验方便，键槽深度一般改注尺寸 $d-t$ 的极限偏差（此时极限偏差取负值）。

(3) 各重要表面的几何公差。轴类零件几何公差推荐标注项目可参考表 6-2。

表 6-2　　轴类零件几何公差推荐标注项目

<table>
<tr><th>公差类别</th><th>项　　目</th><th>精度等级</th><th>对工作性能的影响</th></tr>
<tr><td rowspan="2">形状公差</td><td>与传动零件相配合圆柱表面的圆柱度</td><td>7～8</td><td rowspan="2">影响传动零件、轴承与轴配合的松紧、对中性及回转精度</td></tr>
<tr><td>与滚动轴承相配合轴颈表面的圆柱度</td><td>6～7</td></tr>
<tr><td>方向公差</td><td>滚动轴承定位端面对轴线的垂直度</td><td>6～8</td><td>影响轴承的定位及受载均匀性</td></tr>
<tr><td rowspan="2">位置公差</td><td>平键键槽两侧面对轴线的对称度</td><td>6～8</td><td>影响键受载均匀性</td></tr>
<tr><td>与传动零件相配合圆柱面的同轴度</td><td>5～7</td><td rowspan="4">影响传动件、轴承的安装及回转同心度，齿轮轮齿载荷分布的均匀性</td></tr>
<tr><td rowspan="3">跳动公差</td><td>与传动零件相配合圆柱表面的径向圆跳动</td><td>6～8</td></tr>
<tr><td>与滚动轴承相配合轴颈表面的径向圆跳动</td><td>5～7</td></tr>
<tr><td>齿轮、联轴器、滚动轴承等定位端面的端面圆跳动</td><td>6～8</td></tr>
</table>

五、技术要求

轴类零件工作图的技术要求包括以下内容：

(1) 对材料的机械性能和化学成分的要求，允许的代用材料等。

(2) 对材料表面机械性能的要求，如热处理方法、热处理后的硬度、渗碳层深度、淬火深度等。

(3) 对加工的要求，例如是否要保留中心孔，若要保留中心孔，应在零件图上画出或按国家标准加以说明。若与其他零件一起配合加工（如配钻或配铰等），也应予以说明。

(4) 对于未注明的圆角、倒角的说明，个别部位的修饰加工要求，以及对较长的轴要求毛坯校直等。

第二节　齿轮类零件工作图设计

一、视图

齿轮类零件包括齿轮、蜗杆、蜗轮等。齿轮和蜗轮工作图一般可用两个视图（主视图和侧视图）表示，主视图主要表示轮毂、轮缘、轴孔、键槽等结构；侧视图主要反映轴孔、键槽的形状和尺寸，侧视图可画出完整视图，也可只画出包括轴孔、键槽部分的局部视图。对于组合式的蜗轮结构，则需分别画出齿圈、轮芯的零件图及蜗轮的组件图。

齿轮轴和蜗杆轴的视图与轴类零件图相似。为了表达齿形的有关特征及参数（如蜗杆的轴向齿距等），必要时应画出局部剖面图。

齿轮类零件的工作图中除了零件图形和技术要求外，还应有啮合特性表。

二、尺寸、公差和表面粗糙度

齿轮类零件的各径向尺寸以轴孔的中心线为基准标注，齿宽方向的尺寸以端面为基准标注。轴孔是加工、测量和装配时的重要基准，尺寸精度要求高，应标出尺寸偏差。分度圆直径虽不能直接测量，但它是设计的基本尺寸，应该标注在图上（或写在啮合特性表中）。齿顶圆的直径偏差值与该圆是否作为测量基准有关，可查阅本书第十八章有关内容标注。齿根圆是根据其他参数加工的结果在图纸上不标注。

1. 圆柱齿轮

圆柱齿轮的轴向尺寸标注比较简单，对于较小的实心式齿轮［见图 6-2 (a)］只有齿宽 b 和轮毂长度 l 两个尺寸。前者为自由尺寸，后者为轴系组件装配尺寸链中的一环。当齿轮尺寸较大时，为了减轻质量可采用盘形辐板结构。如辐板用车削方法形成时，则标注凹部的深度 c_1，以便于加工测量，如图 6-2（b）所示。对于用锻、铸方法形成的辐板，则宜直接标注辐板的厚度 c，如图 6-2（c）所示。

对于轮缘厚度、辐板厚度、轮毂及辐板开孔等尺寸，为便于测量，均应进行圆整。

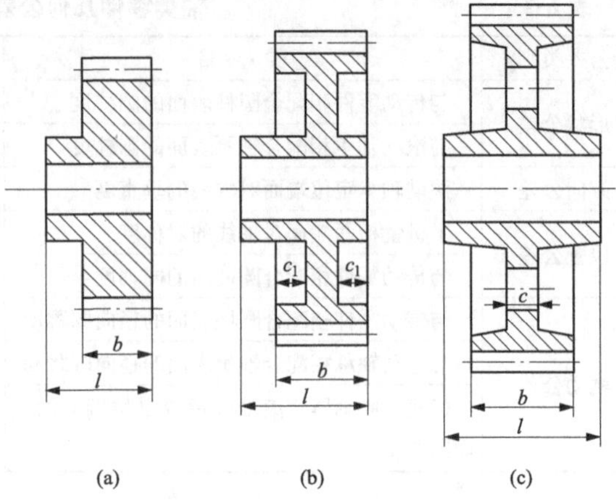

图 6-2 圆柱齿轮轴向尺寸的标注

齿轮的轴孔和端面既是工艺基准也是测量和安装的基准；齿顶圆常作为加工找正或测量基准；对于齿轮轴，不论车削加工还是切制轮齿都是以中心孔作为基准，当零件刚度较低或齿轮轴较长时就要以轴颈作为基准。轴颈本身也是装配基准。相对其他表面，这些基准面应有较高的尺寸精度和几何精度，其尺寸公差、几何公差项目与传动的工作条件有关。圆柱齿轮零件图上通常需标注的尺寸公差和几何公差项目有：①齿顶圆直径的极限偏差；②轴孔直径或齿轮轴轴颈直径的极限偏差；③键槽宽度 b 的极限偏差和尺寸（$d+t_2$）的极限偏差；④齿顶圆的径向圆跳动公差；⑤齿轮端面的轴向圆跳动公差；⑥齿轮轴孔的圆柱度公差；⑦键槽的对称度公差等。

齿轮的各个主要表面都应标注表面粗糙度，粗糙度的数值应与齿轮的精度相适应。

各尺寸公差、几何公差、表面粗糙度的数值可查阅本书第十八章有关内容及手册、资料等。图 10-10 和图 10-11 所示为圆柱齿轮类零件工作图示例，设计时可参考。

2. 圆锥齿轮

圆锥齿轮轴向尺寸的标注要比圆柱齿轮稍复杂一些，除了齿宽 b、轮毂长度 l 和轮辐厚度 c 外，还应标注定位尺寸、外形尺寸和锥角等，如图 6-3 所示。

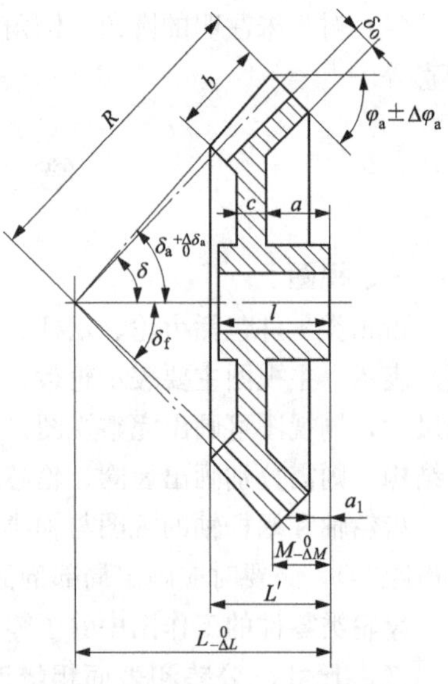

图 6-3 圆锥齿轮尺寸的标注

除与圆柱齿轮相同的项目之外，圆锥齿轮特别需要标注的尺寸公差和几何公差主要有：①分度圆锥锥顶至基准端面的距离 L 及其极限偏差（为了控制锥顶的位置）；②大端齿顶至基准端面的距离 M 及其极限偏差（用来确定轮缘相对轮毂的位置）；③大端齿顶圆锥直径及其极限偏差；④轮毂端面的端面跳动公差；⑤齿顶圆锥的径向跳动公差；⑥顶锥角 δ_a 及其极限偏差。

圆锥齿轮的锥距和锥角是保证啮合的重要尺寸。标注时，对锥距应精确到 0.01mm；对锥角应精确到分。各尺寸公差、几何公差、表面粗糙度的数值可查阅本书第十八章有关内容及手册、资料等。图 10-12 和图 10-13 所示为圆锥齿轮类零件工作图示例，设计时可参考。

3. 蜗杆、蜗轮

蜗杆零件工作图与齿轮轴工作图相似，但应画出蜗杆螺旋面的轴向（或法向）剖面。蜗杆需标注的尺寸公差、几何公差、表面粗糙度与轴和圆柱齿轮基本相似，可参考上述轴类和圆柱齿轮类零件，不同之处是要注明法向或轴向齿厚、齿高等。

蜗轮零件工作图与圆柱齿轮工作图相似，只是轴向增加标注蜗轮中心平面至蜗轮轮毂基准端面的距离。对组合式蜗轮，还应标注轮缘（齿圈）和轮芯配合部位的配合尺寸和配合性质。另外，因轮缘毛坯和轮芯毛坯要分别加工，除画出装配后的蜗轮工作图外，还应分别画出轮缘和轮芯的毛坯零件工作图。

各尺寸公差、几何公差、表面粗糙度的数值可查阅本书第十八章有关内容及手册、资料等。图 10-14～图 10-17 所示为蜗杆和蜗轮零件工作图示例，设计时可参考。

齿轮、蜗轮类零件表面粗糙度的推荐值可参考表 6-3。齿轮、蜗轮类零件的几何公差标注推荐项目及精度等级可参考表 6-4。

表 6-3　　齿轮、蜗轮加工表面粗糙度 *Ra* 荐用值　　μm

<table>
<tr><th colspan="2" rowspan="2">加工表面</th><th colspan="4">精度等级</th></tr>
<tr><th>6</th><th>7</th><th>8</th><th>9</th></tr>
<tr><td colspan="2">轮齿工作面</td><td>0.8～0.4</td><td>1.6～0.8</td><td>3.2～1.6</td><td>6.3～3.2</td></tr>
<tr><td rowspan="2">齿顶圆</td><td>测量基准面</td><td>1.6</td><td>3.2～1.6</td><td>3.2～1.6</td><td>6.3～3.2</td></tr>
<tr><td>非测量基面</td><td>3.2</td><td>6.3～3.2</td><td>6.3</td><td>12.5～6.3</td></tr>
<tr><td colspan="2">孔轴配合面</td><td colspan="2">1.6～0.8</td><td rowspan="3">3.2～1.6</td><td rowspan="3">6.3～3.2</td></tr>
<tr><td colspan="2">与轴肩配合的端面</td><td colspan="2">3.2～1.6</td></tr>
<tr><td colspan="2">轮圈与轮芯配合面</td><td colspan="2">1.6～0.8</td></tr>
<tr><td rowspan="2">平键键槽</td><td>工作面</td><td colspan="4">3.2～1.6</td></tr>
<tr><td>非工作面</td><td colspan="4">12.5～6.3</td></tr>
<tr><td colspan="2">其他加工表面</td><td colspan="3">6.3～3.2</td><td>12.5～6.3</td></tr>
</table>

表 6-4　　齿轮、蜗轮几何公差推荐标注项目

<table>
<tr><th>类别</th><th>项目</th><th>精度等级</th><th>对工作性能的影响</th></tr>
<tr><td>形状公差</td><td>孔轴配合的圆度或圆柱度</td><td>6～8</td><td>影响孔轴配合的对中性</td></tr>
<tr><td rowspan="3">位置公差
跳动公差</td><td>齿顶圆对轴线的径向圆跳动</td><td rowspan="2">6～8</td><td rowspan="2">影响传动精度及载荷
分布的均匀性</td></tr>
<tr><td>齿轮基准端面对轴线的轴向圆跳动</td></tr>
<tr><td>键槽对孔轴线的对称度</td><td>7～9</td><td>影响载荷分布的均匀性</td></tr>
</table>

三、啮合特性表

齿轮类零件工作图上都应绘制啮合特性表（参见齿轮类零件工作图示例），表中列出齿轮的基本参数、精度等级、检验项目等，以便于选择加工刀具和进行齿轮精度检测。特性表中的精度等级和检验项目应考虑齿轮工作要求、受载情况、制造工艺水平等因素来选择，其数值可查阅本书第十八章有关内容或参阅有关手册、资料等。对于蜗杆传动，由于加工蜗轮的滚刀参数与相啮合的蜗杆相同，因此考虑选择滚刀的需要，在蜗轮特性表中还应列出蜗杆的基本参数。

四、技术要求

齿轮类零件工作图中以文字叙述的技术要求主要包括下列内容：

（1）对铸件、锻件或其他类型毛坯件的要求。

（2）对材料机械性能和化学成分的要求及允许代用的材料。

（3）对材料表面机械性能的要求，如热处理方法、处理后的硬度、渗碳深度及淬火深度等。

（4）对未注明倒角、圆角半径的说明。

（5）对大型或高速齿轮的平衡试验要求等。

第三节　箱体类零件工作图设计

一、视图

箱体（箱盖和箱座）是减速器中结构较为复杂的零件。为了清楚地表明各部分的结构和尺寸，除采用三个主要视图外，通常还要根据结构的复杂程度增加一些局部剖视图或局部视图。例如，当两孔不在同一条轴线上时，可采用阶梯剖表示；对于油标插孔、螺栓孔、销钉孔、放油孔等细部结构，可采用局部剖视图表示等。

二、尺寸和尺寸公差

箱体的尺寸标注比轴类零件和齿轮类零件复杂。标注时，既要考虑铸造、加工工艺及测量检验的要求，又要多而不乱、不重复、不遗漏、一目了然。为此，必须注意以下几点：

（1）箱体尺寸可分为形状尺寸和定位尺寸。形状尺寸是表明箱体各部位形状大小的尺寸，如箱体的壁厚、各种孔径及其深度、圆角半径、槽的深度和宽度、螺纹尺寸，以及箱体的长、宽、高等。这类尺寸应直接标出，而不应通过计算得到。定位尺寸是确定箱体各部位相对于基准的位置尺寸，如孔的中心线、曲线的曲率中心位置、斜度的起点、有关部位的平面等与相应基准间的距离及夹角等，这些尺寸最易遗漏，应特别注意。定位尺寸都应从基准（或辅助基准）直接标注。

（2）标注时要选好基准。最好以加工基准面作为标注尺寸的基准，这样便于加工和测量。例如，剖分式箱体的箱座或箱盖的高度方向尺寸最好以底面和剖分面（加工基准面）为基准。其中以底座底面为主要基准，因为它是剖分面、轴承座孔等加工的工艺基准。如果不能用加工基准面作为标注的基准，应采用计算上比较方便的基准，例如沿箱体宽度方向的尺寸可取宽度的对称中心线作为基准，来标注箱体宽度、螺栓孔沿宽度方向的位置尺寸等。

（3）对于影响机器工作性能的尺寸应直接标出，以保证加工准确性。例如，箱体轴承孔的中心距及其偏差按齿轮中心距及其极限偏差标注，孔中心距偏差$\Delta_a=\pm(0.7\sim0.8)f_a$，$f_a$为齿轮中心距极限偏差，系数是考虑轴承游隙和配合间隙引起轴线偏移的补偿。

（4）配合尺寸都应标注其极限偏差。标注尺寸时应避免出现封闭尺寸链。所有圆角、倒角、拔模斜度等都必须标注或在技术要求中说明。

三、表面粗糙度

箱体各加工表面的表面粗糙度 Ra 荐用值可参见表 6-5 或参阅有关手册、资料。

四、几何公差

箱体零件一般需标注的几何公差推荐项目见表 6-6。

五、技术要求

（1）铸件的清砂、去毛刺及时效处理要求。

（2）铸件不得有裂纹和超过规定的缩孔等缺陷。

（3）定位销孔应将箱盖和箱座合起来固定后配钻、配铰。

（4）箱盖与箱座合起来装入定位销并用螺栓连接后再镗轴承孔。

（5）箱体内表面需用煤油清洗，并涂防腐漆。

（6）图中未注的铸造斜度、倒角及圆角半径。

（7）其他需文字说明的要求。

图 10-18～图 10-21 所示为圆柱及圆锥齿轮减速器的箱体零件工作图示例，设计时可参考。

表 6-5　**箱体表面粗糙度 *Ra* 荐用值**

加工表面		表面粗糙度 Ra/μm
减速器箱座与箱盖结合面		3.2～1.6
与滚动轴承配合的轴承座孔		1.6（座孔直径 $D\leqslant$80mm）；3.2（$D>$80mm）
轴承座孔外端面		6.3～3.2
圆锥销孔		1.6～0.8
与套杯配合的孔		6.3～3.2
箱体底面		12.5～6.3
螺栓孔、螺栓头或螺母沉头座面		12.5～6.3
其他表面	配合面	6.3～3.2
	非配合面	12.5～6.3

表 6-6　**箱体几何公差的推荐标注项目**

内　容	项　　目	精度等级	对工作性能的影响
形状公差	轴承座孔圆柱度	6～7	影响箱体与轴承的配合性能及对中性
	箱体剖分面的平面度	7～8	影响箱体剖分面的密封性
方向公差 位置公差	轴承座孔端面对其中心线的垂直度	7～8	影响轴承固定及轴向受载的均匀性
	轴承座孔中心线相互间的平行度	6～7	影响齿面接触斑点及传动的平稳性
	圆锥齿轮减速器及蜗轮减速器的轴承孔中心线相互间的垂直度	7～8	影响传动平稳性及载荷分布的均匀性
	两轴承座孔中心线的同轴度	6～8	影响轴系安装及载荷分布的均匀性

第七章　编写设计计算说明书和准备答辩

第一节　编写设计计算说明书

设计计算说明书是全部设计计算的整理和总结，也是审核设计的基本技术文件。编写设计说明书是设计工作的一个重要组成部分。

一、设计计算说明书的内容

设计计算说明书的内容应根据具体设计任务确定。对于以减速器为主的机械传动装置设计，其说明书主要包括如下内容：

(1) 目录。

(2) 设计任务书。

(3) 传动方案的拟订（对总体方案的阐述论证，应附传动装置简图）。

(4) 电动机的选择、传动系统运动和动力参数的计算。

(5) 传动机构的设计计算（确定传动机构及传动件的主要参数和尺寸）。

(6) 轴系的设计计算（轴及轴系零部件结构设计和轴的强度校核）。

(7) 键连接的选择及校核。

(8) 滚动轴承的类型、代号选择及寿命计算。

(9) 联轴器的选择。

(10) 箱体及附件设计（箱体结构和附件的设计与选用）。

(11) 润滑与密封设计（传动件、轴承润滑方式，润滑剂牌号及所需油量）。

(12) 设计小结（设计体会，设计的优、缺点及改进意见等）。

(13) 参考资料（资料编号、著者、书名、出版单位和出版年月）。

二、设计计算说明书的编写要求

设计计算说明书应完整清晰地阐明设计过程中所涉及的主要问题及全部设计计算项目，基本编写要求如下：

(1) 论述部分要求阐述清楚设计思想，分析论证条理清晰，文字简明通顺。

(2) 计算部分要说明计算内容，列出公式，代入数据，省略计算过程，直接写出计算结果。最后对计算结果应给出简单结论（如满足强度条件、安全等）。

(3) 论述和计算中都应附有必要的简图，如传动方案简图、受力图、弯矩图、零部件的结构图等。

(4) 符号、单位、脚注等应前后统一并符合标准。所引用的重要计算公式和数据，应注明所参考资料的编号、页次、公式号或图、表号。

(5) 设计计算说明书用 16 开设计计算专用纸编写，注明页码，编写目录，装订成册。说明书封面的格式见图 7-1。

三、计算部分编写示例

设计计算说明书计算部分编写示例见表 7-1。

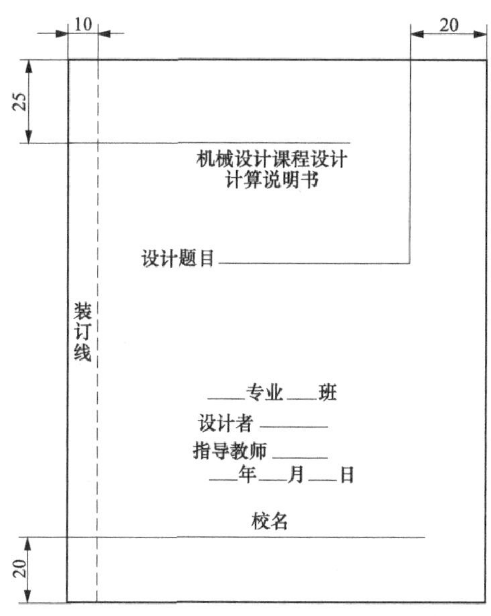

图 7-1　设计计算说明书封面

表 7-1　　设计计算说明书计算部分编写示例

设计、计算	结果及说明
…… 四、齿轮传动设计计算 1. 高速级齿轮传动的设计计算 (1) 选择齿轮类型、精度等级、材料及齿数 …… (4) 几何尺寸计算 …… 中心距　$a=\frac{m(z_1+z_2)}{2}=\frac{2\times(29+101)}{2}=130(\text{mm})$ …… 五、轴的计算 …… 3. 低速轴的设计计算 …… $\sigma_{ca}=\frac{\sqrt{M_1^2+(\alpha T_3)^2}}{W}=\frac{\sqrt{270\ 938^2+(0.6\times 9.6\times 10^5)^2}}{0.1\times 70^3}\text{MPa}=18.56\text{MPa}$ ……	齿轮计算公式和有关数据皆引自［×］第××～××页 主要参数： $m=2\text{mm}$ $z_1=29$ $z_2=101$ …… $\sigma_{ca}\leqslant[\sigma_{-1}]$ 安全。

第二节　准　备　答　辩

答辩是课程设计的最后一个环节，是对整个设计过程的总结和必要的检查。通过答辩准备和答辩，可以对整个设计过程进行回顾和总结，对所做设计的优缺点做全面分析，发现今后设计工作中应注意的问题，总结初步掌握的设计方法，巩固分析和解决工程实际问题的能力。

一、答辩前应做好的工作

（1）必须完成规定的全部设计任务。

（2）认真思考，系统回顾整个设计过程，通过分析和总结，对设计中遇到的问题要“知其然”，也要“知其所以然”。

（3）将装订好的设计计算说明书和叠好的图纸一起装入技术档案袋内，交教师审阅。

二、课程设计答辩的常见问题

（1）传动装置总体设计包括哪些内容？

（2）减速器的总传动比是如何确定的？传动比分配应考虑哪些要求？

（3）带传动、链传动、齿轮传动等各种传动形式各有什么特点？

（4）如何选择电动机的功率、转速？电动机的额定功率和输出功率有什么关系？

（5）传动装置中各相邻轴之间的功率、转矩、转速关系如何确定？

（6）圆锥-圆柱齿轮减速器为什么通常将圆锥齿轮传动布置在高速级？

（7）你所拟订的传动装置方案有哪些特点？

（8）减速器箱体有哪些结构形式？各有何特点？

（9）减速器有哪些必要的附属装置？各有什么作用？

（10）减速器内部传动件常用的润滑方式有哪些？采用浸油润滑时，浸油深度如何确定？

（11）减速器滚动轴承的润滑方式有哪些？各适用于什么场合？

（12）设计 V 带传动时，带轮轮毂长度及轴孔直径是怎样确定的？

（13）设计齿轮传动时，哪些参数取标准值？哪些应精确计算？哪些应圆整？

（14）齿轮的宽度是怎样确定的？一对齿轮的宽度应该相同吗？为什么？

（15）减速器装配图设计之前应做好哪些准备？

（16）减速箱内传动零件与箱体内壁、传动零件之间为何要间隔一定的距离？如何确定？

（17）轴的外伸段长度应如何确定？

（18）轴承在箱体轴承座孔中的位置应如何确定？

（19）轴的支承结构形式有哪些？在设计中是怎样选择确定的？

（20）锥齿轮轴在箱体中的位置是怎样调整的？轴承的游隙是怎样调整的？

（21）在设计中小锥齿轮轴采用的是何种轴承支承方式？有何特点？

（22）减速器箱体高度是如何确定的？

（23）在设计减速器箱体时，可采取哪些措施提高箱体刚度？

（24）下置式蜗杆减速器传动件和轴承如何进行润滑？

（25）减速器装配图需要标注哪几类尺寸？技术要求应包括哪些内容？

（26）减速器箱盖与箱座的剖分面间是否需要加垫片密封？

（27）齿轮的设计准则有哪些？

（28）如何选择联轴器？

（29）零件工作图应包括哪些内容？

（30）标注轴的轴向尺寸时应如何选择基准？

（31）轴的零件工作图上需要标注哪些几何公差？

（32）齿轮零件工作图应标注哪些尺寸公差及几何公差？

（33）箱体零件工作图上各个表面的粗糙度值应怎样确定？

（34）为什么箱体上有些位置要设计出凸台？有些位置要设计出沉头座？

（35）减速器有哪些部位需要密封？密封方法有哪些？

(36) 减速器外伸轴的最小直径是如何确定的？
(37) 定位轴肩和非定位轴肩的作用各是什么？轴肩高度应该怎样确定？
(38) 定位销的作用是什么？销孔的位置应如何确定？销孔应何时加工？
(39) 若经校核轴的强度不足，可以采取什么措施改进？
(40) 设计中各齿轮分别采用了何种结构形式？为什么？
(41) 提高齿轮轮齿弯曲疲劳强度的措施有哪些？
(42) 提高齿轮齿面接触疲劳强度的措施有哪些？
(43) V带轮的基准直径是如何确定的？
(44) V带传动设计中，若经验算带速不合适，应如何调整设计？
(45) 齿轮传动的精度等级是如何确定的？
(46) 齿轮的误差检验项目是如何选择确定的？

第八章 减速器设计常见错误示例

第一节 轴系结构设计中常见错误示例

减速器轴系结构设计中常见错误列于表 8-1～表 8-4 中，可供设计时参考。

表 8-1 轴系结构设计的正、误示例 Ⅰ

正误图例

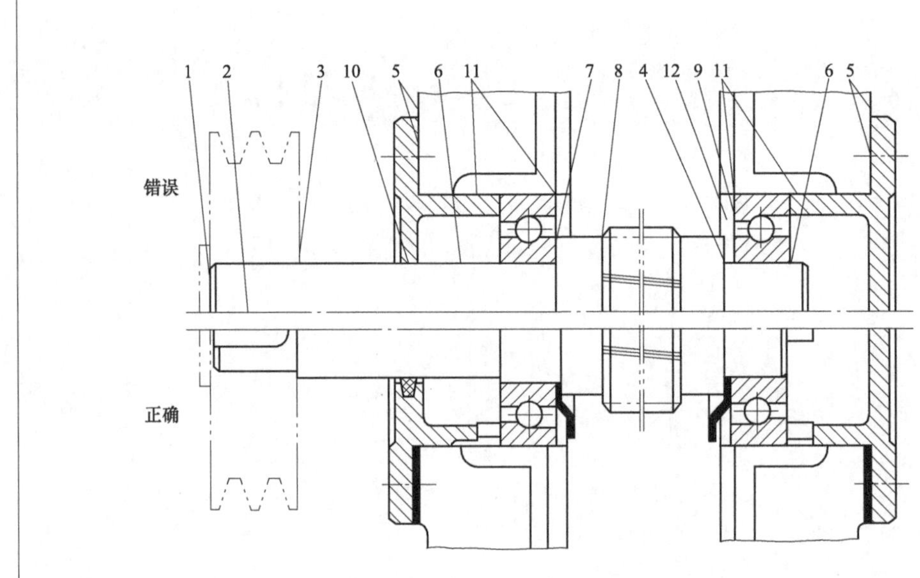

错误分析	错误类别	错误编号	说明
错误分析	轴上零件的定位问题	1	与带轮相配处轴端应稍短于轮毂长度，否则带轮左侧轴向定位不可靠
		2	带轮未周向固定
		3	带轮右侧没有轴向定位
		4	右轴承左侧没有轴向定位
	工艺不合理问题等	5	无调整垫圈，无法调整轴承游隙；箱体与轴承端盖接合处无凸台
		6	精加工面过长，且装拆轴承不方便
		7	定位轴肩过高，影响轴承拆卸
		8	齿根圆小于轴肩，未考虑插齿加工齿轮的要求
		9	角接触球轴承外圈窄边应与左端轴承相对
	润滑与密封问题	10	轴承透盖中未设计密封件，且与轴直接接触，缺少间隙
		11	油沟中的油无法进入轴承，且会经轴承内侧流回箱体内
		12	应设置挡油盘，阻挡过多的稀油冲击轴承

表 8-2　　**轴系结构设计的正、误示例Ⅱ**

正误图例

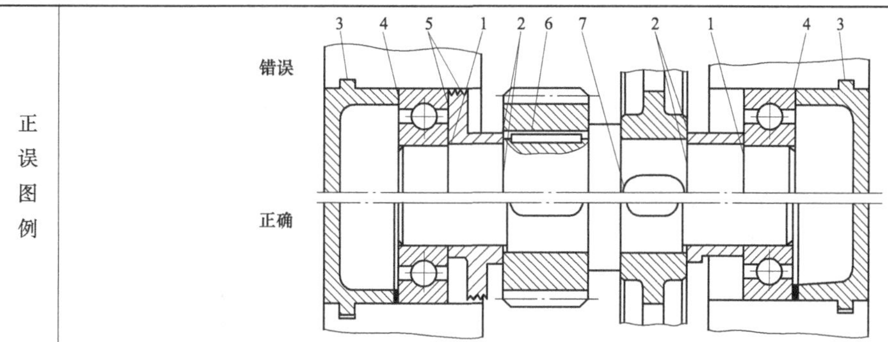

错误分析	错误类别	错误编号	说明
错误分析	轴上零件的定位问题	1	与挡油盘、套筒相配轴段不应与它们长度相同，轴承定位不可靠
		2	与齿轮相配轴段应稍短，否则齿轮定位不可靠，且挡油盘、套筒定位面高度太低，定位、固定不可靠
		3	轴承端盖过定位
	工艺不合理问题等	4	轴承游隙无法调整，应设置调整垫片或其他调整装置
		5	挡油盘不能紧靠轴承外圈，与轴承座孔间应有间隙，且其沟槽应露出箱壁一点
		6	两齿轮相配轴段上的键槽应置于同一直线上
		7	键槽太靠近轴肩，与轴肩应力集中源距离过近

表 8-3　　**轴系结构设计的正、误示例Ⅲ**

正误图例

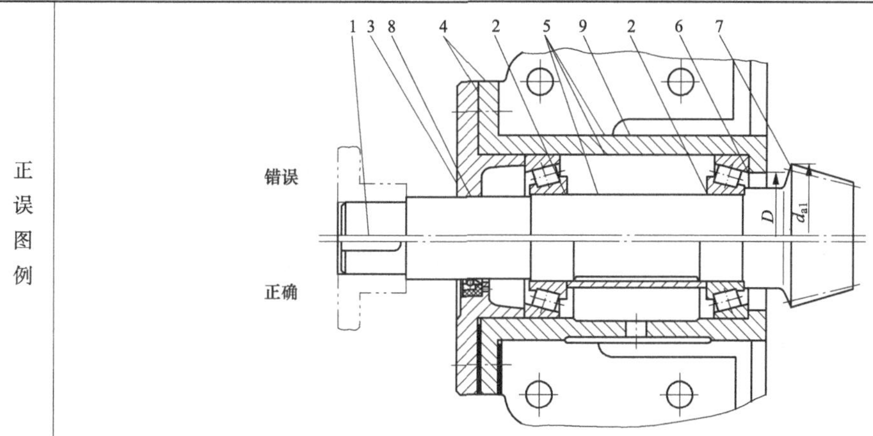

错误分析	错误类别	错误编号	说明
错误分析	轴上零件的定位问题	1	联轴器未考虑周向定位
		2	左端轴承内圈右侧、右端轴承内圈左侧没有轴向定位
	工艺不合理问题等	3	轴承端盖应减少加工面
		4	轴承游隙及小锥齿轮轴的轴向位置无法调整
		5	轴、套杯及轴承座孔精加工面太长
		6	轴承外圈无法拆卸
		7	D 小于锥齿轮齿顶圆直径 d_{a1}，轴承装拆很不方便
	润滑与密封问题	8	轴承透盖未设计密封件，且与轴直接接触、无间隙
		9	润滑油无法进入轴承

表 8-4　　轴系结构设计的正、误示例Ⅳ

	错误类别	错误编号	说　明
正误图例	错误 / 正确		
错误分析	轴上零件的定位问题	1	深沟球轴承作为游动支承时，外圈不应轴向固定，应留间隙
		2	游动轴承内圈左端未考虑轴向固定
		3	固定支点轴承内圈右侧未考虑轴向固定
	工艺不合理问题等	4	轴承无法拆卸
		5	两轴承间未加隔离圈，轴承间隙无法调整
		6	轴承端盖与套杯接合处没有垫片，轴承间隙无法调整
		7	箱座与套杯间没有垫片，蜗杆轴向位置无法调整
	润滑与密封问题	8	未设置挡油盘
		9	轴承透盖未设计密封件，且与轴直接接触、无间隙

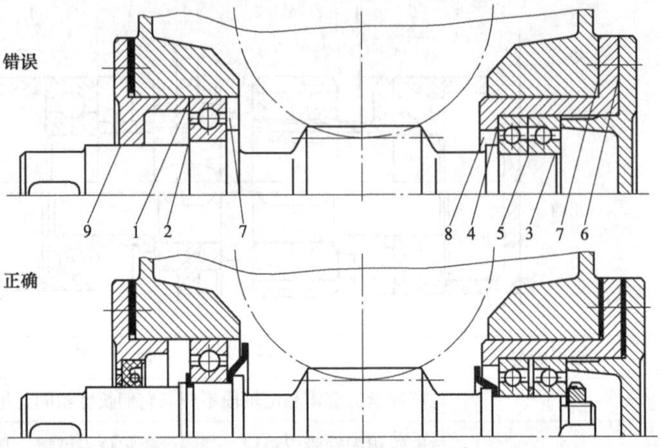

第二节　箱体设计中常见错误示例

减速器箱体结构设计中常见错误列于表 8-5 和表 8-6 中，可供设计时参考。

表 8-5　　箱体结构设计的正、误示例

正误图例

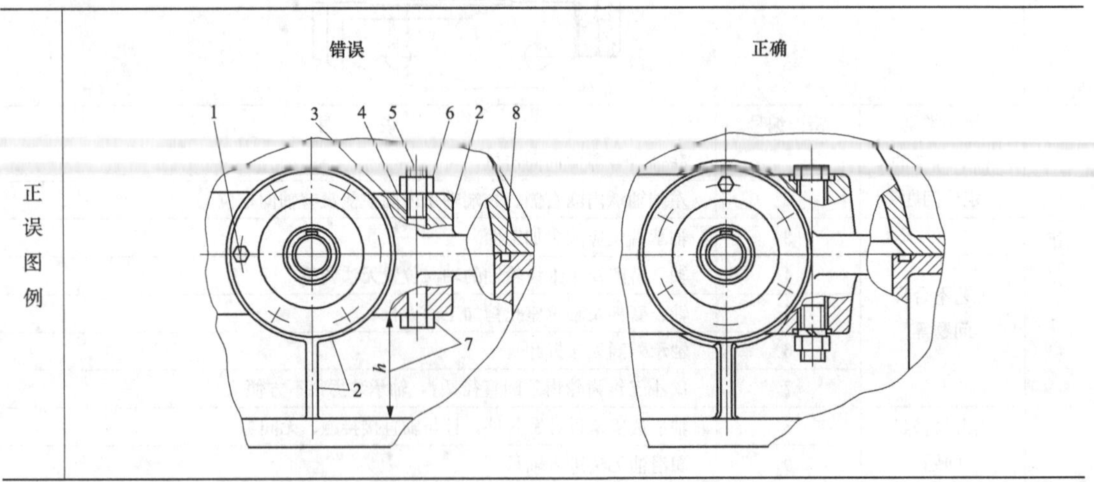

续表

	错误编号	说　　明
错误分析	1	轴承端盖螺钉不能设计在剖分面上
	2	轴承座、加强肋及轴承座旁凸台未考虑拔模斜度
	3	普通螺栓连接的孔与螺杆之间没有间隙
	4	螺母支承面及螺栓头部与箱体接合面处没有加工凸台或沉头座
	5	连接螺栓距轴承座中心较远，不利于提高连接的刚度
	6	螺栓连接没有防松装置
	7	箱体底座凸缘至轴承座凸台之间空间高度 h 不够，螺栓无法由下向上安装
	8	润滑油无法流入箱座凸缘油沟内去润滑轴承

表 8-6　　减速器附件设计的正、误示例

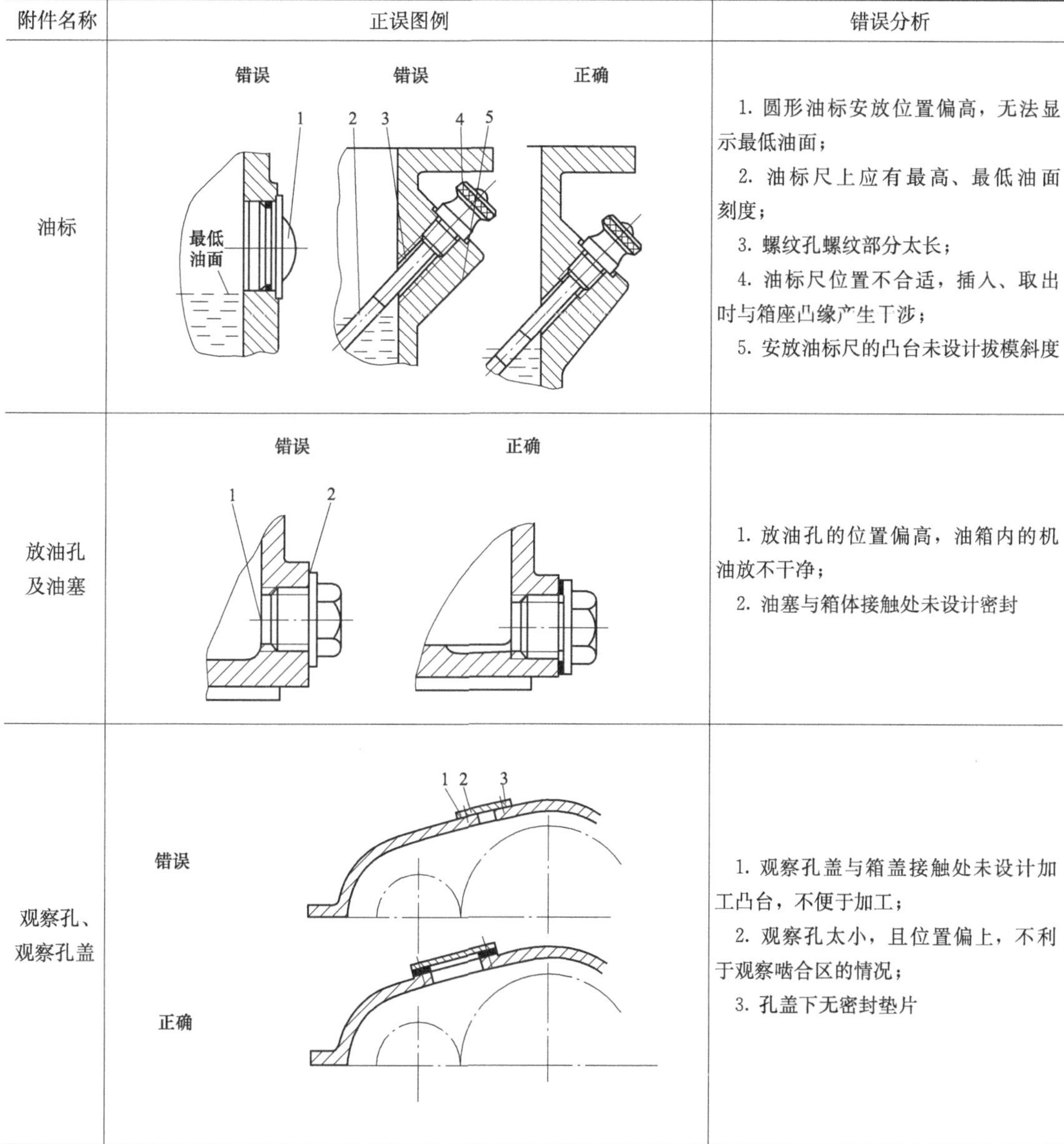

附件名称	正误图例	错误分析
油标	错误　错误　正确	1. 圆形油标安放位置偏高，无法显示最低油面； 2. 油标尺上应有最高、最低油面刻度； 3. 螺纹孔螺纹部分太长； 4. 油标尺位置不合适，插入、取出时与箱座凸缘产生干涉； 5. 安放油标尺的凸台未设计拔模斜度
放油孔及油塞	错误　正确	1. 放油孔的位置偏高，油箱内的机油放不干净； 2. 油塞与箱体接触处未设计密封
观察孔、观察孔盖	错误　正确	1. 观察孔盖与箱盖接触处未设计加工凸台，不便于加工； 2. 观察孔太小，且位置偏上，不利于观察啮合区的情况； 3. 孔盖下无密封垫片

续表

附件名称	正误图例	错误分析
定位销	错误 正确	锥销的长度太短，不利于装拆
吊环螺钉	错误 正确	1. 吊环螺钉支承面没有凸台，也未锪出沉头座； 2. 螺孔口未扩孔，螺钉不能完全拧入； 3. 箱盖内表面螺钉处无凸台，加工时易偏钻打刀
螺钉连接	错误 正确	1. 弹簧垫圈开口方向反了； 2. 较薄的被连接件上孔应大于螺钉直径； 3. 螺钉螺纹长度太短，无法拧到位； 4. 钻孔尾端锥角画错了

第九章　带传动及减速器主要零、部件结构及尺寸

第一节　传动件结构及尺寸

传动件结构及尺寸见表 9-1～表 9-7。

表 9-1　　**普通 V 带轮轮槽尺寸**　　mm

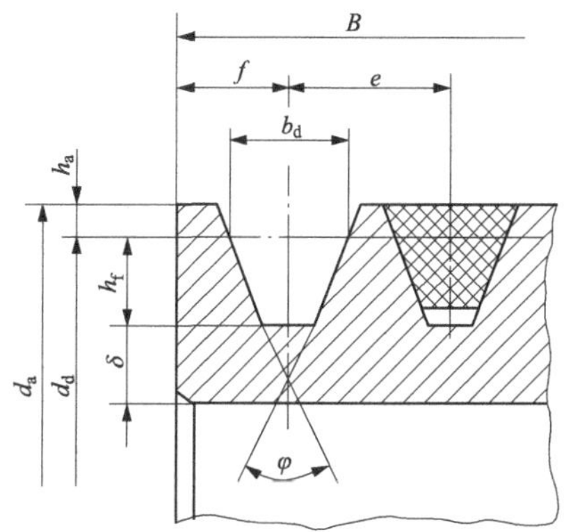

项目	符号	槽型						
		Y	Z	A	B	C	D	E
基准宽度	b_d	5.3	8.5	11.0	14.0	19.0	27.0	32.0
基准线上槽深	h_{amin}	1.6	2.0	2.75	3.5	4.8	8.1	9.6
基准线下槽深	h_{fmin}	4.7	7.0	8.7	10.8	14.3	19.9	23.4
槽间距	e	8±0.3	12±0.3	15±0.3	19±0.4	25.5±0.5	37±0.6	44.5±0.7
槽边距	f_{min}	6	7	9	11.5	16	23	28
最小轮缘厚	δ_{min}	5	5.5	6	7.5	10	12	15
外径	d_a	$d_a=d_d+2h_a$						
带轮宽	B	见表 9-3 或 $B=(z-1)e+2f$，z 为轮槽数						
轮槽角 φ　32°	基准直径 d_d	≤60						
轮槽角 φ　34°	基准直径 d_d		≤80	≤118	≤190	≤315		
轮槽角 φ　36°	基准直径 d_d	>60					≤475	≤600
轮槽角 φ　38°	基准直径 d_d		>80	>118	>190	>315	>475	>600
轮槽角 φ　极限偏差		±1°				±30′		

表 9-2 普通 V 带带轮的结构及尺寸 mm

实心式 $d_d \leqslant 2.5d$	辐板式 $d_d \leqslant 300$
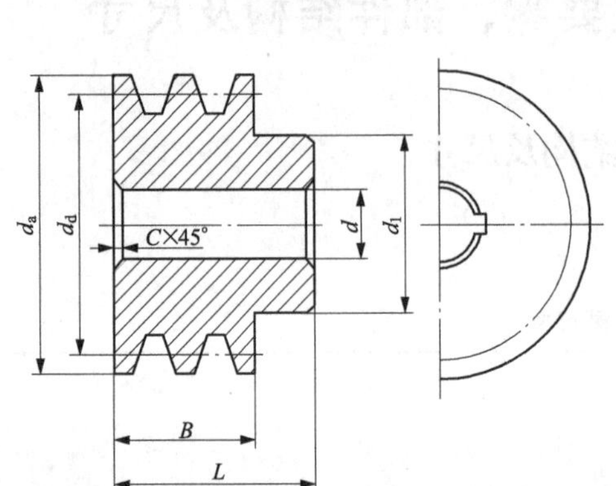	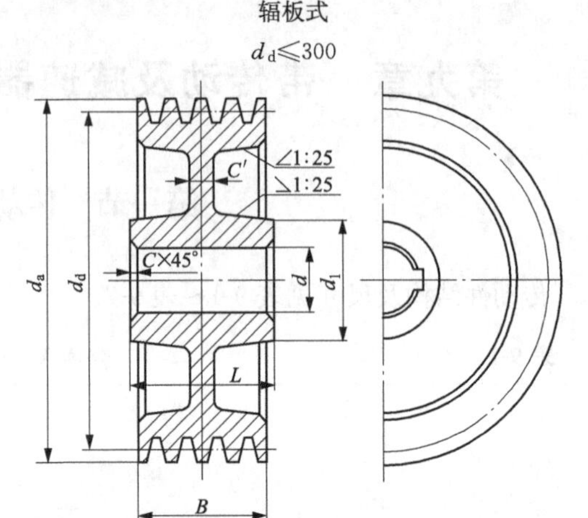
孔板式 $d_d \leqslant 300$（$D_1-d_1 \geqslant 100$）	轮辐式 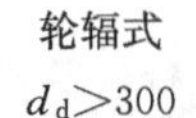 $d_d > 300$
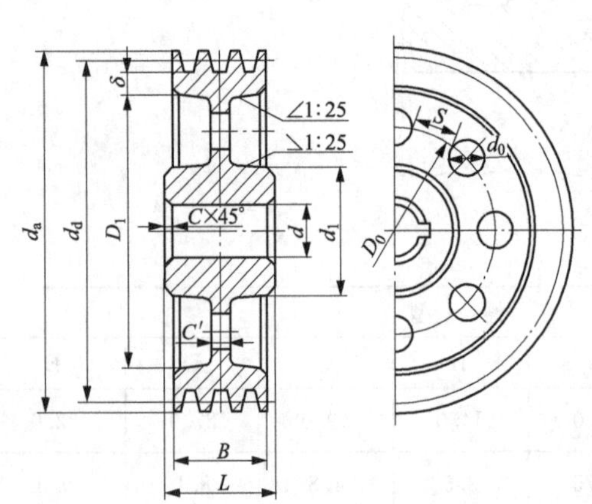	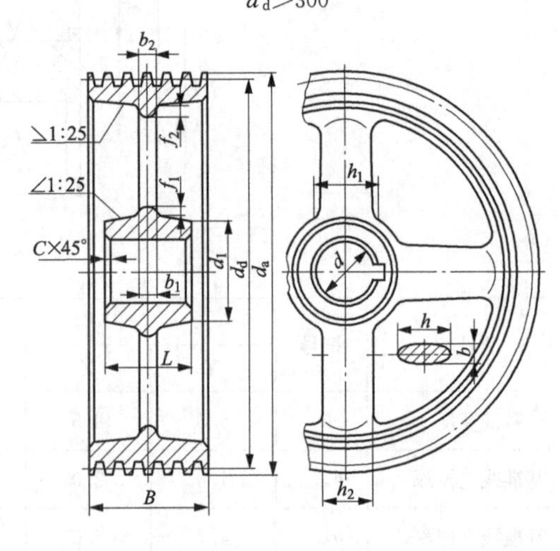

$d_1=(1.8\sim2)d$，d 为带轮毂孔直径（轴的直径）；$L=(1.5\sim2)d$，当 $B<1.5d$ 时，$L=B$；

$D_0=0.5(D_1+d_1)$；$d_0=(0.2\sim0.3)(D_1-d_1)$，当 $d_0 \leqslant 10$mm 时，不留孔；$C'=\left(\frac{1}{7}\sim\frac{1}{4}\right)B \geqslant 10$mm；

$h_1=290\sqrt[3]{\frac{P}{nz_a}}$，其中 P 为传递的功率（kW），n 为带轮的转速（r/min），z_a 为轮辐数；

$h_2=0.8h_1$；$b_1=0.4h_1$；$b_2=0.8b_1$；$f_1=0.2h_1$；$f_2=0.2h_2$；C 根据轴的过渡圆角确定

表 9-3　V 带轮轮缘宽度 B、轮毂孔径 d 与轮毂长度 L（摘自 GB/T 10412—2002）　mm

<table>
<tr><th>槽型</th><th colspan="8">A</th></tr>
<tr><th>槽数 Z</th><th colspan="2">2</th><th colspan="2">3</th><th colspan="2">4</th><th colspan="2">5</th></tr>
<tr><th>轮缘宽 B</th><th colspan="2">35</th><th colspan="2">50</th><th colspan="2">65</th><th colspan="2">80</th></tr>
<tr><th rowspan="2">基准直径 d_d</th><th>孔径</th><th>毂长</th><th>孔径</th><th>毂长</th><th>孔径</th><th>毂长</th><th>孔径</th><th>毂长</th></tr>
<tr><th>d</th><th>L</th><th>d</th><th>L</th><th>d</th><th>L</th><th>d</th><th>L</th></tr>
<tr><td>75</td><td rowspan="6">32</td><td rowspan="14">45</td><td rowspan="8">33</td><td rowspan="19">50</td><td rowspan="2">38</td><td rowspan="4">45</td><td rowspan="2">38</td><td rowspan="4">50</td></tr>
<tr><td>(80)</td></tr>
<tr><td>(85)</td><td rowspan="11">42</td><td rowspan="6">42</td></tr>
<tr><td>90</td></tr>
<tr><td>(95)</td><td rowspan="10">50</td><td rowspan="10">60</td></tr>
<tr><td>100</td></tr>
<tr><td>(106)</td><td rowspan="8">38</td></tr>
<tr><td>112</td></tr>
<tr><td>(118)</td><td rowspan="7">42</td><td rowspan="7">48</td></tr>
<tr><td>125</td></tr>
<tr><td>(132)</td></tr>
<tr><td>140</td></tr>
<tr><td>150</td></tr>
<tr><td>160</td><td rowspan="2">48</td></tr>
<tr><td>180</td><td rowspan="4">42</td><td rowspan="6">50</td><td rowspan="7">60</td><td rowspan="5">65</td></tr>
<tr><td>200</td><td rowspan="4">48</td><td rowspan="6">55</td><td rowspan="2">55</td></tr>
<tr><td>224</td></tr>
<tr><td>250</td><td rowspan="5">60</td></tr>
<tr><td>280</td><td rowspan="2">48</td></tr>
<tr><td>315</td><td rowspan="2">55</td><td rowspan="2">60</td><td rowspan="6">70</td></tr>
<tr><td>355</td><td rowspan="4">55</td><td rowspan="4">60</td></tr>
<tr><td>400</td><td rowspan="4">60</td><td rowspan="4">65</td><td>60</td><td>65</td></tr>
<tr><td>450</td><td rowspan="3">65</td><td rowspan="3">70</td><td rowspan="3">65</td></tr>
<tr><td>500</td></tr>
<tr><td>560</td><td></td><td></td></tr>
</table>

<table>
<tr><th>槽型</th><th colspan="10">B</th></tr>
<tr><th>槽数 Z</th><th colspan="2">2</th><th colspan="2">3</th><th colspan="2">4</th><th colspan="2">5</th><th colspan="2">6</th></tr>
<tr><th>轮缘宽 B</th><th colspan="2">44</th><th colspan="2">63</th><th colspan="2">82</th><th colspan="2">101</th><th colspan="2">120</th></tr>
<tr><th rowspan="2">基准直径 d_d</th><th>孔径</th><th>毂长</th><th>孔径</th><th>毂长</th><th>孔径</th><th>毂长</th><th>孔径</th><th>毂长</th><th>孔径</th><th>毂长</th></tr>
<tr><th>d</th><th>L</th><th>d</th><th>L</th><th>d</th><th>L</th><th>d</th><th>L</th><th>d</th><th>L</th></tr>
<tr><td>125</td><td rowspan="4">38</td><td rowspan="5">45</td><td rowspan="4">42</td><td rowspan="9">50</td><td rowspan="4">43</td><td rowspan="4">50</td><td>42</td><td>50</td><td rowspan="4">48</td><td rowspan="4">60</td></tr>
<tr><td>(132)</td><td rowspan="5">48</td><td rowspan="4">60</td></tr>
<tr><td>140</td></tr>
<tr><td>150</td></tr>
<tr><td>160</td><td rowspan="4">42</td><td rowspan="4">48</td><td rowspan="3">48</td><td rowspan="5">55</td><td>55</td><td>65</td></tr>
<tr><td>(170)</td><td rowspan="6">50</td><td rowspan="10">70</td><td rowspan="3">60</td><td rowspan="2">70</td></tr>
<tr><td>180</td><td rowspan="2">55</td></tr>
<tr><td>200</td><td>50</td><td rowspan="4">80</td></tr>
<tr><td>224</td><td rowspan="3">48</td><td>50</td><td>55</td><td>60</td><td rowspan="3">65</td></tr>
<tr><td>250</td><td rowspan="4">55</td><td rowspan="4">60</td><td rowspan="4">60</td><td rowspan="4">65</td><td rowspan="4">65</td></tr>
<tr><td>280</td></tr>
<tr><td>315</td><td rowspan="4">55</td><td rowspan="4">60</td><td rowspan="4">75</td><td rowspan="2">90</td></tr>
<tr><td>355</td></tr>
<tr><td>400</td><td rowspan="2">60</td><td rowspan="2">65</td><td rowspan="2">65</td><td rowspan="2">70</td><td rowspan="2">70</td><td rowspan="2">100</td></tr>
<tr><td>450</td></tr>
<tr><td>500</td><td>60</td><td>65</td><td rowspan="4">65</td><td rowspan="4">75</td><td rowspan="3">70</td><td rowspan="3">85</td><td rowspan="3">75</td><td rowspan="3">90</td><td rowspan="3">80</td><td rowspan="3">105</td></tr>
<tr><td>560</td><td rowspan="9"></td><td rowspan="9"></td></tr>
<tr><td>(600)</td></tr>
<tr><td>630</td><td rowspan="2">75</td><td rowspan="2">90</td><td rowspan="2">80</td><td rowspan="2">105</td><td rowspan="2">90</td><td rowspan="2">115</td></tr>
<tr><td>710</td><td>70</td><td>85</td></tr>
<tr><td>(750)</td><td rowspan="2">75</td><td rowspan="2">90</td><td rowspan="3">80</td><td rowspan="3">105</td><td rowspan="3">90</td><td rowspan="3">115</td><td rowspan="3">100</td><td rowspan="3">125</td></tr>
<tr><td>800</td></tr>
<tr><td>(900)</td><td rowspan="3"></td><td rowspan="3"></td></tr>
<tr><td>1000</td><td rowspan="2">90</td><td rowspan="2">115</td><td rowspan="2">100</td><td rowspan="2">125</td><td rowspan="2">110</td><td rowspan="2">140</td></tr>
<tr><td>1120</td></tr>
</table>

<table>
<tr><th>槽型</th><th colspan="10">C</th></tr>
<tr><th>槽数 Z</th><th colspan="2">3</th><th colspan="2">4</th><th colspan="2">5</th><th colspan="2">6</th><th colspan="2">7</th></tr>
<tr><th>轮缘宽 B</th><th colspan="2">85</th><th colspan="2">110.5</th><th colspan="2">136</th><th colspan="2">161.5</th><th colspan="2">187</th></tr>
<tr><th rowspan="2">基准直径 d_d</th><th>孔径</th><th>毂长</th><th>孔径</th><th>毂长</th><th>孔径</th><th>毂长</th><th>孔径</th><th>毂长</th><th>孔径</th><th>毂长</th></tr>
<tr><th>d</th><th>L</th><th>d</th><th>L</th><th>d</th><th>L</th><th>d</th><th>L</th><th>d</th><th>L</th></tr>
<tr><td>200</td><td rowspan="2">55</td><td rowspan="4">70</td><td rowspan="2">60</td><td rowspan="2">70</td><td rowspan="2">65</td><td rowspan="2">80</td><td rowspan="2">70</td><td rowspan="2">90</td><td rowspan="2">75</td><td rowspan="5">100</td></tr>
<tr><td>212</td></tr>
<tr><td>224</td><td rowspan="2">60</td><td rowspan="2">65</td><td rowspan="2">80</td><td rowspan="2">70</td><td rowspan="2">90</td><td rowspan="2">75</td><td rowspan="6">100</td><td rowspan="3">80</td></tr>
<tr><td>236</td></tr>
<tr><td>250</td><td>65</td><td>80</td><td>70</td><td>90</td><td rowspan="4">75</td><td rowspan="5">100</td><td rowspan="4">80</td></tr>
<tr><td>(265)</td><td rowspan="4">70</td><td rowspan="4">90</td><td rowspan="4">75</td><td rowspan="5">100</td><td rowspan="3">85</td><td rowspan="3">110</td></tr>
<tr><td>280</td></tr>
<tr><td>300</td></tr>
<tr><td>315</td><td>80</td><td>85</td><td>110</td><td>90</td><td rowspan="4">120</td></tr>
<tr><td>(335)</td><td rowspan="3">75</td><td rowspan="4">100</td><td>80</td><td>85</td><td>110</td><td>90</td><td rowspan="3">120</td><td rowspan="3">95</td></tr>
<tr><td>355</td><td rowspan="3">85</td><td rowspan="3">100</td><td rowspan="2">90</td><td rowspan="3">120</td><td rowspan="2">95</td></tr>
<tr><td>400</td></tr>
<tr><td>450</td><td>80</td><td>95</td><td rowspan="2">100</td><td rowspan="3">140</td><td>100</td><td rowspan="2">140</td></tr>
<tr><td>500</td><td>85</td><td>110</td><td>90</td><td rowspan="2">120</td><td rowspan="2">100</td><td rowspan="2">140</td><td>105</td></tr>
<tr><td>560</td><td rowspan="3">90</td><td rowspan="6">120</td><td>95</td><td>105</td><td>110</td><td rowspan="3">160</td></tr>
<tr><td>600</td><td rowspan="3">100</td><td rowspan="5">140</td><td rowspan="3">105</td><td rowspan="5">160</td><td rowspan="3">110</td><td rowspan="5">160</td><td rowspan="2">115</td></tr>
<tr><td>630</td></tr>
<tr><td>710</td><td rowspan="3">95</td><td rowspan="3">120</td><td rowspan="4">180</td></tr>
<tr><td>750</td><td rowspan="2">105</td><td rowspan="2">110</td><td rowspan="2">115</td></tr>
<tr><td>800</td></tr>
<tr><td>900</td><td rowspan="2">100</td><td rowspan="2">140</td><td rowspan="2">110</td><td rowspan="3">160</td><td>115</td><td rowspan="4">180</td><td>120</td><td rowspan="2">180</td><td>125</td></tr>
<tr><td>1000</td><td rowspan="2">120</td><td>125</td><td>130</td><td>200</td></tr>
<tr><td>1120</td><td rowspan="3"></td><td rowspan="3"></td><td>115</td><td rowspan="2">130</td><td rowspan="2">200</td><td>135</td><td rowspan="3">220</td></tr>
<tr><td>1250</td><td>120</td><td></td><td>125</td><td rowspan="2">140</td></tr>
<tr><td>1400</td><td></td><td></td><td>130</td><td>200</td><td>135</td><td>220</td></tr>
</table>

注　1. 表中毂孔直径 d 的值是最大值，其具体数值可根据需要按标准直径选择。

2. 尽量不采用括号内的基准直径。

表 9-4　　圆柱齿轮的结构及尺寸　　mm

结构图	结构尺寸
实心式齿轮（$d_a \leqslant 160$）和齿轮轴 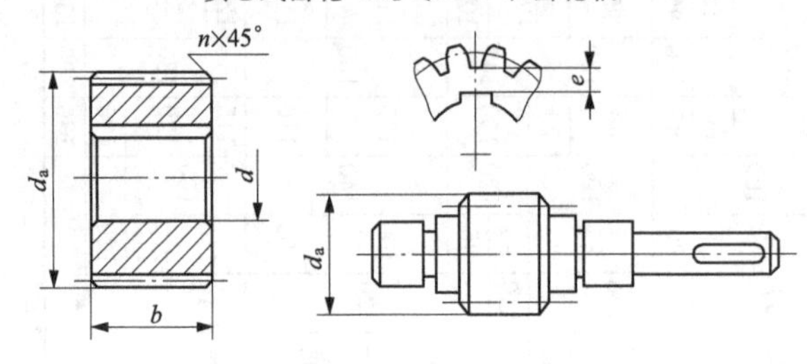	$e<2m_t$时，应将齿轮做成齿轮轴 $n=0.5m_n$
腹板式齿轮（$d_a \leqslant 500$） 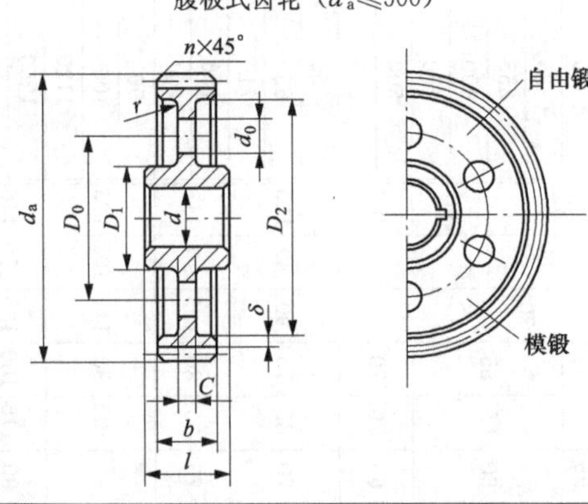	$D_1=1.6d$ $l=(1.2\sim1.5)d \geqslant b$ $\delta=(2.5\sim4)m_n \geqslant 8\sim10$ $n=0.5m_n$ $D_2=d_a-2h-2\delta$ $D_0=(D_1+D_2)/2$ $d_0=(D_2-D_1)/4$，当 $d_0 \leqslant 10$ 时，不钻孔 $C=(0.2\sim0.3)b$，模锻 $C=0.3b$，自由锻 $r \approx 0.5C$
轮辐式齿轮（$d_a>400\sim1000$）（铸造） 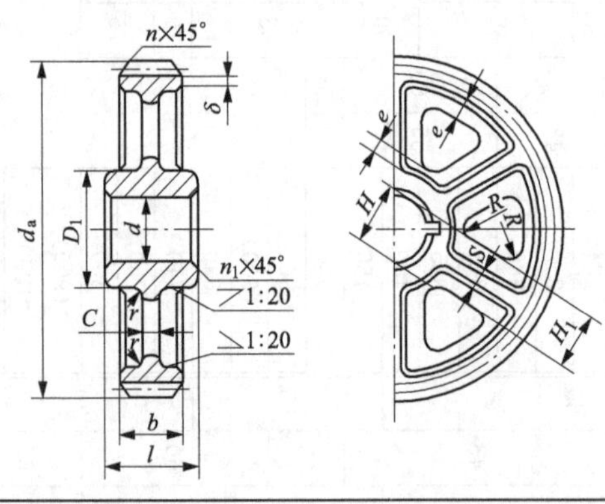	$D_1=1.6d$(铸钢) $D_1=1.8d$(铸铁) $l=(1.2\sim1.5)d \geqslant b$ $\delta=(2.5\sim4)m_n \geqslant 8\sim10$ $n=0.5m_n$ $H=0.8d$，$H_1=0.8H$ $S=H/6 \geqslant 10$ $e=0.8\delta$ $C=H/5 \geqslant 10$ $r \approx 0.5C$ n_1、R 由结构确定

表 9-5　　直齿圆锥齿轮的结构及尺寸　　mm

结构图	结构尺寸
实心式锥齿轮（$d_a \leqslant 160$）和锥齿轮轴 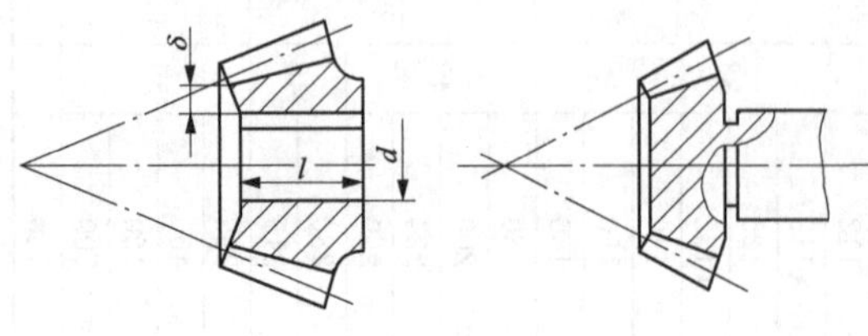	当$\delta<1.6m$ 时，应将齿轮与轴做成齿轮轴 $l=(1\sim1.2)d$

续表

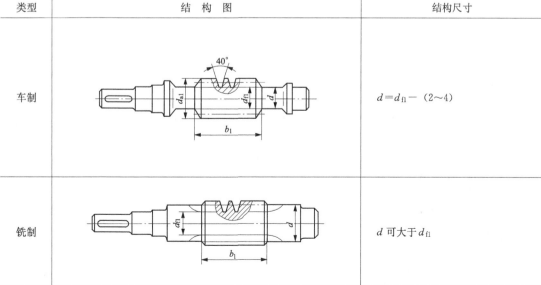

<table>
<tr><th>结 构 图</th><th>结构尺寸</th></tr>
<tr><td>腹板式锥齿轮（d_a≤500）
模锻
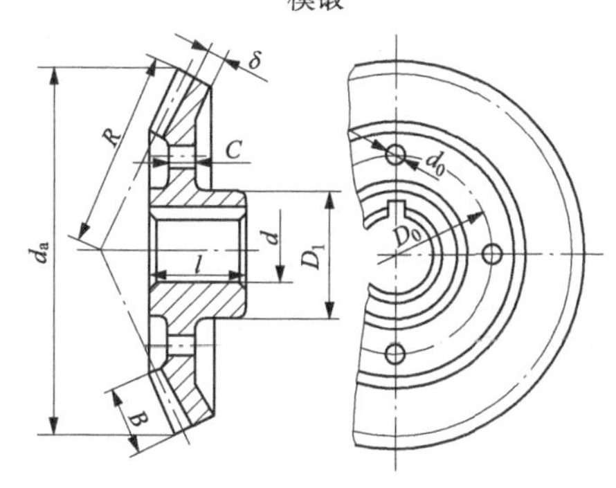
</td><td>$D_1=1.6d$，$l=(1\sim1.2)d$
$\delta=(3\sim4)m\geqslant10$
$C=(0.1\sim0.17)R\geqslant10$
D_0、d_0可参考圆柱齿轮由结构设计确定</td></tr>
<tr><td>带加强肋的腹板式锥齿轮（d_a≥300）（铸造）
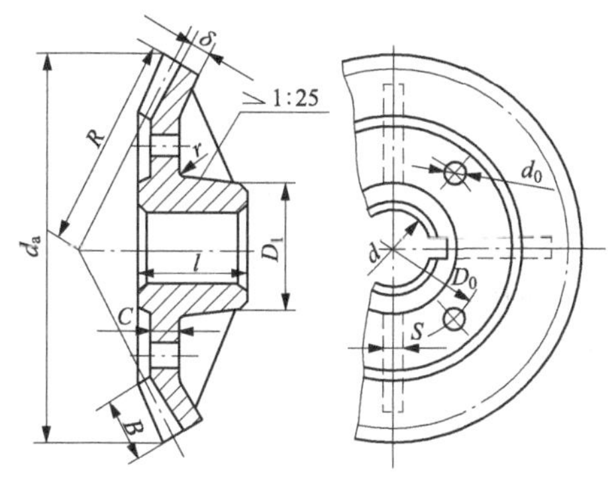
</td><td>$D_1=1.6d$（铸钢）
$D_1=1.8d$（铸铁）
$l=(1\sim1.2)d$
$\delta=(3\sim4)m\geqslant10$
$C=(0.1\sim0.17)R\geqslant10$
$S=0.8C\geqslant10$mm
D_0、d_0可参考圆柱齿轮由结构设计确定
$r=3\sim10$</td></tr>
</table>

表 9-6　　蜗杆的结构及尺寸　　mm

类型	结 构 图	结构尺寸
车制	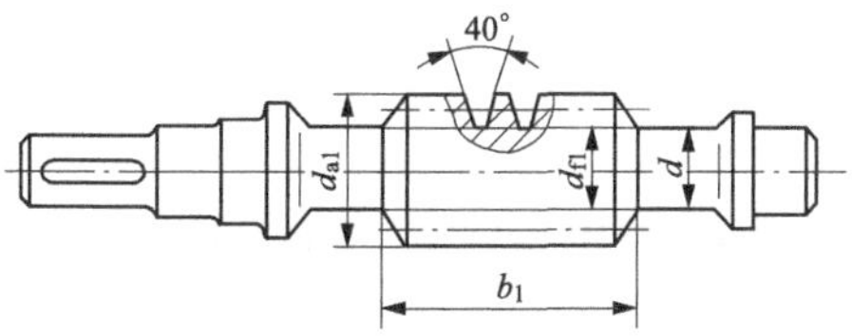	$d=d_{f1}-(2\sim4)$
铣制	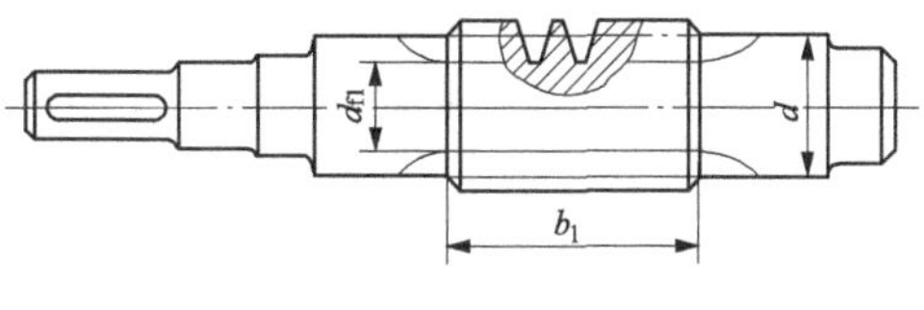	d 可大于 d_{f1}

表 9-7　　蜗轮的结构及尺寸　　mm

结构图		结构尺寸
整体式 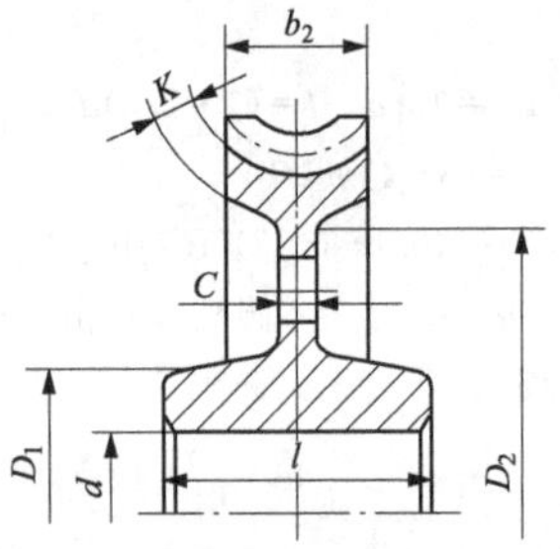	螺栓连接式 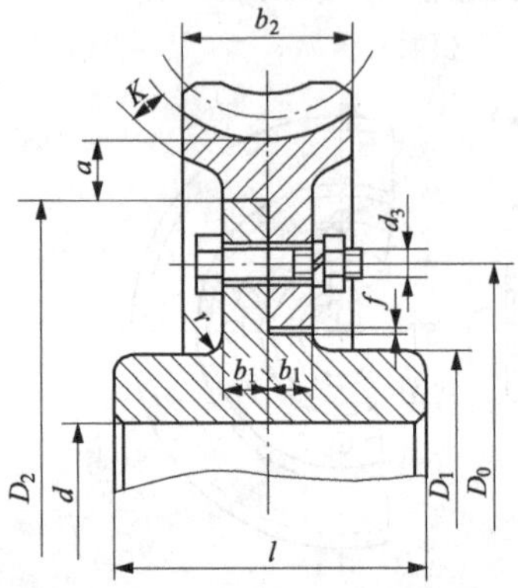	$l=(1.2\sim1.8)d$ $D_1=(1.6\sim2)d$ $C\geqslant1.7m\geqslant10$ $K\geqslant2m\geqslant10$ D_2、D_3、d_0、r 由结构确定 $a=2m\geqslant10$ $D_0=(D_1+D_1)/2$ $d_1=(1.2\sim1.5)m\geqslant6$ $f=2\sim3$ $e=5\sim8$ $b=8\sim10$ $b_1=(0.2\sim0.25)b_2$ d_3按强度计算确定
齿圈式 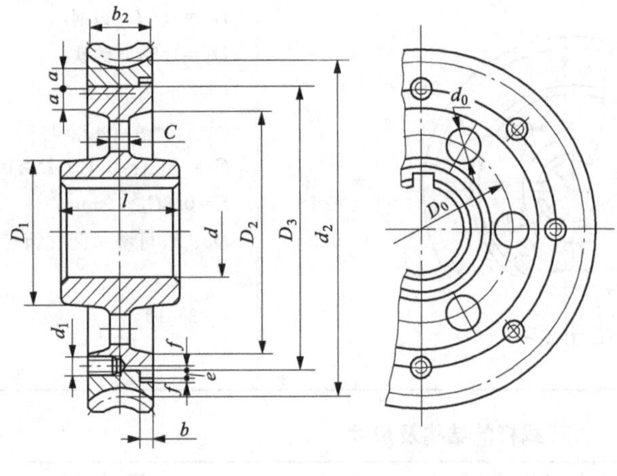		

第二节　减速器附件

1. 油塞（见表 9-8）

表 9-8　　外六角螺塞（摘自 JB/ZQ 4450—2006）、封油垫圈　　mm

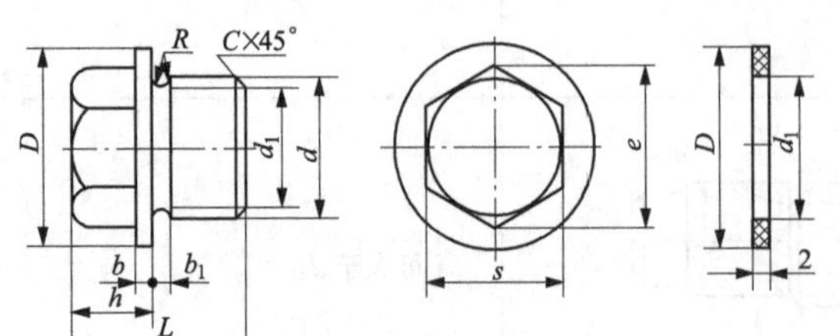

标记示例

d 为 M12×1.25 的外六角螺塞，标记为

螺塞 M12×1.25　JB/ZQ 4450—2006

续表

d	d_1	L	e	h	D	s	b	b_1	R	C
M12×1.25	10.2	24	15	12	22	13	3	3	1	1.0
M20×1.5	17.8	30	24.2	15	30	21	4			
M24×2	21	32	31.2	16	34	27		4		1.5
M30×2	27	38	39.3	18	42	34				

注　封油垫材料为石棉橡胶板、工业用革；螺塞材料为 Q235。

2. 通气器（见表 9-9～表 9-11）

表 9-9　　**通气螺塞（无过滤装置）**　　mm

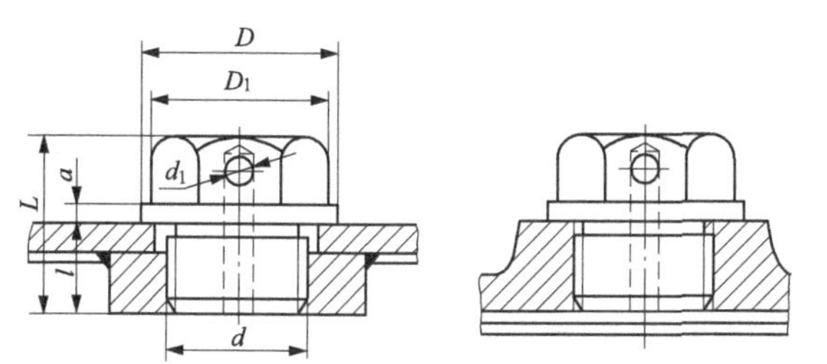

1. 材料为 Q235。
2. S 为扳手开口宽度。
3. 适用于清洁的工作环境。

d	D	D_1	S	L	l	a	d_1
M12×1.25	16	16.2	14	19	10	2	4
M16×1.5	22	19.6	17	23	12	2	5
M20×1.5	30	25.4	22	28	15	4	6
M27×1.5	38	31.2	27	34	18	4	8

表 9-10　　**通气器（经一次过滤）**　　mm

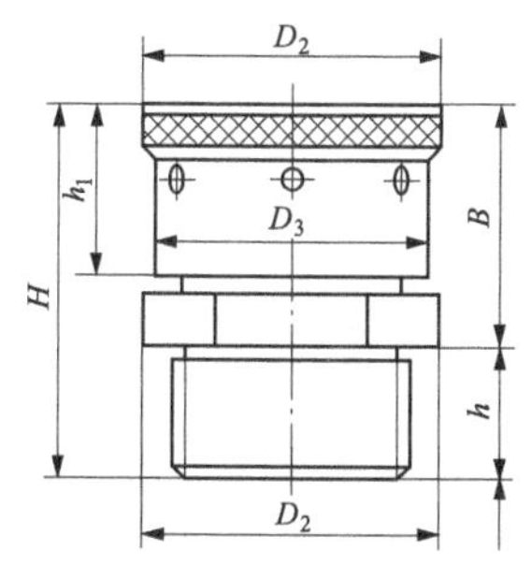

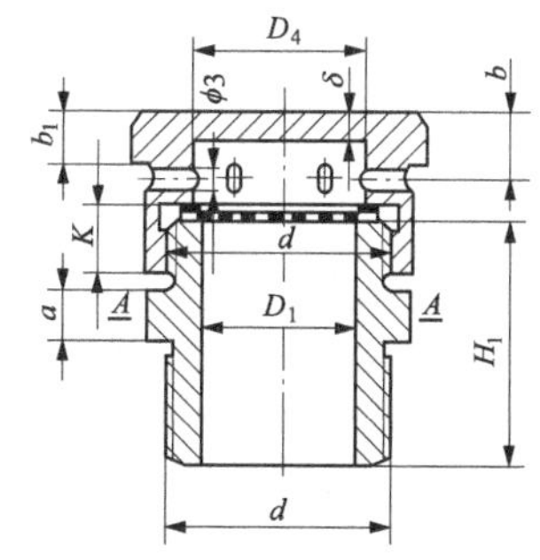

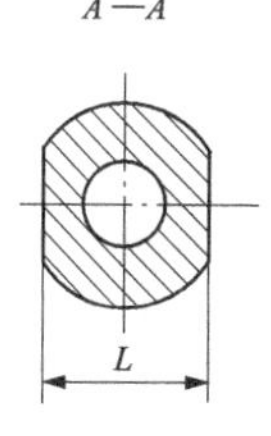

d	D_1	B	h	H	D_2	H_1	a	δ	K	b	h_1	b_1	D_3	D_4	L	孔数
M27×1.5	15	≈30	15	≈45	36	32	6	4	10	8	22	6	32	18	32	6
M36×2	20	≈40	20	≈60	48	42	8	4	12	11	29	8	42	24	41	6
M48×3	30	≈45	25	≈70	62	52	10	5	15	13	32	10	56	36	55	8

注　此通气器有过滤网，适用于有灰尘的工作环境。

表 9-11　　**通气器（经二次过滤）**　　mm

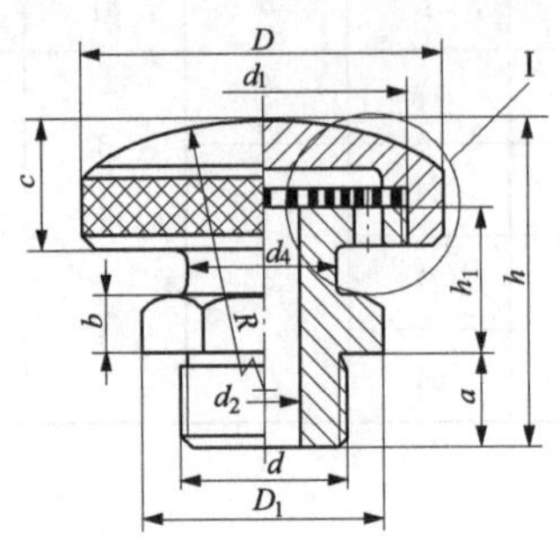

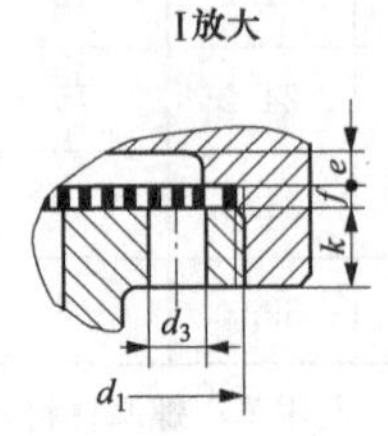

S 为扳手开口宽度

d	d_1	d_2	d_3	d_4	D	h	a	b	c	h_1	R	D_1	S	k	e	f
M18×1.5	M33×1.5	8	3	16	40	40	12	7	16	18	40	25.4	22	6	2	2
M27×1.5	M48×1.5	12	4.5	24	60	54	15	10	22	24	60	39.6	32	7	2	2
M36×1.5	M64×1.5	16	6	30	80	70	20	13	28	32	80	53.1	41	7	3	3

3. 油标装置（见表 9-12 和表 9-13）

表 9-12　　**压配式圆形油标（摘自 JB/T 7941.1—1995）**　　mm

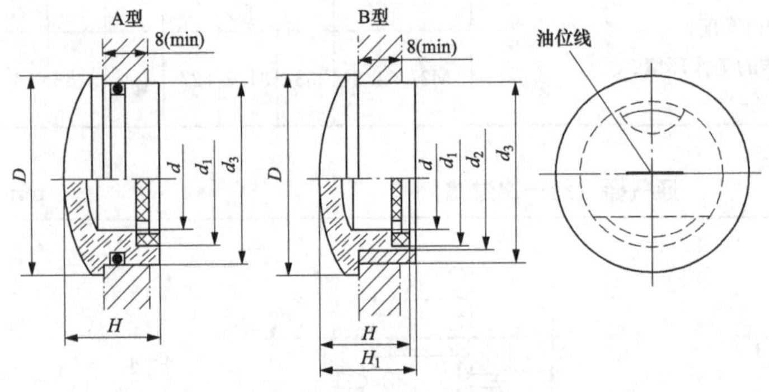

标记示例

油标视孔直径 d = 32mm，A 型压配式圆形油标标记为

油标 A32　JB/T 7941.1—1995

d	D	d_1		d_2		d_3		H	H_1	O 形橡胶密封圈（GB/T 3452.1—2005）
		基本尺寸	极限偏差	基本尺寸	极限偏差	基本尺寸	极限偏差			
12	22	12	−0.050 −0.160	17	−0.050 −0.160	20	−0.065 −0.195	14	10	15×2.65
16	27	18		22	−0.065 −0.195	25				20×2.65
20	34	22	−0.065 −0.195	28		32	−0.080 −0.240	16	18	25×3.55
25	40	28		34	−0.080 −0.240	38				31.5×3.55
32	48	35	−0.080 −0.240	41		45		18	20	38.7×3.55
40	58	45		51	−0.100 −0.290	55				48.7×3.55
50	70	55	−0.100 −0.290	61		65	−0.100 −0.290	22	24	—
63	85	70		76		80				

表 9-13　　油标尺　　mm

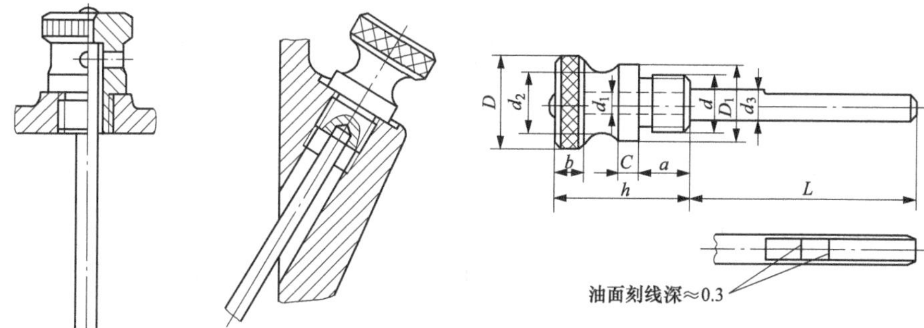

d	d_1	d_2	d_3	h	a	b	C	D	D_1
M12	4	12	6	28	10	6	4	20	16
M16	4	16	6	35	12	8	5	26	22
M20	6	20	8	42	15	10	6	32	26

注　油标尺长度根据结构尺寸确定，按油面的最高和最低位置确定两条刻线位置。

4. 观察孔及观察孔盖（见表 9-14）

表 9-14　　观察孔及观察孔盖　　mm

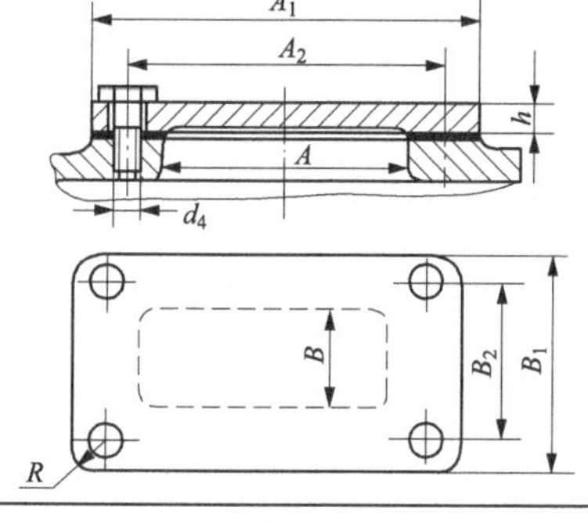

A	100、120、150、180、200
A_1	$A+(5\sim6)d_4$
A_2	$(A+A_1)/2$
B	$B_1-(5\sim6)d_4$
B_1	箱体顶部宽度$-(15\sim20)$
B_2	$(B+B_1)/2$
d_4	M6～M8，螺钉数 4～6 个
R	5～10
h	4～8

注　垫片为石棉橡胶纸。

5. 起吊装置（见表 9-15 和表 9-16）

表 9-15　　吊耳及吊钩　　mm

箱盖吊钩	箱盖吊耳	箱座吊钩
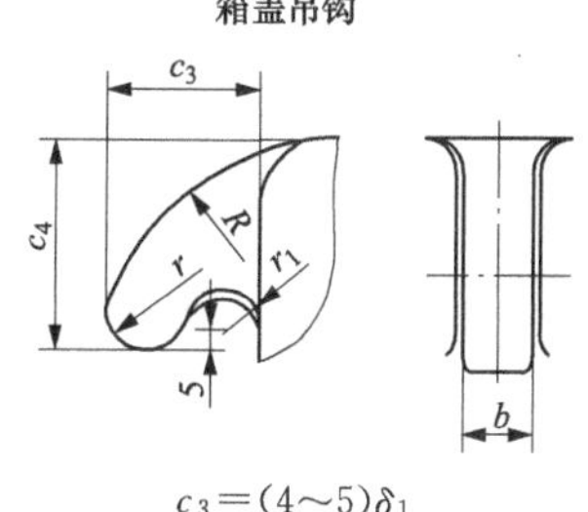 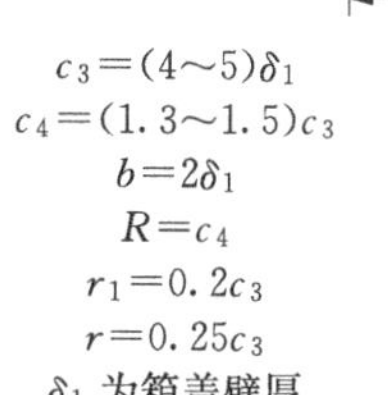	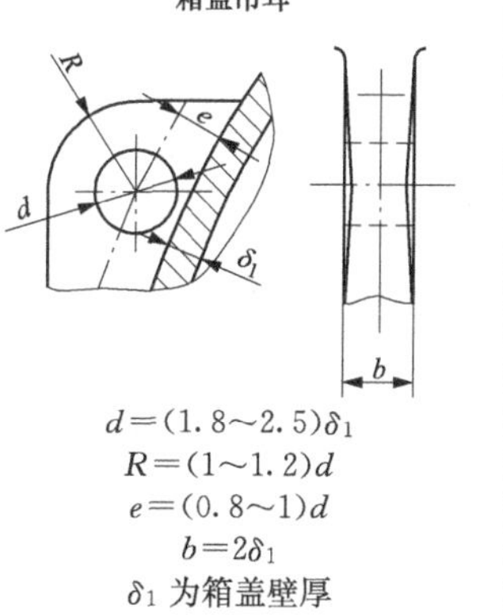	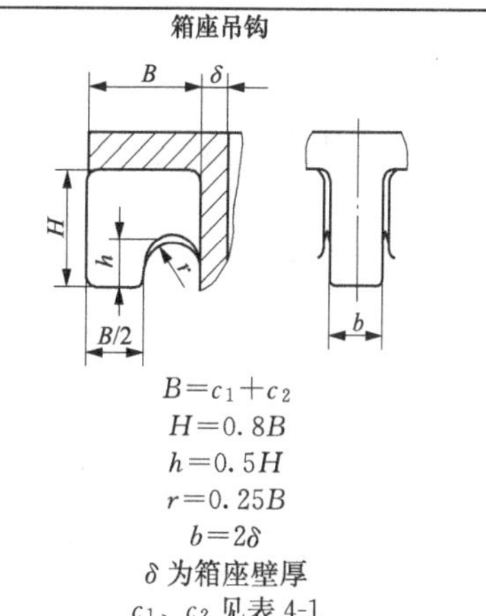
$c_3=(4\sim5)\delta_1$ $c_4=(1.3\sim1.5)c_3$ $b=2\delta_1$ $R=c_4$ $r_1=0.2c_3$ $r=0.25c_3$ δ_1 为箱盖壁厚	$d=(1.8\sim2.5)\delta_1$ $R=(1\sim1.2)d$ $e=(0.8\sim1)d$ $b=2\delta_1$ δ_1 为箱盖壁厚	$B=c_1+c_2$ $H=0.8B$ $h=0.5H$ $r=0.25B$ $b=2\delta$ δ 为箱座壁厚 c_1、c_2 见表 4-1

表 9-16　　吊环螺钉（摘自 GB/T 825—1988）　　mm

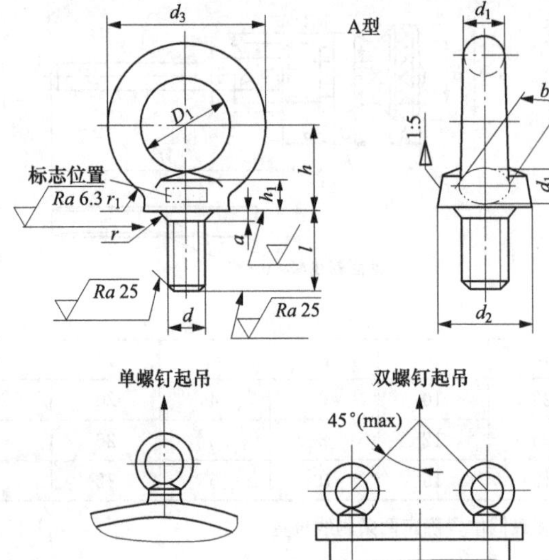

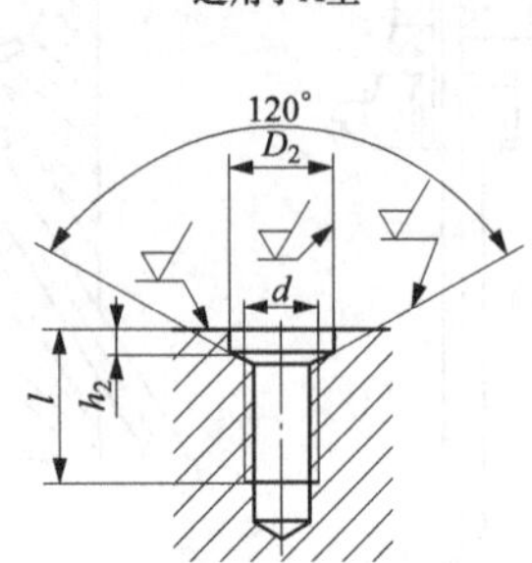

标记实例：

规格为20mm、材料为20钢、经正火处理、不经表面处理的A型吊环螺钉的标记为

螺钉 GB/T 825 M20

$\sqrt{} = \sqrt{Ra\ 12.5}$

螺纹规格 d		M8	M10	M12	M16	M20	M24	M30	M36
d_1（max）		9.1	11.1	13.1	15.2	17.4	21.4	25.7	30
D_1（公称）		20	24	28	34	40	48	56	67
d_2（max）		21.1	25.1	29.1	35.2	41.5	49.4	57.7	69
h_1（max）		7	9	11	13	15.1	19.1	23.2	27.4
h		18	22	26	31	36	44	53	63
d_3（参考）		36	44	52	62	72	88	104	123
r_1		4	4	6	6	8	12	15	18
r（min）		1	1	1	1	1	2	2	3
l（公称）		16	20	22	28	35	40	45	55
a（max）		2.5	3	3.5	4	5	6	7	8
b		10	12	14	16	19	24	28	32
D_2（公称 min）		13	15	17	22	28	32	38	45
h_2（公称 max）		2.5	3	3.5	4.5	5	7	8	9.5
最大起吊重量/kN	单螺钉起吊	1.6	2.5	4	6.3	10	16	25	40
	双螺钉起吊	0.8	1.25	2	3.2	5	8	12.5	20

减速器重量 W（kN）与中心距 a 的关系（供参考）

	一级圆柱齿轮减速器					二级圆柱齿轮减速器				
a	100	125	160	200	250	315	100×140	140×200	180×250	200×280	250×355
W/kN	0.26	0.52	1.05	2.1	4	8	1	2.6	4.8	6.8	12.5

注　减速器重量 W 非 GB/T 825—1988 内容，仅供设计参考。

6．轴承端盖及套杯（见表 9-17～表 9-19）

表 9-17　凸缘式轴承盖　mm

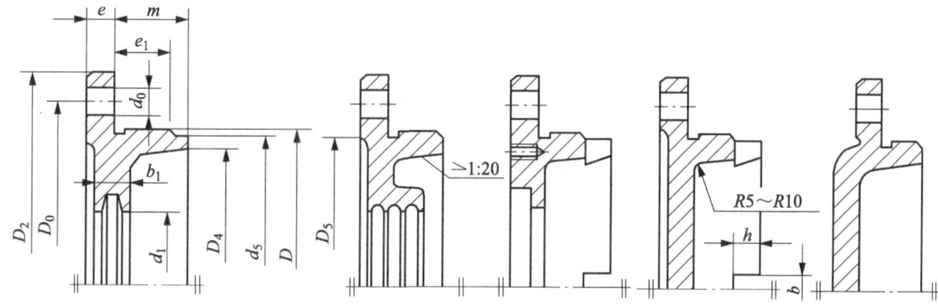

$d_0=d_3+1$，$d_5=D-(2\sim4)$mm $D_0=D+2.5d_3$，$D_5=D_0-3d_3$ $D_2=D_0+2.5d_3$，b_1、d_1 由密封尺寸确定 $e=(1\sim1.2)d_3$，$b=5\sim10$mm $e_1\geqslant e$，$h=(0.8\sim1)b$ m 由结构确定，$D_4=D-(10\sim15)$ mm d_3为端盖的连接螺钉直径，尺寸见右表	轴承外径 D	轴承盖连接螺钉	
		直径 d_3	数量
	45～65	M6～M8	4
	70～100	M8～M10	4～6
	110～140	M10～M12	6
	150～230	M12～M16	6

注　材料为 HT150。

表 9-18　嵌入式轴承盖　mm

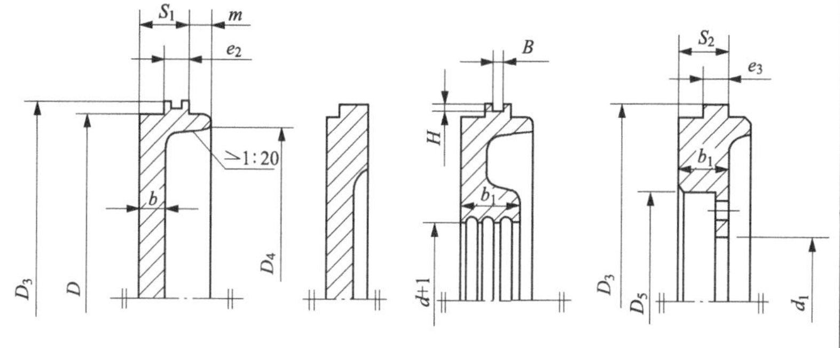

$e_2=8\sim12$，$S_1=15\sim20$
$e_3=5\sim8$，$S_2=10\sim15$
m 由结构确定
$b=8\sim10$
$D_3=D+e_2$，装有 O 形圈的，按 O 形圈外径取整
D_5、b_1、d_1 等由密封尺寸确定
H、B 按 O 形圈的沟槽尺寸确定

注　材料为 HT150。

表 9-19　套杯　mm

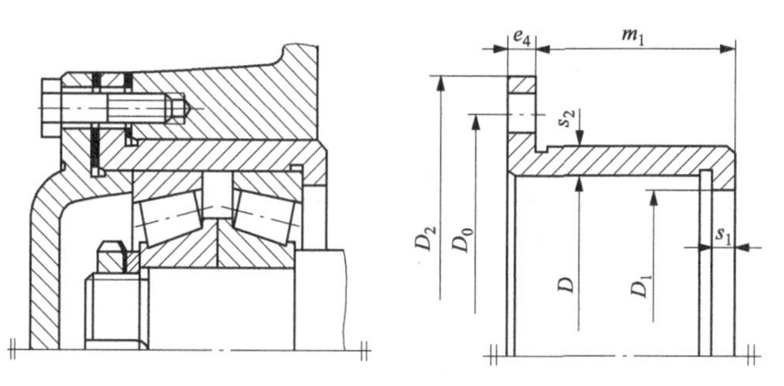

$D_0=D+2.5d_3+2s_2$
$D_2=D_0+2.5d_3$
$s_1=s_2=8\sim12$
$e_4\approx s_2$
D_1、m_1 由轴承结构尺寸确定
d_3为螺钉直径
D 为轴承外径

注　材料为 HT150。

第十章　参　考　图　例

第一节　减速器装配图示例

减速器装配图示例见图 10-1～图 10-8。

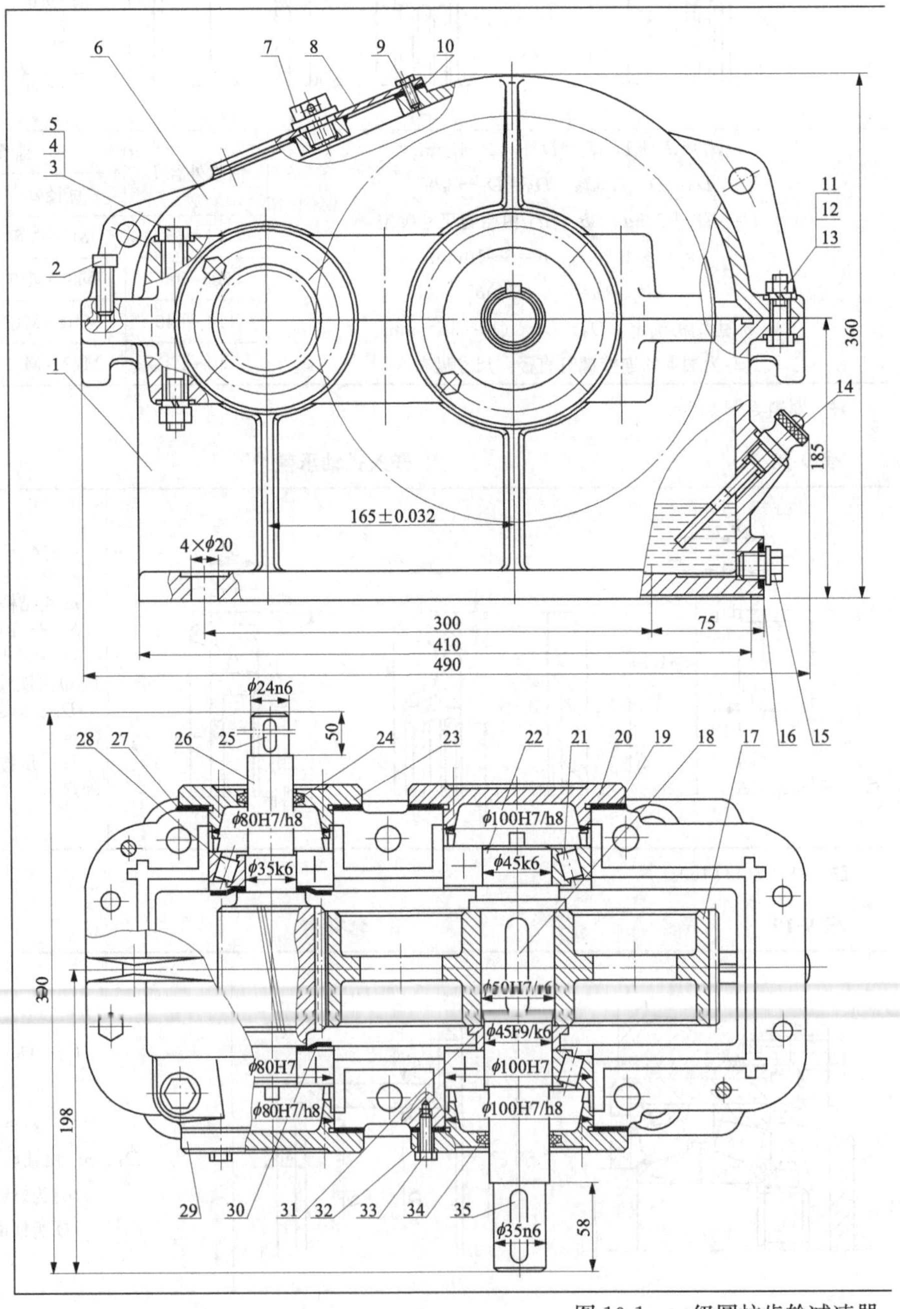

图 10-1　一级圆柱齿轮减速器

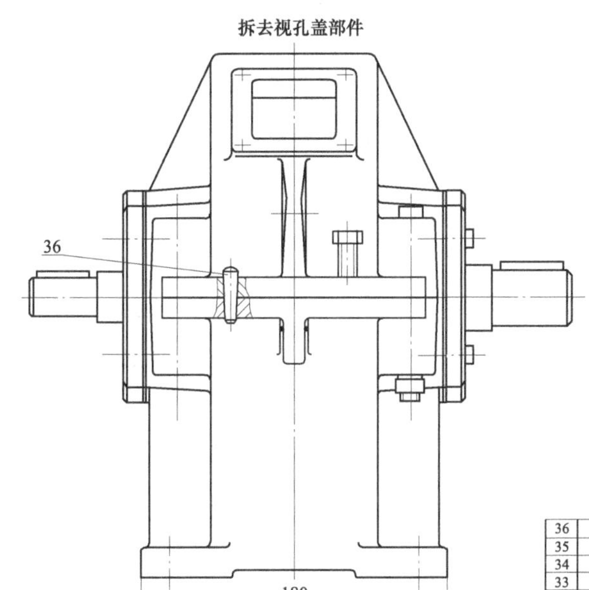

技术特性

输入功率/kW	输入转速/(r·min^{-1})	传动比 i	效率 η	传动特性				
				β	m_n	齿数		精度等级
3.36	720	4.16	0.95	12°14′19″	2.5	z_1	25	8 GB/T 10095—2008
						z_2	104	8 GB/T 10095—2008

技术要求

1.装配前，所有零件需用煤油清洗，滚动轴承用汽油清洗，箱内不允许有任何杂物，内壁用耐油油漆涂刷两次。
2.齿轮啮合侧隙用铅丝检验，其侧隙值不小于0.16mm。
3.检验齿面接触斑点，要求接触斑点占齿宽的35%，占齿面有效高度的40%。
4.滚动轴承30207、30209的轴向调整游隙均为0.05～0.1mm。
5.箱内加注CKC150工业闭式齿轮油(GB/T 5903—2011)至规定油面高度。
6.剖分面允许涂密封胶或水玻璃，但不允许使用任何填料。剖分面、各接触面及密封处均不得漏油。
7.减速器外表面涂灰色油漆。
8.按试验规范进行试验，并符合规范要求。

序号	名称	数量	材料	标准及规格
36	圆锥销	2	35	销 GB/T 117 A8×30
35	键	1	45	键 10×50 GB/T 1096
34	毡圈	1	半粗羊毛毡	毡圈 42JB/ZQ 4606
33	螺钉	16	Q235-A	螺栓 GB/T 5783 M8×25
32	轴承端盖	1	HT200	
31	轴套	1	45	
30	挡油环	2	Q235-A	
29	轴承端盖	1	HT200	
28	圆锥滚子轴承	2		滚动轴承 30207 GB/T 297
27	调整垫片	2组	08F	
26	齿轮轴	1	45	m_n=2.5，z=25
25	键	1	45	键 8×45 GB/T 1096
24	毡圈	1	半粗羊毛毡	毡圈 32JB/ZQ 4606
23	轴承端盖	1	HT200	
22	轴	1	45	
21	圆锥滚子轴承	2		滚动轴承 30209 GB/T 297
20	轴承端盖	1	HT200	
19	调整垫片	2组	08F	
18	键	1	45	键 14×63 GB/T 1096
17	齿轮	1	45	m_n=2.5，z=104
16	封油垫	1	石棉橡胶纸	
15	油塞	1	Q235-A	螺塞 M20×1.5JB/ZQ4450
14	油标尺	1	Q235-A	
13	弹簧垫圈	2	65Mn	垫圈 GB/T 93 10
12	螺母	2	Q235-A	螺母 GB/T 6170 M10
11	螺栓	2	Q235-A	螺栓 GB/T 5782 M10×40
10	垫片	1	石棉橡胶纸	
9	螺钉	4	Q235-A	螺栓 GB/T 5781 M6×16
8	视孔盖	1	Q235-A	
7	通气塞	1	Q235-A	
6	箱盖	1	HT200	
5	弹簧垫圈	6	65Mn	垫圈 GB/T 93 12
4	螺母	6	Q235-A	螺母 GB/T 6170 M12
3	螺栓	6	Q235-A	螺栓 GB/T 5782 M12×120
2	启盖螺钉	1	Q235-A	螺栓 GB/T 5783 M10×35
1	箱座	1	HT200	

单级圆柱齿轮减速器		比例	图号	重量	共 张
					第 张
设计		年 月	机械设计 课程设计		(校名)
绘图					(班名)
审核					

装配图——凸缘式轴承端盖

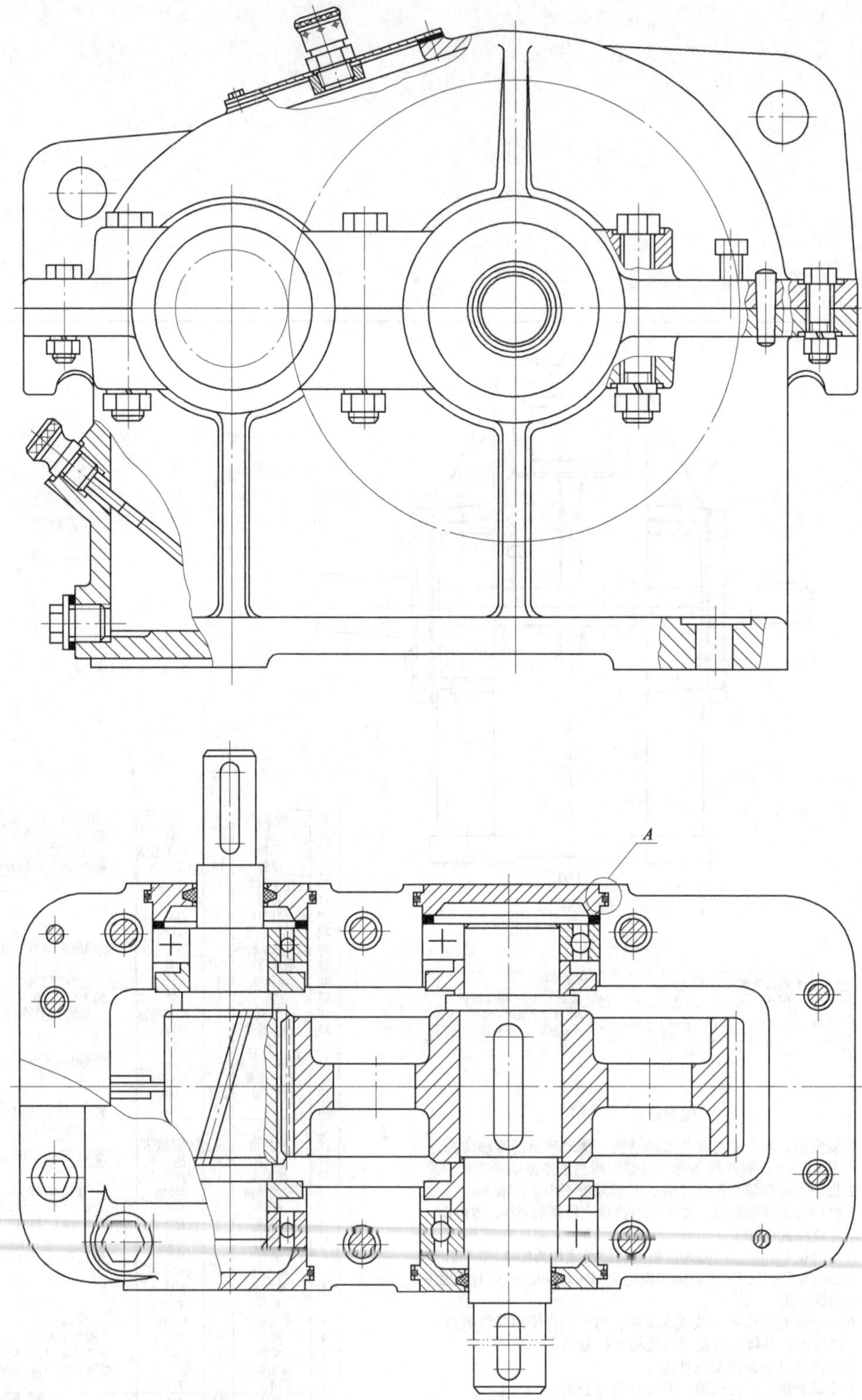

图 10-2 一级圆柱齿轮减速器

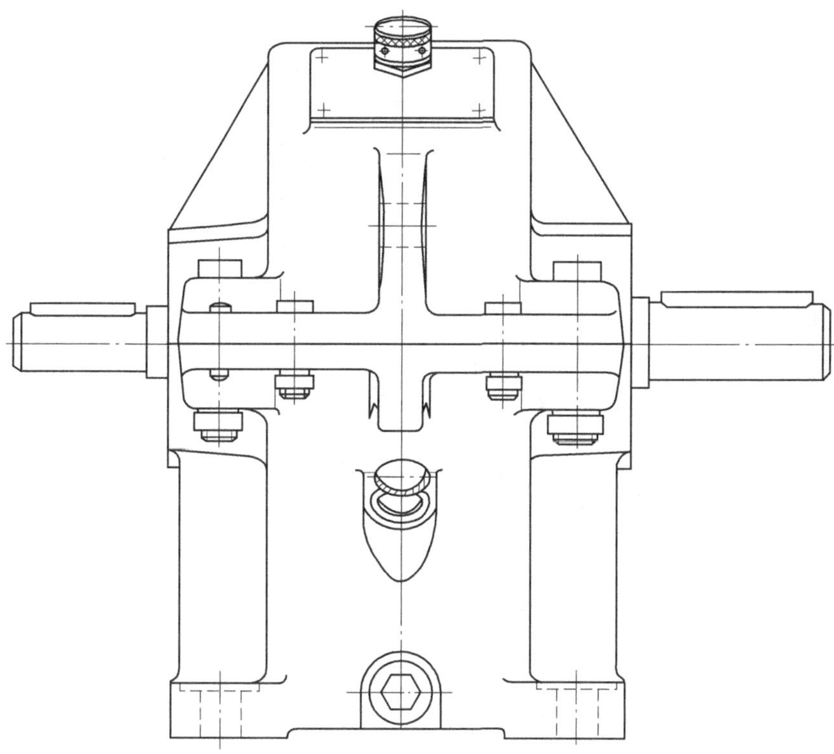

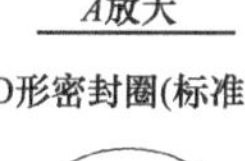

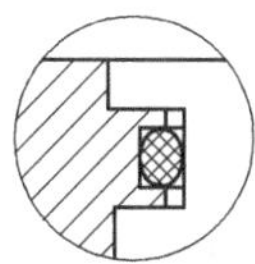

装配图——嵌入式轴承端盖

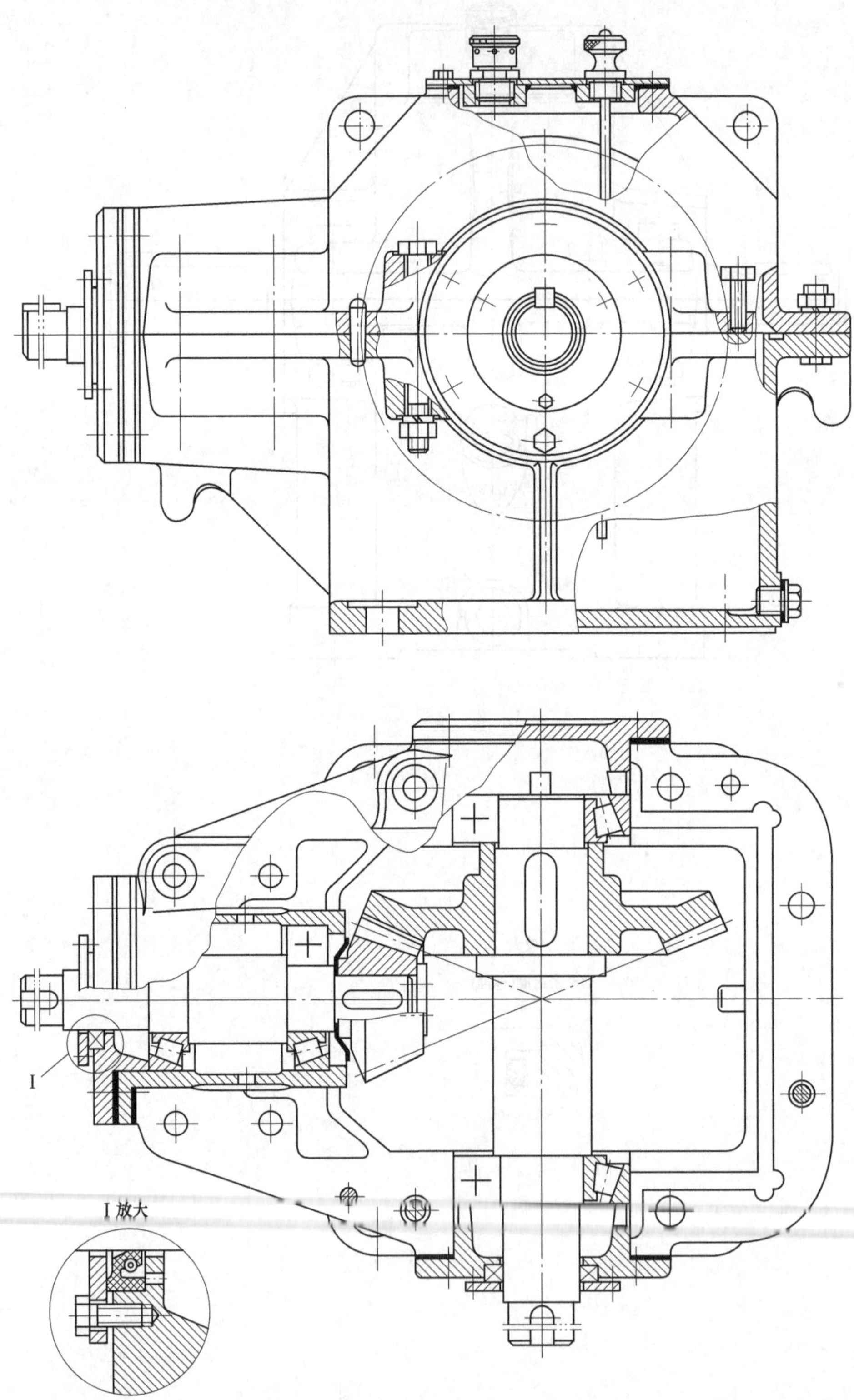

图 10-3　一级圆锥齿轮

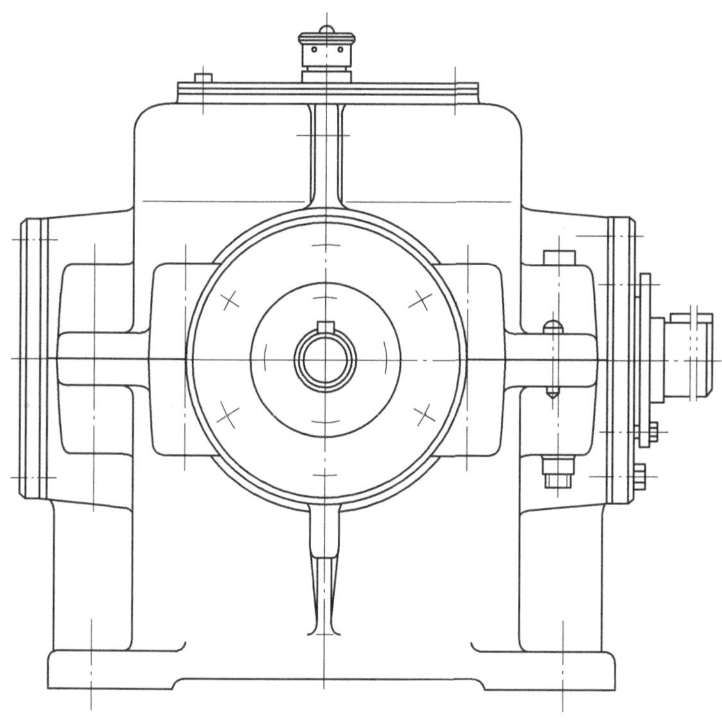

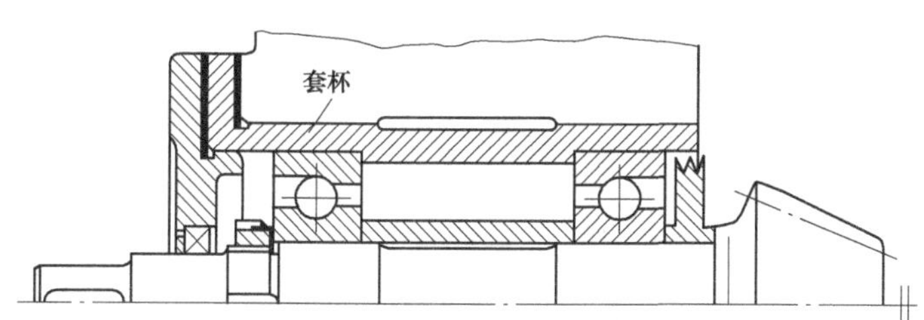

由一对角接触球轴承组成反装结构，对圆锥齿轮的支承刚度大，适用于转速较高与载荷不太大的场合。

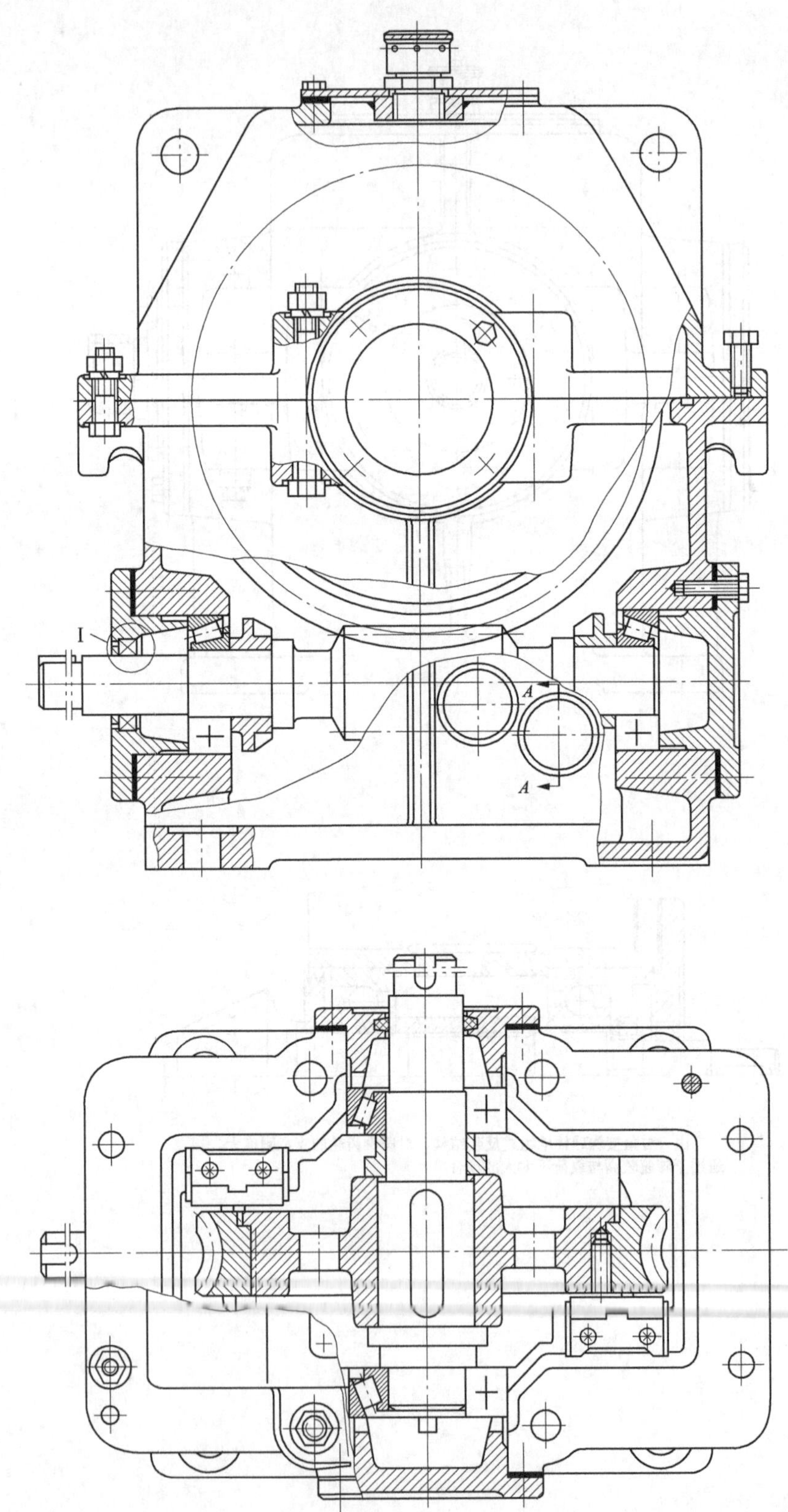

图 10-4　一级蜗杆

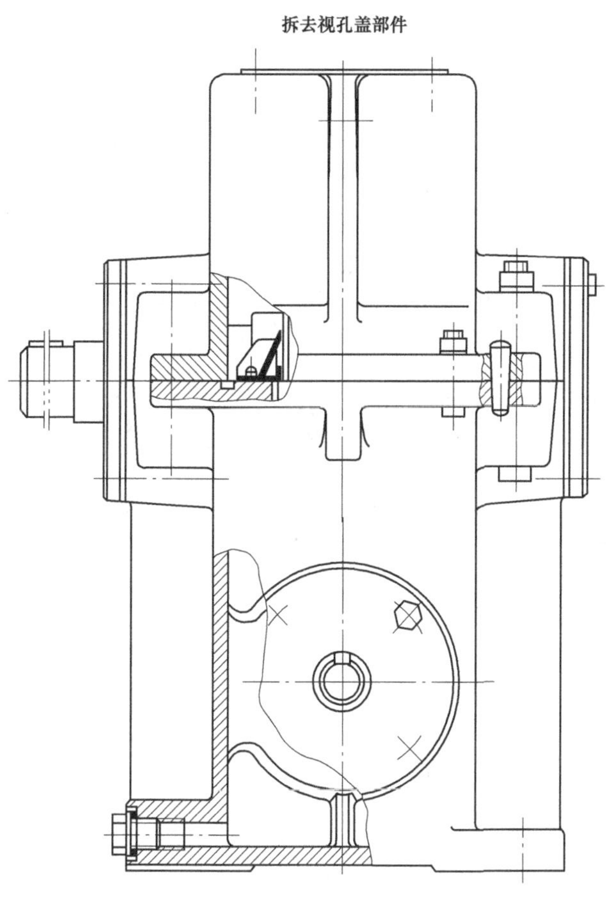

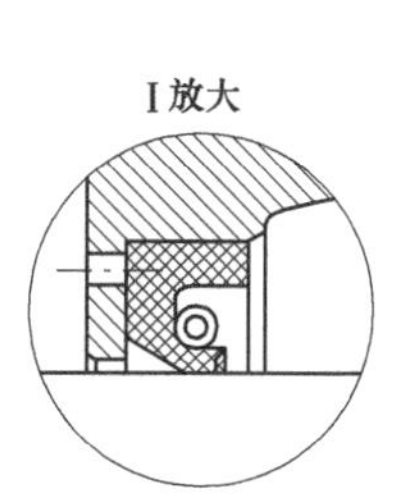

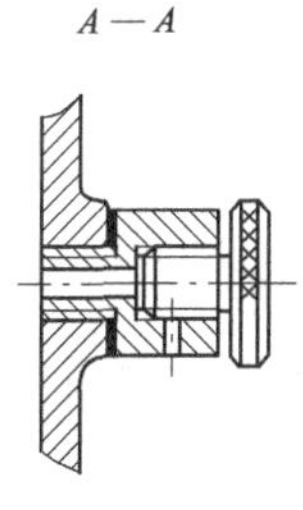

两个油标高度不同，分别检查最高、最低油面。

减速器装配图

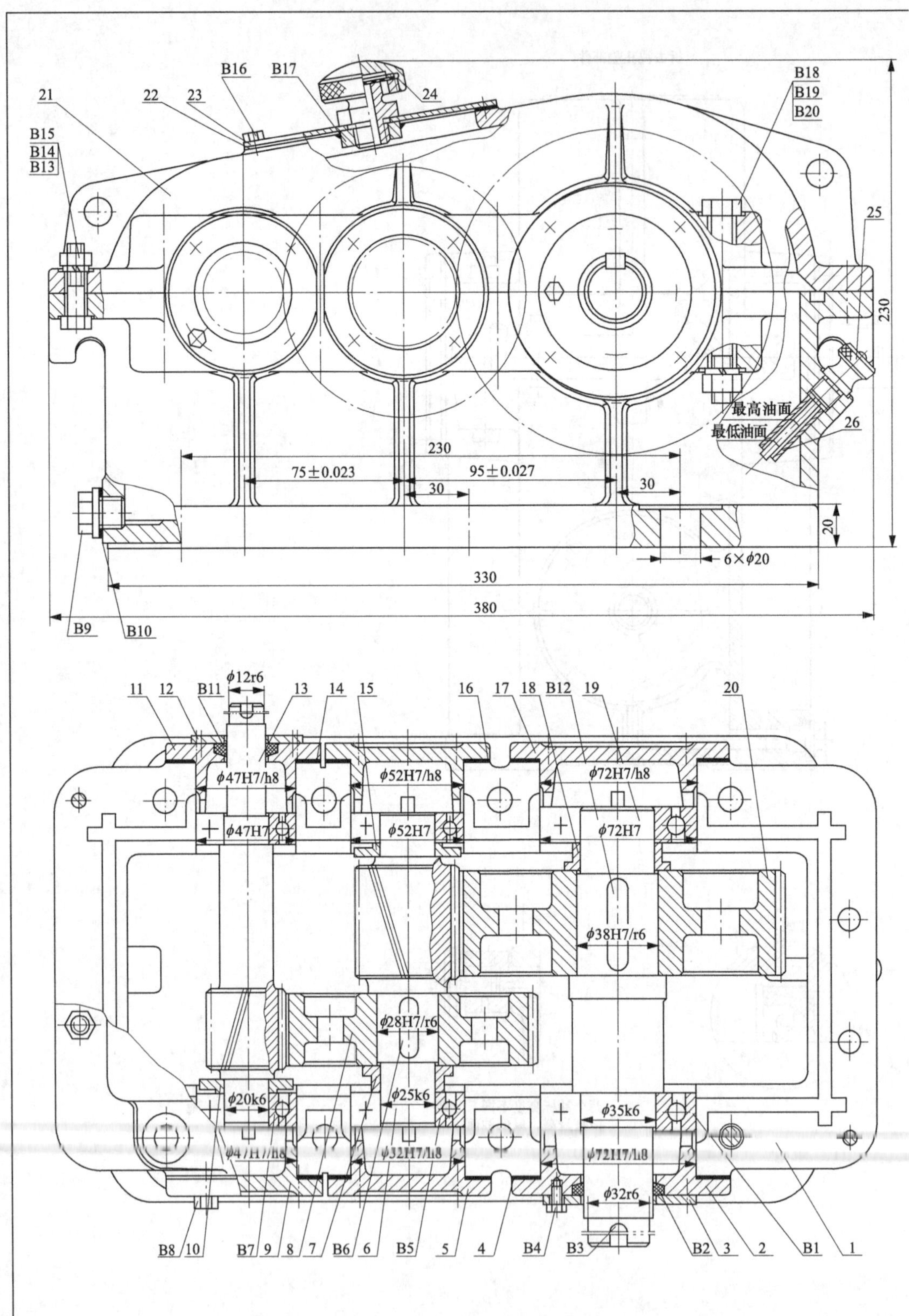

图 10-5 二级圆柱齿轮减

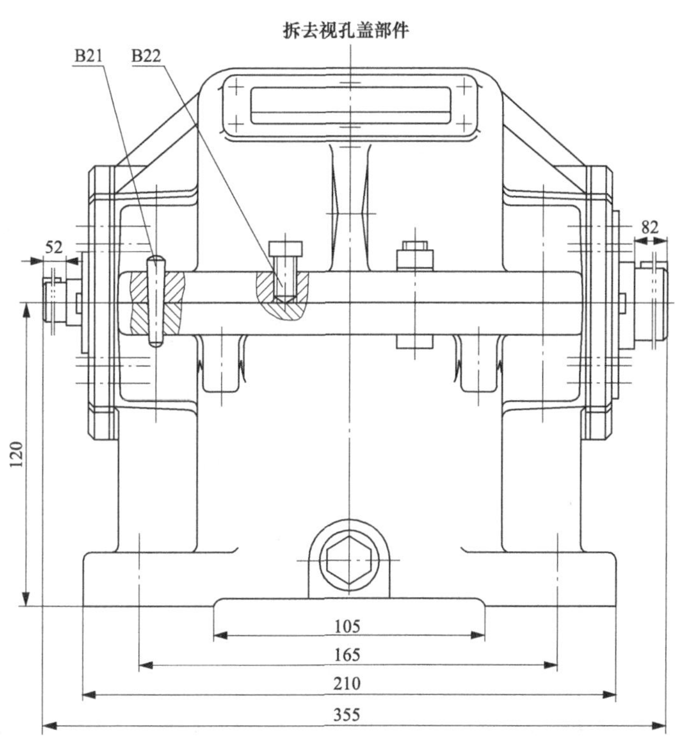

技术特性

输入功率 kW	输入轴转速 r/min	效率 η	总传动比 i	传动特性			
				第一级		第二级	
				m_n	β	m_n	β
4	1440	0.93	11.99	2	13°43′48″	2.5	11°2′38″

技术要求

1.装配前箱体与其他铸件不加工面应清理干净，除去毛边毛刺，并浸涂防锈漆。
2.零件在装配前用煤油清洗，轴承用汽油清洗干净，晾干后表面应涂油。
3.齿轮装配后应用涂色法检查接触斑点，圆柱齿轮沿齿高不小于40%,沿齿长不小于50%。
4.调整、固定轴承时应留有轴向间隙0.2～0.5mm。
5.减速器内装N220工业齿轮油，油量达到规定深度。
6.箱体内壁涂耐油油漆，减速器外表面涂灰色油漆。
7.减速器剖分面、各接触面及密封处均不允许漏油，箱体剖分面应涂以密封胶或水玻璃，不允许使用其他任何填充料。
8.按试验规程进行试验。

序号	名称	数量	材料	规格及标准	备注
B22	螺栓	1	Q235	GB/T 5783 M10×30	
B21	圆锥销	1	35	GB/T 117 A10×35	
B20	垫圈	8	Q235	GB 93-1987 16	
B19	螺母	8	Q235	GB/T 41 M16	
B18	螺栓	8	Q235	GB/T 5780 M16×90	
B17	螺母	1	Q235	GB/T 6173 M18×1.5	
B16	螺栓	4	Q235	GB/T 5781 M5×10	
B15	垫圈	4	Q235	GB 93-1987 10	
B14	螺母	4	Q235	GB/T 41 M10	
B13	螺栓	4	Q235	GB/T 5780 M10×35	
B12	键	1	45	C10×40 GB/T 1096-2003	
B11	毡圈	1	半粗羊毛毡	18 JB/ZQ 4606-1997	
B10	封油垫	1	耐油橡胶		
B9	螺塞	1	Q235	M12×1.25 JB/ZQ 4450-2006	
B8	螺栓	24	Q235	GB/T 5781 M8×12	
B7	角接触球轴承	2		7204C GB/T 292-2007	
B6	键	1	45	C8×28 GB/T 1096-2003	
B5	角接触球轴承	2		7205C GB/T 292-2007	
B4	螺栓	8	Q235	GB/T 5781 M5×10	
B3	键	1	45	C8×50 GB/T 1096-2003	
B2	毡圈	1	半粗羊毛毡	30 JB/ZQ 4606-1997	
B1	角接触球轴承	2		7207C GB/T 292-2007	
26	隔离套	1	Q235		
25	油标尺	1			组合件
24	通气器	1			组合件
23	视孔盖	1	Q235		
22	垫片	1	石棉橡胶		
21	箱盖	1	HT200		
20	齿轮	1	45		
19	轴	1	45		
18	套筒	1	Q235		
17	轴承盖	1	HT200		
16	调整垫片	2组	08F		
15	挡油盘	1	Q235		
14	调整垫片	2组	08F		
13	齿轮轴	1	45		
12	密封盖	1	Q235		
11	轴承盖	1	HT200		
10	挡油盘	1	Q235		
9	轴承盖	1	HT200		
8	齿轮	1	45		
7	套筒	1	Q235		
6	齿轮轴	1	45		
5	轴承盖	2	HT200		
4	调整垫片	2组	08F		
3	密封盖	1	Q235		
2	轴承盖	1	HT200		
1	箱座	1	HT200		

二级圆柱齿轮减速器			比例		材料	20Cr
			重量		图号	
设计		年　月	机械设计课程设计		(校名)	
审核					(班级)	

速器装配图——展开式

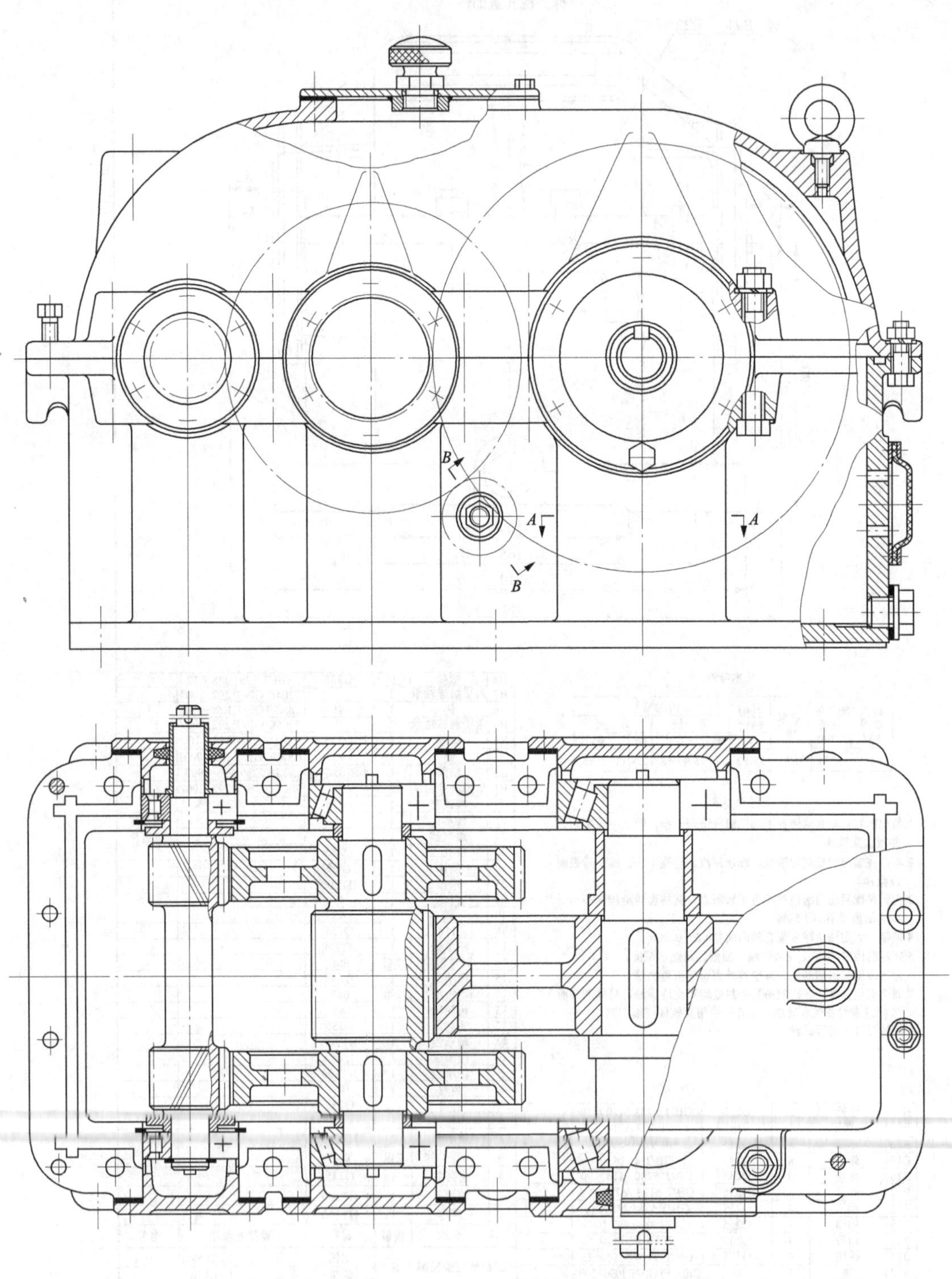

图 10-6 二级圆柱齿轮减

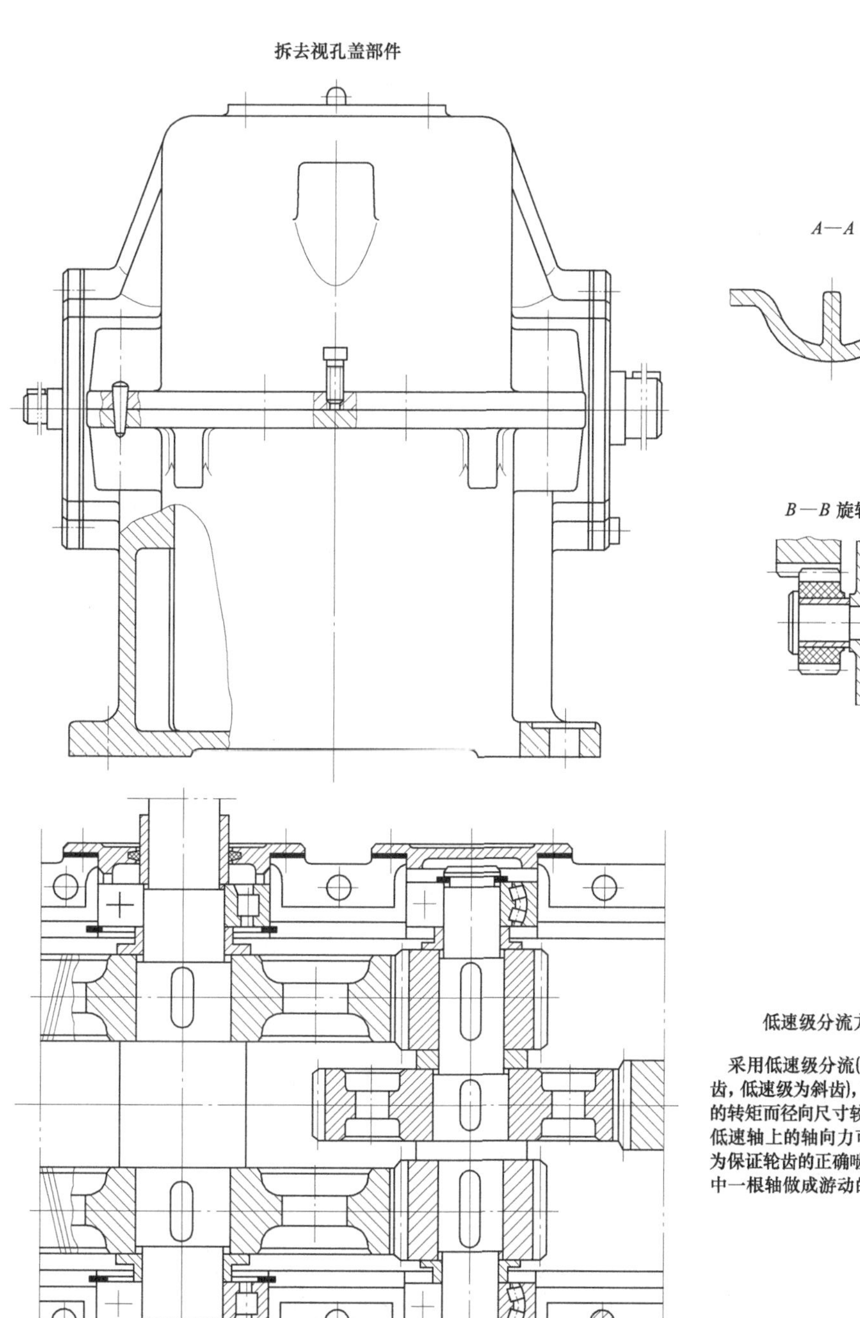

低速级分流方案

采用低速级分流(高速级为直齿，低速级为斜齿)，可传递较大的转矩而径向尺寸较小，而且中、低速轴上的轴向力可相互抵消。为保证轮齿的正确啮合，应将其中一根轴做成游动的。

速器装配图——分流式

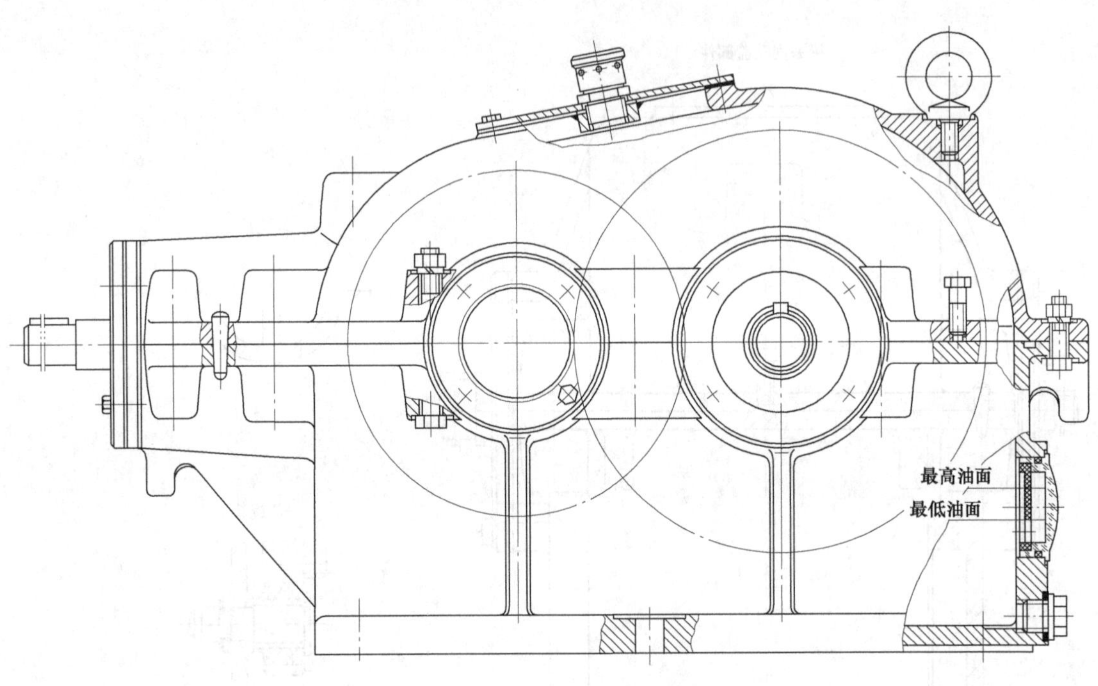

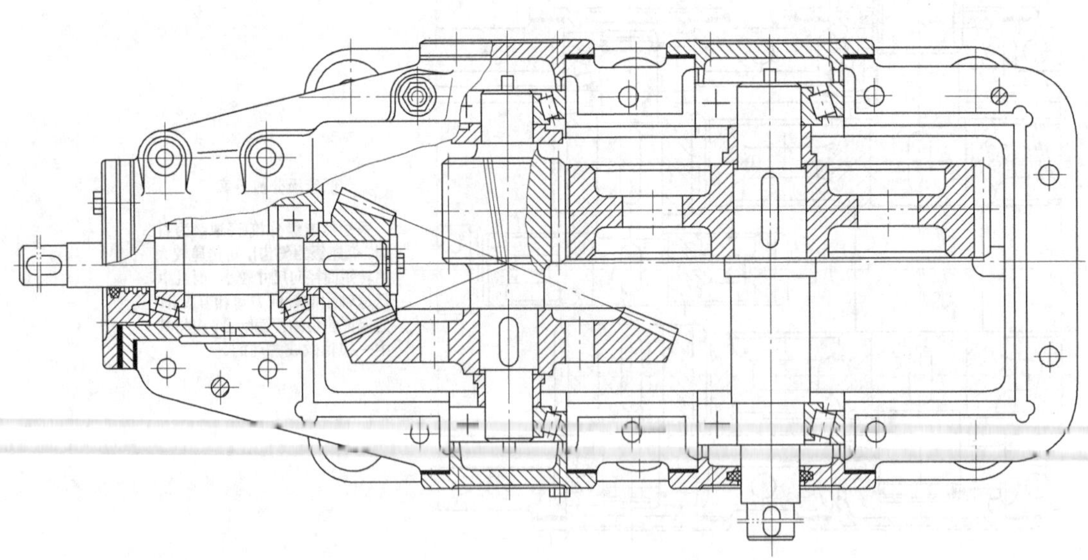

图 10-7 二级圆锥-圆柱

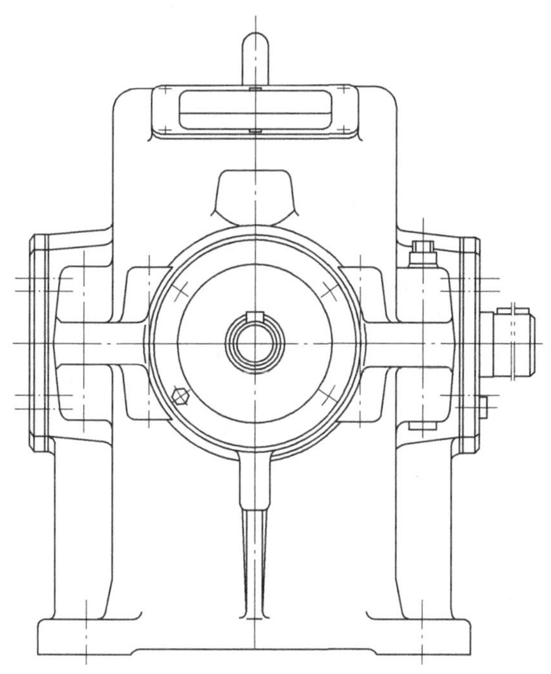

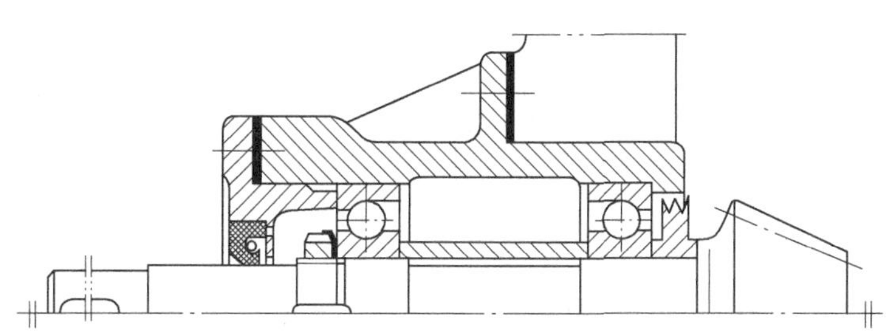

高速轴为一个独立部件 可简化箱体结构。

齿轮减速器装配图

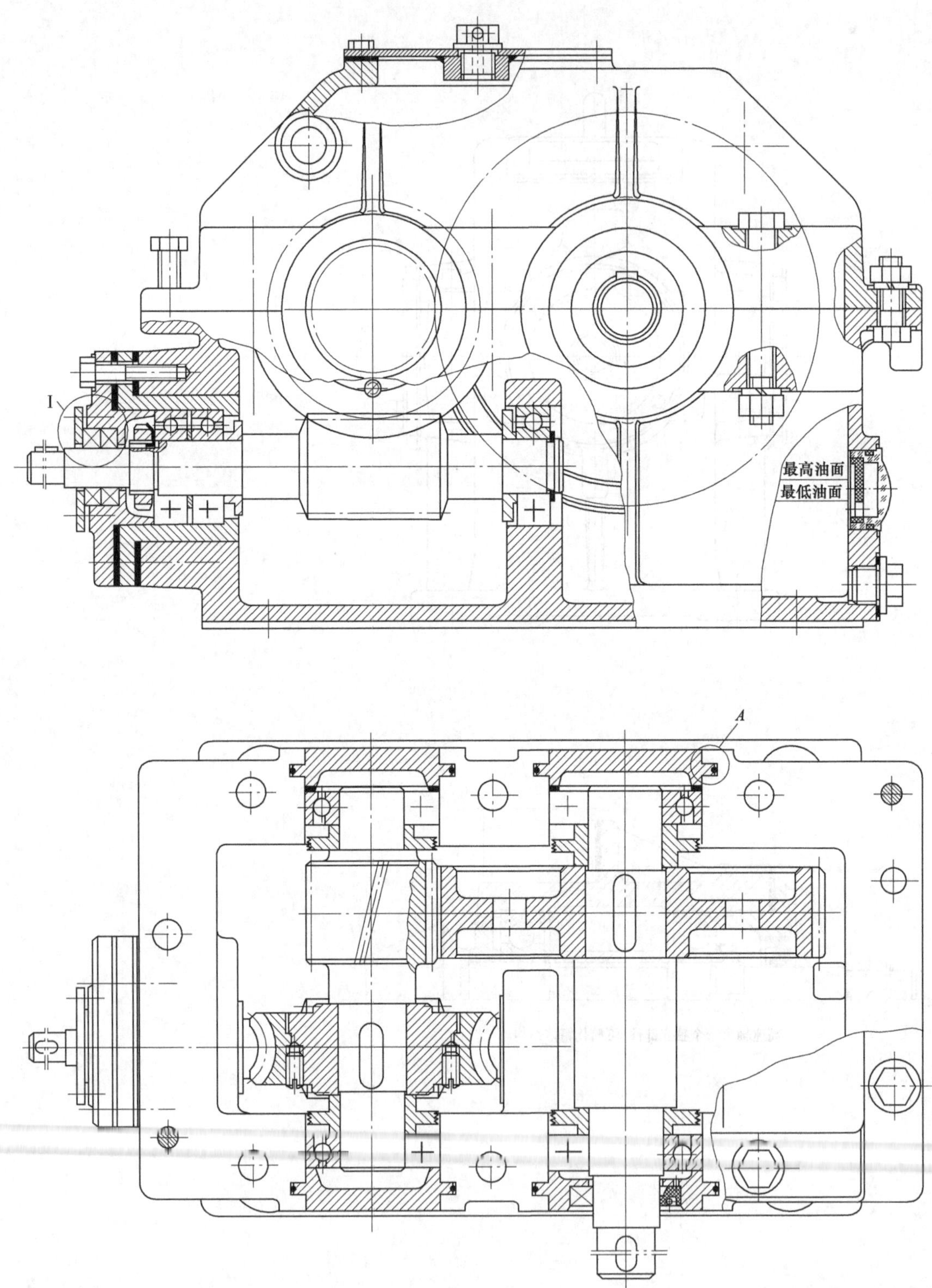

图 10-8　二级蜗杆-圆柱

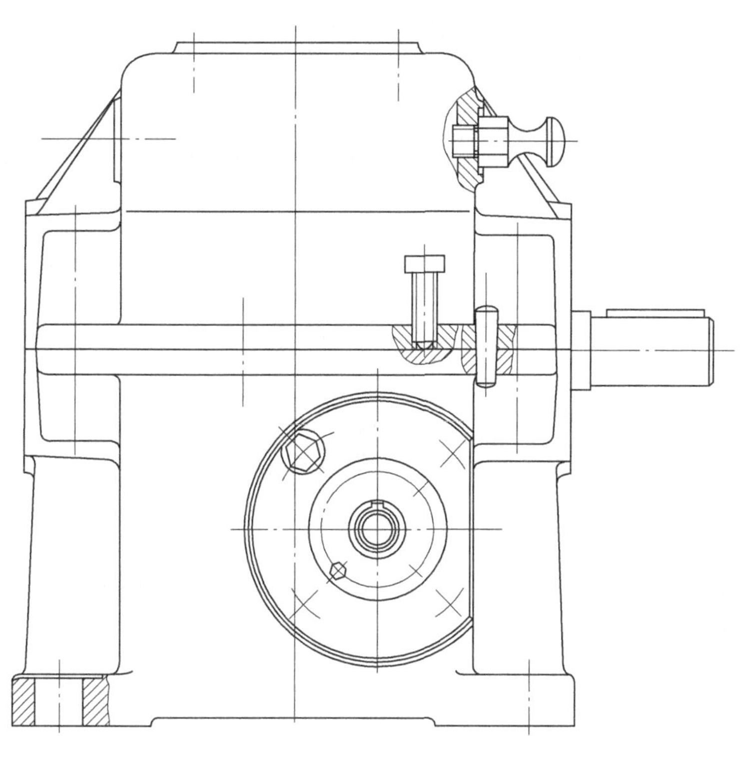

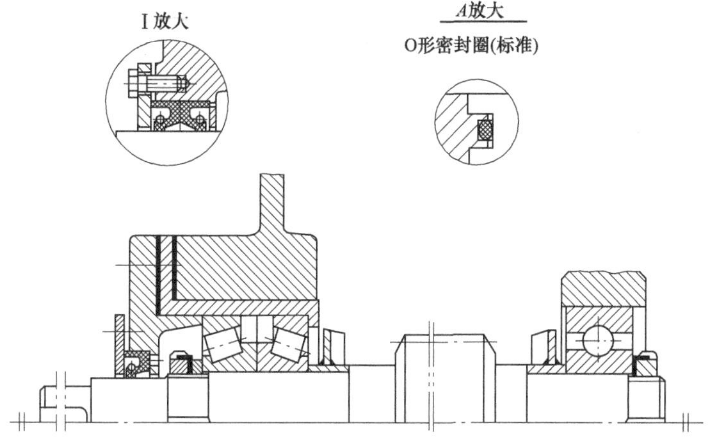

这是由圆锥滚子轴承组成固定端的轴系结构。轴向力由左端承受，右端的深沟球轴承只承受径向载荷并作为游动端，适用于载荷较大、轴较长和温升较大的场合。

齿轮减速器装配图

第二节 零件工作图示例

零件工作图示例见图 10-9～图 10-21。

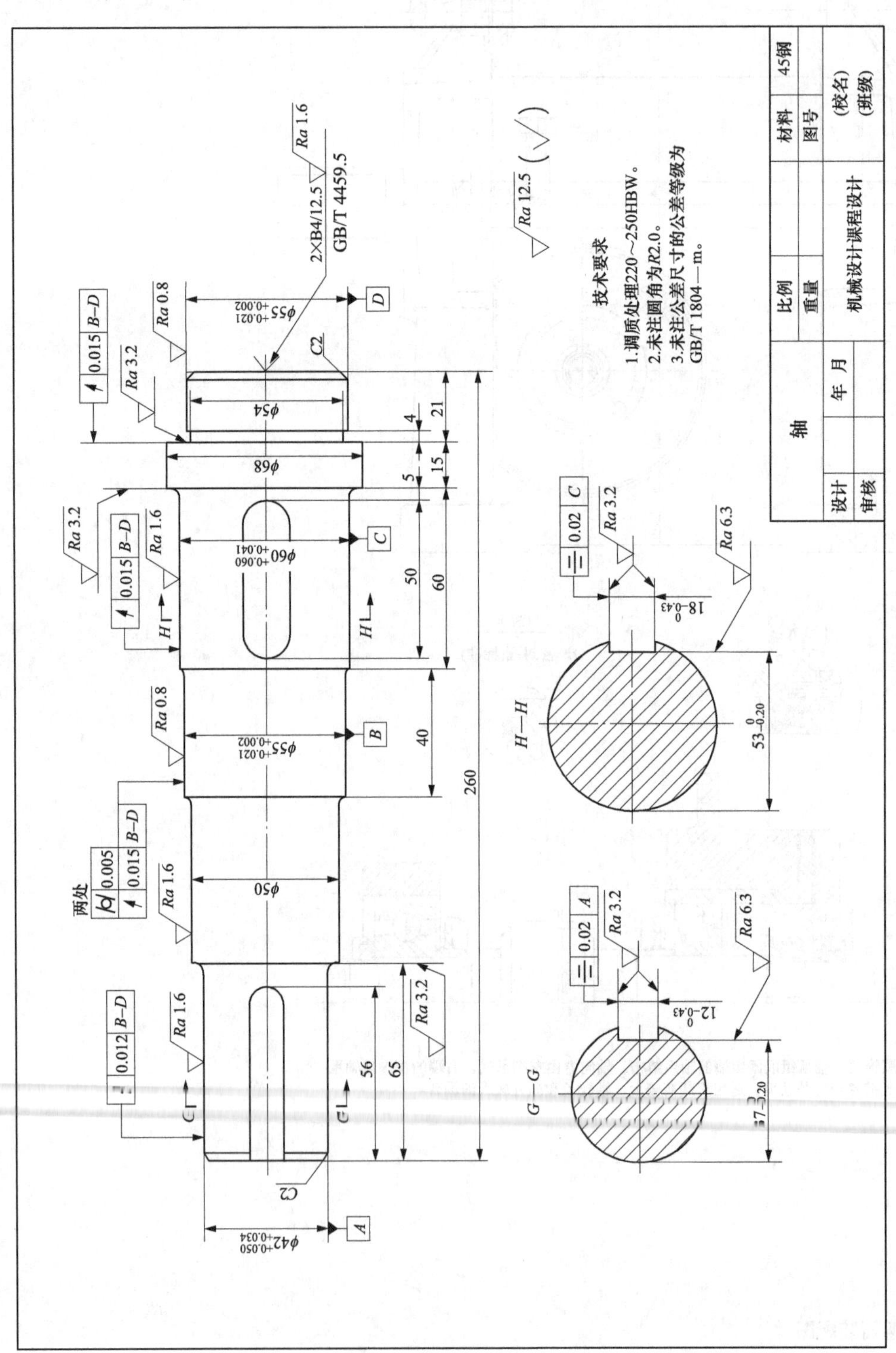

图 10-9 轴零件工作图

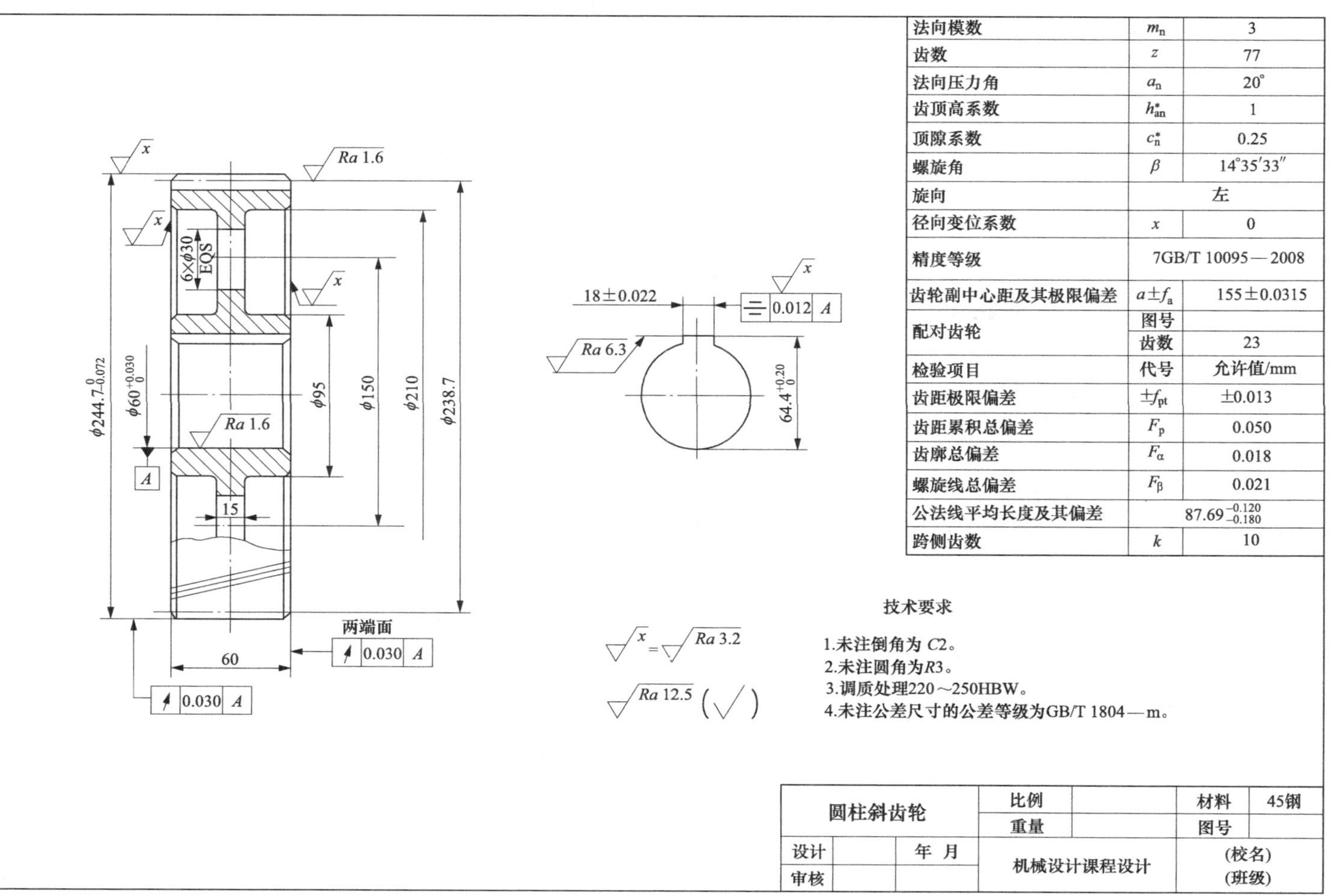

法向模数 m_n 3
齿数 z 77
法向压力角 α_n 20°
齿顶高系数 h_{an}^* 1
顶隙系数 c_n^* 0.25
螺旋角 β 14°35′33″
旋向 左
径向变位系数 x 0
精度等级 7GB/T 10095—2008
齿轮副中心距及其极限偏差 $a\pm f_a$ 155±0.0315
配对齿轮 图号
齿数 23
检验项目 代号 允许值/mm
齿距极限偏差 $\pm f_{pt}$ ±0.013
齿距累积总偏差 F_p 0.050
齿廓总偏差 F_α 0.018
螺旋线总偏差 F_β 0.021
公法线平均长度及其偏差 $87.69_{-0.180}^{-0.120}$
跨侧齿数 k 10
技术要求
1.未注倒角为C2。
2.未注圆角为R3。
3.调质处理220～250HBW。
4.未注公差尺寸的公差等级为GB/T 1804—m。
Ra 3.2
Ra 12.5
Ra 6.3
Ra 1.6
18±0.022
$64.4_{0}^{+0.20}$
0.012 A
$\phi238.7$
$\phi210$
$\phi150$
$\phi95$
$\phi60_{0}^{+0.030}$
$\phi244.7_{-0.072}^{0}$
6×ϕ30 EQS
15
60
两端面
0.030 A
A
圆柱斜齿轮
比例
重量
材料 45钢
图号
设计 年 月
审核
机械设计课程设计
(校名)
(班级)

图 10-10　斜齿圆柱齿轮零件工作图

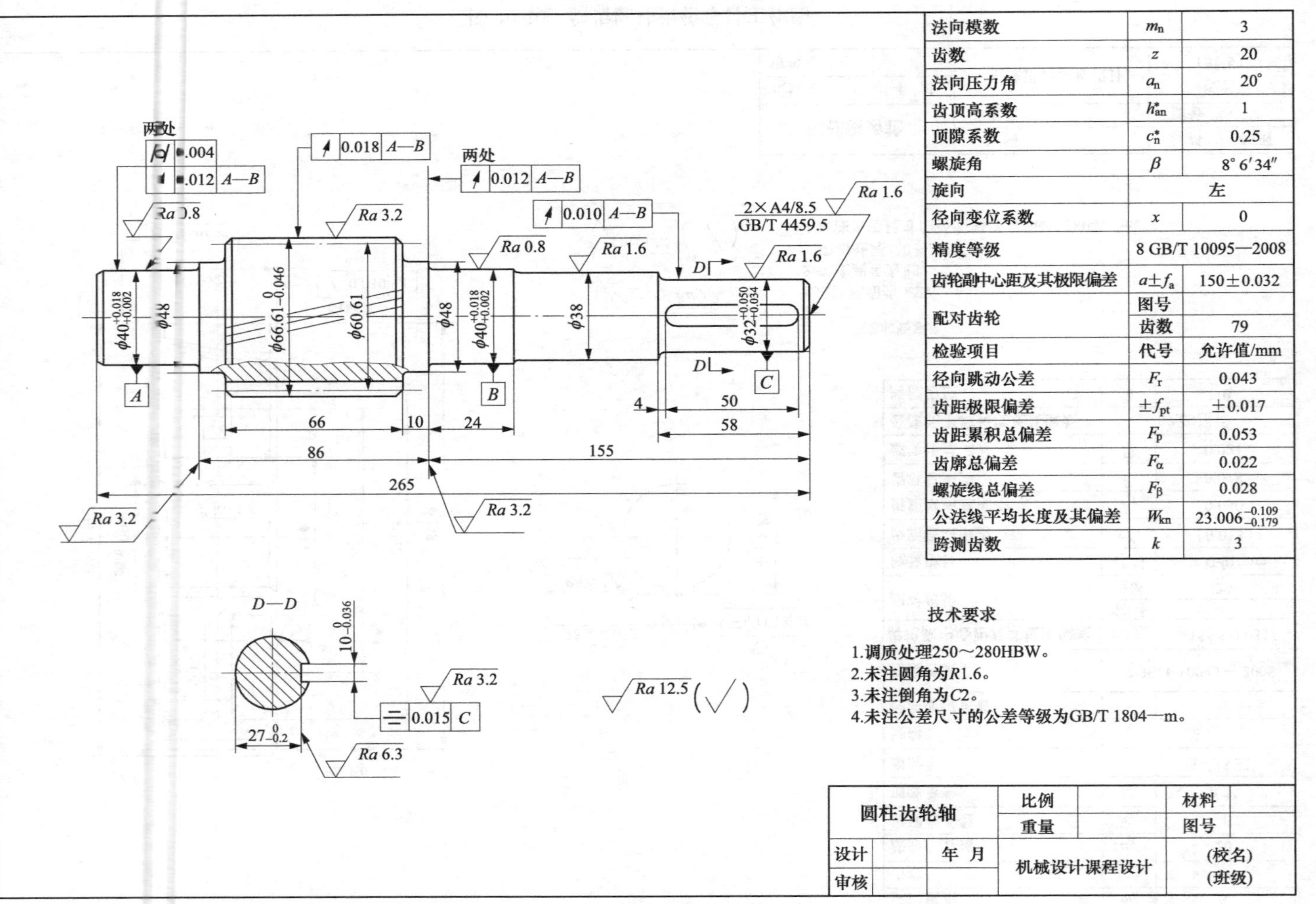

法向模数	m_n	3
齿数	z	20
法向压力角	a_n	20°
齿顶高系数	h_{an}^*	1
顶隙系数	c_n^*	0.25
螺旋角	β	8° 6′34″
旋向	左	
径向变位系数	x	0
精度等级	8 GB/T 10095—2008	
齿轮副中心距及其极限偏差	$a\pm f_a$	150±0.032
配对齿轮	图号	
	齿数	79
检验项目	代号	允许值/mm
径向跳动公差	F_r	0.043
齿距极限偏差	$\pm f_{pt}$	±0.017
齿距累积总偏差	F_p	0.053
齿廓总偏差	F_α	0.022
螺旋线总偏差	F_β	0.028
公法线平均长度及其偏差	W_{kn}	$23.006_{-0.179}^{-0.109}$
跨测齿数	k	3

图 10-11 斜齿圆柱齿轮轴零件工作图

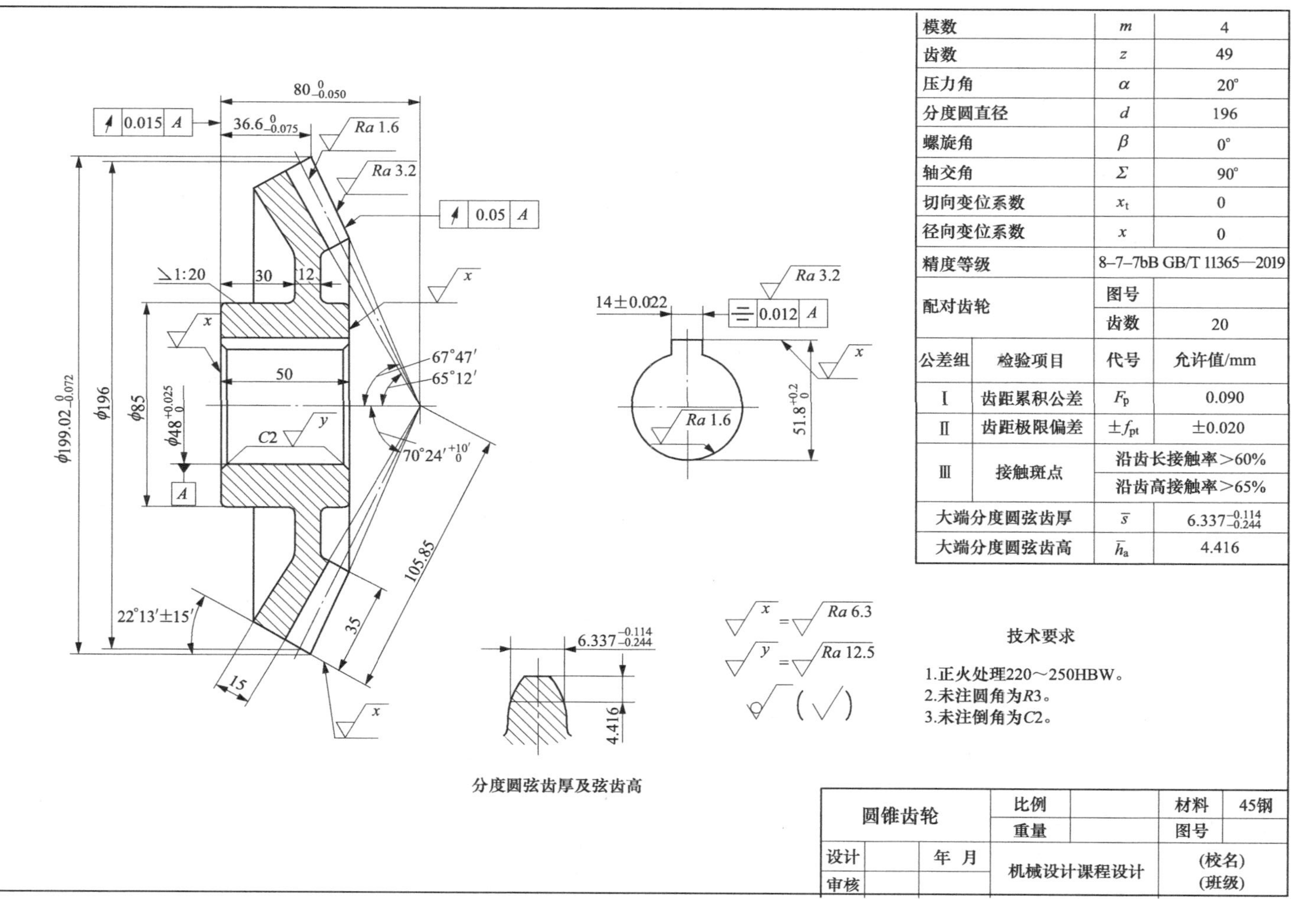

模数		m	4
齿数		z	49
压力角		α	20°
分度圆直径		d	196
螺旋角		β	0°
轴交角		Σ	90°
切向变位系数		x_t	0
径向变位系数		x	0
精度等级		8-7-7bB GB/T 11365—2019	
配对齿轮		图号	
		齿数	20
公差组	检验项目	代号	允许值/mm
Ⅰ	齿距累积公差	F_p	0.090
Ⅱ	齿距极限偏差	$\pm f_{pt}$	±0.020
Ⅲ	接触斑点	沿齿长接触率>60%	
		沿齿高接触率>65%	
大端分度圆弦齿厚		$\bar{s}$	$6.337_{-0.244}^{-0.114}$
大端分度圆弦齿高		$\bar{h}_a$	4.416

图 10-12　直齿圆锥齿轮零件工作图

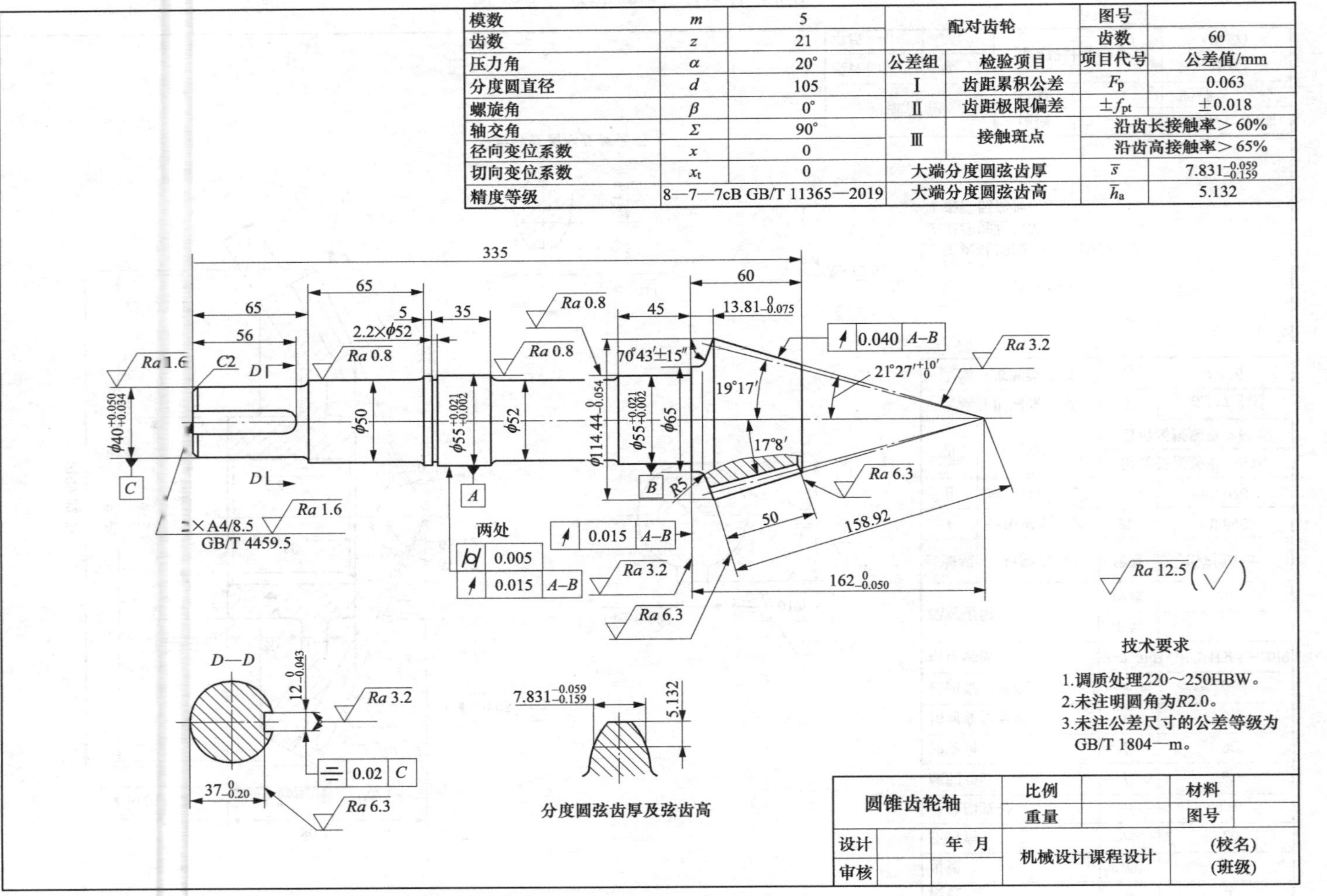

模数 m 5
齿数 z 21
压力角 α 20°
分度圆直径 d 105
螺旋角 β 0°
轴交角 Σ 90°
径向变位系数 x 0
切向变位系数 xt 0
精度等级 8—7—7cB GB/T 11365—2019
配对齿轮 图号
齿数 60
公差组 检验项目 项目代号 公差值/mm
Ⅰ 齿距累积公差 Fp 0.063
Ⅱ 齿距极限偏差 ±fpt ±0.018
Ⅲ 接触斑点 沿齿长接触率＞60% 沿齿高接触率＞65%
大端分度圆弦齿厚 s 7.831 -0.059 -0.159
大端分度圆弦齿高 ha 5.132
两处
Ra 12.5
技术要求
1.调质处理220～250HBW。
2.未注明圆角为R2.0。
3.未注公差尺寸的公差等级为GB/T 1804—m。
D—D
分度圆弦齿厚及弦齿高
圆锥齿轮轴
比例
重量
材料
图号
设计
审核
年 月
机械设计课程设计
(校名)
(班级)

图 10-13 直齿圆锥齿轮轴零件工作图

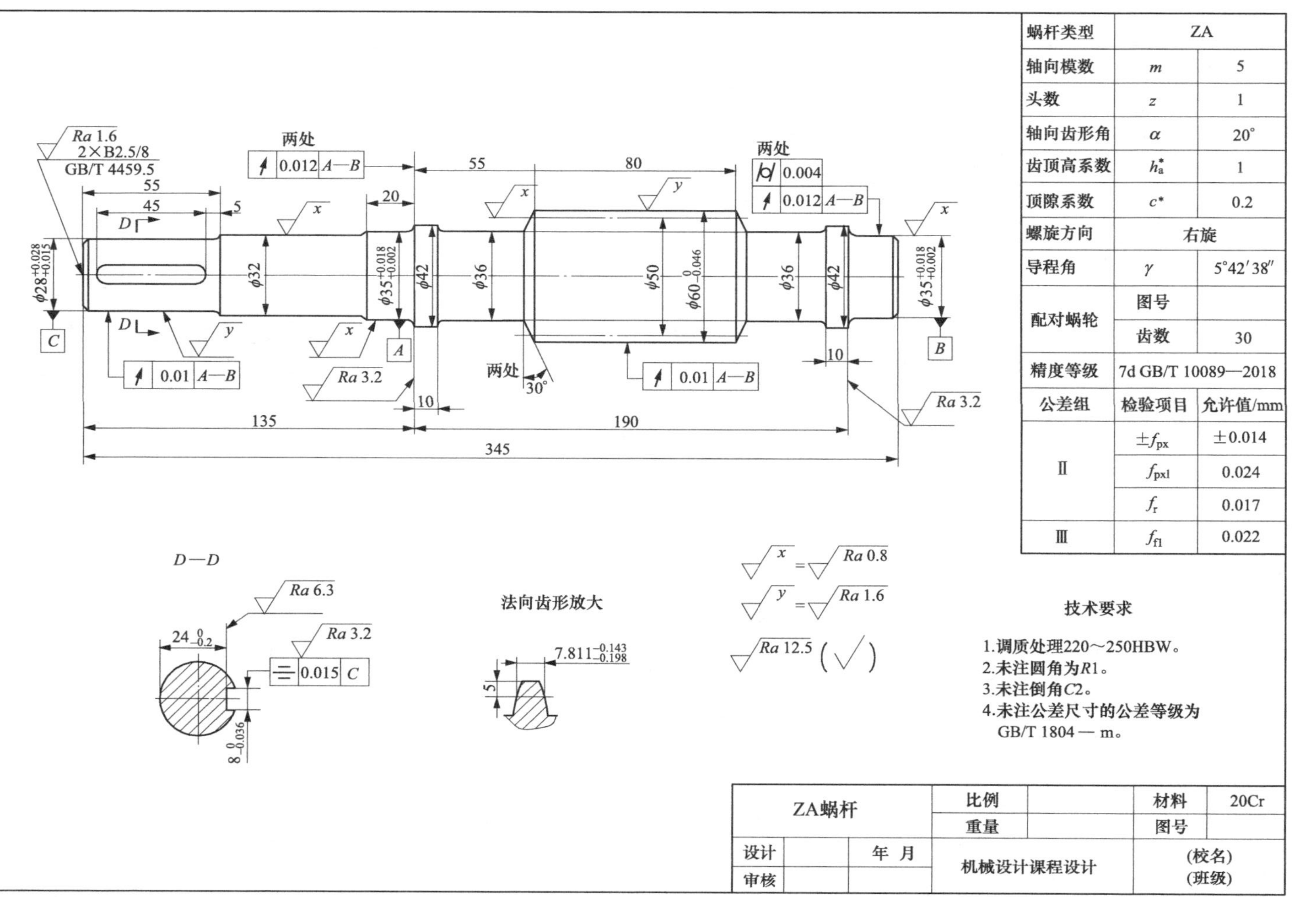

图 10-14　蜗杆零件工作图

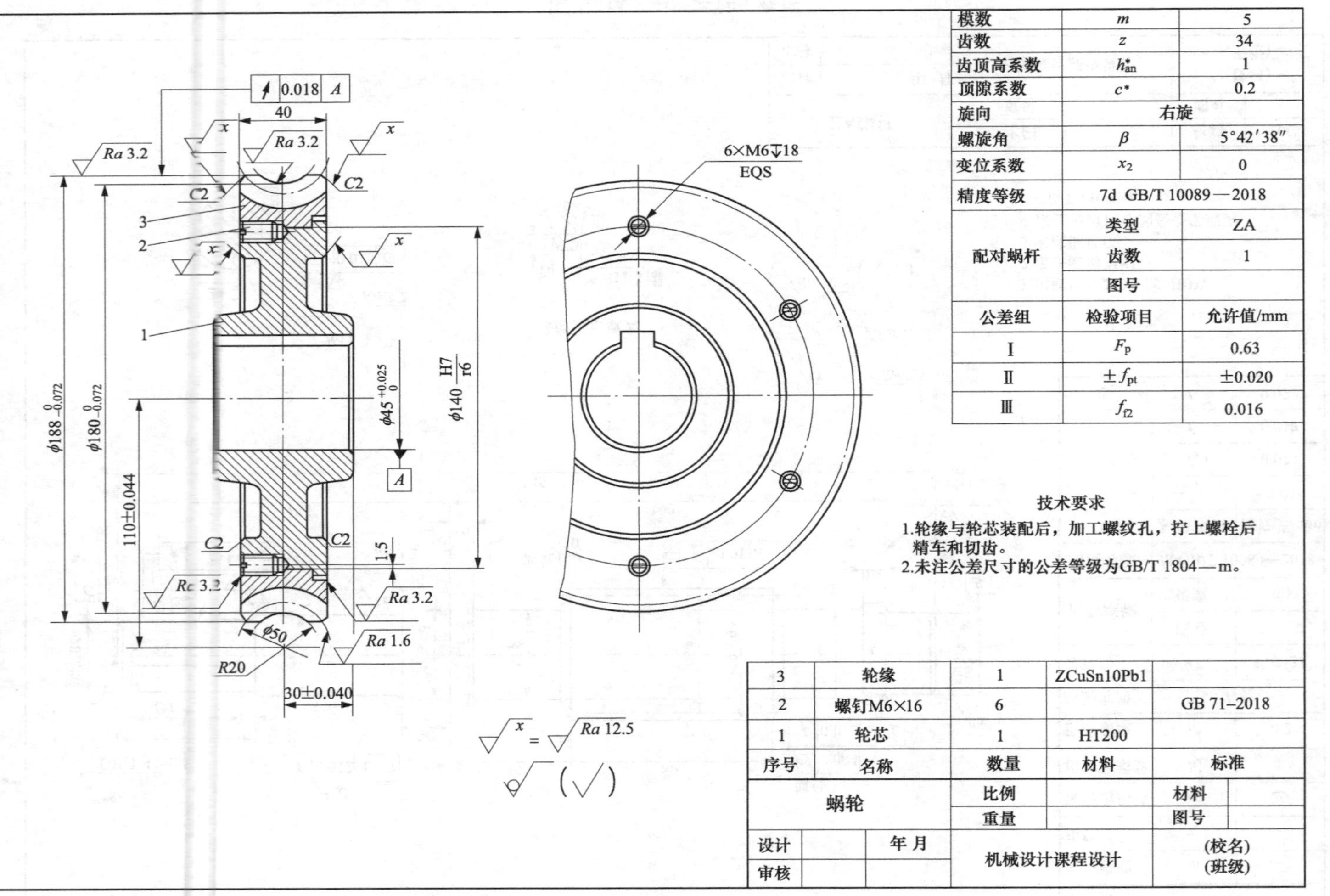

0.018 A
40
x
Ra 3.2
C2
3
2
1
ϕ188 $^{0}_{-0.072}$
ϕ180 $^{0}_{-0.072}$
110±0.044
ϕ45 $^{+0.025}_{0}$
A
ϕ140 $\frac{H7}{r6}$
1.5
Ra 1.6
ϕ50
R20
30±0.040
6×M6↧18
EQS
x = Ra 12.5
(√)
模数 | m | 5
齿数 | z | 34
齿顶高系数 | h^*_{an} | 1
顶隙系数 | c^* | 0.2
旋向 | 右旋
螺旋角 | β | 5°42′38″
变位系数 | x_2 | 0
精度等级 | 7d GB/T 10089—2018
配对蜗杆 | 类型 | ZA
齿数 | 1
图号
公差组 | 检验项目 | 允许值/mm
Ⅰ | F_p | 0.63
Ⅱ | $\pm f_{pt}$ | ±0.020
Ⅲ | f_{f2} | 0.016
技术要求
1.轮缘与轮芯装配后，加工螺纹孔，拧上螺栓后精车和切齿。
2.未注公差尺寸的公差等级为GB/T 1804—m。
3 | 轮缘 | 1 | ZCuSn10Pb1 |
2 | 螺钉M6×16 | 6 | | GB 71–2018
1 | 轮芯 | 1 | HT200 |
序号 | 名称 | 数量 | 材料 | 标准
蜗轮 | 比例 | | 材料
重量 | | 图号
设计 | 年 月 | 机械设计课程设计 | (校名) (班级)
审核

图 10-15 蜗轮零件工作图

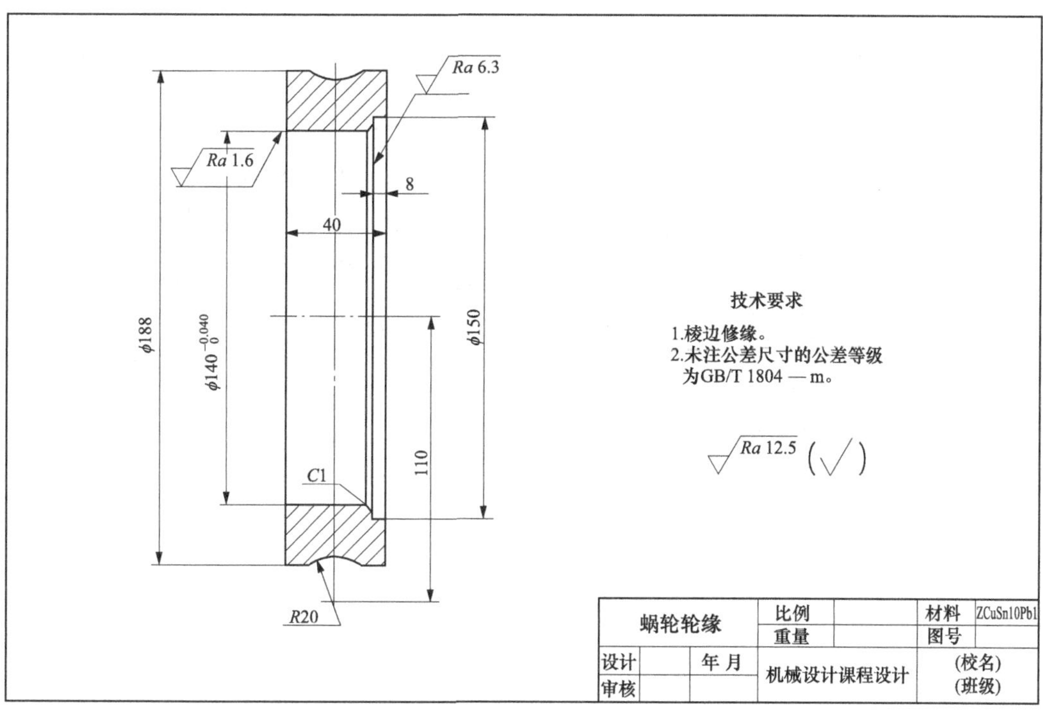

图 10-16　蜗轮轮缘零件工作图

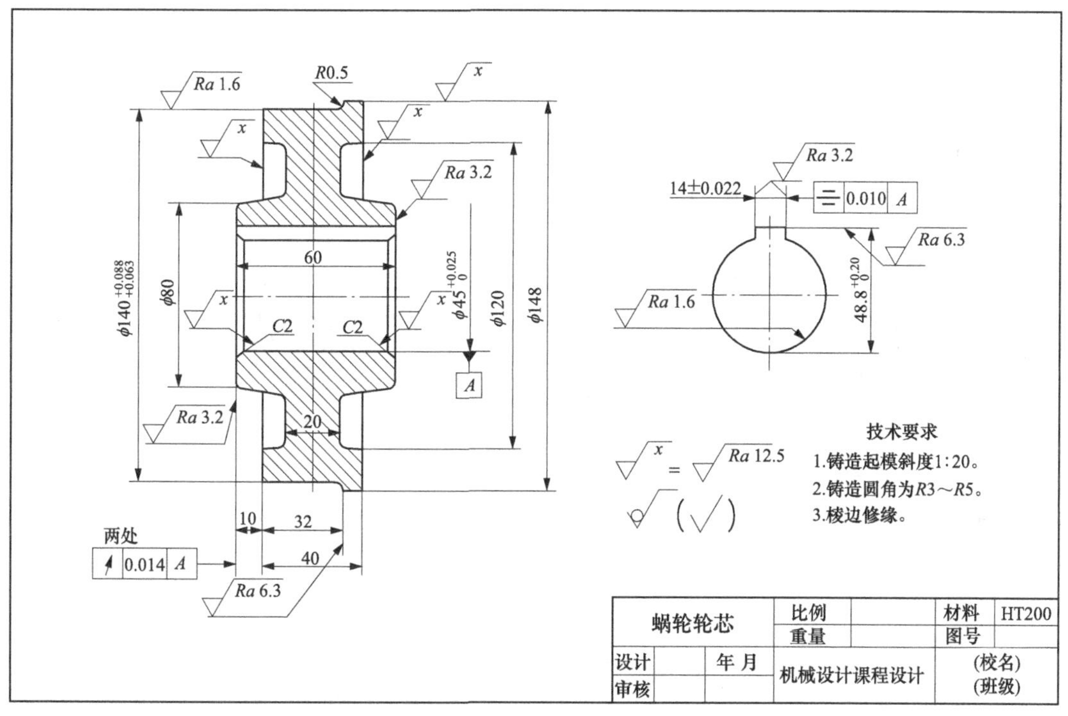

图 10-17　蜗轮轮芯零件工作图

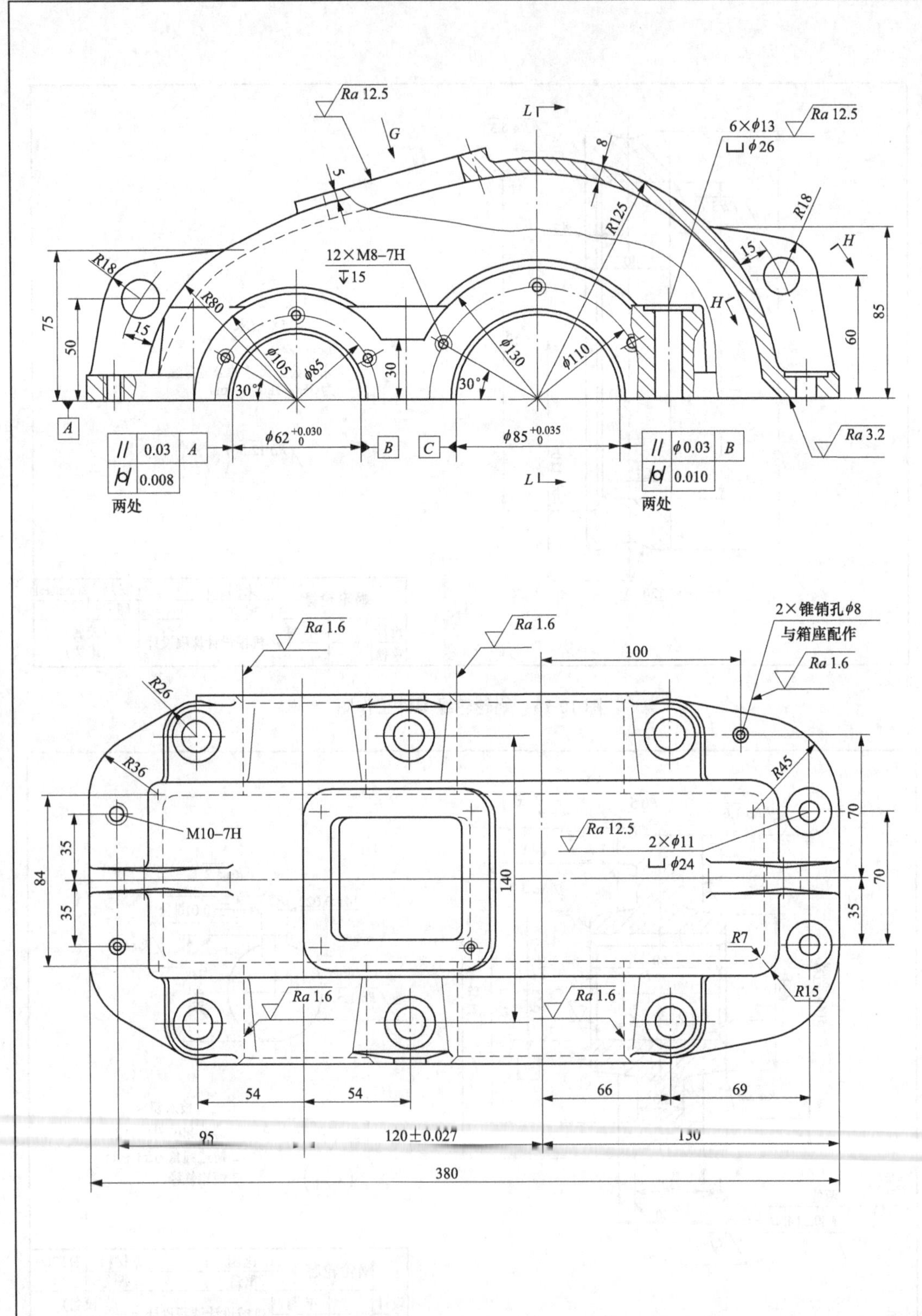

图 10-18　单级圆柱齿轮减

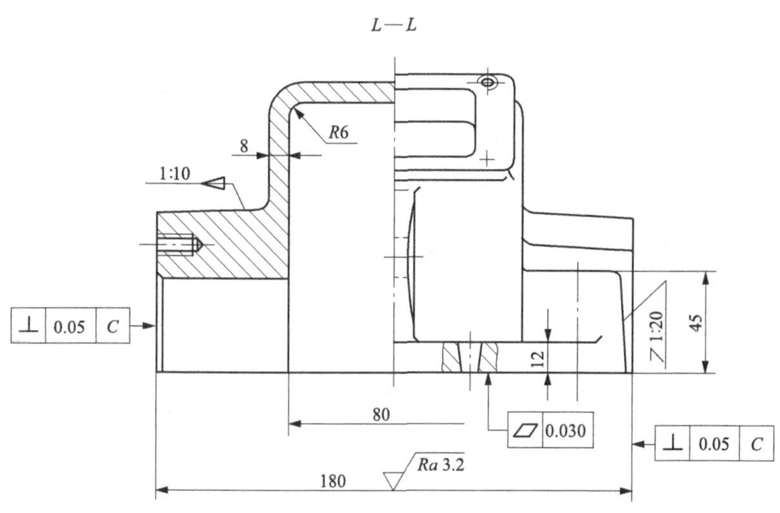

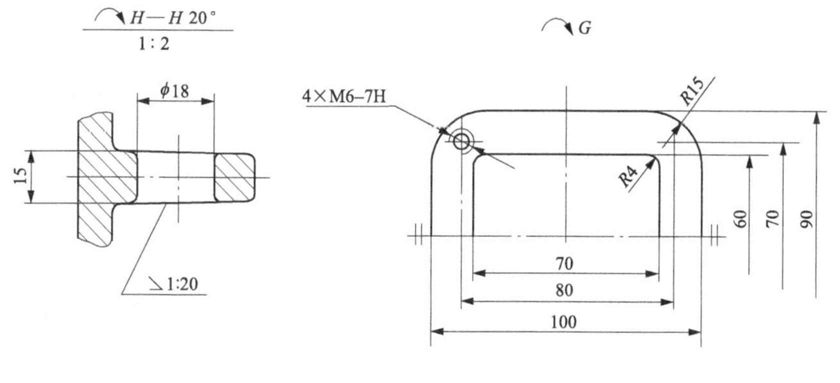

√(√)

技术要求

1.箱盖铸成后，应清理并进行时效处理。
2.箱盖和箱座合箱后，边缘应平齐，相互错位不大于1mm。
3.应检查与箱座接合面的密合性，用0.05厚的塞尺塞入深度不得大于接合面宽度的1/3。用涂色法检查接触面内每平方厘米的面积不小于一个斑点。
4.与箱座连接后，打上定位销，然后加工宽度尺寸180，镗两轴承孔，镗孔时接合面处禁放任何衬垫。ϕ62两孔及ϕ85两孔同轴度误差不超过ϕ0.015mm。
5.未注明的铸造圆角为$R3$～$R5$。
6.未注明的倒角为$C2$，其表面粗糙度Ra=12.5μm。
7.机械加工未注公差尺寸的公差等级为GB/T 1804—m。
8.加工后应清除污垢，内表面涂漆。

<table>
<tr><td colspan="3" rowspan="2">箱盖</td><td>比例</td><td></td><td>材料</td><td>HT200</td></tr>
<tr><td>重量</td><td></td><td>图号</td><td></td></tr>
<tr><td>设计</td><td></td><td>年 月</td><td colspan="2" rowspan="2">机械设计课程设计</td><td colspan="2" rowspan="2">(校名)
(班级)</td></tr>
<tr><td>审核</td><td></td><td></td></tr>
</table>

速器箱盖零件工作图

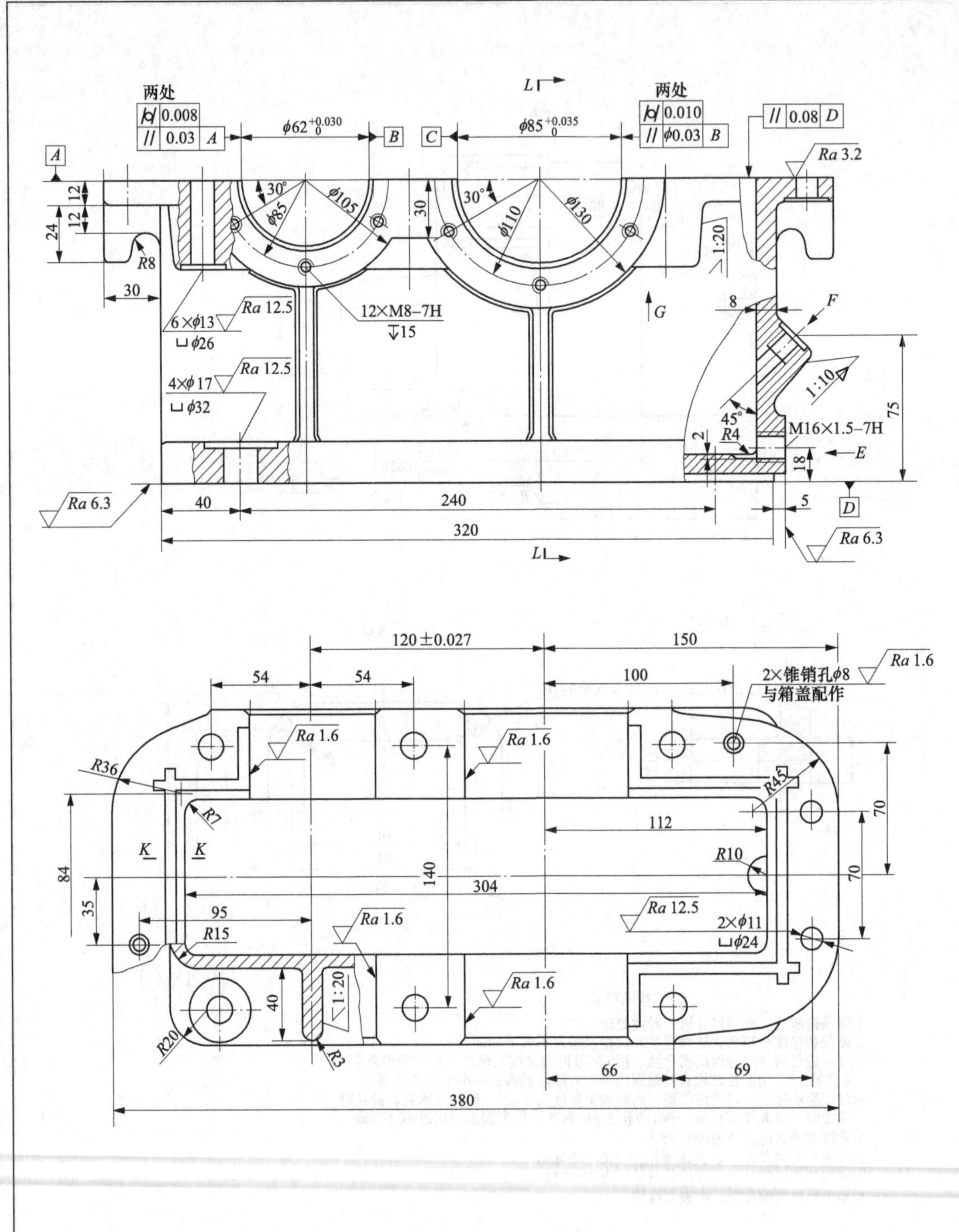

图 10-19　单级圆柱齿轮

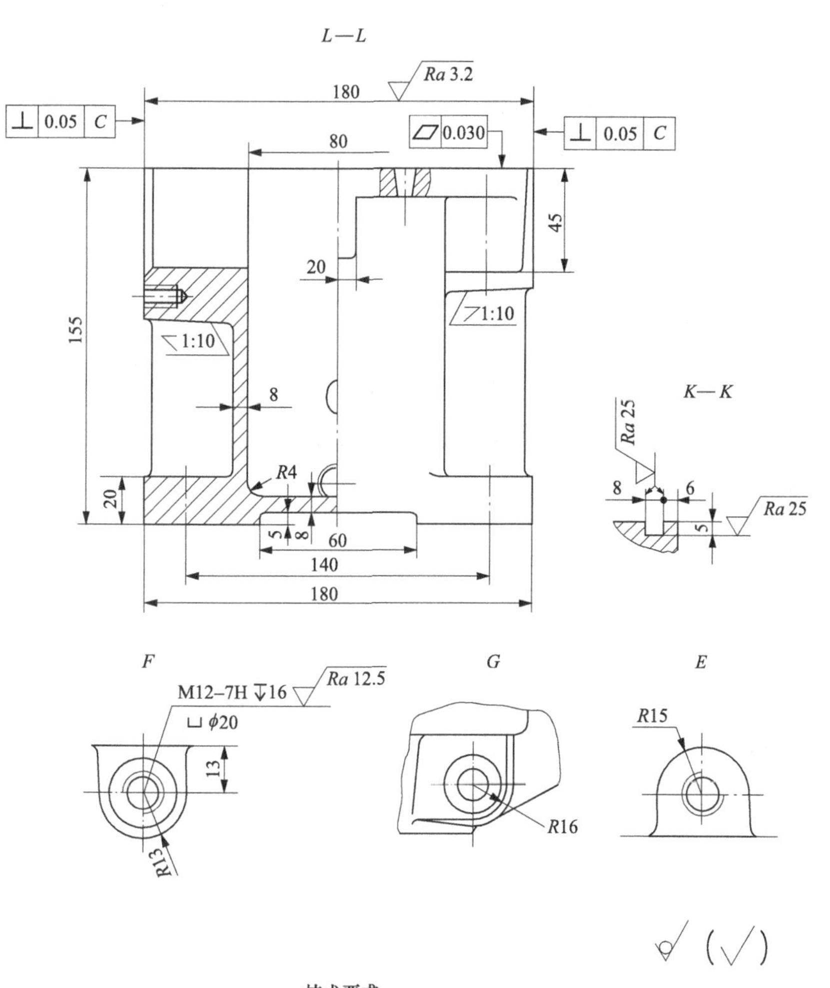

技术要求

1.箱座铸成后，应清理并进行时效处理。
2.箱盖和箱座合箱后，边缘应平齐，相互错位不大于1mm。
3.应检查与箱盖接合面的密合性，用0.05厚的塞尺塞入深度不得大于接合面宽度的1/3。用涂色法检查接触面内每平方厘米的面积不少于一个斑点。
4.与箱盖连接后，打上定位销，然后加工宽度尺寸180，镗两轴承孔，镗孔时结合面处禁放任何衬垫。ϕ62两孔及ϕ85两孔同轴度误差不超过ϕ0.015mm。
5.未注明的铸造圆角为$R3\sim R5$。
6.未注的倒角为$C2$，其表面粗糙度Ra=12.5μm。
7.机械加工未注公差尺寸的公差等级为GB/T 1804—m。
8.加工后应清除污垢，内表面涂漆。

箱座			比例		材料	HT200
			重量		图号	
设计		年 月	机械设计课程设计		(校名)	
审核					(班级)	

减速器箱座零件工作图

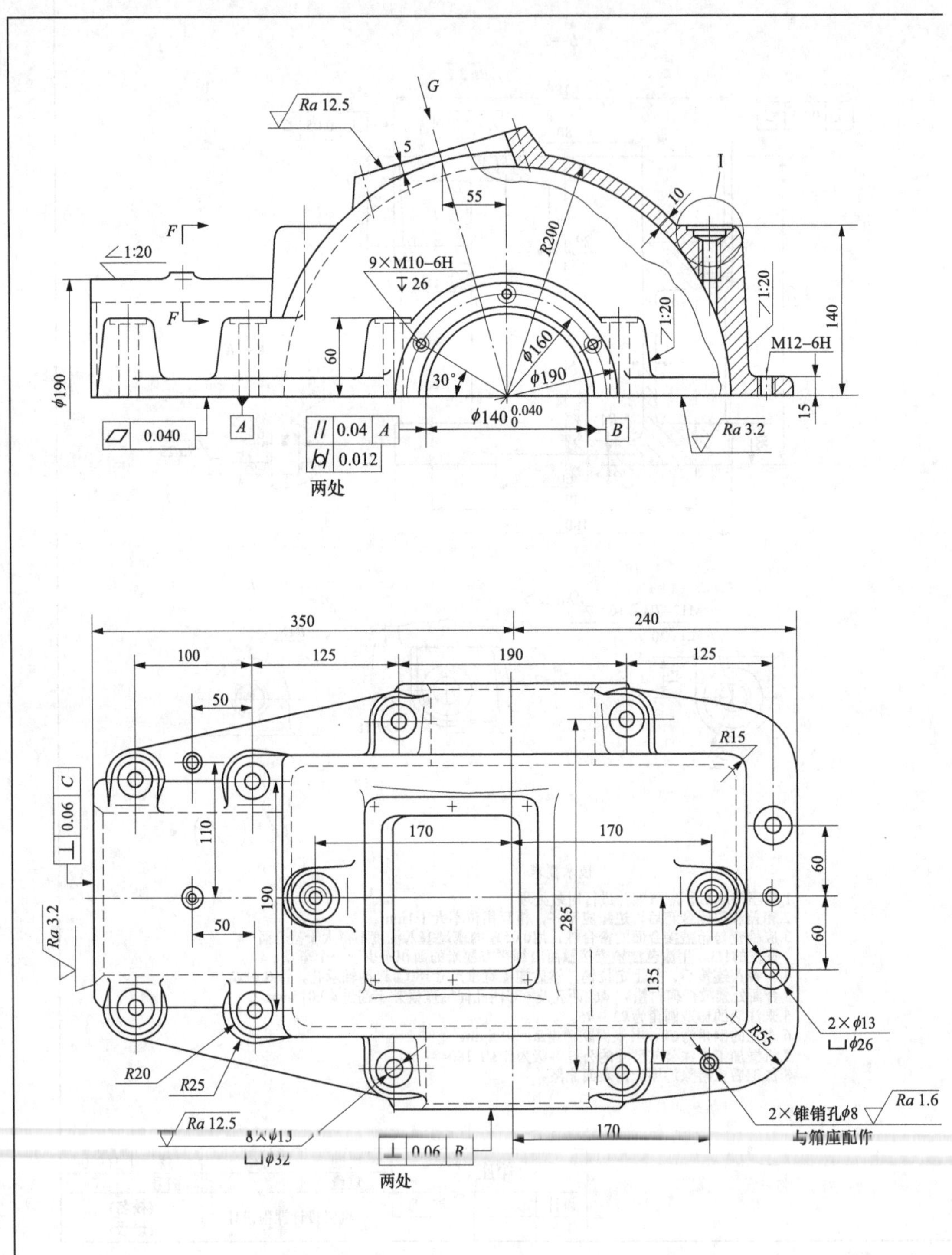

图 10-20 单级圆锥齿轮

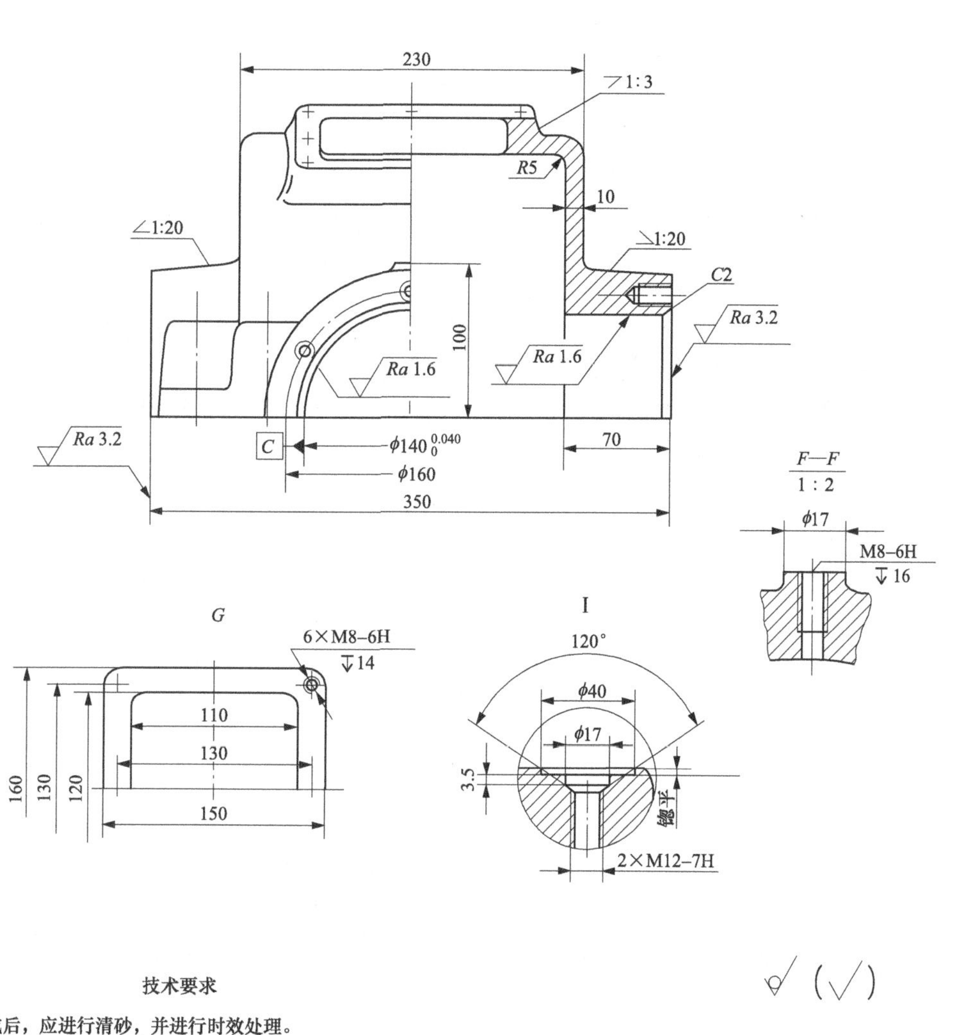

技术要求

1.箱盖铸成后，应进行清砂，并进行时效处理。
2.箱盖和箱座合箱后，边缘应平齐，相互错位每边不大于1mm。
3.应仔细检查箱座和箱盖剖分面的密合性，用0.05的塞尺塞入，深度应不大于剖分面宽度的1/3，用涂色检查接触面积达到每平方厘米不少于一个斑点。
4.箱盖和箱座合箱后，先打上定位销，连接后再镗孔。φ140两孔的同轴度误差不超过φ0.020mm。
5.未注明的铸造圆角半径R4～R8。
6.未注明倒角C2。

箱盖			比例		材料	HT200
			重量		图号	
设计		年　月	机械设计课程设计		(校名)	
审核					(班级)	

减速器箱盖零件工作图

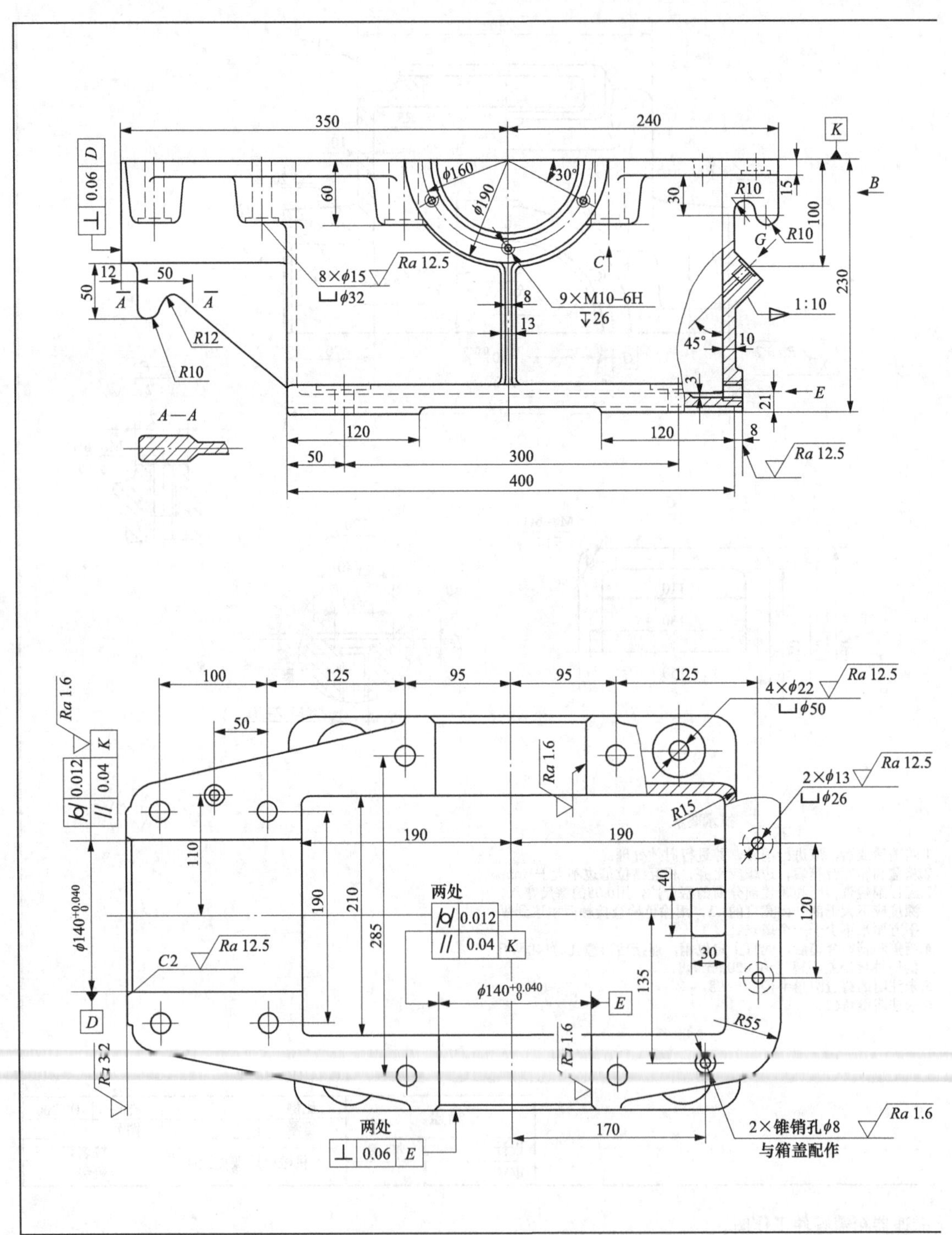

图 10-21　单级圆锥齿轮

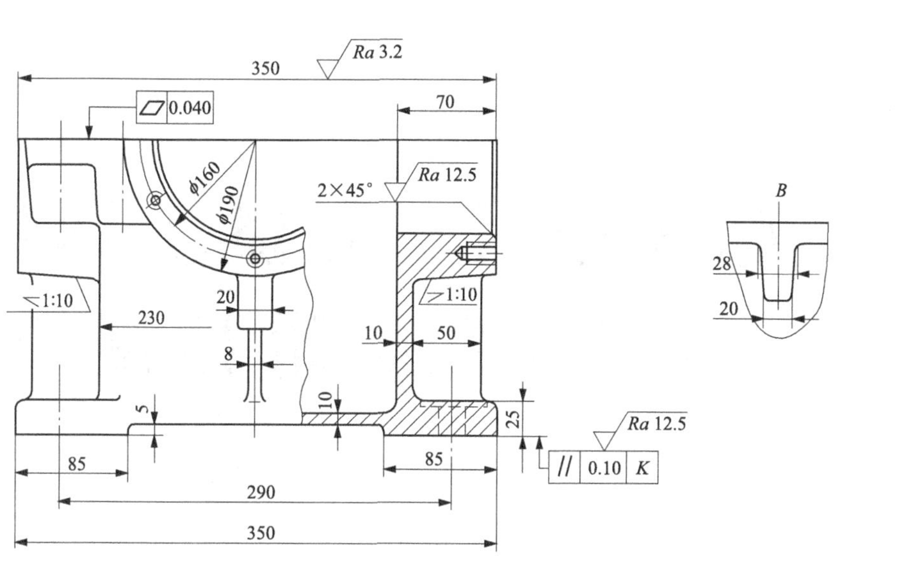

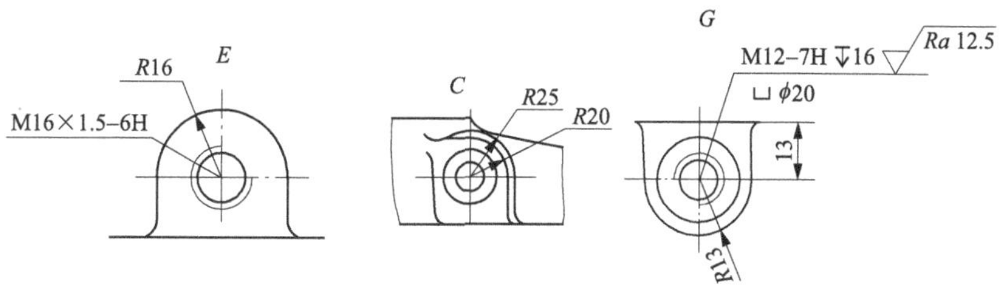

技术要求

1.铸件进行清砂、时效处理，不准有砂眼。

2.未注明铸造圆角半径R=5～10mm。

3.与机盖合箱后边缘应平齐，相互错位不得大于2mm。

4. 应仔细检查与机盖结合面的密封性，用0.05mm塞尺塞入深度不得大于结合面宽度的三分之一；用涂色法检查接触面达到每平方厘米一个斑点。

5.与机盖连接后，打上定位销进行镗孔。ϕ140 两孔的同轴度误差不超过ϕ0.020mm。

Ra（√）

箱座			比例		材料	HT200
			重量		图号	
设计		年 月	机械设计课程设计		(校名) (班级)	
审核						

减速器箱座零件工作图

第二篇

机械设计（基础）课程设计常用标准及规范

第十一章　常用标准及规范

第一节　常　用　数　据

机械设计课程设计常用数据见表 11-1～表 11-6。

表 11-1　　国内部分标准代号

代号	名　称	代号	名　称
GB	强制性国家标准	JT	交通行业标准
JB	机械行业标准	HB	航空工业标准
YB	钢铁冶金行业标准	SY	石油天然气行业标准
YS	有色冶金行业标准	SH	石油化工行业标准
JB/ZQ	原机械部重型机械企业标准	QB	原轻工行业标准
QC	汽车行业标准	FJ	原纺织工业标准
HG	化工行业标准	ZB	原国家专业标准
FZ	纺织行业标准	Q/ZB	重型机械行业统一标准

注　在代号后加“/T”为推荐性标准，在代号后加“/Z”为指导性标准。

表 11-2　　常用材料的密度

材料名称	密度/(g·cm^{-3})	材料名称	密度/(g·cm^{-3})	材料名称	密度/(g·cm^{-3})
碳钢	7.80～7.85	铅	11.37	无填料的电木	1.2
合金钢	7.9	锡	7.29	赛璐珞	1.4
球墨铸铁	7.3	铬	7.19	泡沫塑料	0.2
灰铸铁	7.0	锰	7.43	尼龙 6	1.13～1.14
纯铜	8.9	镁合金	1.74～1.81	尼龙 66	1.14～1.15
黄铜	8.4～8.85	硅钢片	7.55～7.8	尼龙 1010	1.04～1.06
锡青铜	8.7～8.9	锡基轴承合金	7.34～7.75	木材	0.40～0.75
无锡青铜	7.5～8.2	铅基轴承合金	9.33～10.67	石灰石、花岗石	2.4～2.6
碾压磷青铜	8.8	胶木板、纤维板	1.3～1.4	砌砖	1.9～2.3
冷压青铜	8.8	玻璃	2.4～2.6	混凝土	1.8～2.45
铝、铝合金	2.5～2.95	有机玻璃	1.18～1.19	汽油	0.66～0.75
锌铝合金	6.3～6.9	橡胶石棉板	1.5～2.0	各类润滑油	0.90～0.95

注　表内数据大部分为近似值，供课程设计参考。

表 11-3　　常用材料的弹性模量及泊松比

材料名称	弹性模量 E /GPa	切变模量 G /GPa	泊松比 μ	材料名称	弹性模量 E /GPa	切变模量 G /GPa	泊松比 μ
灰、白口铸铁	115～160	45	0.23～0.27	铸铝青铜	105	42	0.25
球墨铸铁	151～160	61	0.25～0.29	硬铝合金	71	27	—
碳钢	200～220	81	0.24～0.28	冷拔黄铜	91～99	35～37	0.32～0.42
合金钢	210	81	0.25～0.30	轧制纯铜	110	40	0.31～0.34
铸钢	175	70～84	0.25～0.29	轧制锌	84	32	0.27
轧制磷青铜	115	42	0.32～0.35	轧制铝	69	26～27	0.32～0.36
轧制锰黄铜	110	40	0.35	铅	17	7	0.42

表 11-4　　常用材料间的摩擦系数

材料名称	摩擦系数				材料名称	摩擦系数			
	静摩擦		滑动摩擦			静摩擦		滑动摩擦	
	无润滑剂	有润滑剂	无润滑剂	有润滑剂		无润滑剂	有润滑剂	无润滑剂	有润滑剂
钢-钢	0.15	0.1～0.12	0.15	0.05～0.10	钢-夹布胶水	—	—	0.22	—
钢-低碳钢	—	—	0.20	0.10～0.20	青铜-夹布胶木	—	—	0.23	—
钢-铸铁	0.30	—	0.18	0.05～0.15	纯铝-钢	—	—	0.17	0.02
钢-青铜	0.15	0.10～0.15	0.15	0.10～0.15	青铜-酚醛塑料	—	—	0.24	—
低碳钢-铸铁	0.20	—	0.18	0.05～0.15	淬火钢-尼龙 9	—	—	0.43	0.023
低碳钢-青铜	0.20	—	0.18	0.07～0.15	淬火钢-尼龙 1010	—	—	—	0.0395
铸铁-铸铁	—	0.18	0.15	0.07～0.12	淬火钢-聚碳酸酯	—	—	0.30	0.031
铸铁-青铜	—	—	0.15～0.20	0.07～0.15	淬火钢-聚甲醛	—	—	0.46	0.016
皮革-铸铁	0.30～0.5	0.15	0.60	0.15	粉末冶金-钢	—	—	0.40	0.10
橡胶-铸铁	0	—	0.80	0.50	粉末冶金-铸铁	—	—	0.40	0.10

表 11-5　　黑色金属硬度与强度换算（摘自 GB/T 1172—1999）

硬　度			碳钢抗拉强度 σ_b/MPa	硬　度			碳钢抗拉强度 σ_b/MPa
洛氏 HRC	维氏 HV	布氏（$F/D^2=30$）HBW		洛氏 HRC	维氏 HV	布氏（$F/D^2=30$）HBW	
20.0	226	225	774	45.0	441	428	1459
21.0	230	229	793	46.0	454	441	1503
22.0	235	234	813	47.0	468	455	1550
23.0	241	240	833	48.0	482	470	1600
24.0	247	245	854	49.0	497	486	1653
25.0	253	251	875	50.0	512	502	1710
26.0	259	257	897	51.0	527	518	—
27.0	266	263	919	52.0	544	535	—
28.0	273	269	942	53.0	561	552	—
29.0	280	276	965	54.0	578	569	—
30.0	288	283	989	55.0	596	585	—
31.0	296	291	1014	56.0	615	601	—
32.0	304	298	1039	57.0	635	616	—
33.0	313	306	1065	58.0	655	628	—
34.0	321	314	1092	59.0	676	639	—
35.0	331	323	1119	60.0	698	647	—
36.0	340	332	1147	61.0	721	—	—
37.0	350	341	1177	62.0	745	—	—
38.0	360	350	1207	63.0	770	—	—
39.0	371	360	1238	64.0	795	—	—
40.0	381	370	1271	65.0	822	—	—
41.0	393	381	1305	66.0	850	—	—
42.0	404	392	1340	67.0	879	—	—
43.0	418	403	1378	68.0	909	—	—
44.0	428	415	1417	—	—	—	—

注　F 为压头上的负荷（N）；D 为压头直径（mm）。

表 11-6　　常用材料极限强度的近似关系

材　料		结构钢	铸铁	铝合金
对称循环疲劳极限	拉压对称疲劳极限 σ_{-1l}	≈0.3σ_b	≈0.225σ_b	≈σ_b/6+73.5MPa
	弯曲对称疲劳极限 σ_{-1}	≈0.43σ_b	≈0.36σ_b	
	扭转对称疲劳极限 τ_{-1}	≈0.35σ_b	≈0.31σ_b	

续表

材　　料		结构钢	铸铁	铝合金
脉动循环疲劳极限	拉压脉动疲劳极限 σ_{01}	$\approx 1.42\sigma_{-1l}$		$\approx 1.5\sigma_{-1l}$
	弯曲脉动疲劳极限 σ_0	$\approx 1.7\sigma_{-1}$	$\approx 1.35\sigma_{-1}$	—
	扭转脉动疲劳极限 τ_0	$\approx 1.7\tau_{-1}$	$\approx 1.35\tau_{-1}$	—

注　σ_b为材料的强度极限。

第二节　一　般　标　准

机械设计课程设计常用一般标准见表 11-7～表 11-14。

表 11-7　　标准尺寸（直径、长度和高度等）（摘自 GB/T 2822—2005）　　mm

R			R′			R			R′			R			R′		
R10	R20	R40	R′10	R′20	R′40	R10	R20	R40	R′10	R′20	R′40	R10	R20	R40	R′10	R′20	R′40
2.5	2.5		2.5	2.5		40.0	40.0	40.0	40	40	40		280	280		280	280
	2.8			2.8				42.5			42			300			300
3.15	3.15		3.0	3.0			45.0	45		45	45	315	315	315	320	320	320
	3.55			3.5				47.5			48			335			340
4.00	4.00		4.0	4.0		50.0	50.0	50.0	50	50	50		355	355		360	360
	4.50			4.5				53.0			53			375			380
5.00	5.00		5.0	5.0			56.0	56.0		56	56	400	400	400	400	400	400
	5.60			5.5				60.0			60			425			420
6.30	6.30		6.0	6.0		63.0	63.0	63.0	63	63			450	450		450	450
	7.10			7.0				67.0			67			475			480
8.00	8.00		8.0	8.0			71.0	71.0		71	71	500	500	500	500	500	500
	9.00			9.0				75.0			75			530			530
10.0	10.0		10.0	10.0		80.0	80.0	80.0	80	80	80		560	560		560	560
	11.2			11				85.0			85			600			600
12.5	12.5	12.5	12	12	12		90.0	90.0		90	90	630	630	630	630	630	630
		13.2			13			95.0			95			670			670
	14.0	14.0		14	14	100	100	100	100	100	100		710	710		710	710
		15.0			15			106			105			750			750
16.0	16.0	16.0	16	16	16		112	112		110	110	800	800	800	800	800	800
		17.0			17			118			120			850			850
	18.0	18.0		18	18	125	125	125	125	125	125		900	900		900	900
		19.0			19			132			130			950			950
20.0	20.0	20.0	20	20	20		140	140		140	140	1000	1000	1000	1000	1000	1000
		21.2			21			150			150			1060			
	22.4	22.4		22	22	160	160	160	160	160	160		1120	1120			
		23.6			24			170			170			1180			
25.0	25.0	25.0	25	25	25		180	180		180	180	1250	1250	1250			
		26.5			26			190			190			1320			
	28.0	28.0		28	28	200	200	200	200	200	200		1400	1400			
		30.0			30			212			210			1500			
31.5	31.5	31.5	32	32	32		224	224		220	220	1600	1600	1600			
		33.5			34			236			240			1700			
	35.5	35.5		36	36	250	250	250	250	250	250		1800	1800			
		37.5			38			265			260			1900			

注　1. 选用顺序为 $R10$、$R20$、$R40$。如果必须将数值圆整，则在 R'系列中选用，选用顺序为 $R'10$、$R'20$、$R'40$。

2. 本标准适用于有互换性或系列化要求的主要尺寸，其他结构尺寸也应尽可能采用标准尺寸。已有专用标准规定的尺寸采用专用标准尺寸。

表 11-8 机器轴高 h 的基本尺寸（摘自 GB/T 12217—2005） mm

系列	轴高 h 的基本尺寸
Ⅰ	25，40，63，100，160，250，400，630，1000，1600
Ⅱ	25，32，40，50，63，80，100，125，160，200，250，315，400，500，630，800，1000，1250，1600
Ⅲ	25，28，32，36，40，45，50，56，63，71，80，90，100，112，125，140，160，180，200，225，250，280，315，355，400，450，500，560，630，710，800，900，1000，1120，1250，1400，1600
Ⅳ	25，26，28，30，32，34，36，38，40，42，45，48，50，53，56，60，63，67，71，75，80，85，90，95，100，105，112，118，125，132，140，150，160，170，180，190，200，212，225，236，250，265，280，300，315，335，355，375，400，425，450，475，500，530，560，600，630，670，710，750，800，850，900，950，1000，1060，1120，1180，1250，1320，1400，1500，1600

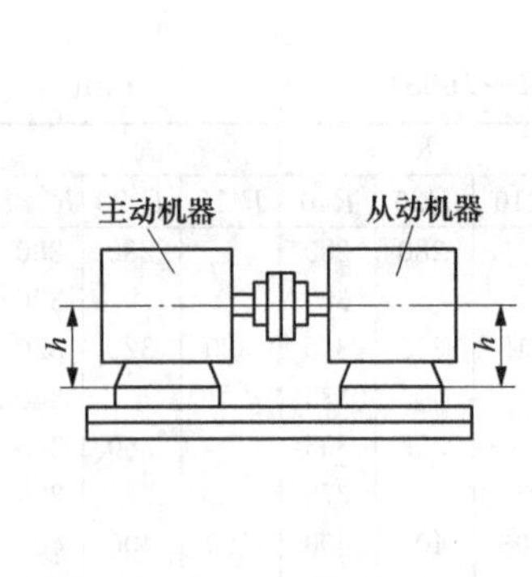

轴高 h	极限偏差		平行度公差		
	电动机、从动机器、减速器等	除电动机以外的主动机器	$L<2.5h$	$2.5h \leqslant L \leqslant 4h$	$L>4h$
25～50	0 −0.4	+0.4 0	0.2	0.3	0.4
>50～250	0 −0.5	+0.5 0	0.25	0.4	0.5
>250～630	0 −1.0	+1.0 0	0.5	0.75	1.0
>630～1000	0 −1.5	+1.5 0	0.75	1.0	1.5
>1000	0 −2.0	+2.0 0	1.0	1.5	2.0

注 1. 机器轴高应优先选用第Ⅰ系列数值，其次可选用第Ⅱ系列，第Ⅲ系列的数值。第Ⅳ系列的数值尽量不采用。
2. L 为轴的全长。

表 11-9 一般用途圆锥的锥度与锥角（摘自 GB/T 157—2001）

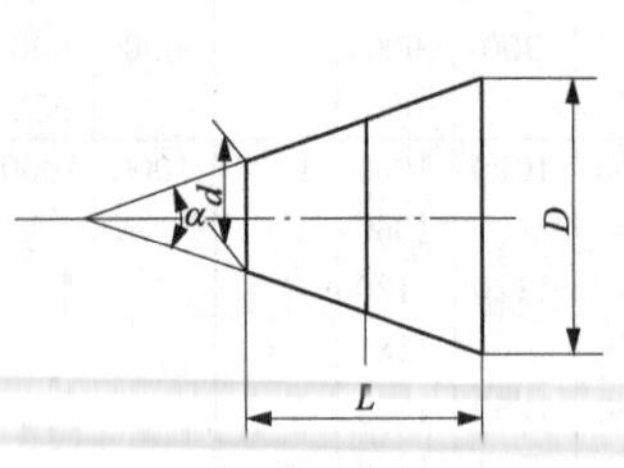

$C=(D-d)/L$

$C=2\tan(\alpha/2)$

$=1:(1/2)\cot(\alpha/2)$

基本值	推算值		主要用途
	圆锥角 α	锥度 C	
120°		1∶0.2886751	螺纹孔内倒角、填料盒内填料的锥度
90°		1∶0.5000000	沉头螺钉头、螺纹倒角，轴的倒角
60°		1∶0.8660254	车床顶尖、中心孔
45°		1∶1.2071068	轻型螺纹管接口的锥形密合
30°		1∶1.8660254	摩擦离合器
1∶3	18°55′28.7199″		有极限转矩的锥形摩擦离合器
1∶5	11°25′16.2706″		易拆零件的锥形连接、锥形摩擦离合器
1∶10	5°43′29.3176″		受轴向力及横向力的锥形零件的结合面、电动机及其他机械的锥形轴端
1∶20	2°51′51.0925″		机床主轴的锥度、刀具尾柄等
1∶30	1°54′34.8570″		装柄的铰刀及扩孔钻
1∶50	1°8′45.1586″		圆锥销、定位销、圆锥销孔的铰刀
1∶100	34′22.6309″		承受陡振及静、变载荷的不需拆卸的连接、楔键
1∶200	17′11.3219″		承受陡振及冲击载荷的需拆卸的连接、圆锥螺栓

表 11-10　　圆柱形轴伸（摘自 GB/T 1569—2005）　　mm

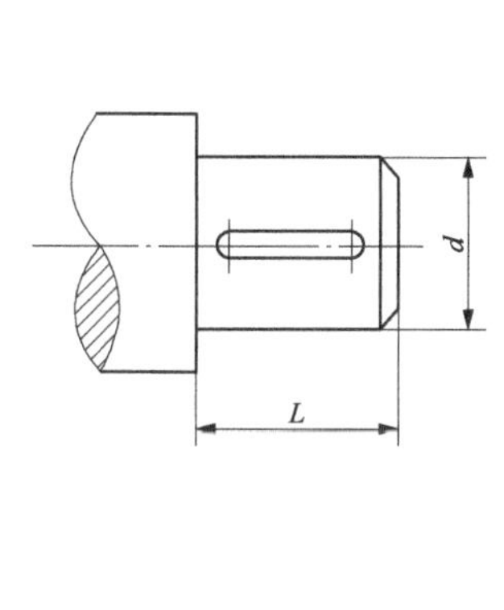

<table>
<tr><th colspan="2">d</th><th colspan="2">L</th></tr>
<tr><th>基本尺寸</th><th>极限偏差</th><th>长系列</th><th>短系列</th></tr>
<tr><td>6，7</td><td rowspan="8">j6</td><td>16</td><td>—</td></tr>
<tr><td>8，9</td><td>20</td><td>—</td></tr>
<tr><td>10，11</td><td>23</td><td>20</td></tr>
<tr><td>12，14</td><td>30</td><td>25</td></tr>
<tr><td>16，18，19</td><td>40</td><td>28</td></tr>
<tr><td>20，22，24</td><td>50</td><td>36</td></tr>
<tr><td>25，28</td><td>60</td><td>42</td></tr>
<tr><td>30</td><td rowspan="2">80</td><td rowspan="2">58</td></tr>
<tr><td>32，35，38</td><td rowspan="2">k6</td></tr>
<tr><td>40，42，45，48，50</td><td rowspan="2">110</td><td rowspan="2">82</td></tr>
<tr><td>55，56</td><td rowspan="4">m6</td></tr>
<tr><td>60，63，65，70，71，75</td><td>140</td><td>105</td></tr>
<tr><td>80，85，90，95</td><td>170</td><td>130</td></tr>
<tr><td>100，110，120</td><td>210</td><td>165</td></tr>
</table>

表 11-11　　中心孔（摘自 GB/T 145—2001）　　mm

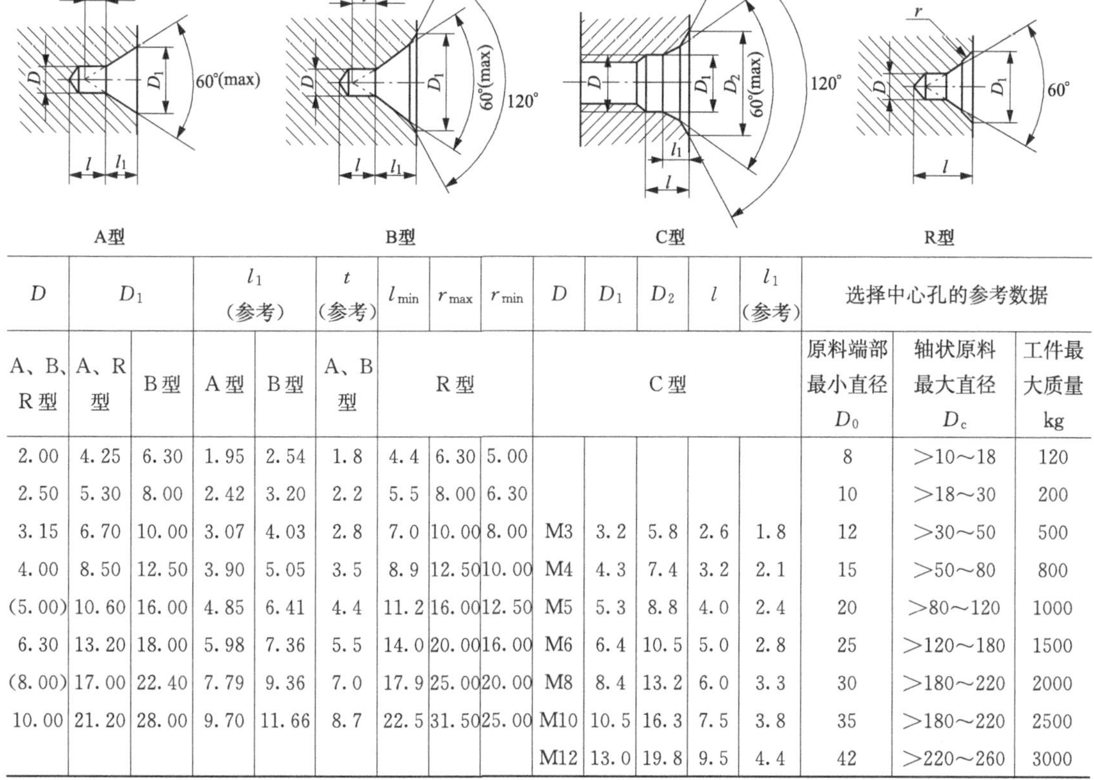

D	D_1		l_1（参考）		t（参考）	l_{min}	r_{max}	r_{min}	D	D_1	D_2	l	l_1（参考）	选择中心孔的参考数据		
A、B、R型	A、R型	B型	A型	B型	A、B型	R型			C型					原料端部最小直径 D_0	轴状原料最大直径 D_c	工件最大质量 kg
2.00	4.25	6.30	1.95	2.54	1.8	4.4	6.30	5.00						8	＞10～18	120
2.50	5.30	8.00	2.42	3.20	2.2	5.5	8.00	6.30						10	＞18～30	200
3.15	6.70	10.00	3.07	4.03	2.8	7.0	10.00	8.00	M3	3.2	5.8	2.6	1.8	12	＞30～50	500
4.00	8.50	12.50	3.90	5.05	3.5	8.9	12.50	10.00	M4	4.3	7.4	3.2	2.1	15	＞50～80	800
(5.00)	10.60	16.00	4.85	6.41	4.4	11.2	16.00	12.50	M5	5.3	8.8	4.0	2.4	20	＞80～120	1000
6.30	13.20	18.00	5.98	7.36	5.5	14.0	20.00	16.00	M6	6.4	10.5	5.0	2.8	25	＞120～180	1500
(8.00)	17.00	22.40	7.79	9.36	7.0	17.9	25.00	20.00	M8	8.4	13.2	6.0	3.3	30	＞180～220	2000
10.00	21.20	28.00	9.70	11.66	8.7	22.5	31.50	25.00	M10	10.5	16.3	7.5	3.8	35	＞180～220	2500
									M12	13.0	19.8	9.5	4.4	42	＞220～260	3000

注　1. A 型和 B 型中心孔的尺寸 l 取决于中心钻的长度，此值不应小于 t 值。

2. 括号内的尺寸尽量不采用。

3. 选择中心孔的参考数据不属于 GB/T 145—2001 的内容，仅供参考。

表 11-12　　**中心孔表示法（摘自 GB/T 4459.5—1999）**

标注示例	说明	标注示例	说明
B3.15/10 GB/T 4459.5—1999	B 型中心孔 $D=3.15$mm $D_1=10$mm 在完工的零件上要求保留中心孔	A4/8.5 GB/T 4459.5—1999	A 型中心孔 $D=4$mm $D_1=8.5$mm 在完工的零件上不允许保留中心孔
A4/8.5 GB/T 4459.5—1999	A 型中心孔 $D=4$mm $D_1=8.5$mm 在完工的零件上是否保留中心孔都可以	2×B3.15/10 GB/T 4459.5—1999	同一轴的两端中心孔相同，可只在一端标注，但应注出数量

表 11-13　　**零件倒圆与倒角（GB 6403.4—2008）**　　mm

倒圆、倒角形式

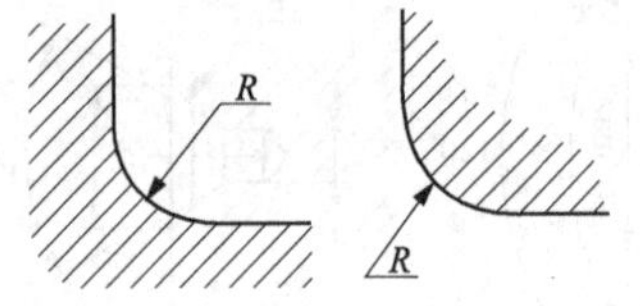

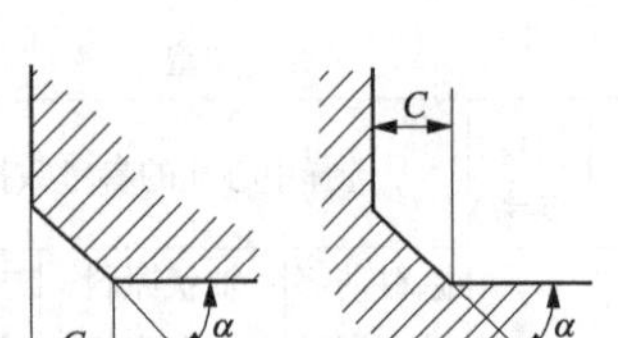

倒圆、倒角（45°）的四种装配形式

内角倒圆、外角倒角时，$C_1>R$

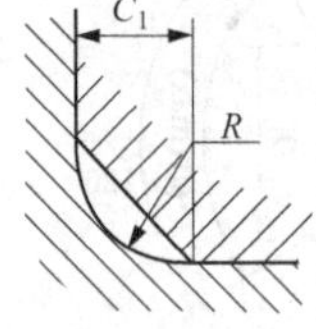

内角倒圆、外角倒圆时，$R_1>R$

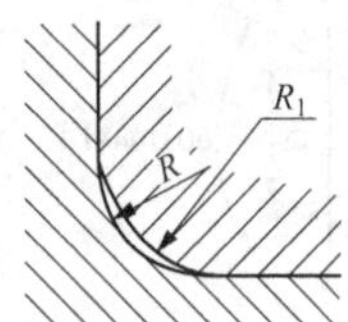

内角倒角、外角倒圆时，$C<0.58R_1$

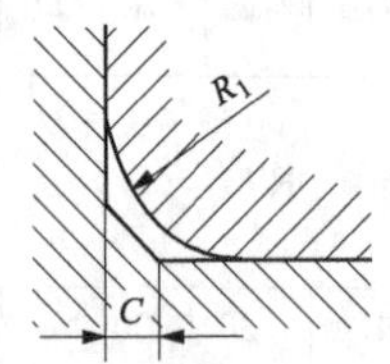

内角倒角、外角倒角时，$C_1>C$

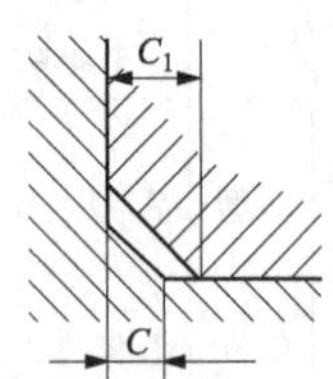

倒圆，倒角尺寸

R 或 C	0.1	0.2	0.3	0.4	0.5	0.6	0.8	1.0	1.2	1.6	2.0	2.5	3.0
	4.0	5.0	6.0	8.0	10	12	16	20	25	32	40	50	—

与直径 ϕ 相应的倒角 C、倒圆 R 的推荐值

ϕ	~3	>3~6	>6~10	>10~18	>18~30	>30~50	>50~80	>80~120	>120~180	>180~250	>250~320	>320~400	>400~500
C 或 R	0.2	0.4	0.6	0.8	1.0	1.6	2.0	2.5	3.0	4.0	5.0	6.0	8.0

注　α 一般采用 45°，也可采用 30°或 60°。

表 11-14　回转面及端面砂轮越程槽（摘自 GB 6403.5—2008） mm

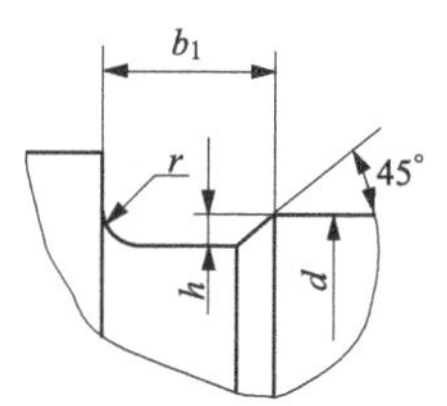

磨外圆

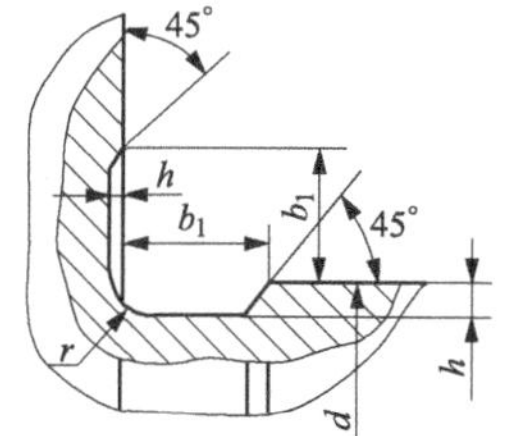

磨外圆及端面

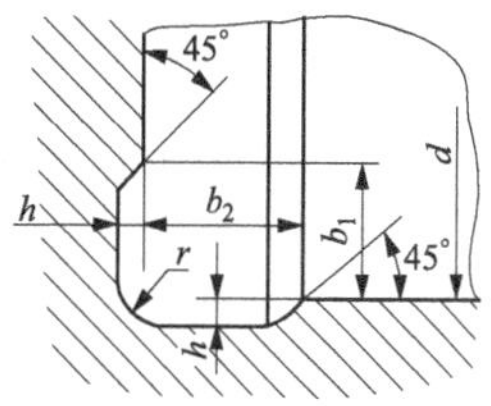

磨内孔及端面

<table>
<tr><td>b_1</td><td>0.6</td><td>1.0</td><td>1.6</td><td>2.0</td><td>3.0</td><td>4.0</td><td>5.0</td><td>8.0</td><td>10</td></tr>
<tr><td>b_2</td><td>2.0</td><td colspan="2">3.0</td><td colspan="2">4.0</td><td colspan="2">5.0</td><td>8.0</td><td>10</td></tr>
<tr><td>h</td><td>0.1</td><td colspan="2">0.2</td><td>0.3</td><td colspan="2">0.4</td><td>0.6</td><td>0.8</td><td>1.2</td></tr>
<tr><td>r</td><td>0.2</td><td colspan="2">0.5</td><td>0.8</td><td colspan="2">1.0</td><td>1.6</td><td>2.0</td><td>3.0</td></tr>
<tr><td>d</td><td colspan="3">≤10</td><td colspan="2">＞10～50</td><td colspan="2">＞50～100</td><td colspan="2">＞100</td></tr>
</table>

第三节　机械制图一般规范

机械设计课程设计中常用的机械制图一般规范见表 11-15～表 11-20。

表 11-15　图纸幅面及图样比例

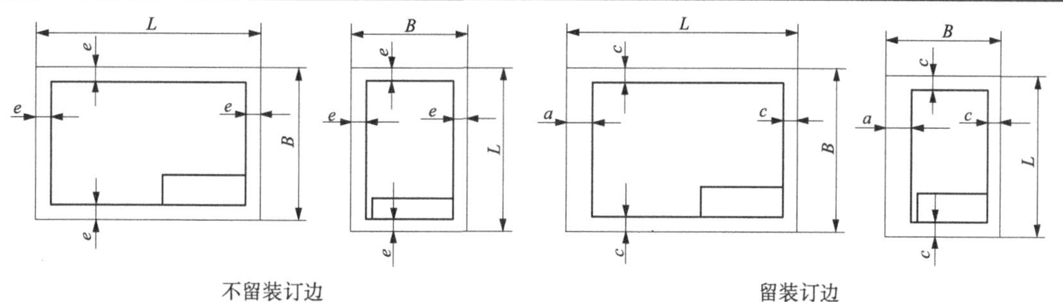

不留装订边　　留装订边

<table>
<tr><td colspan="7">图纸幅面（摘自 GB/T 14689—2008）/mm</td><td colspan="3">图样比例（摘自 GB/T 14690—1993）</td></tr>
<tr><td colspan="5">基本幅面（第一选择）</td><td colspan="2">加长幅面（第二选择）</td><td>原值比例</td><td>缩小比例</td><td>放大比例</td></tr>
<tr><td>幅面代号</td><td>B×L</td><td>a</td><td>c</td><td>e</td><td>幅面代号</td><td>B×L</td><td rowspan="6">1∶1</td><td rowspan="6">1∶2　$1:2\times10^n$
1∶5　$1:5\times10^n$
1∶10　$1:1\times10^n$
必要时允许选取
1∶1.5　$1:1.5\times10^n$
1∶2.5　$1:2.5\times10^n$
1∶3　$1:3\times10^n$
1∶4　$1:4\times10^n$
1∶6　$1:6\times10^n$</td><td rowspan="6">5∶1　$5\times10^n:1$
2∶1　$2\times10^n:1$
$1\times10^n:1$
必要时允许选取
4∶1　$4\times10^n:1$
2.5∶1　$2.5\times10^n:1$

n—正整数</td></tr>
<tr><td>A0</td><td>841×1189</td><td rowspan="5">25</td><td rowspan="3">10</td><td rowspan="2">20</td><td>A3×3</td><td>420×891</td></tr>
<tr><td>A1</td><td>594×841</td><td>A3×4</td><td>420×1189</td></tr>
<tr><td>A2</td><td>420×594</td><td rowspan="3">10</td><td>A4×3</td><td>297×630</td></tr>
<tr><td>A3</td><td>297×420</td><td rowspan="2">5</td><td>A4×4</td><td>297×841</td></tr>
<tr><td>A4</td><td>210×297</td><td>A4×5</td><td>297×1051</td></tr>
</table>

注　1. 加长幅面的图框尺寸按大一号的基本幅面图框尺寸确定。例如对 A3×4，按 A2 的图框尺寸确定，即 e 为 10（或 c 为 10）。

2. 加长幅面（第三选择）的尺寸见 GB/T 14689。

表 11-16　标题栏和明细表（供课程设计参考）

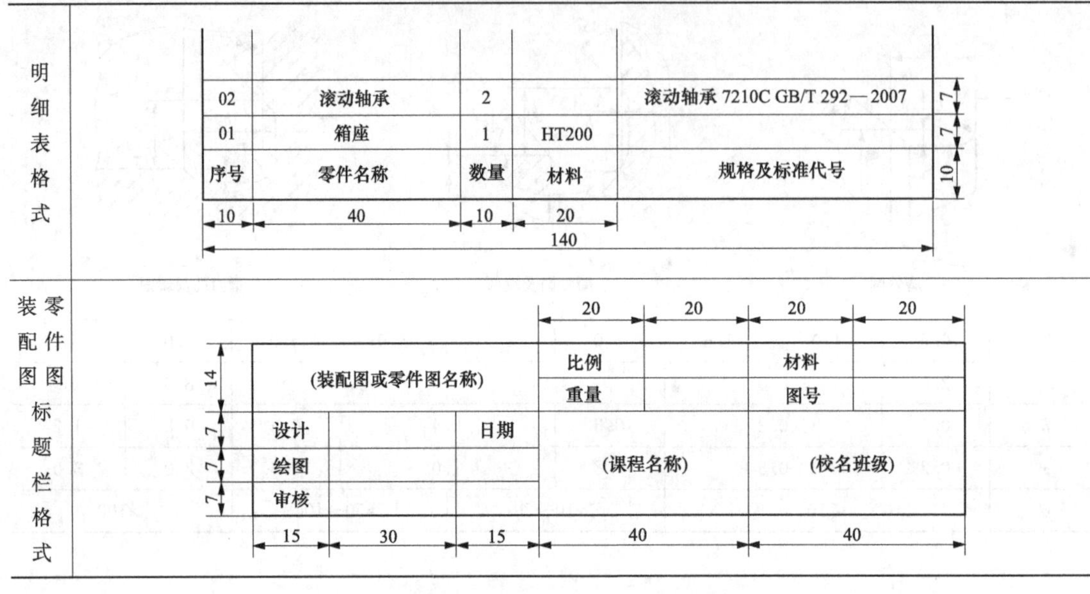

表 11-17　常用机构运动简图符号（摘自 GB/T 4460—2013）

类别				
原动机	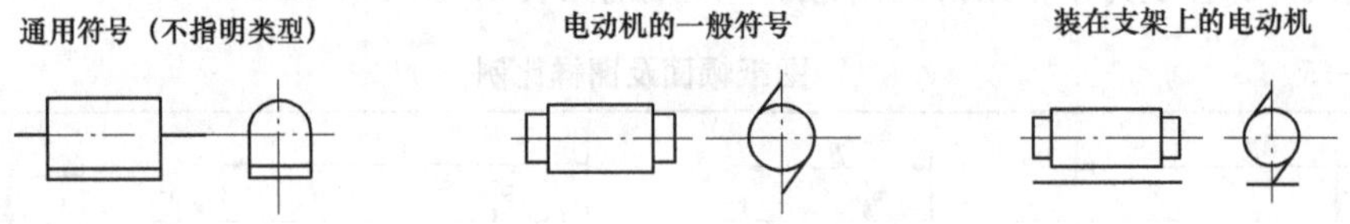 通用符号（不指明类型）	电动机的一般符号	装在支架上的电动机	
联轴器	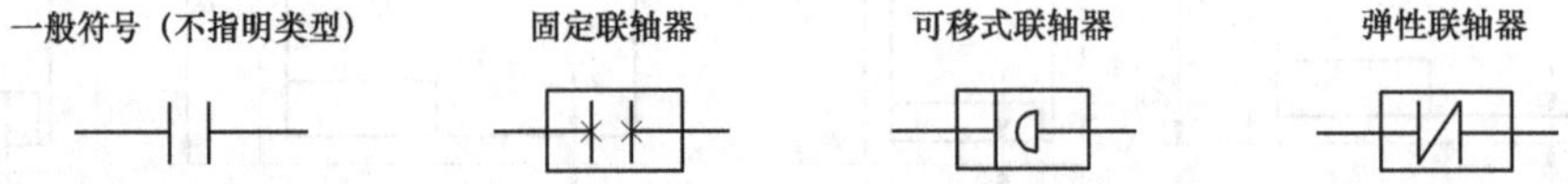 一般符号（不指明类型）	固定联轴器	可移式联轴器	弹性联轴器
带传动	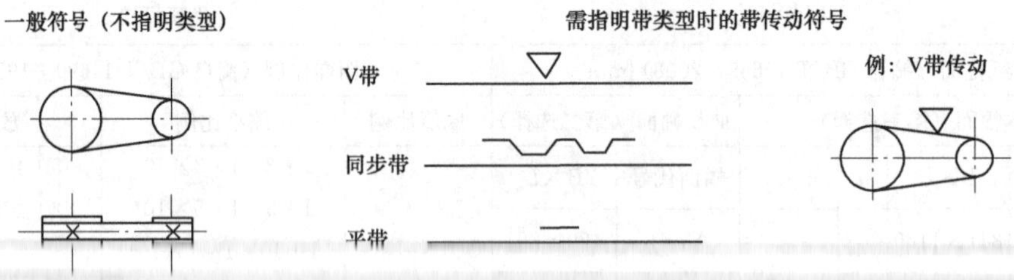 一般符号（不指明类型）	需指明带类型时的带传动符号：V带、同步带、平带	例：V带传动	
链传动	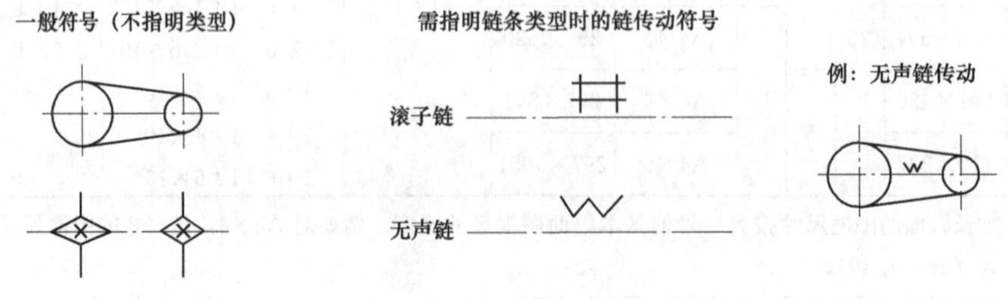 一般符号（不指明类型）	需指明链条类型时的链传动符号：滚子链、无声链	例：无声链传动	

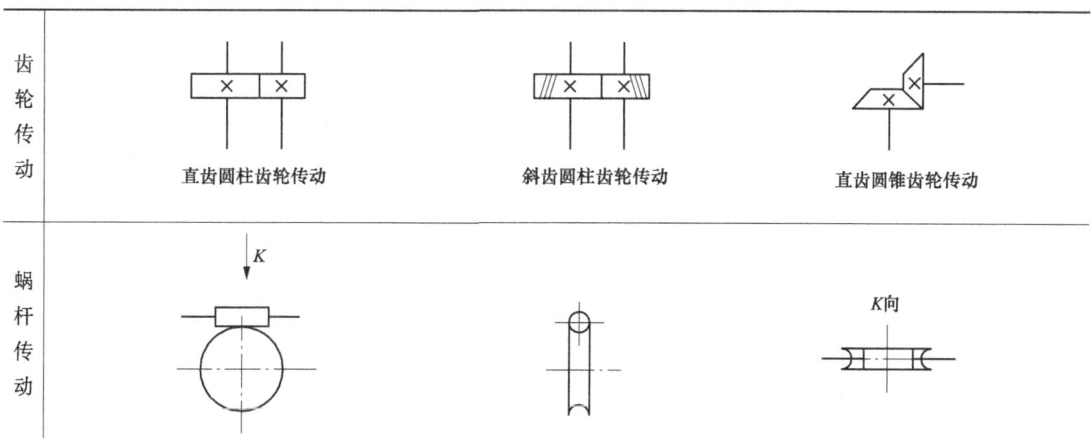

表 11-18　　齿轮、蜗杆蜗轮啮合的规定画法（摘自 GB/T 4459.2—2003）

类型	剖视图	外形图
圆柱齿轮啮合	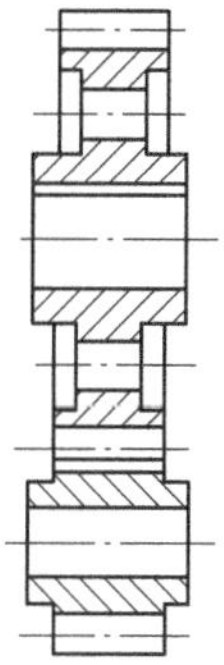	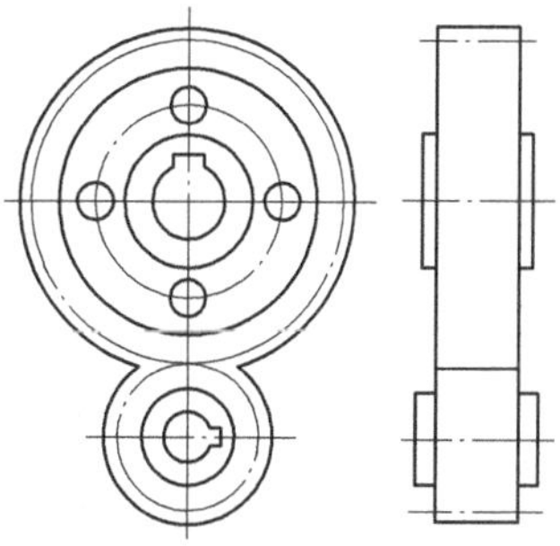
锥齿轮啮合	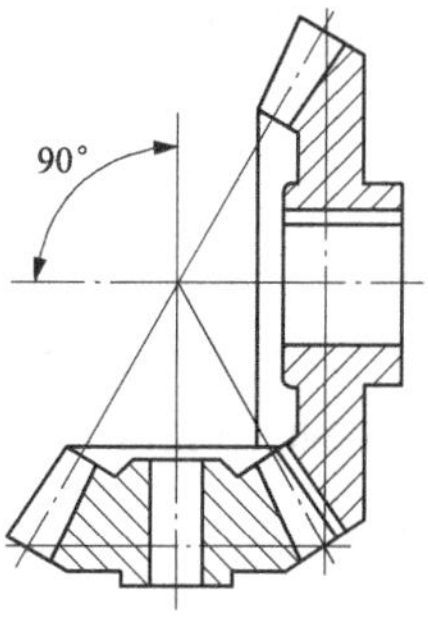 90°	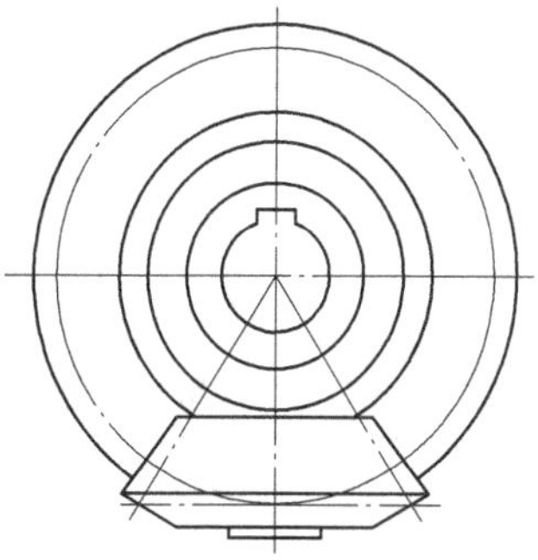
圆柱蜗杆和蜗轮啮合	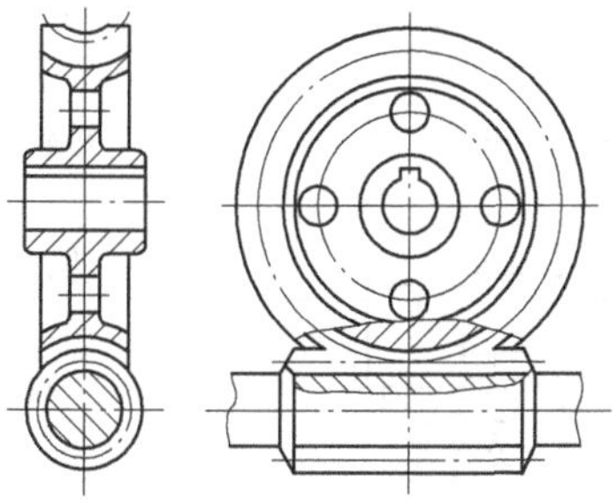	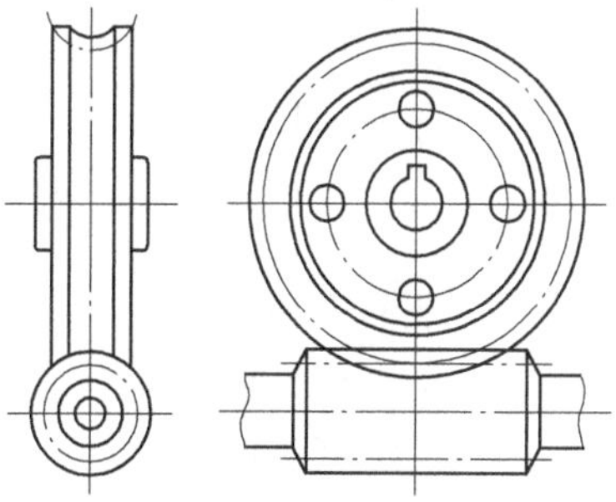

表 11-19　　螺纹及螺纹连接的规定画法（摘自 GB/T 4599.1—1995）

类型	画法及说明
外螺纹	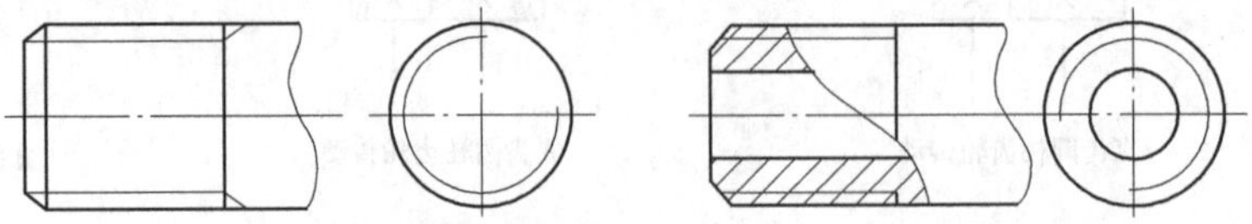 倒角圆省略不画 (a) 视图的画法　　(b) 剖视图的画法
内螺纹	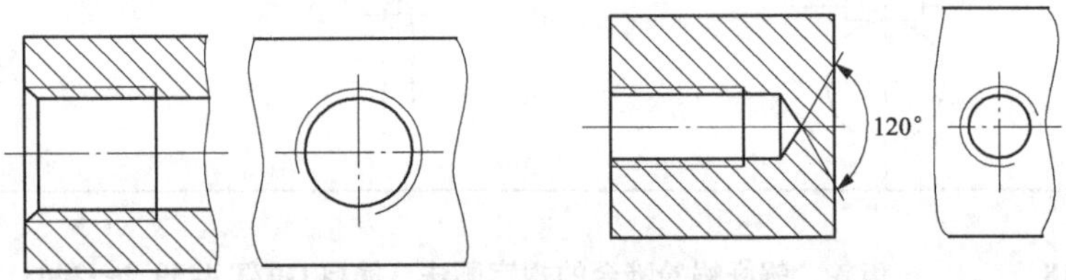 120° (a) 穿通螺孔　　(b) 不穿通螺孔
螺纹连接	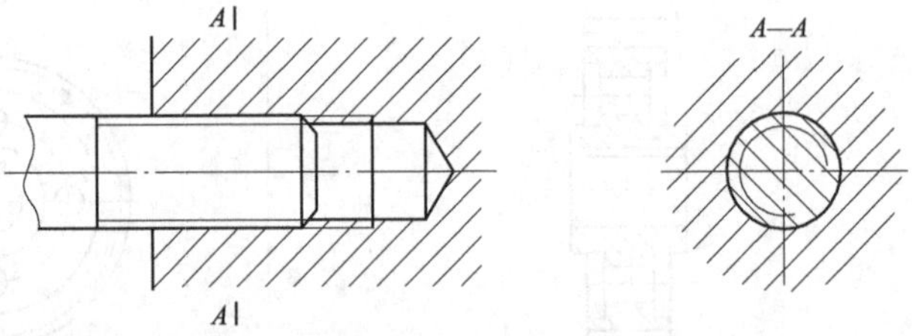 A　A　A—A 旋合部分按外螺纹绘制
螺纹相贯线	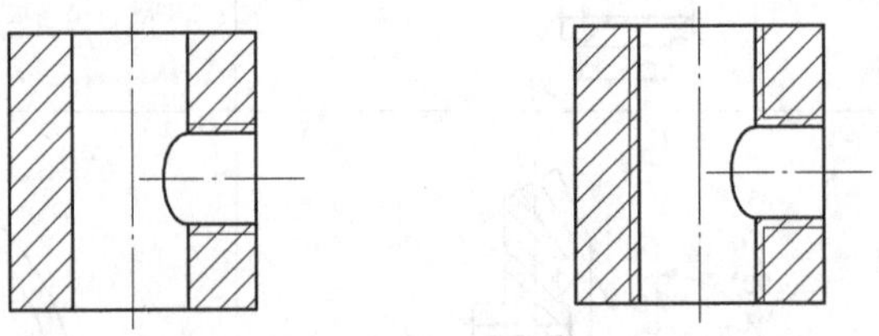 (a) 画法一　　(b) 画法二

表 11-20　装配图中常用的简化画法（摘自 GB/T 4458.1—2002、GB/T 4459.1—1995）

名称	简化前	简化后	说明
轴、轴承、轴承盖、密封件	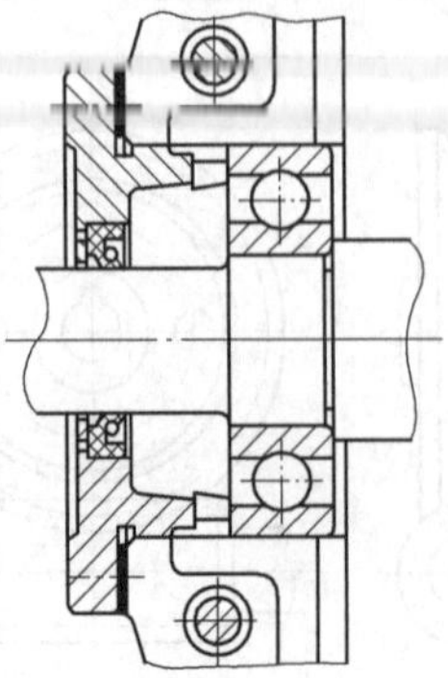	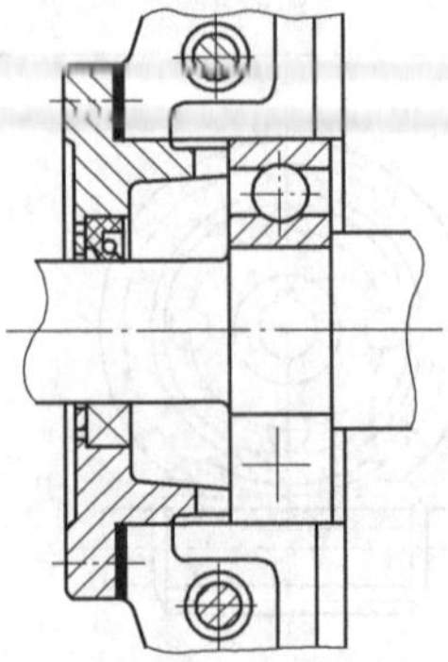	1. 轴承按规定画法绘制，省略轴承内外圈所有倒角、圆角； 2. 省略轴的过渡圆角及砂轮越程槽； 3. 省略轴承盖上的工艺槽，进油缺口按直线绘制； 4. 省略轴承座孔倒角； 5. 对称部分的结构只需绘出一半

续表

名称	简化前	简化后	说明
视孔盖	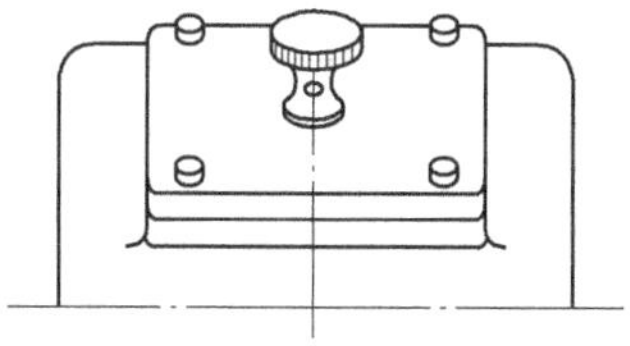	拆去视孔盖部件 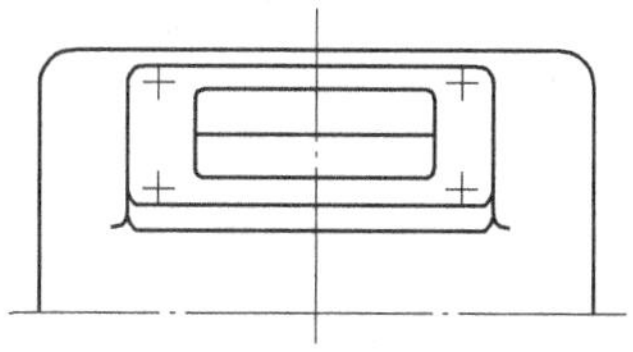	如果视孔盖结构已在主视图中表达清楚，则在左视图中注明“拆去视孔盖部件”，只需绘出孔的视图即可
平键连接	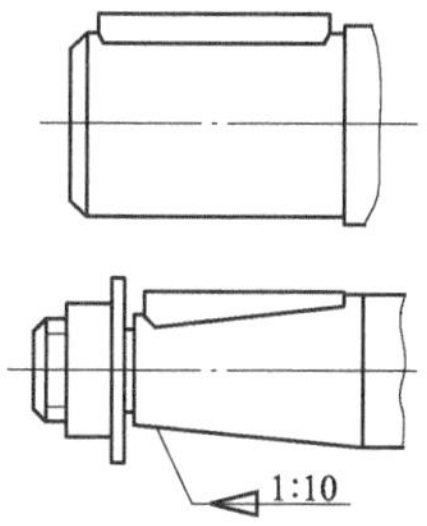 1:10	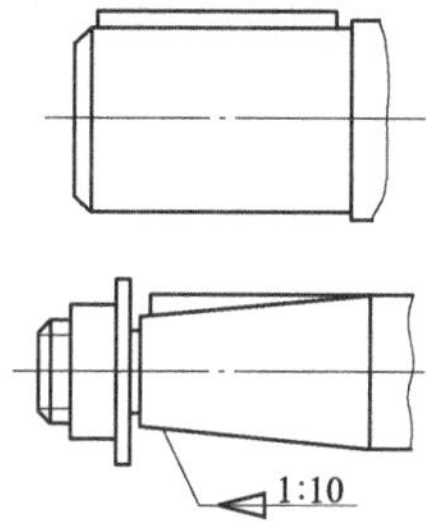 1:10	在轴的视图上直接画出键的伸出部分，不必画出键槽与轴的相贯线
螺栓连接	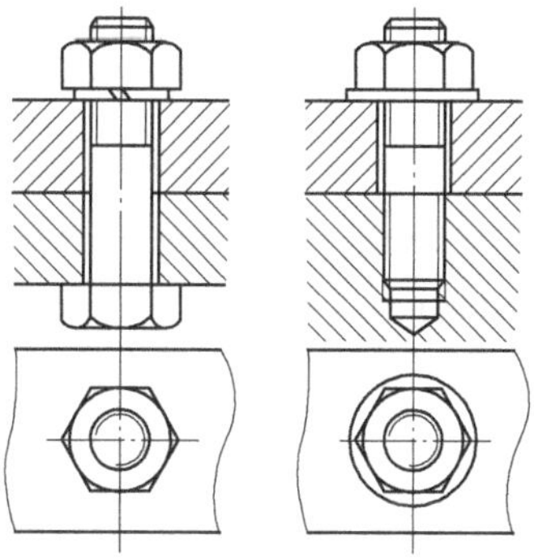	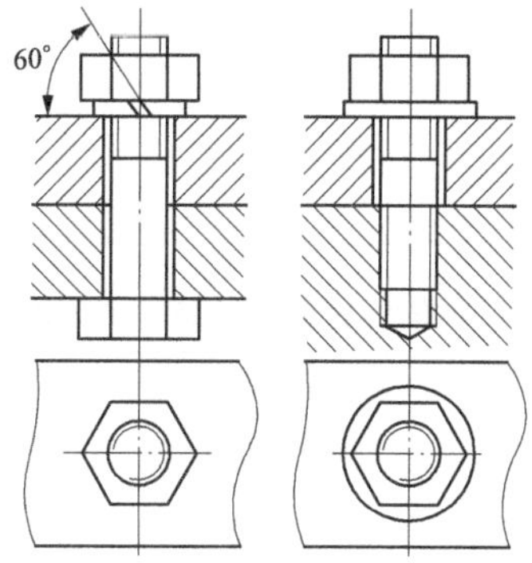 60°	1. 螺栓头和螺母的倒圆可不画出； 2. 螺栓端部倒角可不画出； 3. 螺纹孔可以不画出钻孔深度，仅画螺纹部分的深度
螺栓组连接	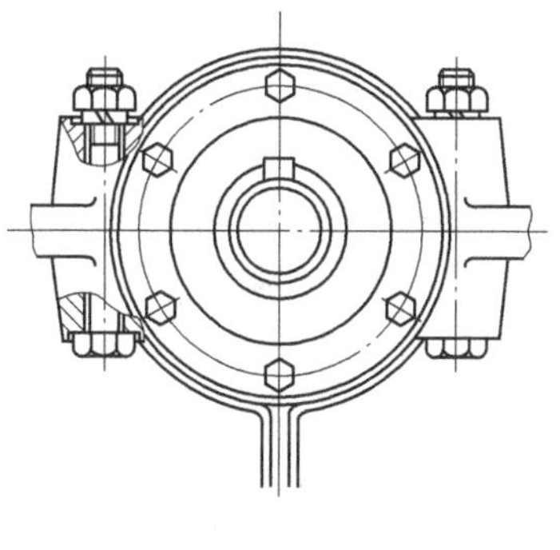	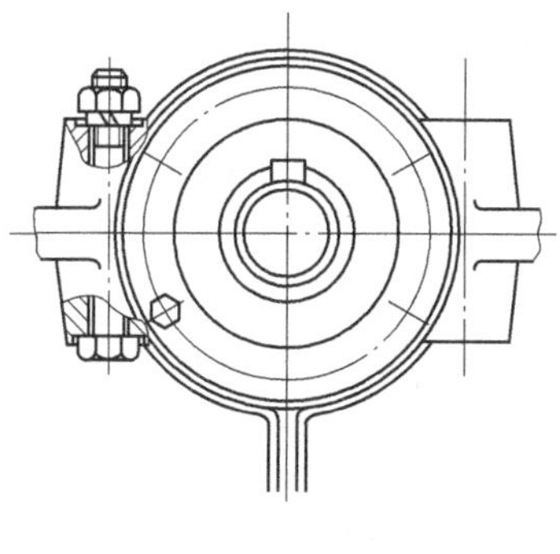	相同的螺栓或螺钉在同一装配图中允许只画一个，其余用中心线表示其位置，但俯视图中的螺孔和通孔不可省略

第四节　铸件设计一般规范

铸件设计一般规范见表 11-21～表 11-25。

表 11-21　　铸件最小壁厚　　mm

铸造方法	铸件尺寸	铸钢	灰铸铁	球墨铸铁	铝合金	铜合金
砂型	＜200×200	8	5～6	6	3	3～5
	200×200～500×500	10～12	6～10	12	4	6～8
	＞500×500	15～20	15～20	—	6	—

注　箱体及支架零件筋厚度，可根据其质量及外形尺寸一般在 6～10mm 范围内选取。

表 11-22　　铸造斜度（摘自 JB/ZQ 4257—1997）

	斜度 $a:h$	角度 β	使用范围
$a:h$　a　h　β	1∶5	11°30′	h＜25mm 的钢和铁铸件
45°	1∶10 1∶20	5°30′ 3°	h＝25～500mm 的钢和铁铸件
	1∶50	1°	h＞500mm 的钢和铁铸件
当设计不同壁厚的铸件时，在转折点处的斜角最大可增大至 30°～45°	1∶100	30′	有色金属铸件

表 11-23　　铸造过渡斜度（摘自 JB/ZQ 4254—2006）　　mm

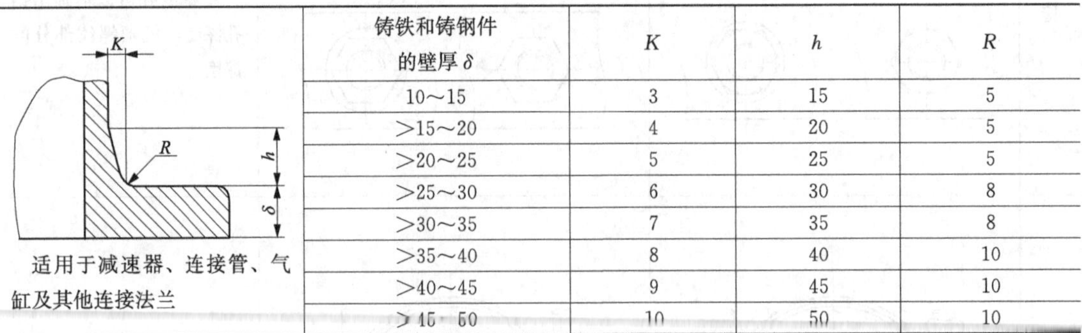

	铸铁和铸钢件的壁厚 δ	K	h	R
K　R　h　δ	10～15	3	15	5
	＞15～20	4	20	5
	＞20～25	5	25	5
	＞25～30	6	30	8
	＞30～35	7	35	8
	＞35～40	8	40	10
适用于减速器、连接管、气缸及其他连接法兰	＞40～45	9	45	10
	＞45～50	10	50	10

表 11-24　　铸造内圆角（摘自 JB/ZQ 4255—2006）　　mm

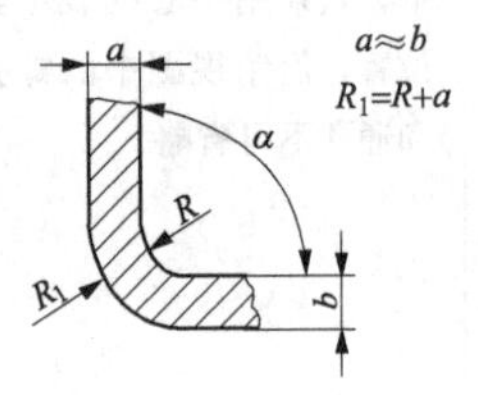

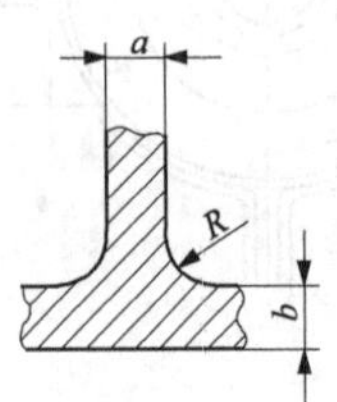

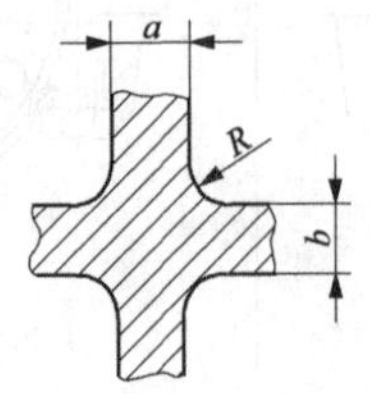

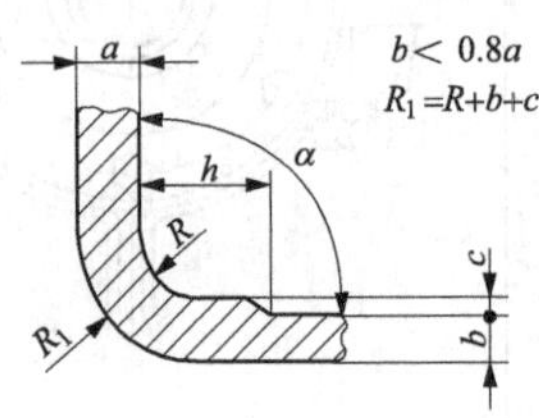

续表

$\frac{a+b}{2}$	R											
	内圆角 α											
	≤50°		>50°～75°		>75°～105°		>105°～135°		>135°～165°		>165°	
	钢	铁	钢	铁	钢	铁	钢	铁	钢	铁	钢	铁
≤8	4	4	4	4	6	4	8	6	16	10	20	16
9～12	4	4	4	4	6	6	10	8	16	12	25	20
13～16	4	4	6	4	8	6	12	10	20	16	30	25
17～20	6	4	8	6	10	8	16	12	25	20	40	30
21～27	6	6	10	8	12	10	20	16	30	25	50	40
28～35	8	6	12	10	16	12	25	20	40	30	60	50

c 和 h					
b/a		≤0.4	>0.4～0.65	>0.65～0.8	>0.8
$c\approx$		0.7 $(a-b)$	0.8 $(a-b)$	$a-b$	—
$h\approx$	钢	8c			
	铁	9c			

表 11-25　　铸造外圆角（摘自 JB/ZQ 4256—2006）　　mm

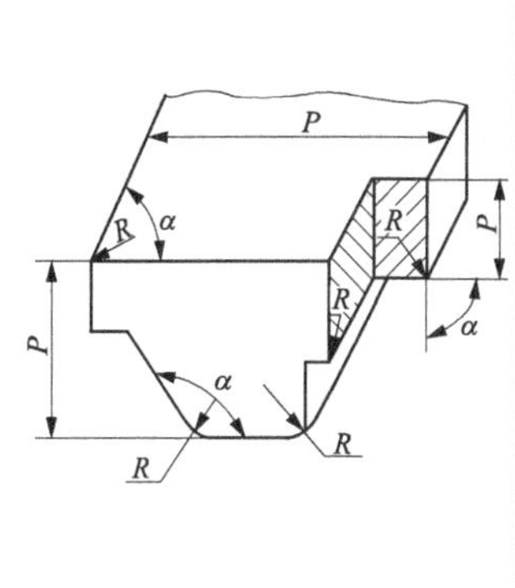

表面的最小边尺寸 P	R					
	外圆角 α					
	≤50°	>50°～75°	>75°～105°	>105°～135°	>135°～165°	>165°
≤25	2	2	2	4	6	8
>25～60	2	4	4	6	10	16
>60～160	4	4	6	8	16	25
>160～250	4	6	8	12	20	30
>250～400	6	8	10	16	25	40
>400～600	6	8	12	20	30	50

GB/T 228 新旧标准性能名称对照

第十二章 常用工程材料

一、黑色金属材料（见表 12-1～表 12-6）

表 12-1　　灰铸铁（摘自 GB/T 9439—2010）

牌号	铸件壁厚（mm）	抗拉强度（试件）R_m/MPa	铸件预期抗拉强度 R_m/MPa	布氏硬度/HBW	应用举例
HT100	>5～40	100	—	≤170	盖、外罩、油盘、手轮、手把、支架等
HT150	>5～10	150	—	125～205	端盖、轴承盖、轴承座、阀壳、管子及管路附件、手轮、一般机床底座、床身及其他复杂零件、滑座、工作台等
	>10～20		—		
	>20～40		120		
	>40～80		110		
HT200	>5～10	200	—	150～230	汽缸、齿轮、底架、机体、飞轮、齿条、衬筒、一般机床铸有导轨的床身及中等压力（8MPa 以下）油缸、液压泵和阀的壳体等
	>10～20		—		
	>20～40		170		
	>40～80		150		
HT250	>5～10	250	—	180～250	阀体、油缸、汽缸、联轴器、机体、齿轮、齿轮箱体、飞轮、衬筒、凸轮、轴承座等
	>10～20		—		
	>20～40		210		
	>40～80		190		
HT300	>10～20	300	—	200～275	齿轮、凸轮、车床卡盘、剪床、压力机的机身、导板、重负荷机床铸有导轨的床身、高压油缸的壳体等
	>20～40		250		
	>40～80		220		

表 12-2　　球墨铸铁（摘自 GB/T 1348—2019）

牌号	抗拉强度 R_m/MPa（min）	屈服强度 $R_{p0.2}$/MPa（min）	伸长率 A/%（min）	布氏硬度 HBW	应用举例
QT400-18	400	250	18	120～175	减速箱体、齿轮、轮毂、拨叉、阀门、阀盖、高低压汽缸、吊耳等
QT400-15	400	250	15	120～180	
QT450-10	450	310	10	160～210	油泵齿轮、车辆轴瓦、减速器箱体、齿轮、轴承座、阀门体、千斤顶底座等
QT500-7	500	320	7	170～230	
QT600-3	600	370	3	190～270	齿轮轴、曲轴、凸轮轴、机床主轴、缸体、连杆、小负荷齿轮等
QT700-2	700	420	2	225～305	

表 12-3　　一般工程用铸造碳钢（摘自 GB/T 11352—2019）

牌号	抗拉强度 R_m/MPa	屈服强度 R_{eH}($R_{p0.2}$)/MPa	伸长率 A_5/%	断面收缩率 Z/%	冲击吸收能量 KU/J	硬度		应用举例
						正火回火 HBW	表面淬火 HRC	
	最小值							
ZG200-400	400	200	25	40	30	—	—	机座、变速箱壳等
ZG230-450	450	230	22	32	25	≥131	—	机座、机盖、箱体、铁砧台，工作温度在 450℃ 以下的管路附件等
ZG270-500	500	270	18	25	22	≥143	40～45	飞轮、机架、蒸汽锤、桩锤、联轴器、水压机工作缸、横梁等

续表

牌号	抗拉强度 R_m/MPa	屈服强度 R_{eH}($R_{p0.2}$) MPa	伸长率 A_5/%	断面收缩率 Z/%	冲击吸收能量 KU/J	硬度 正火回火 HBW	硬度 表面淬火 HRC	应用举例
	最小值							
ZG310-570	570	310	15	21	15	≥153	40～50	联轴器、汽缸、齿轮、齿轮圈及重负荷机架等
ZG340-640	640	340	10	18	10	169～229	45～55	起重运输机中的齿轮、联轴器及重要的机件等

注 表中硬度值非国家标准内容，仅供参考。

表 12-4　　碳素结构钢（摘自 GB/T 700—2006）

牌号	机械性能								应用举例
	屈服强度 R_{eH}/MPa						抗拉强度 R_m/MPa	断后伸长率 A/%（钢材厚度或直径≤40mm）	
	钢材厚度（直径）/mm								
	≤16	>16～40	>40～60	>60～100	>100～150	>150			
	最小值								
Q195	195	185	—	—	—	—	315～390	≥33	轧制薄板、拉制线材、制钉和焊接钢管
Q215	215	205	195	185	175	165	335～410	≥31	普通金属构件，拉杆、心轴、垫圈、凸轮等
Q235	235	225	215	205	195	185	375～460	≥26	金属结构件，吊钩、拉杆、汽缸、齿轮、螺栓螺母、轮轴及焊接件
Q275	275	265	255	245	235	225	410～540	≥22	轴、轴销、螺栓、齿轮及强度较高的零件

表 12-5　　优质碳素结构钢（GB/T 699—2015）

牌号	推荐热处理温度/℃			机械性能					应用举例
	正火	淬火	回火	抗拉强度 R_m/MPa	下屈服强度 R_{eL}/MPa	断后伸长率 A/%	断面收缩率 Z/%	冲击吸收能量 KU/J	
08	930	—	—	325	195	33	60	—	吊钩、钣金件、冲压件、垫片、垫圈、套筒等
20	910	—	—	410	245	25	55	—	拉杆、杠杆、轴套、吊钩，并可进行渗碳处理
30	880	860	600	490	295	21	50	63	销、转轴、螺栓、螺母、杠杆、链轮、套杯等
35	870	850	600	530	315	20	45	55	
40	860	840	600	570	335	19	45	47	齿轮、轴、齿条、键、销、链轮等，用途很广
45	850	840	600	600	355	16	40	39	
55	820	820	600	645	380	13	35	—	齿轮、轴、轧辊、扁弹簧、轮圈、轮缘等
25Mn	900	870	600	490	295	22	50	71	连杆、凸轮、齿轮、链轮等

续表

牌号	推荐热处理温度/℃			机械性能					应用举例
	正火	淬火	回火	抗拉强度 R_m /MPa	下屈服强度 R_{eL} /MPa	断后伸长率 A/%	断面收缩率 Z/%	冲击吸收能量 KU/J	
40Mn	860	840	600	590	355	17	45	47	齿轮、螺栓、螺母、轴、拉杆等
50Mn	830	830	600	645	390	13	40	31	轴、齿轮、凸轮、摩擦盘等
65Mn	810	—	—	735	430	9	30	—	弹簧、弹簧垫圈、卡簧等

注 1. 表中所列机械性能均为试件毛坯尺寸为25mm时的数值。

2. 表中所推荐热处理保温时间：正火和淬火不得少于30min，回火不得少于1h。

表 12-6　合金结构钢（摘自 GB/T 3077—2015）

牌号	热处理类型	截面尺寸/mm	机械性能						应用举例
			抗拉强度 R_m/MPa	下屈服强度 R_{eL}/MPa	断后伸长率 A/%	断面收缩率 Z/%	冲击吸收能量 KU/J	硬度 HBW	
20Mn2	淬火 回火	15	785	590	10	40	47	187	渗碳小齿轮、链板等
35SiMn	淬火 回火	25	885	735	15	45	47	229	韧性高，可代替40Cr，用于轴、轮、紧固件等
40Cr	淬火 回火	25	980	785	9	45	47	207	齿轮、轴、曲轴、连杆、螺栓等，用途很广
20Cr	淬火 回火	15	835	540	10	40	47	179	重要的渗碳零件、齿轮轴、蜗杆、凸轮等
38CrMnAl	淬火 回火	30	980	835	14	50	71	229	主轴、镗杆、蜗杆、滚子、检验规、汽缸套等
20CrMnTi	淬火 回火	15	1080	850	10	45	55	217	中载和重载的齿轮轴、齿圈、滑动轴承支撑的主轴、蜗杆等，用途很广

二、有色金属材料（见表 12-7）

表 12-7　铸造铜合金、铸造铝合金、铸造轴承合金

合金牌号	合金名称（或代号）	铸造方法	合金状态	力学性能（不低于）				应用举例
				抗拉强度 R_m	屈服强度 $R_{p0.2}$	伸长率 A	布氏硬度 HBW	
				MPa		%		
铸造铜合金（摘自 GB/T 1176—2013）								
ZCuSn5Pb5Zn5	5-5-5 锡青铜	S、J、R Li、La	—	200 250	90 100	13	60 65	较高载荷、中速下工作的耐磨耐蚀件，如轴瓦、衬套、缸套及蜗轮等
ZCuSn10P1	10-1 锡青铜	S、R J Li La	—	220 310 330 360	130 170 170 170	3 2 4 6	80 90 90 90	高载荷（20MPa以下）和高滑动速度（8m/s）下工作的耐磨件，如连杆，衬套、轴瓦、蜗轮等

续表

合金牌号	合金名称（或代号）	铸造方法	合金状态	力学性能（不低于） 抗拉强度 R_m MPa	屈服强度 $R_{p0.2}$ MPa	伸长率 A %	布氏硬度 HBW	应用举例
铸造铜合金（摘自 GB/T 1176—2013）								
ZCuSn10Pb5	10-5 锡青铜	S J	—	195 245	—	10	70	耐蚀、耐酸件及破碎机衬套、轴瓦等
ZCuPb17Sn4Zn4	17-4-4 铅青铜	S J	—	150 175	—	5 7	55 60	一般耐磨件、轴承等
ZCuAl10Fe3	10-3 铝青铜	S J Li、La	—	490 540 540	180 200 200	13 15 15	100 110 110	要求强度高、耐磨、耐蚀的零件，如轴套、螺母、蜗轮、齿轮等
ZCuAl10Fe3Mn2	10-3-2 铝青铜	S、R J	—	490 540	—	15 20	110 120	
ZCuZn38	38 黄铜	S J	—	295	95	30	60 70	一般结构件和耐蚀件，如法兰、阀座、螺母等
ZCuZn40Pb2	40-2 铅黄铜	S、R J	—	220 280	95 120	15 20	80 90	一般用途的耐磨、耐蚀件，如轴套、齿轮等
ZCuZn38Mn2Pb2	38-2-2 锰黄铜	S J	—	245 345	—	10 18	70 80	一般用途的结构件，如套筒、衬套、轴瓦、滑块等
ZCuZn16Si4	16-4 硅黄铜	S、R J	—	345 390	180 —	15 20	90 100	接触海水工作的管配件以及水泵、叶轮等
铸造铝合金（摘自 GB/T 1173—2013）								
ZAlSi12	ZL102 铝硅合金	SB、JB、 RB、KB	F T2	145 135	—	4	50	汽缸活塞以及高温工作的承受冲击载荷的复杂薄壁零件
		J	F T2	155 145		2 3		
ZAlSi9Mg	ZL104 铝硅合金	S、J、R、K J SB、RB、KB J、JB	F T1 T6 T6	150 200 230 240	—	2 1.5 2 2	50 65 70 70	形状复杂的高温静载荷或受冲击作用的大型零件，如扇风机叶片、水冷气缸头
ZAlMg5Si1	ZL303 铝镁合金	S、J、R、K	F	145	—	1	55	高耐蚀性或在高温度下工作的零件
ZAlZn11Si7	ZL401 铝锌合金	S、R、K J	T1	195 245	—	2 1.5	80 90	铸造性能较好，可不热处理，用于形状复杂的大型薄壁零件，耐蚀性差
铸造轴承合金（摘自 GB/T 1174—1992）								
ZSnSb12Pb10Cu4 ZSnSb11Cu6 ZSnSb8Gu4	锡基轴承合金	J J J	—	—	—	—	29 27 24	汽轮机、压缩机、机车、发电机、球磨机、轧机减速器、发动机等各种机器的滑动轴承衬
ZPbSb16Sn16Cu2 ZPbSb15Sn10 ZPbSb15Sn5	铅基轴承合金	J J J	—	—	—	—	30 24 20	

注　1. 铸造方法代号：S—砂型铸造；J—金属型铸造；Li—离心铸造；La—连续铸造；R—熔模铸造；K—壳型铸造；B—变质处理。

2. 合金状态代号：F—铸态；T1—人工时效；T2—退火；T6—固溶处理加人工完全时效。

三、非金属材料（见表 12-8 和表 12-9）

表 12-8 工业用毛毡（摘自 FZ/T 25001—2012）

类型	品号	密度 /(g·cm^{-3})	断裂强度 /(N·cm^{-2})	断裂伸长率 (%) ⩽	规格 长、宽/m	规格 厚度/mm	应用举例
细毛	T112-32～44 T112-25～31	0.32～0.44 0.25～0.31	—	—	长：1～5 宽：0.5～1.9	1.5，2，3，4，6，8，10，12，14，16，18，20，25	用作密封、振动缓冲衬垫及作为过滤材料和抛磨光材料
半粗毛	T122-30～38 T122-24～29	0.30～0.38 0.24～0.29	—	—			
粗毛	T132-32～36	0.32～0.36	245～294	110～130			

表 12-9 软钢纸板（摘自 QB/T 2200—1996）

纸板规格/mm 长度×宽度	纸板规格/mm 厚度	技术性能 项目		技术性能 A类	技术性能 B类	应用举例
920×650	0.5～0.8 0.9～2.0 2.1～3.0	横切面抗拉强度 /(kN·m^{-2})	0.5～1mm	3×10^4	2.5×10^4	A类：飞机发动机的密封垫片及其他部件用 B类：汽车、拖拉机的发动机和内燃机的密封垫片及其他部件用
650×490			1.1～3mm	3×10^4	3×10^4	
650×400		抗压强度/MPa		⩾160	—	
400×300		水分（%）		4～8	4～8	

第十三章　连接及轴系零件紧固件

第一节　螺纹与螺纹连接

螺纹与螺纹连接技术数据见表 13-1～表 13-25。

表 13-1　　**普通螺纹基本尺寸（摘自 GB/T 196—2003）**　　mm

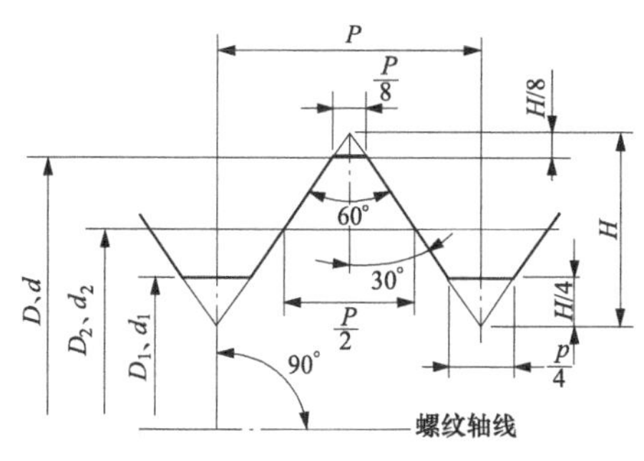

$H=0.8660P$

$d_2=d-0.6495P$

$d_1=d-1.0825P$

D、d—内、外螺纹大径（公称直径）

D_2、d_2—内、外螺纹中径

D_1、d_1—内、外螺纹小径

P—螺距

标记示例

公称直径 20 的粗牙右旋内螺纹，大径和中径的公差带均为 6H，标记为

M20-6H

同规格的外螺纹、公差带为 6g，标记为

M20-6g

上述规格的螺纹副标记为

M20-6H/6g

公称直径 20、螺距 2 的细牙左旋外螺纹，中径、大径的公差带分别为 5g、6g，短旋合长度，标记为

M20×2 左-5g6g-S

公称直径 D、d 第一系列	公称直径 D、d 第二系列	螺距 P	中径 D_2 或 d_2	小径 D_1 或 d_1
6		**1**	5.350	4.917
		0.75	5.513	5.188
8		**1.25**	7.188	6.647
		1	7.350	6.917
		0.75	7.513	7.188
10		**1.5**	9.026	8.376
		1.25	9.188	8.647
		1	9.350	8.917
		0.75	9.513	9.188
12		**1.75**	10.863	10.106
		1.5	11.026	10.376
		1.25	11.188	10.674
		1	11.350	10.917
	14	**2**	12.701	11.835
		1.5	13.026	12.376
		1.25	13.188	12.647
		1	13.350	12.917
16		**2**	14.701	13.835
		1.5	15.026	14.376
		1	15.350	14.917
	18	**2.5**	16.376	15.294
		2	16.701	15.835
		1.5	17.026	16.376
		1	17.350	16.917

公称直径 D、d 第一系列	公称直径 D、d 第二系列	螺距 P	中径 D_2 或 d_2	小径 D_1 或 d_1
20		**2.5**	18.376	17.294
		2	18.701	17.835
		1.5	19.026	18.376
		1	19.350	18.917
	22	**2.5**	20.376	19.294
		2	20.701	19.835
		1.5	21.026	20.376
		1	21.350	20.917
24		**3**	22.051	20.752
		2	22.701	21.835
		1.5	23.026	22.376
		1	23.350	22.917
	27	**3**	25.051	23.752
		2	25.701	24.835
		1.5	26.026	25.376
		1	26.350	25.917
30		**3.5**	27.727	26.211
		2	28.701	27.835
		1.5	29.026	28.376
		1	29.350	28.917
	33	**3.5**	30.727	29.211
		2	31.701	30.835
		1.5	32.026	31.376
36		**4**	33.402	31.670
		3	34.051	32.752
		2	34.701	33.835
		1.5	35.026	34.376

公称直径 D、d 第一系列	公称直径 D、d 第二系列	螺距 P	中径 D_2 或 d_2	小径 D_1 或 d_1
	39	**4**	36.402	34.670
		3	37.051	35.752
		2	37.701	36.835
		1.5	38.026	37.376
42		**4.5**	39.077	37.129
		3	40.051	38.752
		2	40.701	39.835
		1.5	41.026	40.376
	45	**4.5**	42.077	40.129
		3	43.051	41.752
		2	43.701	42.835
		1.5	44.026	43.376
48		**5**	44.752	42.587
		3	46.051	44.752
		2	46.701	45.835
		1.5	47.026	46.376
	52	**5**	48.752	46.587
		3	50.051	48.752
		2	50.701	49.835
		1.5	51.026	50.376
56		**5.5**	52.428	50.046
		4	53.402	51.670
		3	54.051	52.752
		2	54.701	53.835
		1.5	55.026	54.376
	60	**4**	57.402	55.670
		3	58.051	56.752
		2	58.701	57.835
		1.5	59.026	58.376

注　1．“螺距 P”栏中的第一个数值（黑体字）为粗牙螺距，其余为细牙螺距。

2．优先选用第一系列，其次选用第二系列。

表 13-2　普通螺纹的公差带（摘自 GB/T 197—2018）

公差精度	内螺纹公差带			外螺纹公差带		
	S	N	L	S	N	L
精密	4H	5H	6H	(3h、4h)	**4h**、(4g)	(5h、4h) (5g、4g)
中等	**5H** (5G)	**[6H]** **6G**	**7H** (7G)	(5g、6g) (5h、6h)	**6e**、**6f** **[6g]**、6h	(7e、6e) (7g、6g) (7h、6h)
粗糙	—	7H、(7G)	8H、(8G)	—	(8e)、8g	(9e、8e) (9g、8g)

注　1. 为减少量刃具数量，应优先按上表选取螺纹公差带。选用顺序依次为粗字体公差带、一般字体公差带、括号内的公差带。

2. 依据螺纹公差精度（精密、中等、粗糙）和旋合长度组别（S、N、D）确定螺纹公差带。

3. 如果不知道螺纹的实际旋合长度（例如标准螺栓），推荐按中等组别（N）确定螺纹公差带。

4. 带方框的粗字体公差带用于大量生产的紧固件螺纹。

5. S、N、L 分别表示短、中等、长三种旋合长度。

表 13-3　普通螺纹旋合长度（摘自 GB/T 197—2018）　mm

公称直径 D、d		螺距 P	旋合长度			
			S	N		L
>	≤		≤	>	≤	>
5.6	11.2	0.75 1 1.25 1.5	2.4 3 4 5	2.4 3 4 5	7.1 9 12 15	7.1 9 12 15
11.2	22.4	1 1.25 1.5 1.75 2 2.5	3.8 4.5 5.6 6 8 10	3.8 4.5 5.6 6 8 10	11 13 16 18 24 30	11 13 16 18 24 30
22.4	45	1 1.5 2 3 3.5 4 4.5	4 6.3 8.5 12 15 18 21	4 6.3 8.5 12 15 18 21	12 19 25 36 45 53 63	12 19 25 36 45 53 63
45	90	1.5 2 3 4 5 5.5 6	7.5 9.5 15 19 24 28 32	7.5 9.5 15 19 24 28 32	22 28 45 56 71 85 95	22 28 45 56 71 85 95

注　S 为短旋合长度；N 为中等旋合长度（不标注）；L 为长旋合长度，一般情况下应采用中等旋合长度。

表 13-4　梯形螺纹最大实体牙型尺寸（摘自 GB/T 5796.1—2005）　mm

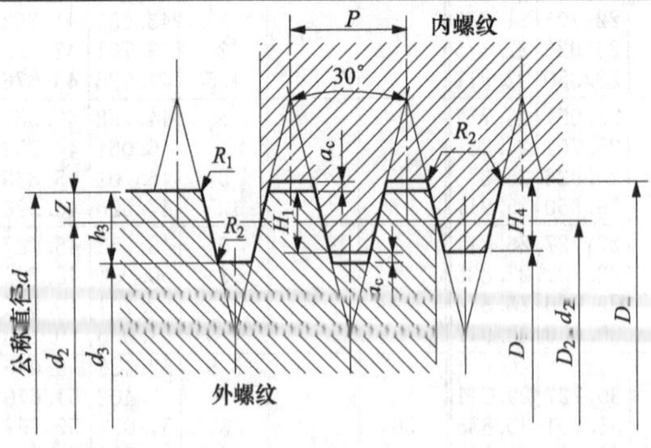

$D_1=d-2H_1=d-P$

$d_3=d-2h_3$

$h_3=H_4=H_1+a_c=0.5P+a_c$　　$H_1=0.5P$

$d_2=D_2=d-2Z=d-0.5P$　　$D_4=d+2a_c$

$Z=0.25P=H_1/2$

螺距 P	牙顶间隙 a_c	$H_4=h_3$	$R_{1\max}$	$R_{2\max}$
2 3 4 5	0.25	1.25 1.75 2.25 2.75	0.125	0.25
6 7 8 9 10 12	0.5	3.5 4 4.5 5 5.5 6.5	0.25	0.5
14	1	8	0.5	1

标记示例

公称直径 40、螺距 7，中径公差带为 7H 的右旋梯形内螺纹，标记为　Tr40×7-7H

同规格公差带为 7e 的梯形外螺纹，标记为　Tr40×7-7e

上述梯形螺旋副，标记为　Tr40×7-7H/7e

左旋应在螺距后加注 LH；加长组在最后加注-L。

表 13-5　　梯形螺纹基本尺寸（摘自 GB/T 5796.3—2005）　　mm

公称直径 d		螺距	中径	大径	小径	
第一系列	第二系列	P	$d_2=D_2$	D_4	d_3	D_1
16		2	15	16.5	13.5	14
		4	14	16.5	11.5	12
	18	2	17	18.5	15.5	16
		4	16	18.5	13.5	14
20		2	19	20.5	17.5	18
		4	18	20.5	15.5	16
	22	3	20.5	22.5	18.5	19
		5	19.5	22.5	16.5	17
		8	18	23	13	14
24		3	22.5	24.5	20.5	21
		5	21.5	24.5	18.5	19
		8	20	25	15	16
	26	3	24.5	26.5	22.5	23
		5	23.5	26.5	20.5	21
		8	22	27	17	18
28		3	26.5	28.5	24.5	25
		5	25.5	28.5	22.5	23
		8	24	29	19	20
	30	3	28.5	30.5	26.5	27
		6	27	31	23	24
		10	25	31	19	20
32		3	30.5	32.5	28.5	29
		6	29	33	25	26
		10	27	33	21	22
	34	3	32.5	34.5	30.5	31
		6	31	35	27	28
		10	29	35	23	24
36		3	34.5	36.5	32.5	33
		6	33	37	29	30
		10	31	37	25	26
	38	3	36.5	38.5	34.5	35
		7	34.5	39	30	31
		10	33	39	27	28
40		3	38.5	40.5	36.5	37
		7	36.5	41	32	33
		10	35	41	29	30
	42	3	40.5	42.5	38.5	39
		7	38.5	43	34	35
		10	37	43	31	32
44		3	42.5	44.5	40.5	41
		7	40.5	45	36	37
		12	38	45	31	32
	46	3	44.5	46.5	42.5	43
		8	42	47	37	38
		12	40	47	33	34
48		3	46.5	48.5	44.5	45
		8	44	49	39	40
		12	42	49	35	36
	50	3	48.5	50.5	46.5	47
		8	46	51	41	42
		12	44	51	37	38
52		3	50.5	52.5	48.5	49
		8	48	53	43	44
		12	46	53	39	40
	55	3	53.5	55.5	51.5	52
		9	50.5	56	45	46
		14	48	57	39	41
60		3	58.5	60.5	56.5	57
		9	55.5	61	50	51
		14	53	62	44	46

表 13-6　　梯形螺纹旋合长度（摘自 GB/T 5796.4—2005）　　mm

公称直径 d		螺距 P	旋合长度组		
			N		L
>	⩽		>	⩽	>
11.2	22.4	2	8	24	24
		3	11	32	32
		4	15	43	43
		5	18	53	53
		8	30	85	85
22.4	45	3	12	36	36
		5	21	63	63
		6	25	75	75
22.4	45	7	30	85	85
		8	34	100	100
		10	42	125	125
		12	50	150	150
45	90	3	15	45	45
		8	38	118	118
		10	50	140	140
		12	60	170	170
		14	67	200	200

表 13-7 梯形内、外螺纹中径公差带（摘自 GB/T 5796.4—2005）

精度	内螺纹公差带		外螺纹公差带	
	N	L	N	L
中等	7H	8H	7e	8e
粗糙	8H	9H	8c	9c

注 1. 精度的选用原则为中等，一般用途；粗糙，对精度要求不高时采用。

2. 内、外螺纹中径公差等级为 7、8、9。

3. 外螺纹大径 d 公差带为 4h；内螺纹小径 D_1 公差带为 4H。

表 13-8 普通螺纹收尾、肩距、退刀槽、倒角（摘自 GB/T 3—1997）

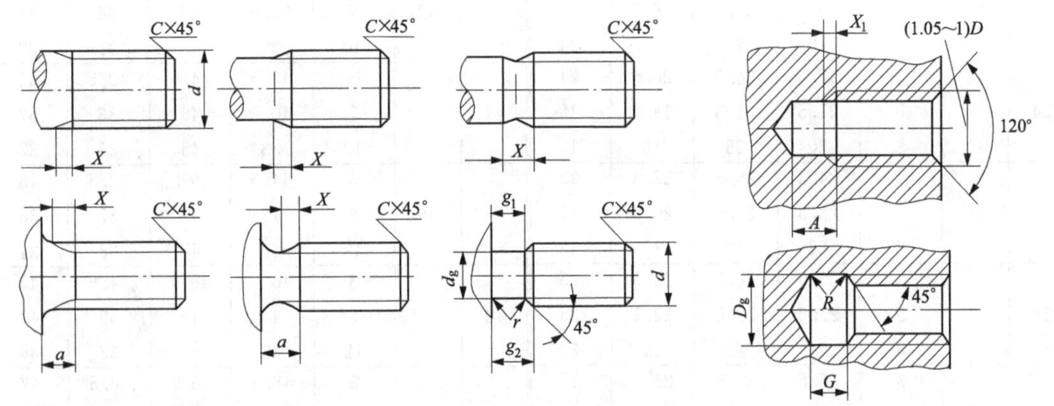

螺距 P	外螺纹										内螺纹							
	收尾 X max		肩距 a max			退刀槽				倒角 C	收尾 X_1 max		肩距 A		退刀槽			D_g
	一般	短的	一般	长的	短的	g_2 max	g_1 min	r ≈	d_g		一般	短的	一般	长的	G 一般	G 短的	R ≈	
0.5	1.25	0.7	1.5	2	1	1.5	0.8	0.2	$d-0.8$	0.5	2	1	3	4	2	1	0.2	$D+0.3$
0.6	1.5	0.75	1.8	2.4	1.2	1.8	0.9	0.4	$d-1$		2.4	1.2	3.2	4.8	2.4	1.2	0.3	
0.7	1.75	0.9	2.1	2.8	1.4	2.1	1.1		$d-1.1$	0.6	2.8	1.4	3.5	5.6	2.8	1.4	0.4	
0.75	1.9	1	2.25	3	1.5	2.25	1.2		$d-1.2$		3	1.5	3.8	6	3	1.5	0.4	
0.8	2	1	2.4	3.2	1.6	2.4	1.3		$d-1.3$	0.8	3.2	1.6	4	6.4	3.2	1.6	0.4	
1	2.5	1.25	3	4	2	3	1.6	0.6	$d-1.6$	1	4	2	5	8	4	2	0.5	$D+0.5$
1.25	3.2	1.6	4	5	2.5	3.75	2		$d-2$	1.2	5	2.5	6	10	5	2.5	0.6	
1.5	3.8	1.9	4.5	6	3	4.5	2.5	0.8	$d-2.3$	1.5	6	3	7	12	6	3	0.8	
1.75	4.3	2.2	5.3	7	3.5	5.25	3	1	$d-2.6$	2	7	3.5	9	14	7	3.5	0.9	
2	5	2.5	6	8	4	6	3.4		$d-3$		8	4	10	16	8	4	1	
2.5	6.3	3.2	7.5	10	5	7.5	4.4	1.2	$d-3.6$	2.5	10	5	12	18	10	5	1.2	
3	7.5	3.8	9	12	6	9	5.2	1.6	$d-4.4$		12	6	14	22	12	6	1.5	
3.5	9	4.5	10.5	14	7	10.5	6.2		$d-5$	3	14	7	16	24	14	7	1.8	
4	10	5	12	16	8	12	7	2	$d-5.7$		16	8	18	26	16	8	2	
4.5	11	5.5	13.5	18	9	13.5	8	2.5	$d-6.4$	4	9	13.5	21	29	18	9	2.2	
5	12.5	6.3	15	20	10	15	9	2.5	$d-7$		10	15	23	32	20	10	2.5	

注 1. 端面倒角直径为（1.05～1）D（D 为螺纹公称直径）。

2. 应优先选用“一般”长度的收尾和肩距。

表 13-9　普通粗牙螺纹的余留长度、钻孔余留深度（摘自 JB/ZQ 4247—2006）　mm

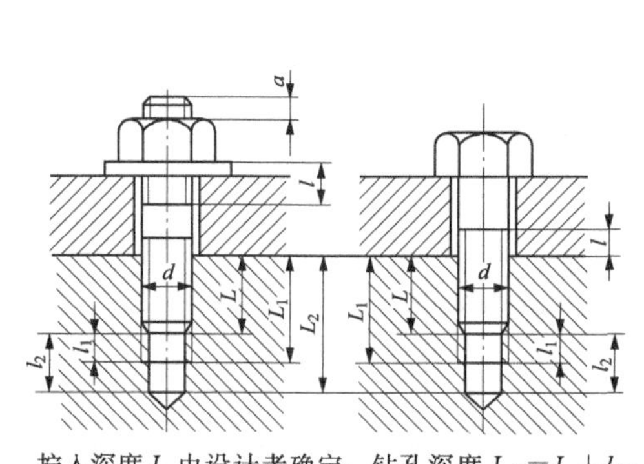

拧入深度 L 由设计者确定，钻孔深度 $L_2=L+l_2$，螺孔深度 $L_1=L+l_1$

公称直径 d	余留长度 内螺纹 l_1	余留长度 外螺纹 l	余留长度 钻孔 l_2	末端长度 a
5	1.5	2.5	6	2～3
6	2	3.5	7	2.5～4
8	2.5	4	9	
10	3	4.5	10	3.5～5
12	3.5	5.5	13	
14、16	4	6	14	4.5～6.5
18、20、22	5	7	17	
24、27	6	8	20	5.5～8
30	7	10	23	
36	8	11	26	7～11

表 13-10　螺栓和螺钉通孔及沉孔尺寸　mm

螺钉或螺栓公称直径 d			4	5	6	8	10	12	14	16	18	20	22	24	27	30	36
通孔直径 d_1 GB/T 5277—2014	精装配		4.3	5.3	6.4	8.4	10.5	13	15	17	19	21	23	25	28	31	37
	中等装配		4.5	5.5	6.6	9	11	13.5	15.5	17.5	20	22	24	26	30	33	39
	粗装配		4.8	5.8	7	10	12	14.5	16.5	18.5	21	24	26	28	32	35	42
用于六角头螺栓以及带垫圈的六角螺母 GB 152.4—1988	D		10	11	13	18	22	26	30	33	36	40	43	48	53	61	71
	D	小六角				17	20	24	26	30	32	36	40	42	48	54	65
		六角	10	11	13	18	22	26	30	33	36	40	43	48	53	61	71
	h		锪平为止														
用于圆柱头螺钉 GB 152.3—1988	D		8.0	10	12	15	18	20	24	26	32	33					
	H		2.5	3	3.5	5	6	7	8	9	10	11					
	H_1		3.2	4.0	4.7	6	7	8	9	10.5	11	12.5					
用于圆柱头内六角螺钉 GB/T 152.2—2014	D		8.0	10	11	15	18	20	24	26	32	33	38	40	46	48	57
	H		4	5	6	8	10	12	14	16	18	20	22	24	27	30	36
	H_1		5.5	6.6	7	9	11	13.5	15.5	17.5	19	22	23	26	28	33	39

续表

螺钉或螺栓公称直径 d			4	5	6	8	10	12	14	16	18	20	22	24	27	30	36
通孔直径 d_1 GB/T 5277—2014		精装配	4.3	5.3	6.4	8.4	10.5	13	15	17	19	21	23	25	28	31	37
		中等装配	4.5	5.5	6.6	9	11	13.5	15.5	17.5	20	22	24	26	30	33	39
		粗装配	4.8	5.8	7	10	12	14.5	16.5	18.5	21	24	26	28	32	35	42
用于沉头螺钉	90°$^{-2°}_{-4°}$ D d GB/T 152.2—2014	D	9.6	10.6	12.8	17.6	20.3	24.4	28.4	32.4	36	40.4					

表 13-11　　扳手空间（摘自 JB/ZQ 4005—2006）　　mm

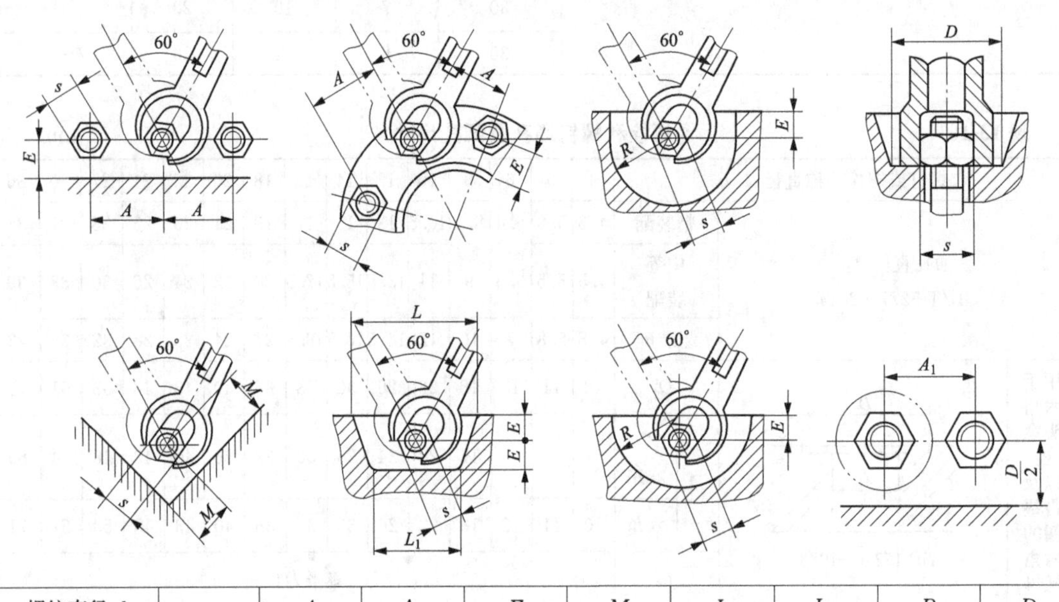

螺纹直径 d	s	A	A_1	E	M	L	L_1	R	D
6	10	26	18	8	15	46	38	20	24
8	13	32	24	11	18	55	44	25	28
10	16	38	28	13	22	62	50	30	30
12	18	42	30	14	24	70	55	32	36
14	21	48	36	15	26	80	65	36	40
16	24	55	38	16	30	85	70	42	45
18	27	62	45	19	32	95	75	46	52
20	30	68	48	20	35	105	85	50	56
22	34	76	55	24	40	120	95	58	60
24	36	80	58	24	42	125	100	60	70
27	41	90	65	26	46	135	110	65	76
30	46	100	72	30	50	155	125	75	82
33	50	108	76	32	55	165	130	80	88
36	55	118	85	36	60	180	145	88	95

表 13-12　六角头螺栓-A 级和 B 级（摘自 GB/T 5782—2016）、六角头螺栓-全螺纹-A 级和 B 级（摘自 GB/T 5783—2016）、六角头螺栓-细牙-A 级和 B 级（摘自 GB/T 5785—2016）、六角头螺栓-细牙-全螺纹-A 级和 B 级（摘自 GB/T 5786—2016）　mm

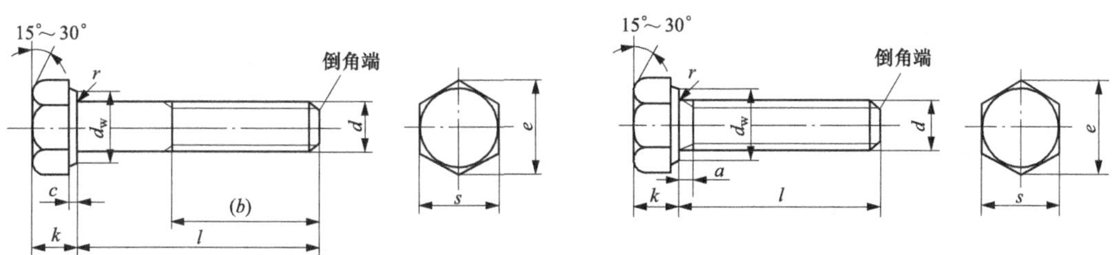

标记示例

螺纹规格 d=M12、公称长度 L=80、性能等级为 8.8 级、表面氧化、A 级的六角头螺栓，标记为

螺栓 GB/T 5782—2016　M12×80

螺纹规格 d=M12、公称长度 L=80、性能等级为 8.8 级、表面氧化、细牙、全螺纹、A 级的六角头螺栓，标记为

螺栓 GB/T 5786—2016　M12×1.5×80

螺纹规格												
螺纹规格	d	GB/T 5782—2016 GB/T 5783—2016	M6	M8	M10	M12	M16	M20	M24	M30	M36
	$d \times P$	GB/T 5785—2016 GB/T 5786—2016	—	M8×1	M10×1	M12×1.5	M16×1.5	M20×2	M24×2	M30×2	M36×3
b（参考）		$l \leqslant 125$	18	22	26	30	38	46	54	66	78
		$125 < l \leqslant 200$	24	28	32	36	44	52	60	72	84
		$l > 200$	37	41	45	49	57	65	73	85	97
c(max)			0.5	0.6			0.8				
d_w(min)		A	8.88	11.63	14.63	16.63	22.49	28.19	33.61	—	—
		B	8.74	11.47	14.47	16.47	22.00	27.70	33.25	42.75	51.11
e(min)		A	11.05	14.38	17.77	20.03	26.75	33.53	39.98	—	—
		B	10.89	14.20	17.59	19.85	26.17	32.95	39.55	50.85	60.79
k（公称）			4	5.3	6.4	7.5	10	12.5	15	18.7	22.5
r(min)			0.25	0.4	0.4	0.6	0.6	0.8	0.8	1	1
s(max)			10	13	16	18	24	30	36	46	55
a(max)		GB/T 5783—2016	3.00	4.00	4.50	5.30	6.00	7.50	9.00	10.50	12.00
		GB/T 5786—2016	—	3	3	4.5	4.5	4.5	6	6	9
l 范围		GB/T 5782—2016 GB/T 5785—2016	30～60	40～80	45～100	50～120	65～160	80～200	90～240	110～300	140～360
l 系列			20～75（5 进位）；70～160（10 进位）；160～320（20 进位）								
l 范围		GB/T 5783—2016 A 级	12～60	16～80	20～100	25～125	30～150	40～180	50～180	60～200	70～200
l 系列			12，16，20～70（5 进位）；70～100（10 进位）								
l 范围		GB/T 5786—2016	—	16～80	20～100	25～120	35～160	40～200			
l 系列			16，20～70（5 进位）；70～160（10 进位）；160～200（20 进位）								

技术条件	材料	机械性能等级	螺纹公差	公差产品等级	表面处理
	Q235、15、35	5.6，8.8，10.9	6g	A 用于 $d \leqslant 24$ 和 $l \leqslant 10d$ 或 $l \leqslant 150$ B 用于 $d > 24$ 和 $l > 10d$ 或 $l > 150$	氧化或镀锌钝化

注　1. 螺栓的产品等级分为 A、B、C 三级，其中 A 级精度最高，C 级精度最低，A 级用于重要的、装配精度高及受较大冲击和变载荷的场合。

2. GB/T 5785 中 M36 的 l 范围为 110～300。

表 13-13　　六角头螺栓-C 级（摘自 GB/T 5780—2016）、六角头螺栓-全螺纹-C 级（摘自 GB/T 5781—2016）　　mm

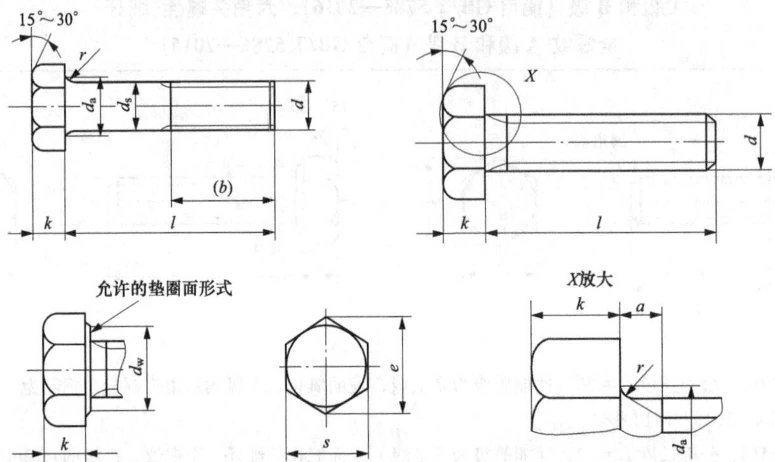

标记示例

螺纹规格 d=M12、公称长度 l=80mm、性能等级为 4.8 级、不经表面处理、C 级的六角头螺栓，标记为

螺栓 GB/T 5780 M12×80

螺纹规格 d=M12、公称长度 l=80mm、性能等级为 4.8 级、不经表面处理、全螺纹、C 级的六角头螺栓标记为

螺栓 GB/T 5781 M12×80

螺纹规格 d		M5	M6	M8	M10	M12	(M14)	M16	(M18)	M20	(M22)	M24	(M27)	M30	(M33)	M36
b 参考	l≤125	16	18	22	26	30	34	38	42	46	50	54	60	66	72	78
	125<l≤200	—	—	28	32	36	40	44	48	52	56	60	66	72	78	84
	l>200	—	—	—	—	—	53	57	61	65	69	73	79	85	91	97
d_a(max)		6	7.2	10.2	12.2	14.7	16.7	18.7	21.2	24.4	26.4	28.4	32.4	35.4	38.4	42.4
d_s(max)		5.48	6.48	8.58	10.58	12.7	14.7	16.7	18.7	20.8	22.84	24.84	27.84	30.84	34	37
d_w(min)		6.7	8.7	11.5	14.5	16.5	19.2	22	24.9	27.7	31.4	33.3	38	42.8	46.6	51.1
a(max)		2.4	3	4	4.5	5.3	6	6	7.5	7.5	7.5	9	9	10.5	10.5	12
e(min)		8.63	10.89	14.2	17.59	19.85	22.73	26.17	29.56	32.95	37.29	39.55	45.2	50.85	55.37	60.79
k(公称)		3.5	4	5.3	6.4	7.5	8.8	10	11.5	12.5	14	15	17	18.7	21	22.5
r(min)		0.2	0.25	0.4	0.4	0.6	0.6	0.6	0.6	0.8	1	0.8	1	1	1	1
s(max)		8	10	13	16	18	21	24	27	30	34	36	41	46	50	55
l 范围	GB/T 5780—2016	25~50	30~60	40~80	40~100	55~120	60~140	65~160	80~180	65~200	90~220	100~240	110~260	120~300	130~320	140~300
	GB/T 5781—2016	10~40	12~50	16~65	20~80	25~100	30~140	35~100	35~180	40~100	45~220	50~100	55~280	60~100	65~100	70~100
l 系列		10，12，16，20~50（5 进位），(55)，60，(65)，70~160（10 进位），180，220，240，260，280，300，320，340，360，380，400，420，440，460，480，500														

技术条件	材料	机械性能等级	螺纹公差	产品等级	表面处理
	钢	d≤39mm 时为 4.6、4.8，d>39mm 时按协议	8g	C	不经处理，镀锌钝化

注　1. 尽量不采用括号内规格。

2. M42、M48、M56、M64 为通用规格，其余为商品规格。

3. GB/T 5781—2016 中的螺纹公差为 6g。

表 13-14　　六角头铰制孔用螺栓 A 级和 B 级（摘自 GB/T 27—2013）　　mm

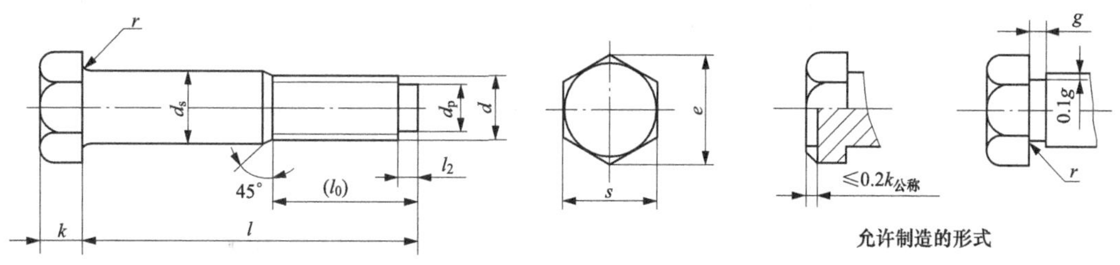

标记示例

螺纹规格 d=M12、d_s尺寸按表规定，公称长度 l=80，性能等级为 8.8 级，表面氧化处理的 A 级六角头铰制孔用螺栓，标记为　螺栓 GB/T 27—2013　M12×80

当 d_s按 m6 制造时，标记为

螺栓 GB/T 27—2013　M12×m6×80

螺纹规格 d	d_s(max) (h9)	s (max)	k (公称)	r (min)	d_p	l_2	e(min) A	e(min) B	g	l 范围	l_0	l 系列
M6	7	10	4	0.25	4	1.5	11.05	10.89	2.5	25～65	12	25，(28)，30，(32)，35，(38)，40，45，50，(55)，60，(65)，70，(75)，80，85，90，(95)，100～260（10 进位）
M8	9	13	5	0.4	5.5	1.5	14.38	14.20		25～80	15	
M10	11	16	6	0.4	7	2	17.77	17.59		30～120	18	
M12	13	18	7	0.6	8.5	2	20.03	19.85		35～180	22	
M16	17	24	9	0.6	12	3	26.75	26.17	3.5	45～200	28	
M20	21	30	11	0.8	15	4	33.53	32.95		55～200	32	
M24	25	36	13	0.8	18	4	39.98	39.55	5	65～200	38	
M30	32	46	17	1	23	5	—	50.85		80～230	50	
M36	38	55	20	1	28	6	—	60.79		90～300	55	

技术条件	材料	力学性能等级	螺纹公差	公差产品等级	表面处理
	钢	8.8	6g	A 用于 d≤24 和 l≤10d 或 l≤150 B 用于 d>24 和 l>10d 或 l>150	氧化

注　括号内的数值尽可能不采用。

表 13-15　　内六角圆柱头螺钉（摘自 GB/T 70.1—2008）　　mm

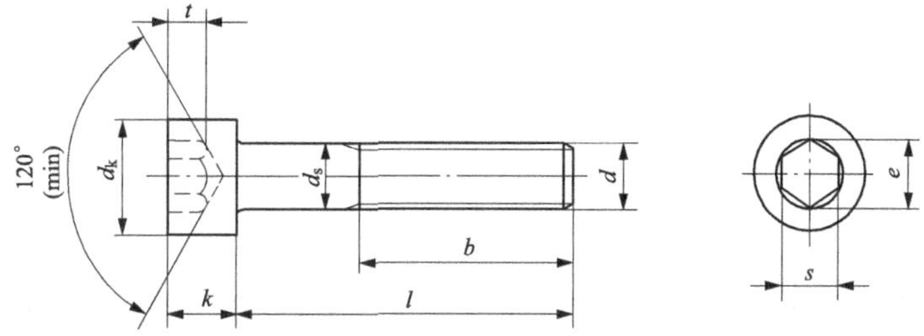

标记示例

螺纹规格 d=M8、公称长度 l=20、性能等级为 8.8 级、表面氧化的内六角圆柱螺钉，标记为

螺钉　GB/T 70.1—2008　M8×20

续表

螺纹规格 d	M6	M8	M10	M12	M16	M20	M24	M30	M36
b（参考）	24	28	32	36	44	52	60	72	84
d_k(max)	10.00	13.00	16.00	18.00	24.00	30.00	36.00	45.00	54.00
d_s(max)	6	8	10	12	16	20	24	30	36
e(min)	5.723	6.863	9.149	11.429	15.996	19.437	21.734	25.154	30.854
k(max)	6.00	8.00	10.00	12.00	16.00	20.00	24.00	30.00	36.00
s(公称)	5	6	8	10	14	17	19	22	27
t(min)	3	4	5	6	8	10	12	15.5	19
l 范围（公称）	10～60	12～80	16～100	20～120	25～160	30～200	40～200	45～200	55～200
制成全螺纹时 $l\leqslant$	30	35	40	45	55	65	80	90	110
l 系列（公称）	8，10，12，(14)，16，20～50（5进位），(55)，60，(65)，70～160（10进位），180，200								

技术条件	材料	机械性能等级	螺纹公差	产品等级	表面处理
	Q235，15，35，45	8.8，10.9，12.9	12.9级为5g或6g，其他级为6g	A	氧化或镀锌钝化

注　1. 括号内规格尽可能不采用。

2. d 为粗牙普通螺纹规格。

表 13-16　十字槽盘头螺钉（摘自 GB/T 818—2016）及十字槽沉头螺钉（摘自 GB/T 819.1—2016）　mm

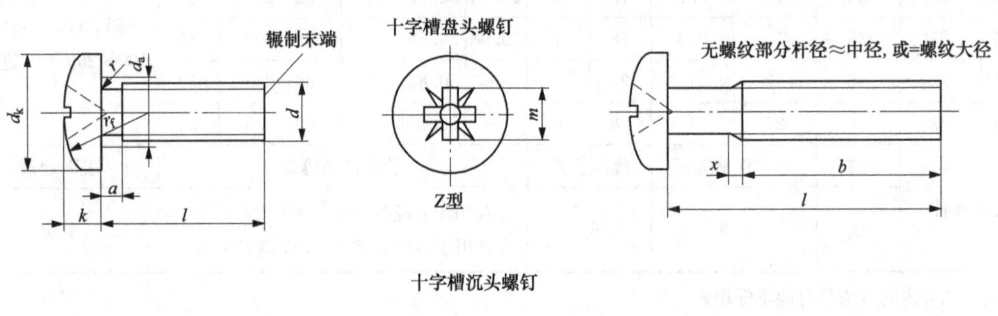

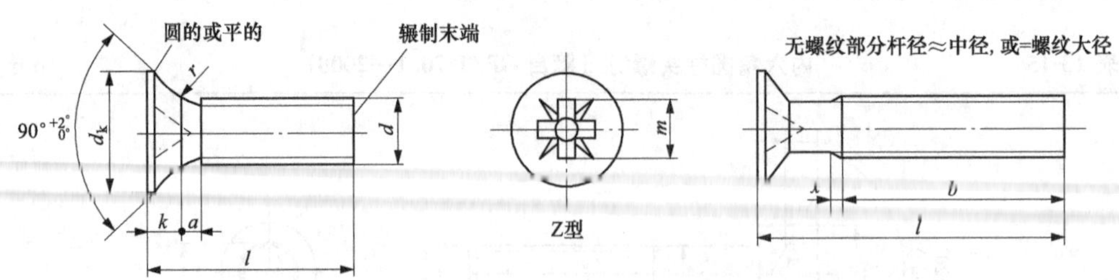

标记示例

螺纹规格 d=M5、公称长度 l=20、性能等级为4.8级、不经表面处理的A级十字槽盘头螺钉，标记为

螺钉　GB/T 818—2016　M5×20

螺纹规格 d=M5、公称长度 l=20、性能等级为4.8级、不经表面处理的A级十字槽沉头螺钉，标记为

螺钉　GB/T 819.1—2016　M5×20

续表

螺纹规格 d		M1.6	M2	M2.5	M3	M4	M5	M6	M8	M10
螺距 P		0.35	0.4	0.45	0.5	0.7	0.8	1	1.25	1.5
a	max	0.7	0.8	0.9	1	1.4	1.6	2	2.5	3
b	min	25	25	25	25	38	38	38	38	38
x	max	0.9	1	1.1	1.25	1.75	2	2.5	3.2	3.8
十字槽盘头螺钉 d_a	max	2	2.6	3.1	3.6	4.7	5.7	6.8	9.2	11.2
十字槽盘头螺钉 d_k	max	3.2	4	5	5.6	8	9.5	12	16	20
十字槽盘头螺钉 k	max	1.3	1.6	2.1	2.4	3.1	3.7	4.6	6	7.5
十字槽盘头螺钉 r	min	0.1	0.1	0.1	0.1	0.2	0.2	0.25	0.4	0.4
十字槽盘头螺钉 r_f	≈	2.5	3.2	4	5	6.5	8	10	13	16
十字槽盘头螺钉 m	参考	1.6	2.1	2.6	2.8	4.3	4.7	6.7	8.8	9.9
十字槽盘头螺钉 l 商品规格范围		3～16	3～20	3～25	4～30	5～40	6～45	8～60	10～60	12～60
十字槽沉头螺钉 d_k	max	3	3.8	4.7	5.5	8.4	9.3	11.3	15.8	18.3
十字槽沉头螺钉 k	max	1	1.2	1.5	1.65	2.7	2.7	3.3	4.65	5
十字槽沉头螺钉 r	max	0.4	0.5	0.6	0.8	1	1.3	1.5	2	2.5
十字槽沉头螺钉 m	参考	1.6	1.9	2.8	3	4.4	4.9	6.6	8.8	9.8
十字槽沉头螺钉 l 商品规格范围		3～16	3～20	3～25	4～30	5～40	6～50	8～60	10～60	12～60
公称长度 l 的系列		3，4，5，6，8，10，12，(14)，16，20～60（5进位）								

技术条件	材料	性能等级	螺纹公差	公差产品等级	表面处理
	钢	4.8	6g	A	不经处理

注　1. 公称长度 l 中的（14）、（55）等规格尽可能不采用。

2. 对十字槽盘头螺钉，当 $d \leqslant$ M3、$l \leqslant 25$ 或 $d \geqslant$ M4、$l \leqslant 40$mm 时，制出全螺纹（$b=l-a$）；对十字槽沉头螺钉，$d \leqslant$ M3、$l \leqslant 30$ 或 $d \geqslant$ M4、$l \leqslant 45$mm 时，制出全螺纹 $b=l-(k+a)$。

表 13-17　开槽盘头螺钉（摘自 GB/T 67—2016）、开槽沉头螺钉（摘自 GB/T 68—2016）　　mm

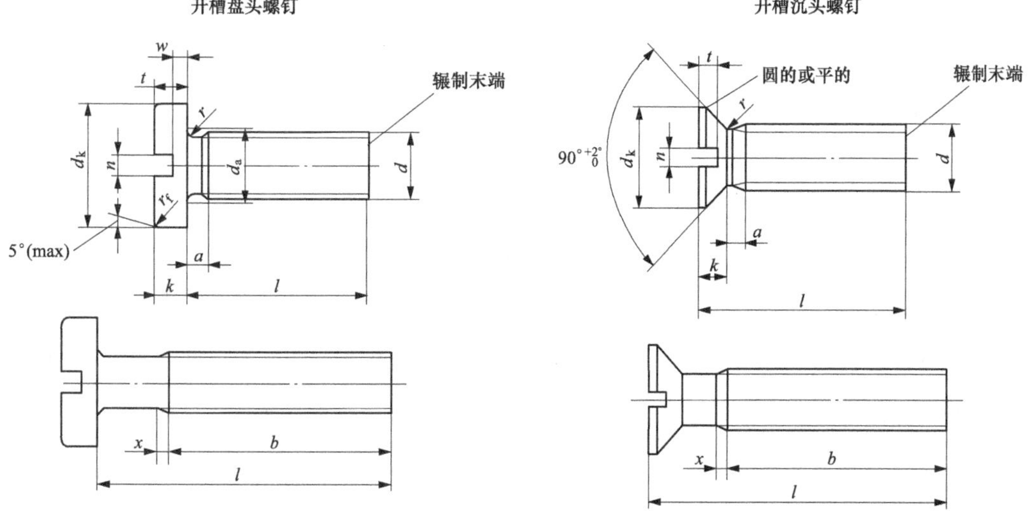

标记示例

螺纹规格 d=M5、公称长度 l=20mm、性能等级为 4.8 级、不经表面处理的开槽盘头（或开槽沉头）螺钉，标记为　螺钉　GB/T 67—2016 M5×20（或 GB/T 68—2016 M5×20）

续表

螺纹规格 d			M1.6	M2	M2.5	M3	M4	M5	M6	M8	M10
螺距 P			0.35	0.4	0.45	0.5	0.7	0.8	1	1.25	1.5
a(max)			0.7	0.8	0.9	1	1.4	1.6	2	2.5	3
b(min)			25	25	25	25	38	38	38	38	38
n(公称)			0.4	0.5	0.6	0.8	1.2	1.2	1.6	2	2.5
x(max)			0.9	1	1.1	1.25	1.75	2	2.5	3.2	3.8
开槽盘头螺钉	D_k	max	3.2	4.0	5.0	5.6	8.00	9.50	12.00	16.00	20.00
		min	2.9	3.7	4.7	5.3	7.64	9.14	11.57	15.57	19.48
	d_a(max)		2	2.6	3.1	3.6	4.7	5.7	6.8	9.2	11.2
	k	max	1	1.3	1.5	1.8	2.4	3	3.6	4.8	6
		min	0.86	1.1	1.3	1.6	2.2	2.8	3.3	4.5	5.7
	r(min)		0.1	0.1	0.1	0.1	0.2	0.2	0.25	0.4	0.4
	r_f(参考)		0.5	0.6	0.8	0.9	1.2	1.5	1.8	2.4	3
	t(min)		0.35	0.5	0.6	0.7	1	1.2	1.4	1.9	2.4
	w(min)		0.3	0.4	0.5	0.7	1	1.2	1.4	1.9	2.4
	l 商品规格范围		2~16	2.5~20	3~25	4~30	5~40	6~50	8~60	10~80	12~80
开槽沉头螺钉	D_k	max	3	3.8	4.7	5.5	8.4	9.3	11.3	15.8	18.3
		min	2.7	3.5	4.4	5.2	8	8.9	10.9	15.4	17.8
	k(max)		1	1.2	1.5	1.65	2.7	2.7	3.3	4.65	5
	r(max)		0.4	0.5	0.6	0.8	1	1.3	1.5	2	2.5
	t	min	0.32	0.4	0.5	0.6	1	1.1	1.2	1.8	2
		max	0.5	0.6	0.75	0.85	1.3	1.4	1.6	2.3	2.6
	l 商品规格范围		2.5~16	3~20	4~25	5~30	6~40	8~50	8~60	10~80	12~80

公称长度 l 系列	2，2.5，3，4，5，6，8，10，12，(14)，16，20~80（5 进位）				
技术条件	材料	性能等级	螺纹公差	公差产品等级	表面处理
	钢	4.8、5.8	6g	A	不经处理

注 1. 公称长度 l 中的（14）、（55）、（65）、（75）等规格尽可能不采用。

2. 对开槽盘头螺钉，$d \leqslant$ M3、$l \leqslant 30$mm，或 $d \geqslant$ M4、$l \leqslant 40$mm 时，制出全螺纹（$b=l-a$）；对开槽沉头螺钉，$d \leqslant$ M3、$l \leqslant 30$mm，或 $d \geqslant$ M4、$l \leqslant 45$mm 时，制出全螺纹 [$b=l-(k+a)$]。

表 13-18　　紧定螺钉（摘自 GB/T 71—2018、GB/T 73—2017、GB/T 75—2018）　　mm

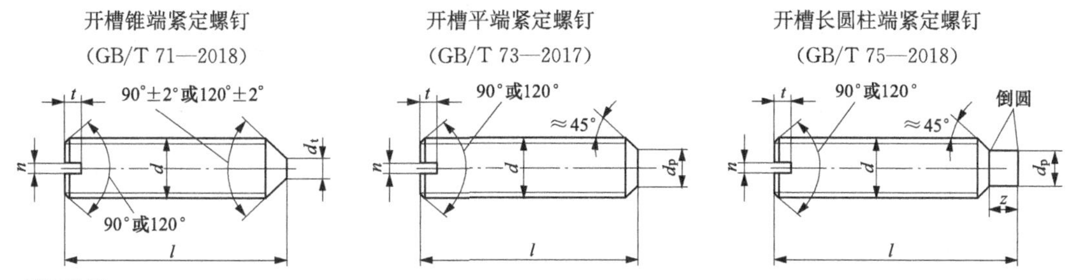

标记示例

螺纹规格 d=M5、公称长度 l=12mm、性能等级为 14H 级、表面氧化的开槽锥端紧定螺钉，标记为

螺钉　GB/T 71—2018 M5×12

相同规格的另外两种螺钉分别标记为

螺钉　GB/T 73—2017 M5×12　螺钉　GB/T 75—2018　M5×12

螺纹规格 d	螺距 P	n (公称)	t (max)	d_t (max)	d_p (max)	z (max)	l 范围		制成 120°的短螺钉 l		l 系列（公称）
							GB/T 71—2018 GB/T 75—2018	GB/T 73—2017	GB/T 73—2017	GB/T 75—2018	
M4	0.7	0.6	1.42	0.4	2.5	2.25	6～20	5～20	4	6	4，5，6，8，10，12，16，20，25，30，35，40，45，50，60
M5	0.8	0.8	1.63	0.5	3.5	2.75	8～25	6～25	5	8	
M6	1	1	2	1.5	4	3.25	8～30	8～30	6	8、10	
M8	1.25	1.2	2.5	2	5.5	4.3	10～40	8～40	6	10、12	
M10	1.5	1.6	3	2.5	7	5.3	12～50	10～50	8	12、16	

技术条件	材料	机械性能等级	螺纹公差	公差产品等级	表面处理
	Q235、15、35、45	14H、22H	6g	A	氧化或镀锌钝化

表 13-19　　双头螺柱 $b_m=d$（摘自 GB/T 897—1988）、$b_m=1.25d$（摘自 GB/T 898—1988）、$b_m=1.5d$（摘自 GB/T 899—1988）　　mm

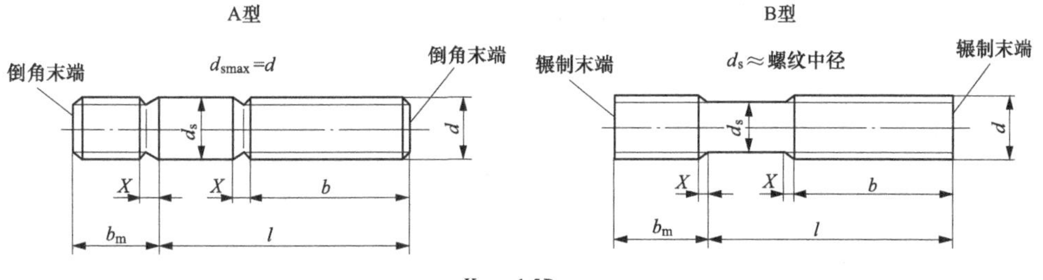

标记示例

两端均为粗牙普通螺纹，d=10、l=50、性能等级为 4.8 级、不经表面处理、B 型、$b_m=1.5d$ 双头螺柱，标记为

螺柱　GB/T 899—1988　M10×50

螺纹规格 d		M6	M8	M10	M12	M16	M20	M24	M30
b_m（公称）	$b_m=d$	6	8	10	12	16	20	24	30
	$b_m=1.25d$	8	10	12	15	20	25	30	38
	$b_m=1.5d$	10	12	15	18	24	30	36	45

续表

螺纹规格 d		M6	M8	M10	M12	M16	M20	M24	M30
l/b（公称）		(20～22)/10	(20～22)/12	(25～28)/14	(25～30)/16	(30～38)/20	(35～40)/25	(45～50)/30	(60～65)/40
		(25～30)/14	(25～30)/16	(30～38)/16	(32～40)/20	(40～55)/30	(45～65)/35	(55～75)/45	(70～90)/50
		(32～75)/18	(32～90)/22	(40～120)/26	(45～120)/30	(60～120)/38	(70～120)/46	(80～120)/54	(95～120)/66
				130/32	(130～180)/36	(130～200)/44	(130～200)/52	(130～200)/60	(130～200)/72
									(210～250)/85
l	范围	20～75	20～90	25～130	25～180	30～200	35～200	65～300	
	系列	12，16，20～100（5进位），100～200（10进位），280，300							

注　1. 材料为 Q235、35 钢。

2. $b_m=d$ 一般用于钢对钢，$b_m=(1.25\sim1.5)d$ 一般用于钢对铸铁。

表 13-20　　地脚螺栓、地脚螺栓孔及凸缘（摘自 GB/T 799—1988）　　mm

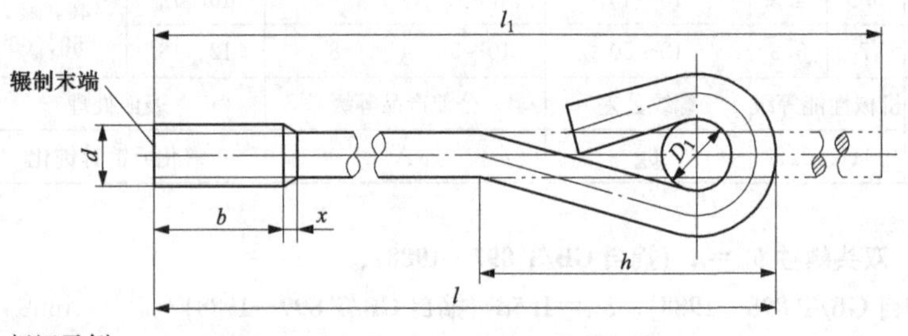

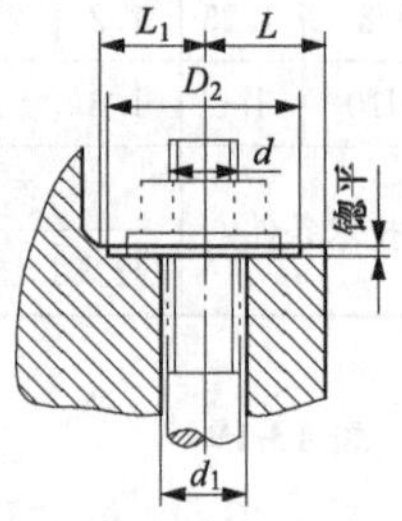

标记示例

$d=20$，$l=400$，性能等级 3.6，不经表面处理的地脚螺栓，标记为　　螺栓　GB/T 799—1988　M20×400

d	b max	b min	D_1	h	l_1	x(max)	l	d_1	D_2	L	L_1
M16	50	44	20	93	$l+72$	5	220～500	20	45	25	22
M20	58	52	30	127	$l+110$	6.3	300～600	25	48	30	25
M24	68	60	30	139	$l+110$	7.5	300～800	30	60	35	30
M30	80	72	45	192	$l+165$	8.8	400～1000	40	85	50	50
l 系列	80，120，160，220，300，400，500，600，800，1000										

	材料	机械性能等级	螺纹公差	产品等级	表面处理	
技术条件	Q235，35，45	3.6	8g	C	①不处理；②氧化；③镀锌	根据结构和工艺要求必要时尺寸 L 及 L_1 可以变动

表 13-21　Ⅰ型六角螺母-A 和 B 级（摘自 GB/T 6170—2015）、Ⅰ型六角螺母-细牙-A 和 B 级（摘自 GB/T 6171—2016）六角薄螺母-A 和 B 级-倒角（摘自 GB/T 6172—2016）、六角薄螺母-细牙 A 和 B 级（摘自 GB/T 6173—2015）　mm

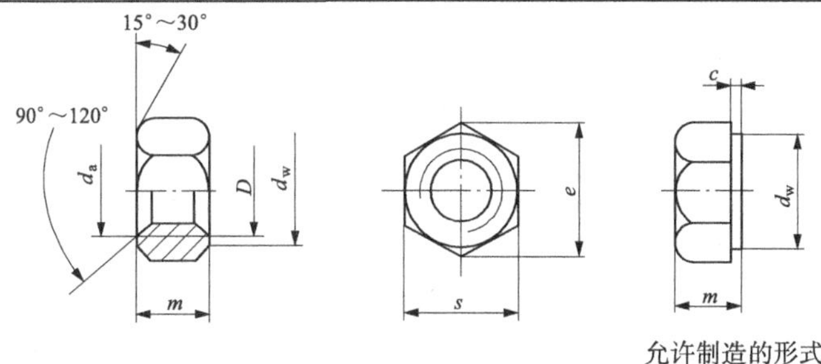

允许制造的形式

标记示例

螺纹规格 D=M12、性能等级为 10 级、不经表面处理、A 级的Ⅰ型六角螺母的标记为　螺母 GB/T 6170—2015 M12

螺纹规格 D=M12×1.5，其他同上的六角螺母的标记为螺母　GB/T 6171—2016　M12×1.75

螺纹规格 D=M12、性能等级为 04 级、不经表面处理、A 级的六角薄螺母的标记为　螺母 GB/T 6172—2016　M12

螺纹规格 D=M12×1.5，其他同上，薄螺母的标记为　螺母　GB/T 6173—2015　M12×1.75

螺纹规格	D	M6	M8	M10	M12	M16	M20	M24	M30	M36
	$D\times P$	M6×1	M8×1.25	M10×1.5	M12×1.75	M16×2	M20×2.5	M24×3	M30×3.5	M36×4
m (max)	六角螺母	5.2	6.8	8.4	10.8	14.8	18	21.5	25.6	31
	薄螺母	3.2	4	5	6	8	10	12	15	18
d_a(min)		6.00	8.00	10.00	12.00	16.00	20.00	24.00	30.00	36.00
d_w(min)		8.90	11.60	14.60	16.60	22.50	27.70	33.30	42.80	51.10
e(min)		11.05	14.38	17.77	20.03	26.75	32.95	39.55	50.85	60.79
s(max)		10.00	13.00	16.00	18.00	24.00	30.00	36.00	46.00	55.00
c(max)		0.5	0.6	0.6	0.6	0.6	0.8	0.8	0.8	0.8
技术条件		材料	机械性能等级		螺纹公差		公差产品等级			
		Q235、35	六角螺母 6、8、10 薄螺母 04、05		6H		A 级用于 $D\leqslant16$；B 级用于 $D>16$			

表 13-22　Ⅰ型六角开槽螺母—A 和 B 级（摘自 GB 6178—1986）　mm

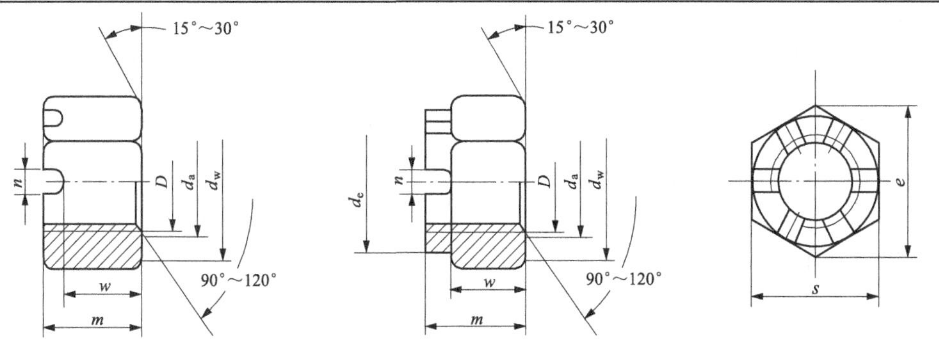

标记示例

螺纹规格 D=M6、性能等级为 8 级、不经表面处理、A 级的Ⅰ型六角开槽的螺母，标记为

螺母　GB 6178—1986 M6

续表

螺纹规格		M4	M5	M6	M8	M10	M12	(M14)	M16	M20	M24	M30	M36
d_a	max	4.6	5.75	6.75	8.75	10.8	13	15.1	17.3	21.6	25.9	32.4	38.9
	min	4	5	6	8	10	12	14	16	20	24	30	36
d_e	max	—	—	—	—	—	—	—	—	28	34	42	50
	min	—	—	—	—	—	—	—	—	27.16	33	41	49
d_w	min	5.9	6.9	8.9	11.6	14.6	16.6	19.6	22.5	27.7	33.2	42.7	51.1
e	min	7.66	8.79	11.05	14.38	17.77	20.03	23.35	26.75	32.95	39.55	50.85	60.79
m	max	5	6.7	7.7	9.8	12.4	15.8	17.8	20.8	24	29.5	34.6	40
	min	4.7	6.4	7.34	9.44	11.97	15.37	17.37	20.28	23.16	28.66	33.6	39
n	max	1.8	2	2.6	3.1	3.4	4.25	4.25	5.7	5.7	6.7	8.5	8.5
	min	1.2	1.4	2	2.5	2.8	3.5	3.5	4.5	4.5	5.5	7	7
s	max	7	8	10	13	16	18	21	24	30	36	46	55
	min	6.78	7.78	9.78	12.73	15.73	17.73	20.67	23.67	29.16	35	45	53.8
w	max	3.2	4.7	5.2	6.8	8.4	10.8	12.8	14.8	18	21.5	25.6	31
	min	2.9	4.4	4.9	6.44	8.04	10.37	12.37	14.37	17.37	20.88	24.98	30.38
开口销		1×10	1.2×12	1.6×14	2×16	2.5×20	3.2×22	3.2×25	4×28	4×36	5×40	6.3×50	6.3×63

注 1. 尽可能不采用括号内的规格。

2. A级用于 $D \leqslant$ M16 的螺母，B级用于 $D >$ M16 的螺母。

表 13-23 小垫圈-A级（摘自 GB/T 848—2002）、平垫圈-A级（摘自 GB/T 97.1—2002）、平垫圈-倒角型-A级（摘自 GB/T 97.2—2002） mm

小垫圈、平垫圈

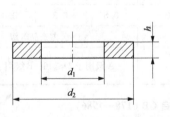

h

d_1

d_2

平垫圈-倒角型

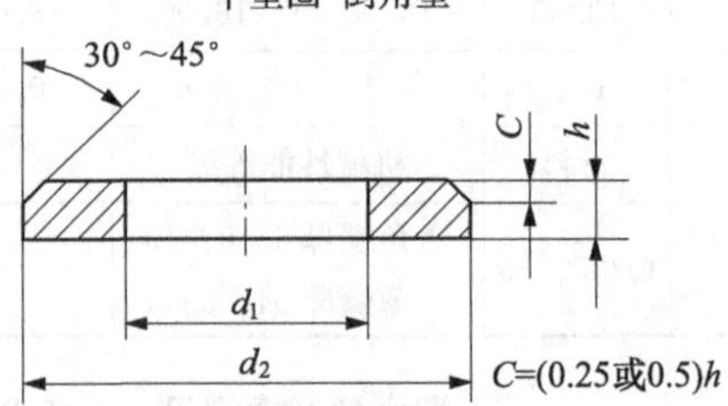

标记示例

小系列（或标准系列）、规格为 M8、硬度等级为 140HV 级、不经表面处理的、产品等级为 A 级的小垫圈（或平垫圈，或倒角型平垫圈）的标记为

垫圈 GB/T 848—2002 8-140HV（或垫圈 GB/T 97.1—2002 8-140HV，垫圈 GB/T 97.2—2002 8-140HV）

规格（螺纹大径）		M5	M6	M8	M10	M12	(M14)	M16	M20	M24	M30	M36
d_1	GB/T 848—2002 GB/T 97.1—2002 GB/T 97.2—2002	5.3	6.4	8.4	10.5	13	15	17	21	25	31	37
d_2	GB/T 848—2002	9	11	15	18	20	24	28	34	39	50	60
	GB/T 97.1—2002 GB/T 97.2—2002	10	12	16	20	24	28	30	37	44	56	66

续表

规格（螺纹大径）		M5	M6	M8	M10	M12	(M14)	M16	M20	M24	M30	M36
h	GB/T 848—2002	1	1.6	1.6	1.6	2	2.5	2.5	3	4	4	5
	GB/T 97.1—2002 GB/T 97.2—2002	1	1.6	1.6	2	2.5	2.5	3	3	4	4	5

注　材料为Q215、Q235。

表 13-24　　标准型弹簧垫圈（摘自 GB/T 93—1987）、轻型弹簧垫圈（摘自 GB/T 859—1987）　　mm

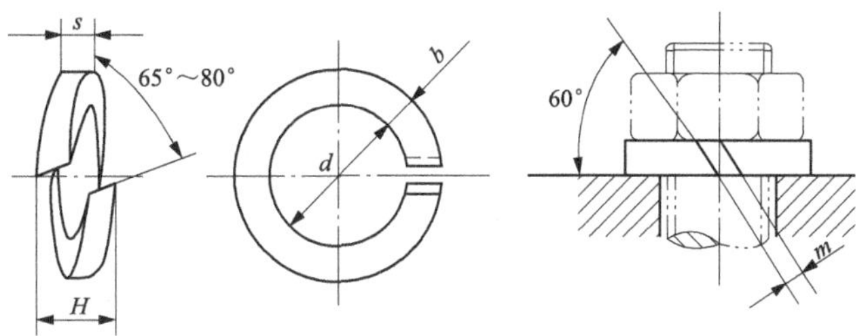

标记示例

规格为16、材料为65Mn、表面氧化的标准型（或轻型）弹簧垫圈，标记为

垫圈 GB/T 93—1987　16（或垫圈GB/T 859—1987　16）

规格（螺纹大径）			M6	M8	M10	M12	M16	M20	M24	M30	M36
d(min)			6.1	8.1	10.2	12.2	16.2	20.2	24.5	30.5	36.5
GB/T 93—1987	s(b)		1.6	2.1	2.6	3.1	4.1	5	6	7.5	9
	H	min	3.2	4.2	5.2	6.2	8.2	10	12	15	18
		max	4	5.25	6.5	7.75	10.25	12.5	15	18.75	22.5
	$m\leqslant$		0.8	1.05	1.3	1.55	2.05	2.5	3	3.75	4.5
GB/T 859—1987	s		1.3	1.6	2	2.5	3.2	4	5	6	
	b		2	2.5	3	3.5	4.5	5.5	7	9	
	H	min	2.6	3.2	4	5	6.4	8	10	12	
		max	3.25	4	5	6.25	8	10	12.5	15	
	$m\leqslant$		0.65	0.8	1	1.25	1.6	2	2.5	3	

注　材料为65Mn。

表 13-25　　外舌止动垫圈（摘自 GB/T 856—1988）　　mm

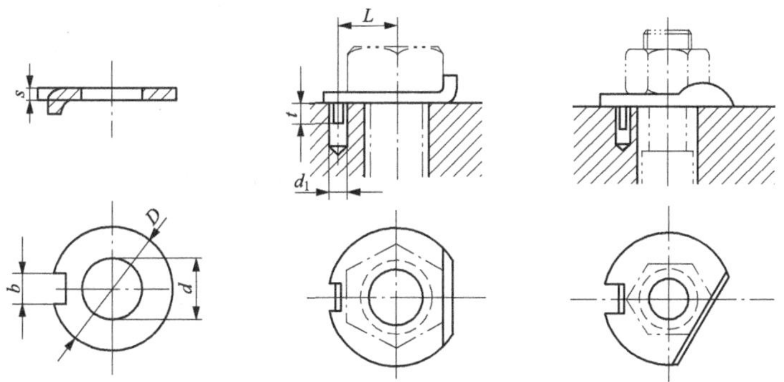

标记示例

规格为10mm、材料为Q235-A、经退火、不经表面处理的外舌止动垫圈，标记为　垫圈　GB/T 856—1988 10

续表

规格（螺纹大径）		M3	M4	M5	M6	M8	M10	M12	(M14)	M16	(M18)	M20	(M22)	M24	M30	M36
d	max	3.5	4.5	5.6	6.76	8.76	10.93	13.43	15.43	17.43	19.52	21.52	23.52	25.52	31.62	37.62
	min	3.2	4.2	5.3	6.4	8.4	10.5	13	15	17	19	21	23	25	31	37
D	max	12	14	17	19	22	26	32	32	40	45	45	50	50	63	75
	min	11.57	13.57	16.57	18.48	21.48	25.48	31.38	31.38	39.38	44.38	44.38	49.38	49.38	62.26	74.26
b	max	2.5	2.5	3.5	3.5	3.5	4.5	4.5	4.5	5.5	6	6	7	7	8	11
	min	2.25	2.25	3.2	3.2	3.2	4.2	4.2	4.2	5.2	5.7	5.7	6.64	6.64	7.64	10.57
L		4.5	5.5	7	7.5	8.5	10	12	12	15	18	18	20	20	25	31
s		0.4	0.4	0.5	0.5	0.5	0.5	1	1	1	1	1	1	1	1.5	1.5
d_1		3	3	4	4	4	5	5	5	6	7	7	8	8	9	12
t		3	3	4	4	4	5	6	6	6	7	7	7	7	10	10

注 括号内的规格尽可能不采用。

第二节 键连接和销连接

键连接和销连接见表 13-26～表 13-29。

表 13-26 平键、键槽的尺寸与公差（摘自 GB/T 1095—2003）、普通平键的形式和尺寸（摘自 GB/T 1096—2003） mm

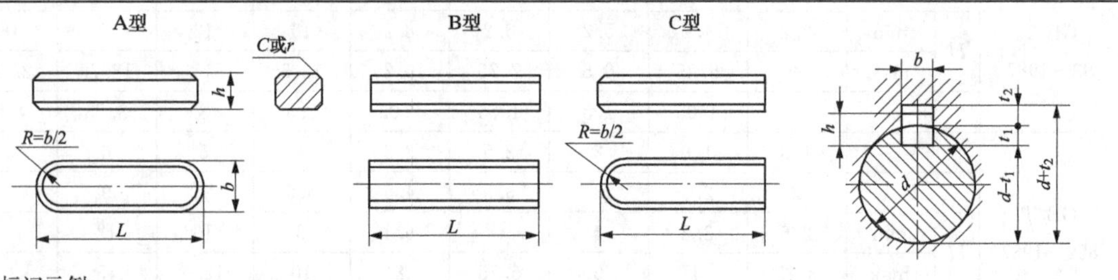

标记示例

圆头普通平键（A 型）、$b=16$、$h=10$、$L=100$，标记为 键 16×10×100 GB/T 1096—2003

平头普通平键（B 型）、$b=16$、$h=10$、$L=100$，标记为 键 B16×10×100 GB/T 1096—2003

单圆头普通平键（C 型）、$b=16$、$h=10$、$L=100$，标记为 键 C16×10×100 GB/T 1096—2003

轴	键	键槽											
直径 d^*	$b\times h$	宽度 b						深度				半径 r	
		基本尺寸 b	极限偏差					t_1		t_2			
			松连接		正常连接		紧密连接						
			轴 H9	毂 D10	轴 N9	毂 JS9	轴和毂 P9	公称尺寸	极限偏差	公称尺寸	极限偏差	最小	最大
自 6～8	2×2	2	+0.025 0	+0.060 +0.020	−0.004 −0.029	±0.012 5	−0.006 −0.031	1.2	+0.1 0	1	+0.1 0	0.08	0.16
>8～10	3×3	3						1.8		1.4			
>10～12	4×4	4	+0.030 0	+0.078 +0.030	0 −0.030	±0.015	−0.012 −0.042	2.5		1.8			
>12～17	5×5	5						3.0		2.3		0.16	0.25
>17～22	6×6	6						3.5		2.8			

续表

轴	键	键槽											
直径 d^*	$b\times h$	宽度 b						深度				半径 r	
		基本尺寸 b	极限偏差					t_1		t_2			
			松连接		正常连接		紧密连接						
			轴 H9	毂 D10	轴 N9	毂 JS9	轴和毂 P9	公称尺寸	极限偏差	公称尺寸	极限偏差	最小	最大
>22～30	8×7	8	+0.036 0	+0.098 +0.040	0 −0.036	±0.018	−0.015 −0.051	4.0	+0.2 0	3.3	+0.2 0	0.16	0.25
>30～38	10×8	10						5.0		3.3		0.25	0.40
>38～44	12×8	12	+0.043 0	+0.120 +0.050	0 −0.043	±0.022	−0.018 −0.061	5.0		3.3			
>44～50	14×9	14						5.5		3.8			
>50～58	16×10	16						6.0		4.3			
>58～65	18×11	18						7.0		4.4			
>65～75	20×12	20	+0.052 0	+0.149 +0.065	0 −0.052	±0.026	−0.022 −0.074	7.5		4.9		0.40	0.60
>75～85	22×14	22						9.0		5.4			
>85～95	25×14	25						9.0		5.4			
>95～110	28×16	28						10.0		6.4			
键的长度系列	6，8，10，12，14，16，18，20，22，25，28，32，36，40，45，50，56，63，70，80，90，100，110，125，140，160，180，200，220，250，280，320，360												

注 1. 在工作图中，轴槽深用 t_1 或（$d-t_1$）标注，轮毂槽深用（$d+t_2$）标注。

2.（$d-t_1$）和（$d+t_2$）两组组合尺寸的极限偏差按相应的 t_1 和 t_2 极限偏差选取，但（$d-t_1$）极限偏差值应取负号（−）。

3. 键尺寸的极限偏差：b 为 h8，h 为 h11，L 为 h14。

4. 锥形轴与轮毂采用普通平键连接时键的公称尺寸 $b\times h$ 按锥形轴与轮毂配合部分的平均直径作为公称直径来选取。

5. 键材料的抗拉强度应不小于 590MPa。

* GB/T 1095—2003 中没有给出相应轴的直径，此栏数据取自旧国家标准，共选键时参考。

表 13-27　　矩形花键基本尺寸、公差（摘自 GB/T 1144—2001）　　mm

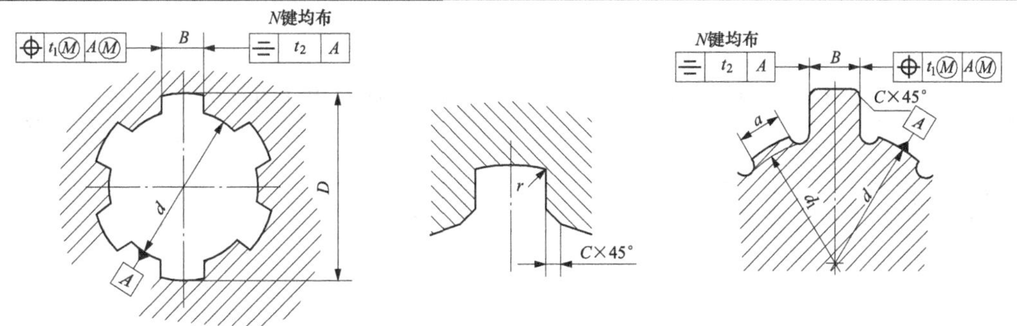

标记示例

花键，$N=6$、$d=23$(H7/f7)、$D=26$（H10/a11)、$B=6$（H11/d10)，标记为

花键规格：6×23×26×6

花键副：6×23(H7/f7)×26(H10/a11)×6(H11/d10) GB/T 1144—2001

内花键：6×23H7×26H10×6H11　GB/T 1144—2001

外花键：6×23f7×26a11×6d10　GB/T 1144—2001

注：N—键数；D—大径；B—键宽；d—小径。

续表

小径 d	轻系列					中系列				
	规格 $N\times d\times D\times B$	C	r	参考 $d_{1\min}$	参考 $a_{\min}$	规格 $N\times d\times D\times B$	C	r	参考 $d_{1\min}$	参考 $a_{\min}$
18	—	—	—	—	—	6×18×22×5	0.3	0.2	16.6	1.0
21						6×21×25×5			19.5	2.0
23	6×23×26×6	0.2	0.1	22	3.5	6×23×28×6			21.2	1.2
26	6×26×30×6	0.3	0.2	24.5	3.8	6×26×32×6	0.4	0.3	23.6	1.2
28	6×28×32×7			26.6	4.0	6×28×34×7			25.3	1.4
32	8×32×36×6			30.3	2.7	8×32×38×6			29.4	1.0
36	8×36×40×7			34.4	3.5	8×36×42×7			33.4	1.0
42	8×42×46×8			40.5	5.0	8×42×48×8			39.4	2.5
46	8×46×50×9			44.6	5.7	8×46×54×9	0.5	0.4	42.6	1.4
52	8×52×58×10	0.4	0.3	49.6	4.8	8×52×60×10			48.6	2.5
56	8×56×62×10			53.5	6.5	8×56×65×10			52.0	2.5
62	8×62×68×12			59.7	7.3	8×62×72×12	0.6	0.5	57.7	2.4
72	10×72×78×12			69.6	5.4	10×72×82×12			67.4	1.0
82	10×82×88×12			79.3	8.5	10×82×92×12			77.0	2.9
92	10×92×98×14			89.6	9.9	10×92×102×14			87.3	4.5

	配合面		一般用途			精密传动					
内花键尺寸公差带	小径 d		H7			H5			H6		
	大径 D		H10			H10					
	槽宽 B	拉削后不热处理	H9			H7（需要控制键侧配合间隙时）					
		拉削后热处理	H11			H9（一般情况下）					
外花键尺寸公差带	小径 d		f7	g7	h7	f5	g5	h5	f6	g6	h6
	大径 D		a11			a11					
	键宽 B		d10	f9	h10	d8	f7	h8	d8	f7	d8
装配形式			滑动	紧滑动	固定	滑动	紧滑动	固定	滑动	紧滑动	固定
键（槽）宽的对称度公差 t_2	键（槽）宽 B	3.5～6	0.012			0.008					
		7～10	0.015			0.009					
		12～18	0.018			0.011					
位置度公差 t_1	键（槽）宽 B	3.5～6	0.015								
		7～10	0.020								
		12～18	0.025								

表 13-28　圆柱销（摘自 GB/T 119.2—2000）和圆锥销（摘自 GB/T 117—2000）　mm

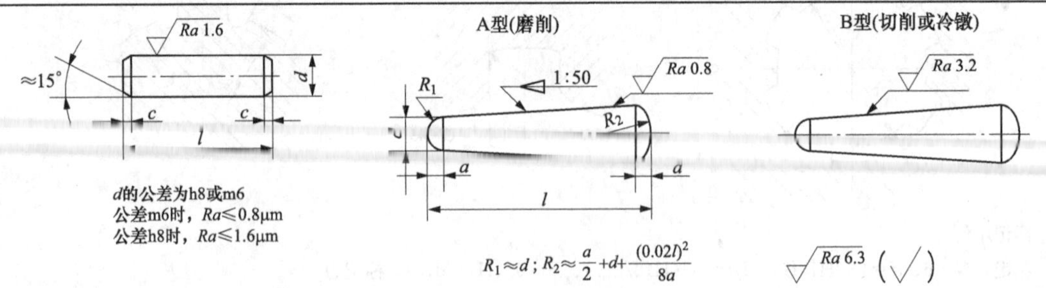

标记示例

公称直径 $d=8$、公称长度 $l=30$、材料为钢、普通淬火、表面氧化处理的圆柱销，标记为

销 GB/T 119.2—2000　8×30

公称直径 $d=8$、公称长度 $l=30$、材料为钢、表面氧化处理的 A 型圆锥销，标记为

销 GB/T 117—2000　8×30

续表

公称直径 d			4	5	6	8	10	12	16	20	25
圆柱销	$c\approx$		0.63	0.8	1.2	1.6	2.0	2.5	3.0	3.5	4.0
	l(公称)		8～40	10～50	12～60	14～80	18～95	22～140	26～180	35～200	50～200
圆锥销	d	min	3.95	4.95	5.95	7.94	9.94	11.93	15.93	19.92	24.92
		max	4	5	6	8	10	12	16	20	25
	$a\approx$		0.5	0.63	0.8	1.0	1.2	1.6	2.0	2.5	3.0
	l(公称)		14～55	18～60	22～90	22～120	26～160	32～180	40～200	45～200	50～200
l(公称）系列			12～32（2 进位），35～100（5 进位），100～200（20 进位）								

表 13-29　　**开口销（摘自 GB/T 91—2000）**　　mm

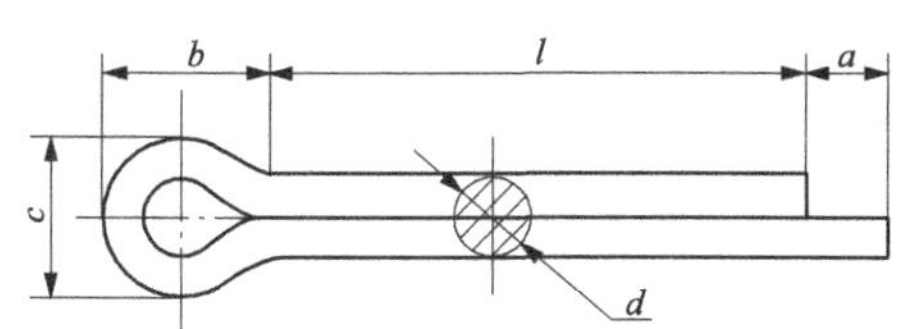

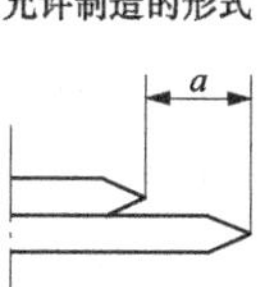

标记示例

公称直径 d=5、长度 l=50、材料为低碳钢、不经表面处理的开口销，标记为

销　GB/T 91—2000　5×50

公称直径 d		1.2	1.6	2	2.5	3.2	4	5	6.3	8
a	max	2.5				3.2	4			
c	max	2	2.8	3.6	4.6	5.8	7.4	9.2	11.8	15
	min	1.7	2.4	3.2	4	5.1	6.5	8	10.3	13.1
$b\approx$		3	3.2	4	5	6.4	8	10	12.6	16
l(公称)		8～26	8～32	10～40	12～50	14～65	18～80	22～100	30～120	40～160
l(公称）的系列		6～32（2 进位），36，40～100（5 进位），100～200（20 进位）								

注　销孔的公称直径=d（销的公称直径）。

第三节　轴系零件的紧固件

轴系零件的紧固件见表 13-30～表 13-34。

表 13-30　　**孔用弹性挡圈-A 型（摘自 GB/T 893—2017）**　　mm

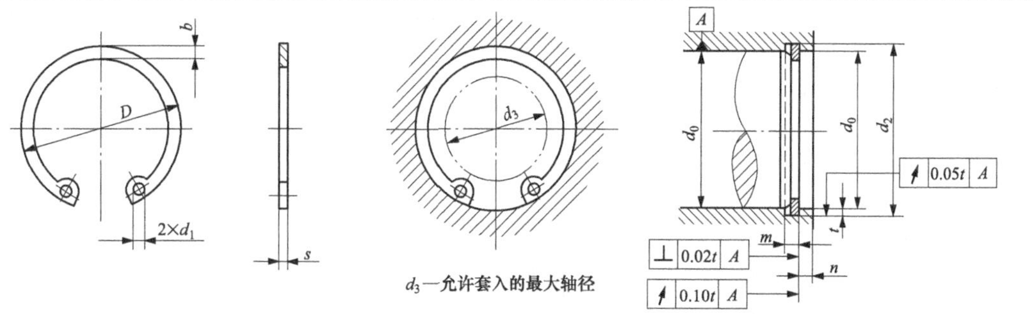

标记示例

孔径 d_0=50、材料 65Mn、热处理硬度 44～51HRC、经表面氧化处理的 A 型孔用弹性挡圈，标记为

挡圈　GB/T 893—2017　50

续表

孔径d_0	挡圈				沟槽（推荐）					轴d_3≤	孔径d_0	挡圈				沟槽（推荐）					轴d_3≤
	D	s	b≈	d_1	d_2		m		n≥			D	s	b≈	d_1	d_2		m		n≥	
					基本尺寸	极限偏差	基本尺寸	极限偏差								基本尺寸	极限偏差	基本尺寸	极限偏差		
8	8.7	0.6	1	1	8.4	+0.09 0	0.7	+0.14 0	0.6	2	48	51.5	1.5	4.7	3	50.5	+0.30 0	1.7	+0.14 0	3.8	33
9	9.8		1.2		9.4						50	54.2	2			53		2.2		4.5	36
10	10.8	0.8	1.7	1.5	10.4	+0.11 0	0.9				52	56.2				55					38
11	11.8				11.4					3	55	59.2				58					40
12	13				12.5				0.9	4	56	60.2		5.2		59					41
13	14.1			1.7	13.6						58	62.2				61					43
14	15.1	1	2.1		14.6		1.1			5	60	64.2				63					44
15	16.2				15.7				1.2	6	62	66.5				65					45
16	17.3				16.8					7	63	67.2				66					46
17	18.3				17.8					8	65	69.2	2.5			68		2.7			48
18	19.5				19	+0.13 0			1.5	9	68	72.5		5.7		71					50
19	20.5		2.5	2	20					10	70	74.5				73					53
20	21.5				21						72	76.5				75					55
21	22.5				22					11	75	79.5		6.3		78					56
22	23.5	1.2			23					12	78	82.5				81	+0.35 0				60
24	25.9				25.2	+0.21 0	1.3		1.8	13	80	85.5		6.8		83.5				5.3	63
25	26.9		2.8		26.2					14	82	87.5				85.5					65
26	27.9				27.2					15	85	90.5				88.5					68
28	30.1		3.2		29.4				2.1	17	88	93.5		7.3		91.5					70
30	32.1				31.4	+0.25 0				18	90	95.5				93.5					72
31	33.4			2.5	32.7				2.6	19	92	97.5		7.7		95.5					73
32	34.4				33.7					20	95	100.5				98.5					75
34	36.5	1.5	3.6		35.7		1.7			22	98	103.5				101.5					78
35	37.8				37				3	23	100	105.5				103.5					80
36	38.8				38					24	102	108	3	8.1	4	106	+0.54 0	3.2	+0.18 0	6	82
37	39.8				39					25	105	112				109					83
38	40.8				40					26	108	115		8.8		112					86
40	43.5		4		42.5				3.8	27	110	117				114					88
42	45.5			3	44.5					29	112	119		9.3		116					89
45	48.5		4.7		47.5					31	115	122				119					90
47	50.5				49.5					32	120	127		10		124	+0.63 0				95

注 材料，65Mn，60Si2MnA。热处理硬度，d_0≤48 时，47～54HRC。d_0>48 时，44～51HRC。

表 13-31　　轴用弹性挡圈-A 型（摘自 GB/T 894—2017）　　mm

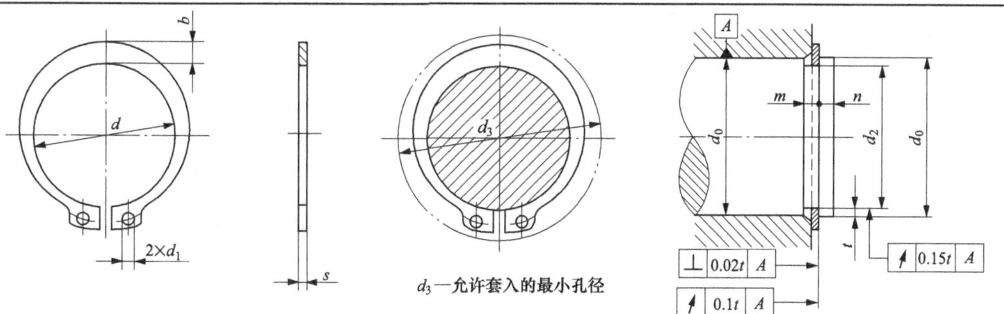

d_3—允许套入的最小孔径

标记示例

轴径 $d_0=50$、材料 65Mn、热处理 44～51HRC、经表面氧化处理的 A 型轴用弹性挡圈，标记为

挡圈　GB/T 894—2017　50

<table>
<tr><th rowspan="3">轴径 d_0</th><th colspan="4">挡圈</th><th colspan="5">沟槽（推荐）</th><th rowspan="3">孔 d_3 ≥</th><th rowspan="3">轴径 d_0</th><th colspan="4">挡圈</th><th colspan="5">沟槽（推荐）</th><th rowspan="3">孔 d_3 ≥</th></tr>
<tr><th rowspan="2">d</th><th rowspan="2">s</th><th rowspan="2">b≈</th><th rowspan="2">d_1</th><th colspan="2">d_2</th><th colspan="2">m</th><th rowspan="2">n≥</th><th rowspan="2">d</th><th rowspan="2">s</th><th rowspan="2">b≈</th><th rowspan="2">d_1</th><th colspan="2">d_2</th><th colspan="2">m</th><th rowspan="2">n≥</th></tr>
<tr><th>基本尺寸</th><th>极限偏差</th><th>基本尺寸</th><th>极限偏差</th><th>基本尺寸</th><th>极限偏差</th><th>基本尺寸</th><th>极限偏差</th></tr>
<tr><td>11</td><td>10.2</td><td rowspan="12">1</td><td>1.52</td><td rowspan="2">1.5</td><td>10.5</td><td rowspan="9">0
−0.11</td><td rowspan="12">1.1</td><td rowspan="27">+0.14
0</td><td rowspan="2">0.8</td><td>18.6</td><td>48</td><td>44.5</td><td>1.5</td><td>5.0</td><td rowspan="22">3</td><td>45.5</td><td rowspan="3">0
−0.25</td><td>1.7</td><td rowspan="22">+0.14
0</td><td>3.8</td><td>62.8</td></tr>
<tr><td>12</td><td>11</td><td>1.72</td><td>11.5</td><td>19.6</td><td>50</td><td>45.8</td><td rowspan="6">2</td><td rowspan="3">5.48</td><td>47</td><td rowspan="6">2.2</td><td rowspan="14">4.5</td><td>64.8</td></tr>
<tr><td>13</td><td>11.9</td><td rowspan="2">1.88</td><td rowspan="6">1.7</td><td>12.4</td><td rowspan="2">0.9</td><td>20.8</td><td>52</td><td>47.8</td><td>49</td><td>67</td></tr>
<tr><td>14</td><td>12.9</td><td>13.4</td><td>22</td><td>55</td><td>50.8</td><td>52</td><td rowspan="14">0
−0.30</td><td>70.4</td></tr>
<tr><td>15</td><td>13.8</td><td>2.00</td><td>14.3</td><td>1.1</td><td>23.2</td><td>56</td><td>51.8</td><td rowspan="6">6.12</td><td>53</td><td>71.7</td></tr>
<tr><td>16</td><td>14.7</td><td>2.32</td><td>15.2</td><td rowspan="2">1.2</td><td>24.4</td><td>58</td><td>53.8</td><td>55</td><td>73.6</td></tr>
<tr><td>17</td><td>15.7</td><td rowspan="3">2.48</td><td>16.2</td><td>25.6</td><td>60</td><td>55.8</td><td>57</td><td>75.8</td></tr>
<tr><td>18</td><td>16.5</td><td>17</td><td rowspan="5">1.5</td><td>27</td><td>62</td><td>57.8</td><td>59</td><td>79</td></tr>
<tr><td>19</td><td>17.5</td><td rowspan="10">2</td><td>18</td><td>28</td><td>63</td><td>58.8</td><td rowspan="14">2.5</td><td>60</td><td rowspan="14">2.7</td><td>79.6</td></tr>
<tr><td>20</td><td>18.5</td><td rowspan="3">2.68</td><td>19</td><td rowspan="3">0
−0.13</td><td>29</td><td>65</td><td>60.8</td><td>62</td><td>81.6</td></tr>
<tr><td>21</td><td>19.5</td><td>20</td><td>31</td><td>68</td><td>63.5</td><td rowspan="5">6.32</td><td>65</td><td>85</td></tr>
<tr><td>22</td><td>20.5</td><td>21</td><td>32</td><td>70</td><td>65.5</td><td>67</td><td>87.2</td></tr>
<tr><td>24</td><td>22.2</td><td rowspan="7">1.2</td><td rowspan="3">3.32</td><td>22.9</td><td rowspan="6">0
−0.21</td><td rowspan="7">1.3</td><td rowspan="3">1.7</td><td>34</td><td>72</td><td>67.5</td><td>69</td><td>89.4</td></tr>
<tr><td>25</td><td>23.2</td><td>23.9</td><td>35</td><td>75</td><td>70.5</td><td>72</td><td>92.8</td></tr>
<tr><td>26</td><td>24.2</td><td>24.9</td><td>36</td><td>78</td><td>73.5</td><td>75</td><td>96.2</td></tr>
<tr><td>28</td><td>25.9</td><td>3.60</td><td>26.6</td><td rowspan="3">2.1</td><td>38.4</td><td>80</td><td>74.5</td><td rowspan="4">7.0</td><td>76.5</td><td rowspan="7">5.3</td><td>98.2</td></tr>
<tr><td>29</td><td>26.9</td><td rowspan="2">3.72</td><td>27.6</td><td>39.8</td><td>82</td><td>76.5</td><td>78.5</td><td>101</td></tr>
<tr><td>30</td><td>27.9</td><td>28.6</td><td>42</td><td>85</td><td>79.5</td><td>81.5</td><td rowspan="5">0
−0.35</td><td>104</td></tr>
<tr><td>32</td><td>29.6</td><td>3.92</td><td rowspan="7">2.5</td><td>30.3</td><td rowspan="9">0
−0.25</td><td rowspan="2">2.6</td><td>44</td><td>88</td><td>82.5</td><td>84.5</td><td>107.3</td></tr>
<tr><td>34</td><td>31.5</td><td rowspan="9">1.5</td><td>4.32</td><td>32.3</td><td rowspan="9">1.7</td><td>46</td><td>90</td><td>84.5</td><td>7.6</td><td>86.5</td><td>110</td></tr>
<tr><td>35</td><td>32.2</td><td rowspan="3">4.52</td><td>33</td><td rowspan="3">3</td><td>48</td><td>95</td><td>89.5</td><td rowspan="2">9.2</td><td>91.5</td><td>115</td></tr>
<tr><td>36</td><td>33.2</td><td>34</td><td>49</td><td>100</td><td>94.5</td><td>96.5</td><td>121</td></tr>
<tr><td>37</td><td>34.2</td><td>35</td><td>50</td><td>105</td><td>98</td><td rowspan="5">3</td><td>10.7</td><td rowspan="5">4</td><td>101</td><td rowspan="4">0
−0.54</td><td rowspan="5">3.2</td><td rowspan="5">+0.18
0</td><td rowspan="5">6</td><td>132</td></tr>
<tr><td>38</td><td>35.2</td><td rowspan="4">5.0</td><td>36</td><td>3</td><td>51</td><td>110</td><td>103</td><td>11.3</td><td>106</td><td>136</td></tr>
<tr><td>40</td><td>36.5</td><td>37.5</td><td rowspan="3">3.8</td><td>53</td><td>115</td><td>108</td><td rowspan="2">12</td><td>111</td><td>142</td></tr>
<tr><td>42</td><td>38.5</td><td rowspan="2">3</td><td>39.5</td><td>56</td><td>120</td><td>113</td><td>116</td><td>145</td></tr>
<tr><td>45</td><td>41.5</td><td>42.5</td><td>59.4</td><td>125</td><td>118</td><td>12.6</td><td>121</td><td>0
−0.63</td><td>151</td></tr>
</table>

注　材料，65Mn，60Si2MnA。热处理硬度，d_0≤48 时，47～54HRC；d_0>48 时，44～51HRC。

表 13-32　螺钉紧固轴端挡圈（摘自 GB 891—1986）、螺栓紧固轴端挡圈（摘自 GB 892—1986）　mm

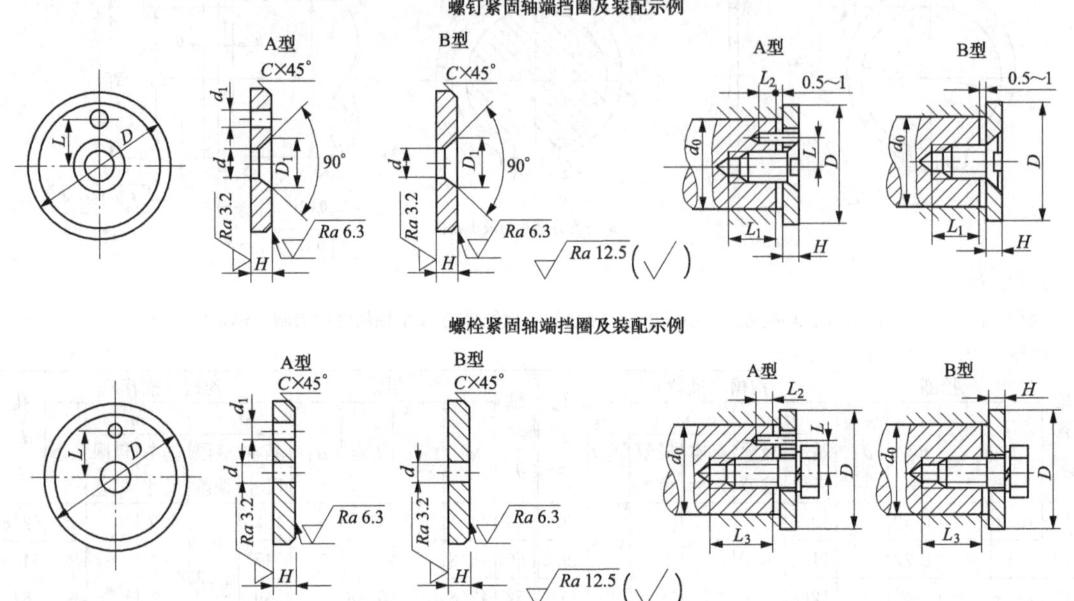

标记示例

公称直径 D=45、材料为 Q235A、不经表面处理的 A 型螺钉紧固轴端挡圈，标记为　挡圈　45　GB 891—1986

按 B 型制造时，标记为　挡圈　B45　GB 891—1986

轴径 d_0 ≤	公称直径 D	H	L	d	d_1	C	圆柱销 GB/T 119.1—2000（推荐）	螺钉紧固轴端挡圈 D_1	螺钉紧固轴端挡圈 螺钉 GB/T 819—2016（推荐）	螺栓紧固轴端挡圈 螺栓 GB/T 5783—2016（推荐）	螺栓紧固轴端挡圈 垫圈 GB/T 93—1987（推荐）	安装尺寸（参考）L_1	安装尺寸（参考）L_2	安装尺寸（参考）L_3
14	20	4	—	5.5	2.1	0.5	A2×10	11	M5×12	M5×16	5	14	6	16
16	22													
18	25													
20	28		7.5											
22	30													
25	32	5	10	6.6	3.2	1	A3×12	13	M6×16	M6×20	6	18	7	20
28	35													
30	38													
32	40		12											
35	45													
40	50													
45	55	6	16	9	4.2	1.5	A4×14	17	M8×20	M8×25	8	22	8	24
50	60													
55	65													
60	70		20											
65	75													
70	80													
75	90	8	25	13	5.2	2	A5×16	25	M12×25	M12×30	12	26	10	28

注　1. 当挡圈装在带螺纹孔的轴端时，紧固用螺栓（钉）允许加长。

2. 表中装配示例不属于本标准内容，仅供参考。

3. 材料：Q235、35、45 等。

表 13-33　圆螺母（摘自 GB/T 812—1988）、小圆螺母（摘自 GB/T 810—1988）　mm

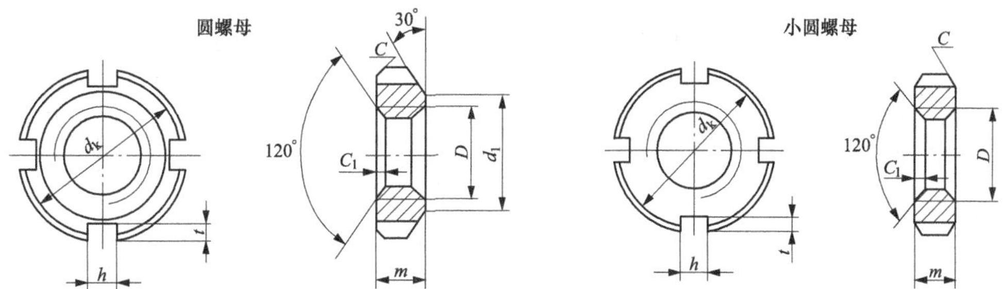

标记示例

螺纹规格为 M16×1.5、材料为 45 钢、槽或全部热处理硬度为 35～45HRC、表面氧化的圆螺母和小圆螺母标记为

螺母 GB/T 812—1988　M16×1.5

螺母 GB/T 810—1988　M16×1.5

圆螺母（GB/T 812—1988）

螺纹规格 $D\times P$	d_k	d_1	m	h max	h min	t max	t min	C	C_1
M22×1.5	38	30	10	5.3	5	3.1	2.5	0.5	0.5
M25×1.5*	42	34						1	
M27×1.5	45	37							
M30×1.5	48	40							
M33×1.5	52	43		6.3	6	3.6	3		
M35×1.5*									
M36×1.5	55	46							
M39×1.5	58	49						1.5	
M40×1.5*									
M42×1.5	62	53							
M45×1.5	68	59							
M48×1.5	72	61	12	8.36	8	4.25	3.5		
M50×1.5*									
M52×1.5	78	67							
M55×2*									
M56×2	85	74							1
M60×2	90	79							
M64×2	95	84							
M65×2*									
M68×2	100	88							
M72×2	105	93	15	10.36	10	4.75	4		
M75×2*									
M76×2	110	98							
M80×2	115	103							
M85×2	120	108							
M90×2	125	112	18	12.43	12	5.75	5		
M95×2	130	117							
M100×2	135	122							
M105×2	140	127							

小圆螺母（GB/T 810—1988）

螺纹规格 $D\times P$	d_k	m	h max	h min	t max	t min	C	C_1
M10×1	20	6	4.3	4	2.6	2	0.5	0.5
M12×1.25	22							
M14×1.5	25							
M16×1.5	28							
M18×1.5	30		5.3	5	3.1	2.5		
M20×1.5	32							
M22×1.5	35	8						
M24×1.5	38							
M27×1.5*	42						1	
M30×1.5	45							
M33×1.5	48							
M36×1.5	52		6.3	6	3.6	3		
M39×1.5*	55							
M42×1.5	58							
M45×1.5	62							
M48×1.5*	68	10						
M52×1.5	72		8.36	8	4.25	3.5		
M56×1.5	78							1
M60×1.5	80							
M64×1.5*	85							
M68×1.5	90							
M72×2*	95	12						
M76×2	100		10.36	10	4.75	4		
M80×2	105						1.5	
M85×2	110							
M90×2*	115							
M95×2	120							
M100×2	125		12.43	12	5.75	5		
M105×2*	130	15						

注　1. 槽数 n：当 $D\leqslant$M100×2 时，$n=4$；当 $D\geqslant$M105×2 时，$n=6$。

2. 标 * 号的仅用于滚动轴承锁紧装置。

表 13-34　圆螺母用止动垫圈（摘自 GB/T 858—1988）　mm

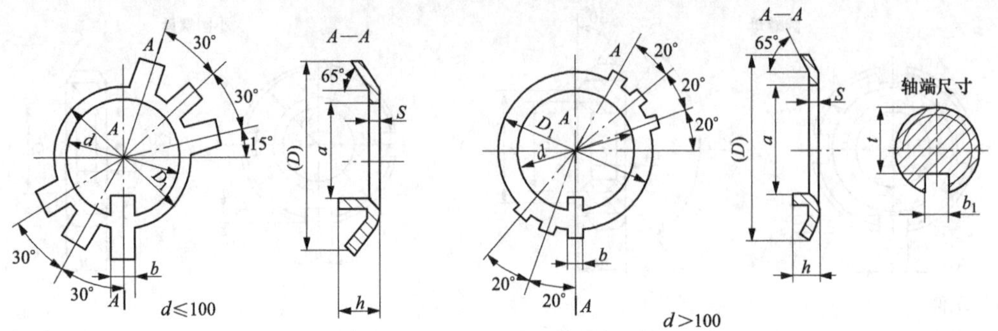

标记示例

规格为 16、材料为 Q235A、经退火和表面氧化的圆螺母用止动垫圈标记为　垫圈　GB/T 858—1988　16

规格（螺纹大径）	d	D（参考）	D_1	S	b	a	h	轴端	
								b_1	t
10	10.5	25	16	1	3.8	8	3	4	7
12	12.5	28	19			9			8
14	14.5	32	20			11			10
16	16.5	34	22		4.8	13		5	12
18	18.5	35	24			15	4		14
20	20.5	38	27			17			16
22	22.5	42	30			19			18
24	24.5	45	34			21			20
25*	25.5					22			—
27	27.5	48	37			24	5		23
30	30.5	52	40			27			26
33	33.5	56	43	1.5	5.7	30		6	29
35*	33.5					32			—
36	36.5	60	46			33			32
39	39.5	62	49			36			35
40*	40.5					37			—
42	42.5	62	53			39			38
45	45.5	72	59			42			41

规格（螺纹大径）	d	D（参考）	D_1	S	b	a	h	轴端	
								b_1	t
48	48.5	76	61	1.5	7.7	45	5	8	44
50*	50.5					47			
52	52.5	82	67			49	6		48
55*	56					52			
56	57	90	74			53			52
60	61	94	79			57			56
64	65	100	84			61			60
65*	66					62			
68	69	105	88		9.6	65		10	64
72	73	110	93			69	7		68
75*	76					71			
76	77	115	98			72			70
80	81	120	103			76			74
85	86	125	108			81			79
90	91	130	112	2	11.6	86		12	84
95	96	135	117			91			89
100	101	140	122			96			94
105	106	145	127			101			99

注　标*号的仅用于滚动轴承锁紧装置。

第十四章　滚动轴承

第一节　常用滚动轴承

常用滚动轴承技术数据见表 14-1～表 14-4。

表 14-1　　深沟球轴承（摘自 GB/T 276—2013）

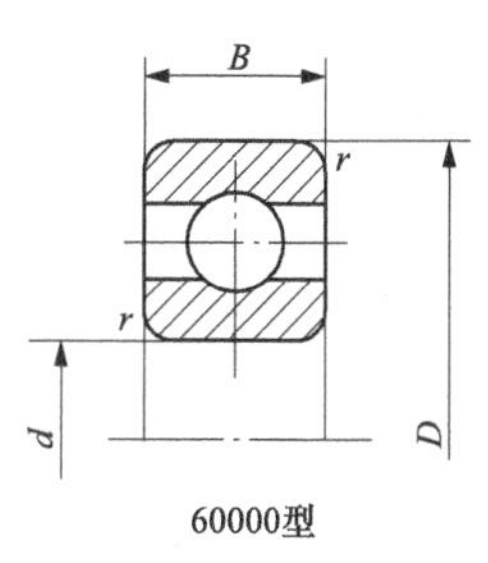

60000型

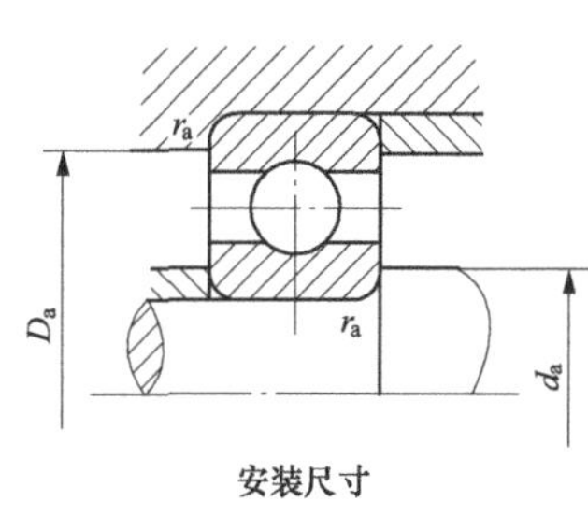

安装尺寸

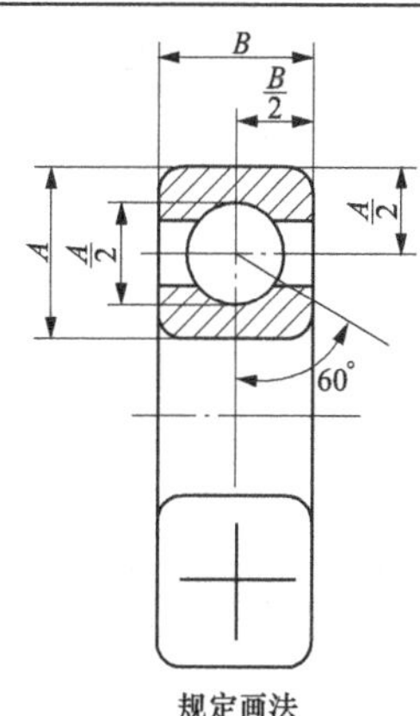

规定画法

标记示例：滚动轴承　6210　GB/T 276—2013

F_a/C_{0r}	e	Y	径向当量动载荷	径向当量静载荷
0.014	0.19	2.30	当$\frac{F_a}{F_r}\leqslant e$，$P_r=F_r$ 当$\frac{F_a}{F_r}>e$，$P_r=0.56F_r+YF_a$	$P_{0r}=F_r$ $P_{0r}=0.6F_r+0.5F_a$ 取上列两式计算结果的较大值
0.028	0.22	1.99		
0.056	0.26	1.71		
0.084	0.28	1.55		
0.11	0.30	1.45		
0.17	0.34	1.31		
0.28	0.38	1.15		
0.42	0.42	1.04		
0.56	0.44	1.00		

轴承代号	基本尺寸/mm				安装尺寸/mm			基本额定动载荷 C_r/kN	基本额定静载荷 C_{0r}/kN	极限转速/（r·min^{-1}）	
	d	D	B	r min	d_a min	D_a max	r_a max			脂润滑	油润滑
6000	10	26	8	0.3	12.4	23.6	0.3	4.58	1.98	20 000	28 000
6001	12	28	8	0.3	14.4	25.6	0.3	5.10	2.38	19 000	26 000
6002	15	32	9	0.3	17.4	29.6	0.3	5.58	2.85	18 000	24 000
6003	17	35	10	0.3	19.4	32.6	0.3	6.00	3.25	17 000	22 000
6004	20	42	12	0.6	25	37	0.6	9.38	5.02	15 000	19 000
6005	25	47	12	0.6	30	42	0.6	10.0	5.85	13 000	17 000

续表

轴承代号	基本尺寸/mm				安装尺寸/mm			基本额定动载荷 C_r/kN	基本额定静载荷 C_{0r}/kN	极限转速/（r·min^{-1}）	
	d	*D*	*B*	*r* min	d_a min	D_a max	r_a max			脂润滑	油润滑
6006	30	55	13	1	36	49	1	13.2	8.30	10 000	14 000
6007	35	62	14	1	41	56	1	16.2	10.5	9 000	12 000
6008	40	68	15	1	46	62	1	17.0	11.8	8 500	11 000
6009	45	75	16	1	51	69	1	21.0	14.8	8 000	10 000
6010	50	80	16	1	56	74	1	22.0	16.2	7 000	9 000
6011	55	90	18	1.1	62	83	1	30.2	21.8	6 300	8 000
6012	60	95	18	1.1	67	88	1	31.5	24.2	6 000	7 500
6013	65	100	18	1.1	72	93	1	32.0	24.8	5 600	7 000
6014	70	110	20	1.1	77	103	1	38.5	30.5	5 300	6 700
6015	75	115	20	1.1	82	108	1	40.2	33.2	5 000	6 300
6016	80	125	22	1.1	87	118	1	47.5	39.8	4 800	6 000
6017	85	130	22	1.1	92	123	1	50.8	42.8	4 500	5 600
6018	90	140	24	1.5	99	131	1.5	58.0	49.8	4 300	5 300
6019	95	145	24	1.5	104	136	1.5	57.8	50.0	4 000	5 000
6020	100	150	24	1.5	109	141	1.5	64.5	56.2	3 800	4 800
6200	10	30	9	0.6	15	25	0.6	5.10	2.38	19 000	26 000
6201	12	32	10	0.6	17	27	0.6	6.82	3.05	18 000	24 000
6202	15	35	11	0.6	20	30	0.6	7.65	3.72	17 000	22 000
6203	17	40	12	0.6	22	35	0.6	9.58	4.78	16 000	20 000
6204	20	47	14	1	26	41	1	12.8	6.65	14 000	18 000
6205	25	52	15	1	31	46	1	14.0	7.88	12 000	16 000
6206	30	62	16	1	36	56	1	19.5	11.5	9 500	13 000
6207	35	72	17	1.1	42	65	1	25.5	15.2	8 500	11 000
6208	40	80	18	1.1	47	73	1	29.5	18.0	8 000	10 000
6209	45	85	19	1.1	52	78	1	31.5	20.5	7 000	9 000
6210	50	90	20	1.1	57	83	1	35.0	23.2	6 700	8 500
6211	55	100	21	1.5	64	91	1.5	43.2	29.2	6 000	7 500
6212	60	110	22	1.5	69	101	1.5	47.8	32.8	5 600	7 000
6213	65	120	23	1.5	74	111	1.5	57.2	40.0	5 000	6 300
6214	70	125	24	1.5	79	116	1.5	60.8	45.0	4 800	6 000
6215	75	130	25	1.5	84	121	1.5	66.0	49.5	4 500	5 600
6216	80	140	26	2	90	130	2	71.5	54.2	4 300	5 300
6217	85	150	28	2	95	140	2	83.2	63.8	4 000	5 000
6218	90	160	30	2	100	150	2	95.8	71.5	3 800	4 800
6219	95	170	32	2.1	107	158	2.1	110	82.8	3 600	4 500
6220	100	180	34	2.1	112	168	2.1	122	92.8	3 400	4 300
6300	10	35	11	0.6	15	30	0.6	7.65	3.48	18 000	24 000
6301	12	37	12	1	18	31	1	9.72	5.08	17 000	22 000
6302	15	42	13	1	21	36	1	11.5	5.42	16 000	20 000
6303	17	47	14	1	23	41	1	13.5	6.58	15 000	19 000
6304	20	52	15	1.1	27	45	1	15.8	7.88	13 000	17 000
6305	25	62	17	1.1	32	55	11	22.2	11.5	10 000	14 000
6306	30	72	19	1.1	37	65	1	27.0	15.2	9 000	12 000
6307	35	80	21	1.5	44	71	1.5	33.2	19.2	8 000	10 000
6308	40	90	23	1.5	49	81	1.5	40.8	24.0	7 000	9 000
6309	45	100	25	1.5	54	91	1.5	52.8	31.8	6 300	8 000
6310	50	110	27	2	60	100	2	61.8	38.0	6 000	7 500
6311	55	120	29	2	65	110	2	71.5	44.8	5 300	6 700
6312	60	130	31	2.1	72	118	2.1	81.8	51.8	5 000	6 300
6313	65	140	33	2.1	77	128	2.1	93.8	60.5	4 500	5 600
6314	70	150	35	2.1	82	138	2.1	105	68.0	4 300	5 300
6315	75	160	37	2.1	87	148	2.1	112	76.8	4 000	5 000

续表

轴承代号	基本尺寸/mm				安装尺寸/mm			基本额定动载荷 C_r/kN	基本额定静载荷 C_{0r}/kN	极限转速/（r·min^{-1}）	
	d	D	B	r min	d_a min	D_a max	r_a max			脂润滑	油润滑
6316	80	170	39	2.1	92	158	2.1	122	86.5	3 800	4 800
6317	85	180	41	3	99	166	2.5	132	96.5	3 600	4 500
6318	90	190	43	3	104	176	2.5	145	108	3 400	4 300
6319	95	200	45	3	109	186	2.5	155	133	3 200	4 000
6320	100	215	47	3	114	201	2.5	172	140	2 800	3 600

注　GB/T 276—2013 仅给出轴承型号及尺寸，安装尺寸摘自 GB/T 5868—2003。

表 14-2　　角接触球轴承（摘自 GB/T 292—2007）

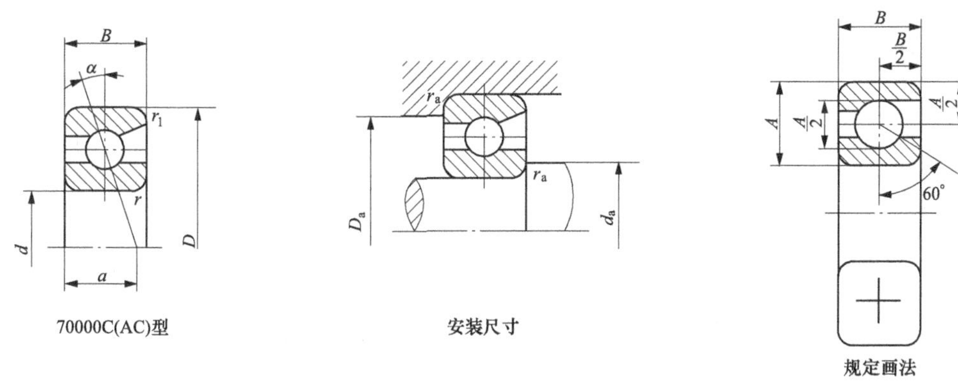

70000C(AC)型　　安装尺寸　　规定画法

标记示例：滚动轴承 7210C GB/T 292—2007

F_a/C_{0r}	e	Y	70000C 型	70000AC 型
0.015	0.38	1.47	当量动载荷 当 $F_a/F_r \leqslant e$ 时，$P=F_r$ 当 $F_a/F_r > e$ 时，$P=0.44F_r+YF_a$	当量动载荷 当 $F_a/F_r \leqslant 0.68$ 时，$P=F_r$ 当 $F_a/F_r > 0.68$ 时，$P=0.41F_r+0.87F_a$
0.029	0.40	1.40		
0.058	0.43	1.30		
0.087	0.46	1.23		
0.12	0.47	1.19		
0.17	0.50	1.12	当量静载荷 $P_0=0.5F_r+0.46F_a$ 当 $P_0 < F_r$ 时，取 $P_0=F_r$	当量静载荷 $P_0=0.5F_r+0.38F_a$ 当 $P_0 < F_r$ 时，取 $P_0=F_r$
0.29	0.55	1.02		
0.44	0.56	1.00		
0.58	0.56	1.00		

轴承代号		基本尺寸/mm					安装尺寸/mm			70000C（$\alpha=15°$）			70000AC（$\alpha=25°$）			极限转速/（r·min^{-1}）	
		d	D	B	r min	r_1 min	d_a min	D_a max	r_a max	a/mm	基本额定动载荷 C_r/kN	基本额定静载荷 C_{0r}/kN	a/mm	基本额定动载荷 C_r/kN	基本额定静载荷 C_{0r}/kN	脂润滑	油润滑
7000C	7000AC	10	26	8	0.3	0.15	12.4	23.6	0.1	6.4	4.92	2.25	8.2	4.75	2.12	19 000	28 000
7001C	7001AC	12	28	8	0.3	0.15	14.4	25.6	0.1	6.7	5.42	2.65	8.7	5.20	2.55	18 000	26 000
7002C	7002AC	15	32	9	0.3	0.15	17.4	29.6	0.1	7.6	6.25	3.42	10	5.95	3.25	17 000	24 000
7003C	7003AC	17	35	10	0.3	0.15	19.4	32.6	0.1	8.5	6.60	3.85	11.1	6.30	3.68	16 000	22 000
7004C	7004AC	20	42	12	0.6	0.15	25	37	0.3	10.2	10.5	6.08	13.2	10.0	5.78	14 000	19 000

续表

轴承代号		基本尺寸/mm					安装尺寸/mm			70000C(α=15°)			70000AC(α=25°)			极限转速/(r·min⁻¹)	
		d	D	B	r	r_1	d_a	D_a	r_a	a/mm	基本额定动载荷 C_r	基本额定静载荷 C_{0r}	a/mm	基本额定动载荷 C_r	基本额定静载荷 C_{0r}	脂润滑	油润滑
					min		min	max			kN			kN			
7005C	7005AC	25	47	12	0.6	0.15	30	42	0.3	10.8	11.5	7.45	14.4	11.2	7.08	12 000	17 000
7006C	7006AC	30	55	13	1	0.3	36	49	1	12.2	15.2	10.2	16.4	14.5	9.85	9 500	14 000
7007C	7007AC	35	62	14	1	0.3	41	56	1	13.5	19.5	14.2	18.3	18.5	13.5	8 500	12 000
7008C	7008AC	40	68	15	1	0.3	46	62	1	14.7	20.0	15.2	20.1	19.0	14.5	8 000	11 000
7009C	7009AC	45	75	16	1	0.3	51	69	1	16	25.8	20.5	21.9	25.8	19.5	7 500	10 000
7010C	7010AC	50	80	16	1	0.3	56	74	1	16.7	26.5	22.0	23.2	25.2	21.0	6 700	9 000
7011C	7011AC	55	90	18	1.1	0.6	62	83	1	18.7	37.2	30.5	25.9	35.2	29.2	6 000	8 000
7012C	7012AC	60	95	18	1.1	0.6	67	88	1	19.4	38.2	32.8	27.1	36.2	31.5	5 600	7 500
7013C	7013AC	65	100	18	1.1	0.6	72	93	1	20.1	40.0	35.5	28.2	38.0	33.8	5 300	7 000
7014C	7014AC	70	110	20	1.1	0.6	77	103	1	22.1	48.2	43.5	30.9	45.8	41.5	5 000	6 700
7015C	7015AC	75	115	20	1.1	0.6	82	108	1	22.7	49.5	46.5	32.2	46.8	44.2	4 800	6 300
7016C	7016AC	80	125	22	1.5	0.6	89	116	1.5	24.7	58.5	55.8	34.9	55.5	53.2	4 500	6 000
7017C	7017AC	85	130	22	1.5	0.6	94	121	1.5	25.4	62.5	60.2	36.1	59.2	57.2	4 300	5 600
7018C	7018AC	90	140	24	1.5	0.6	99	131	1.5	27.4	71.5	69.8	38.8	67.5	66.5	4 000	5 300
7019C	7019AC	95	145	24	1.5	0.6	104	136	1.5	28.1	73.5	73.2	40	69.5	69.8	3 800	5 000
7020C	7020AC	100	150	24	1.5	0.6	109	141	1.5	28.7	79.2	78.5	41.2	75	74.8	3 800	5 000
7200C	7200AC	10	30	9	0.6	0.3	15	25	0.6	7.2	5.82	2.95	9.2	5.58	2.82	18 000	26 000
7201C	7201AC	12	32	10	0.6	0.3	17	27	0.6	8	7.35	3.52	10.2	7.10	3.35	17 000	24 000
7202C	7202AC	15	35	11	0.6	0.3	20	30	0.6	8.9	8.68	4.62	11.4	8.35	4.40	16 000	22 000
7203C	7203AC	17	40	12	0.6	0.3	22	35	0.6	9.9	10.8	5.95	12.8	10.5	5.65	15 000	20 000
7204C	7204AC	20	47	14	1	0.3	26	41	1	11.5	14.5	8.22	14.9	14.0	7.82	13 000	18 000
7205C	7205AC	25	52	15	1	0.3	31	46	1	12.7	16.5	10.5	16.4	15.8	9.88	11 000	16 000
7206C	7206AC	30	62	16	1	0.3	36	56	1	14.2	23.0	15.0	18.7	22.0	14.2	9 000	13 000
7207C	7207AC	35	72	17	1.1	0.3	42	65	1	15.7	30.5	20.0	21	29.0	19.2	8 000	11 000
7208C	7208AC	40	80	18	1.1	0.6	47	73	1	17	36.8	25.8	23	35.2	24.5	7 500	10 000
7209C	7209AC	45	85	19	1.1	0.6	52	78	1	18.2	38.5	28.5	24.7	36.8	27.2	6 700	9 000
7210C	7210AC	50	90	20	1.1	0.6	57	83	1	19.4	42.8	32.0	26.3	40.8	30.5	6 300	8 500
7211C	7211AC	55	100	21	1.5	0.6	64	91	1.5	20.9	52.8	40.5	28.6	50.5	38.5	5 600	7 500
7212C	7212AC	60	110	22	1.5	0.6	69	101	1.5	22.4	61.0	48.5	30.8	58.2	46.2	5 300	7 000
7213C	7213AC	65	120	23	1.5	0.6	74	111	1.5	24.2	69.8	55.2	33.5	66.5	52.5	4 800	6 300
7214C	7214AC	70	125	24	1.5	0.6	79	116	1.5	25.3	70.2	60.0	35.1	69.2	57.5	4 500	6 000
7215C	7215AC	75	130	25	1.5	0.6	84	121	1.5	26.4	79.2	65.8	36.6	75.2	63.0	4 300	5 600
7216C	7216AC	80	140	26	2	1	90	130	2	27.7	89.5	78.2	38.9	85.0	74.5	4 000	5 300
7217C	7217AC	85	150	28	2	1	95	140	2	29.9	99.8	85.0	41.6	94.8	81.5	3 800	5 000
7218C	7218AC	90	160	30	2	1	100	150	2	31.7	122	105	44.2	118	100	3 600	4 800
7219C	7219AC	95	170	32	2.1	1.1	107	158	2.1	33.8	135	115	46.9	128	108	3 400	4 500
7220C	7220AC	100	180	34	2.1	1.1	113	168	2.1	35.8	148	128	49.7	142	122	3 200	4 300
7301C	7301AC	12	37	12	1	0.3	18	31	1	8.6	8.10	5.22	12	8.08	4.88	16 000	22 000
7302C	7302AC	15	42	13	1	0.3	21	36	1	9.6	9.38	5.95	13.5	9.08	5.58	15 000	20 000
7303C	7303AC	17	47	14	1	0.3	23	41	1	10.4	12.8	8.62	14.8	11.5	7.08	14 000	19 000
7304C	7304AC	20	52	15	1.1	0.6	27	45	1	11.3	14.2	9.68	16.8	13.8	9.10	12 000	17 000
7305C	7305AC	25	62	17	1.1	0.6	32	55	1	13.1	21.5	15.8	19.1	20.8	14.8	9 500	14 000
7306C	7306AC	30	72	19	1.1	0.6	37	65	1	15	26.5	19.8	22.2	25.2	18.5	8 500	12 000
7307C	7307AC	35	80	21	1.5	0.6	44	71	1.5	16.6	34.2	26.8	24.5	32.8	24.8	7 500	10 000
7308C	7308AC	40	90	23	1.5	0.6	49	81	1.5	18.5	40.2	32.3	27.5	38.5	30.5	6 700	9 000
7309C	7309AC	45	100	25	1.5	0.6	54	91	1.5	20.2	49.2	39.8	30.2	47.5	37.2	6 000	8 000

续表

轴承代号		基本尺寸/mm					安装尺寸/mm			70000C（$\alpha=15°$）			70000AC（$\alpha=25°$）			极限转速/（$r \cdot min^{-1}$）	
		d	D	B	r	r_1	d_a	D_a	r_a	a/mm	基本额定动载荷 C_r	基本额定静载荷 C_{0r}	a/mm	基本额定动载荷 C_r	基本额定静载荷 C_{0r}	脂润滑	油润滑
					min		min	max			kN			kN			
7310C	7310AC	50	110	27	2	1	60	100	2	22	53.5	47.2	33	55.5	44.5	5 600	7 500
7311C	7311AC	55	120	29	2	1	65	110	2	23.8	70.5	60.5	35.8	67.2	56.8	5 000	6 700
7312C	7312AC	60	130	31	2.1	1.1	72	118	2.1	25.6	80.5	70.2	38.7	77.8	65.8	4 800	6 300
7313C	7313AC	65	140	33	2.1	1.1	77	128	2.1	27.4	91.5	80.5	41.5	89.8	75.5	4 300	5 600
7314C	7314AC	70	150	35	2.1	1.1	82	138	2.1	29.2	102	91.5	44.3	98.5	86.0	4 000	5 300
7315C	7315AC	75	160	37	2.1	1.1	87	148	2.1	31	112	105	47.2	108	97.0	3 800	5 000
7316C	7316AC	80	170	39	2.1	1.1	92	158	2.1	32.8	122	118	50	118	108	3 600	4 800
7317C	7317AC	85	180	41	3	1.1	99	166	2.5	34.6	132	128	52.8	125	122	3 400	4 500
7318C	7318AC	90	190	43	3	1.1	104	176	2.5	36.4	142	142	55.6	135	135	3 200	4 300
7319C	7319AC	95	200	45	3	1.1	109	186	2.5	38.2	152	158	58.5	145	148	3 000	4 000
7320C	7320AC	100	215	47	3	1.1	114	201	2.5	40.2	162	175	61.9	165	178	2 600	3 600

表 14-3　　圆柱滚子轴承（摘自 GB/T 283—2007）

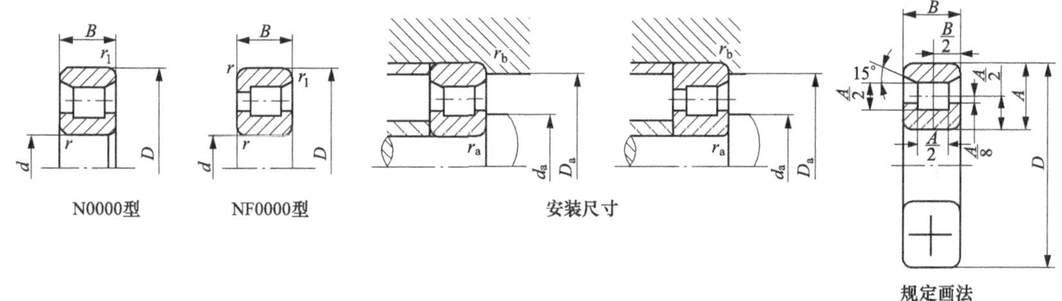

N0000型　　NF0000型　　安装尺寸　　规定画法

标记示例：滚动轴承　N216E　GB/T 283—2007

径向当量动载荷		径向当量静载荷
$P_r=F_r$	对轴向承载的轴承（NF 型 2.3 系列） $P_r=F_r+0.3F_a$（$0 \leqslant F_a/F_r \leqslant 0.12$） $P_r=0.94F_r+0.8F_a$（$0.12 < F_a/F_r \leqslant 0.3$）	$P_{0r}=F_r$

轴承代号		基本尺寸/mm					安装尺寸/mm				基本额定动载荷 C_r/kN		基本额定静载荷 C_{0r}/kN		极限转速/（$r \cdot min^{-1}$）	
		d	D	B	r	r_1	d_a	D_a	r_a	r_b						
					min		min		max		N 型	NF 型	N 型	NF 型	脂润滑	油润滑
N204E	NF204	20	47	14	1	0.6	25	42	1	0.6	25.8	12.5	24.0	11.0	12 000	16 000
N205E	NF205	25	52	15	1	0.6	30	47	1	0.6	27.5	14.2	26.8	12.8	11 000	14 000
N206E	NF206	30	62	16	1	0.6	36	56	1	0.6	36.0	19.5	35.5	18.2	8 500	11 000
N207E	NF207	35	72	17	1.1	0.6	42	64	1	0.6	46.5	28.5	48.0	28.0	7 500	9 500
N208E	NF208	40	80	18	1.1	1.1	47	72	1	1	51.5	37.5	53.0	38.2	7 000	9 000
N209E	NF209	45	85	19	1.1	1.1	52	77	1	1	58.5	39.8	63.8	41.0	6 300	8 000

续表

轴承代号		基本尺寸/mm					安装尺寸/mm				基本额定动载荷 C_r/kN		基本额定静载荷 C_{0r}/kN		极限转速/(r·min^{-1})	
		d	D	B	r	r_1	d_a	D_a	r_a	r_b						
					min		min		max		N型	NF型	N型	NF型	脂润滑	油润滑
N210E	NF210	50	90	20	1.1	1.1	57	83	1	1	61.2	43.2	69.2	48.5	6 000	7 500
N211E	NF211	55	100	21	1.5	1.1	64	91	1.5	1	80.2	52.8	95.5	60.2	5 300	6 700
N212E	NF212	60	110	22	1.5	1.5	69	100	1.5	1.5	89.8	62.8	102	73.5	5 000	6 300
N213E	NF213	65	120	23	1.5	1.5	74	108	1.5	1.5	102	73.2	118	87.5	4 500	5 600
N214E	NF214	70	125	24	1.5	1.5	79	114	1.5	1.5	112	73.2	135	87.5	4 300	5 300
N215E	NF215	75	130	25	1.5	1.5	84	120	1.5	1.5	125	89.0	155	110	4 000	5 000
N216E	NF216	80	140	26	2	2	90	128	2	2	132	102	165	125	3 800	4 800
N217E	NF217	85	150	28	2	2	95	137	2	2	158	115	192	145	3 600	4 500
N218E	NF218	90	160	30	2	2	100	146	2	2	172	142	215	178	3 400	4 300
N219E	NF219	95	170	32	2.1	2.1	107	155	2.1	2.1	208	152	262	190	3 200	4 000
N220E	NF220	100	180	34	2.1	2.1	112	164	2.1	2.1	235	168	302	212	3 000	3 800
N304E	NF304	20	52	15	1.1	0.6	26.5	47	1	0.6	29.0	18.0	25.5	15.0	11 000	15 000
N305E	NF305	25	62	17	1.1	1.1	31.5	55	1	1	38.5	25.5	35.8	22.5	9 000	12 000
N306E	NF306	30	72	19	1.1	1.1	37	64	1	1	49.2	33.5	48.2	31.5	8 000	10 000
N307E	NF307	35	80	21	1.5	1.1	44	71	1.5	1	62.0	41.0	63.2	39.2	7 000	9 000
N308E	NF308	40	90	23	1.5	1.5	49	80	1.5	1.5	76.8	48.8	77.8	47.5	6 300	8 000
N309E	NF309	45	100	25	1.5	1.5	54	89	1.5	1.5	93.0	66.8	98.0	66.8	5 600	7 000
N310E	NF310	50	110	27	2	2	60	98	2	2	105	76.0	112	79.5	5 300	6 700
N311E	NF311	55	120	29	2	2	65	107	2	2	128	97.8	138	105	4 800	6 000
N312E	NF312	60	130	31	2.1	2.1	72	116	2.1	2.1	142	118	155	128	4 500	5 600
N313E	NF313	65	140	33	2.1	2.1	77	125	2.1	2.1	170	125	188	135	4 000	5 000
N314E	NF314	70	150	35	2.1	2.1	82	134	2.1	2.1	195	145	220	162	3 800	4 800
N315E	NF315	75	160	37	2.1	2.1	87	143	2.1	2.1	228	165	260	188	3 600	4 500
N316E	NF316	80	170	39	2.1	2.1	92	151	2.1	2.1	245	175	282	200	3 400	4 300
N317E	NF317	85	180	41	3	3	99	160	2.5	2.5	280	212	332	242	3 200	4 000
N318E	NF318	90	190	43	3	3	104	169	2.5	2.5	298	228	348	265	3 000	3 800
N319E	NF319	95	200	45	3	3	109	178	2.5	2.5	315	245	380	288	2 800	3 600
N320E	NF320	100	215	47	3	3	114	190	2.5	2.5	365	282	425	340	2 600	3 200
N2204E		20	47	18	1	0.6	25	42	1	0.6	30.8		30.0		12 000	16 000
N2205E		25	52	18	1	0.6	30	47	1	0.6	32.8		33.8		11 000	14 000
N2206E		30	62	20	1	0.6	36	56	1	0.6	45.5		48.0		8 500	11 000
N2207E		35	72	23	1.1	0.6	42	64	1	0.6	57.5		63.0		7 500	9 500
N2208E		40	80	23	1.1	1.1	47	72	1	1	67.5		75.2		7 000	9 000
N2209E		45	85	23	1.1	1.1	52	77	1	1	71.0		82.0		6 300	8 000
N2210E		50	90	23	1.1	1.1	57	83	1	1	74.2		88.8		6 000	7 500
N2211E		55	100	25	1.5	1.1	64	91	1.5	1	94.8		118		5 300	6 700
N2212E		60	110	28	1.5	1.5	69	100	1.5	1.5	122		152		5 000	6 300
N2213E		65	120	31	1.5	1.5	74	108	1.5	1.5	142		180		4 500	5 600
N2214E		70	125	31	1.5	1.5	79	114	1.5	1.5	148		192		4 300	5 300
N2215E		75	130	31	1.5	1.5	84	120	1.5	1.5	155		205		4 000	5 000
N2216E		80	140	33	2	2	90	128	2	2	178		242		3 800	4 800
N2217E		85	150	36	2	2	95	137	2	2	205		272		3 600	4 500
N2218E		90	160	40	2	2	100	146	2	2	230		312		3 400	4 300
N2219E		95	170	43	2.1	2.1	107	155	2.1	2.1	275		368		3 200	4 000
N2220E		100	180	46	2.1	2.1	112	164	2.1	2.1	318		440		3 000	3 800

表 14-4　**圆锥滚子轴承（摘自 GB/T 297—2015）**

当量动载荷	当 $\frac{F_a}{F_r} \leqslant e$ 时，$P_r = F_r$ 当 $\frac{F_a}{F_r} > e$ 时，$P_r = 0.4F_r + YF_a$
当量静载荷	$P_{0r} = F_r$ $P_{0r} = 0.5F_r + Y_0F_a$ 取上列两式计算结果的较大值

标记示例：滚动轴承 30310 GB/T 297—2015

轴承代号	基本尺寸/mm								安装尺寸/mm									计算系数			基本额定		极限转速/(r·min⁻¹)	
	d	D	T	B	C	r min	r_1 min	a ≈	d_a min	d_b max	D_a min	D_a max	D_b min	a_1 min	a_2 min	r_a max	r_b max	e	Y	Y_0	动载荷 C_r	静载荷 C_{0r}		
																					kN		脂润滑	油润滑
30203	17	40	13.25	12	11	1	1	9.9	23	23	34	34	37	2	2.5	1	1	0.35	1.7	1	20.8	21.8	9 000	12 000
30204	20	47	15.25	14	12	1	1	11.2	26	27	40	41	43	2	3.5	1	1	0.35	1.7	1	28.2	30.5	8 000	10 000
30205	25	52	16.25	15	13	1	1	12.5	31	31	44	46	48	2	3.5	1	1	0.37	1.6	0.9	32.2	37.0	7 000	9 000
30206	30	62	17.25	16	14	1	1	13.8	36	37	53	56	58	2	3.5	1	1	0.37	1.6	0.9	43.2	50.5	6 000	6 5000
30207	35	72	18.25	17	15	1.5	1.5	15.3	42	44	62	65	67	3	3.5	1.5	1.5	0.37	1.6	0.9	54.2	63.5	5 300	6 700
30208	40	80	19.75	18	16	1.5	1.5	16.9	47	49	69	73	75	3	4	1.5	1.5	0.37	1.6	0.9	63.0	74.0	5 000	6 300
30209	45	85	20.75	19	16	1.5	1.5	18.6	52	53	74	78	80	3	5	1.5	1.5	0.4	1.5	0.8	67.8	83.5	4 500	5 600
30210	50	90	21.75	20	17	1.5	1.5	20	57	58	79	83	86	3	5	1.5	1.5	0.42	1.4	0.8	73.2	92.0	4 300	5 300
30211	55	100	22.75	21	18	2	1.5	21	64	64	88	91	95	4	5	2	1.5	0.4	1.5	0.8	90.8	115	3 800	4 800
30212	60	110	23.75	22	19	2	1.5	22.3	69	69	96	101	103	4	5	2	1.5	0.4	1.5	0.8	102	130	3 600	4 500
30213	65	120	24.75	23	20	2	1.5	23.8	74	77	106	111	114	4	5	2	1.5	0.4	1.5	0.8	120	152	3 200	4 000
30214	70	125	26.25	24	21	2	1.5	25.8	79	81	110	116	119	4	5.5	2	1.5	0.42	1.4	0.8	132	175	3 000	3 800

续表

轴承代号	基本尺寸/mm								安装尺寸/mm									计算系数			基本额定		极限转速/$(r \cdot min^{-1})$	
	d	D	T	B	C	r min	r_1 min	a ≈	d_a min	d_b max	D_a min	D_a max	D_b min	a_1 min	a_2 min	r_a max	r_b max	e	Y	Y_0	动载荷 C_r	静载荷 C_{0r}	脂润滑	油润滑
																					kN			
30215	75	130	27.25	25	22	2	1.5	27.4	84	85	115	121	125	4	5.5	2	1.5	0.44	1.4	0.8	138	185	2 800	3 600
30216	80	140	28.25	26	22	2.5	2	28.1	90	90	124	130	133	4	6	2.1	2	0.42	1.4	0.8	160	212	2 600	3 400
30217	85	150	30.5	28	24	2.5	2	30.3	95	96	132	140	142	5	6.5	2.1	2	0.42	1.4	0.8	178	238	2 400	3 200
30218	90	160	32.5	30	26	2.5	2	32.3	100	102	140	150	151	5	6.5	2.1	2	0.42	1.4	0.8	200	270	2 200	3 000
30219	95	170	34.5	32	27	3	2.5	34.2	107	108	149	158	160	5	7.5	2.5	2.1	0.42	1.4	0.8	228	308	2 000	2 800
30220	100	180	37	34	29	3	2.5	36.4	112	114	157	168	169	5	8	2.5	2.1	0.42	1.4	0.8	225	350	1 900	2 600
30302	15	42	14.25	13	11	1	1	9.6	21	22	36	36	38	2	3.5	1	1	0.29	2.1	1.2	22.8	21.5	9 000	12 000
30303	17	47	15.25	14	12	1	1	10.4	23	25	40	41	43	3	3.5	1	1	0.29	2.1	1.2	28.2	27.2	8 500	11 000
30304	20	52	16.25	15	13	1.5	1.5	11.1	27	28	44	45	48	3	3.5	1.5	1.5	0.3	2	1.1	33.0	32.2	7 500	9 500
30305	25	62	18.25	17	15	1.5	1.5	13	32	34	54	55	58	3	3.5	1.5	1.5	0.3	2	1.1	46.8	48.0	6 300	8 000
30306	30	72	20.75	19	16	1.5	1.5	15.3	37	40	62	65	66	3	5	1.5	1.5	0.31	1.9	1.1	59.0	63.0	5 600	7 000
30307	35	80	22.75	21	18	2	1.5	16.8	44	45	70	71	74	3	5	2	1.5	0.31	1.9	1.1	75.2	82.5	5 000	6 3000
30308	40	90	25.25	23	20	2	1.5	19.5	49	52	77	81	84	3	5.5	2	1.5	0.35	1.7	1	90.8	108	4 500	5 600
30309	45	100	27.25	25	22	2	1.5	21.3	54	59	86	91	94	3	5.5	2	1.5	0.35	1.7	1	108	130	4 000	5 000
30310	50	110	29.25	27	23	2.5	2	23	60	65	95	100	103	4	6.5	2	2	0.35	1.7	1	130	158	3 800	4 800
30311	55	120	31.5	29	25	2.5	2	24.9	65	70	104	110	112	4	6.5	2.5	2	0.35	1.7	1	152	188	3 400	4 300
30312	60	130	33.5	31	26	3	2.5	26.6	72	76	112	118	121	5	7.5	2.5	2.1	0.35	1.7	1	170	210	3 200	4 000
30313	65	140	36	33	28	3	2.5	28.7	77	83	122	128	131	5	8	2.5	2.1	0.35	1.7	1	195	242	2 800	3 600
30314	70	150	38	35	30	3	2.5	30.7	82	89	130	138	141	5	8	2.5	2.1	0.35	1.7	1	218	272	2 600	3 400
30315	75	160	40	37	31	3	2.5	32	87	95	139	148	150	5	9	2.5	2.1	0.35	1.7	1	252	318	2 400	3 200
30316	80	170	42.5	39	33	3	2.5	34.4	92	102	148	158	160	5	9.5	2.5	2.1	0.35	1.7	1	278	352	2 200	3 000
30317	85	180	44.5	41	34	4	3	35.9	99	107	156	166	168	6	10.5	3	2.5	0.35	1.7	1	305	388	2 000	2 800
30318	90	190	46.5	43	36	4	3	37.5	104	113	165	176	178	6	10.5	3	2.5	0.35	1.7	1	342	440	1 900	2 600
30319	95	200	49.5	45	38	4	3	40.1	109	118	172	186	185	6	11.5	3	2.5	0.35	1.7	1	370	478	1 800	2 400
30320	100	215	51.5	47	39	4	3	42.2	114	127	184	201	199	6	12.5	3	2.5	0.35	1.7	1	405	525	1 600	2 000
32206	30	62	21.25	20	17	1	1	15.6	36	36	52	56	58	3	4.5	1	1	0.37	1.6	0.9	51.8	63.8	6 000	7 500
32207	35	72	24.25	23	19	1.5	1.5	17.9	42	42	61	65	68	3	5.5	1.5	1.5	0.37	1.6	0.9	70.5	89.5	5 300	6 700
32208	40	80	24.75	23	19	1.5	1.5	18.9	47	48	68	73	75	3	6	1.5	1.5	0.37	1.6	0.9	77.8	97.2	5 000	6 300
32209	45	85	24.75	23	19	1.5	1.5	20.1	52	53	73	78	81	3	6	1.5	1.5	0.4	1.5	0.8	80.8	105	4 500	5 600
32210	50	90	24.75	23	19	1.5	1.5	21	57	57	78	83	86	3	6	1.5	1.5	0.42	1.4	0.8	82.8	108	4 300	5 300

续表

轴承代号	基本尺寸/mm								安装尺寸/mm									计算系数			基本额定		极限转速/(r·min⁻¹)	
	d	D	T	B	C	r min	r_1 min	a ≈	d_a min	d_b max	D_a min	D_a max	D_b min	a_1 min	a_2 min	r_a max	r_b max	e	Y	Y_0	动载荷 C_r	静载荷 C_{0r}	脂润滑	油润滑
																					kN			
32211	55	100	26.75	25	21	2	1.5	22.8	64	62	87	91	96	4	6	2	1.5	0.4	1.5	0.8	108	142	3 800	4 800
32212	60	110	29.75	28	24	2	1.5	25	69	68	95	101	105	4	6	2	1.5	0.4	1.5	0.8	132	180	3 600	4 500
32213	65	120	32.75	31	27	2	1.5	27.3	74	75	104	111	115	4	6	2	1.5	0.4	1.5	0.8	160	222	3 200	4 000
32214	70	125	33.25	31	27	2	1.5	28.8	79	79	108	116	120	4	6.5	2	1.5	0.42	1.4	0.8	168	238	3 000	3 800
32215	75	130	33.25	31	27	2	1.5	30	84	84	115	121	126	4	6.5	2	1.5	0.44	1.4	0.8	170	242	2 800	3 600
32216	80	140	35.25	33	28	2.5	2	31.4	90	89	122	130	135	5	7.5	2.1	2	0.42	1.4	0.8	198	278	2 600	3 400
32217	85	150	38.5	36	30	2.5	2	33.9	95	95	130	140	143	5	8.5	2.1	2	0.42	1.4	0.8	228	325	2 400	3 200
32218	90	160	42.5	40	34	2.5	2	36.8	100	101	138	150	153	5	8.5	2.1	2	0.42	1.4	0.8	270	395	2 200	3 000
32219	95	170	45.5	43	37	3	2.5	39.2	107	106	145	158	163	5	8.5	2.5	2.1	0.42	1.4	0.8	302	448	2 000	2 800
32220	100	180	49	46	39	3	2.5	41.9	112	113	154	168	172	5	10	2.5	2.1	0.42	1.4	0.8	340	512	1 900	2 600
32303	17	47	20.25	19	16	1	1	12.3	23	24	39	41	43	3	4.5	1	1	0.29	2.1	1.2	35.2	36.2	8 500	11 000
32304	20	52	22.25	21	18	1.5	1.5	13.6	27	26	43	45	48	3	4.5	1.5	1.5	0.3	2	1.1	42.8	46.2	7 500	9 500
32305	25	62	25.25	24	20	1.5	1.5	15.9	32	32	52	55	58	3	5.5	1.5	1.5	0.3	2	1.1	61.5	68.8	6 300	8 000
32306	30	72	28.75	27	23	1.5	1.5	18.9	37	38	59	65	66	4	6	1.5	1.5	0.31	1.9	1.1	81.5	96.5	5 600	7 000
32307	35	80	32.75	31	25	2	1.5	20.4	44	43	66	71	74	4	8.5	2	1.5	0.31	1.9	1.1	99.0	118	5 000	6 300
32308	40	90	35.25	33	27	2	1.5	23.3	49	49	73	31	83	4	8.5	2	1.5	0.35	1.7	1	115	148	4 500	5 600
32309	45	100	38.25	36	30	2	1.5	25.6	54	56	82	91	93	4	8.5	2	1.5	0.35	1.7	1	145	188	4 00	5 000
32310	50	110	42.25	40	33	2.5	2	28.2	60	61	90	100	102	5	9.5	2	2	0.35	1.7	1	178	235	3 800	4 800
32311	55	120	45.5	43	35	2.5	2	30.4	65	66	99	110	111	5	10	2.5	2	0.35	1.7	1	202	270	3 400	4 300
32312	60	130	48.5	46	37	3	2.5	32	72	72	107	118	122	6	11.5	2.5	2.1	0.35	1.7	1	228	202	3 200	4 000
32313	65	140	51	48	39	3	2.5	34.3	77	79	117	128	131	6	12	2.5	2.1	0.35	1.7	1	260	350	2 800	3 600
32314	70	150	54	51	42	3	2.5	36.5	82	84	125	138	141	6	12	2.5	2.1	0.35	1.7	1	298	408	2 600	3 400
32315	75	160	58	55	45	3	2.5	39.4	87	91	133	148	150	7	13	2.5	2.1	0.35	1.7	1	348	482	2 400	3 200
32316	80	170	61.5	58	48	3	2.5	42.1	92	97	142	158	160	7	13.5	2.5	2.1	0.35	1.7	1	388	542	2 200	3 000
32317	85	180	63.5	60	49	4	3	43.5	99	102	150	16	168	8	14.5	3	2.5	0.35	1.7	1	422	592	2 000	2 800
32318	90	190	67.5	64	53	4	3	46.2	104	107	157	176	178	8	14.5	3	2.5	0.35	1.7	1	478	682	1 900	2 600
32319	95	200	71.5	67	55	4	3	49	109	114	166	186	187	8	16.5	3	2.5	0.35	1.7	1	515	738	1 800	2 400
32320	100	215	77.5	73	60	4	3	52.9	114	122	177	201	201	8	17.5	3	2.5	0.35	1.7	1	600	872	1 600	2 000

第二节 滚动轴承的配合与游隙

滚动轴承的配合与游隙见表 14-5～表 14-9。

表 14-5 **安装轴承的轴公差带代号（摘自 GB/T 275—2015）**

载荷情况		举例	深沟球轴承、调心球轴承、角接触球轴承	圆柱滚子轴承、圆锥滚子轴承	调心滚子轴承	公差带
			轴承公称内径 d/mm			
内圈旋转或摆动	轻载荷	轻载输送机、轻载齿轮箱	≤18	—	—	h5
			>18～100	≤40	≤40	j6①
			>100～200	>40～140	>40～100	k6①
				>140～200	>100～200	m6①
	正常载荷	一般通用机械、电动机、内燃机、齿轮传动装置	≤18	—	—	j5，js5
			>18～100	≤40	≤40	k5②
			>100～140	>40～100	>40～100	m5②
			>140～200	>100～140	>65～100	m6
	重载荷	铁路机车车辆、牵引电机、破碎机等		>50～140	>50～100	n6
				>140～200	>100～140	p6
内圈固定	所有载荷	非旋转轴上的各种轮子、张紧轮、绳轮	所有尺寸			f6，g6① h6，j6
仅受轴向载荷	所有载荷		所有尺寸			j6，js6

① 凡对精度要求较高的场合，应相应提高一个公差等级。

② 单列圆锥滚子轴承、角接触球轴承配合对游隙影响不大，可用 k6、m6 代替 k5、m5。

表 14-6 **安装轴承的外壳孔公差带代号（摘自 GB/T 275—2015）**

运转状态		载荷情况	其他状况	公差带①	
说明	举例			球轴承	滚子轴承
外圈固定	一般机械、铁路机车车辆、曲轴主轴承、泵、电动机	轻、正常、重	轴向易移动，可采用剖分式外壳	H7，G7②	
		冲击	轴向能移动，可采用整体或剖分式外壳	J7，JS7	
外圈摆动		轻、正常		K7	
		正常、重		M7	
		冲击	轴向不移动，采用整体式外壳	J7	K7
外圈旋转	张紧轮、绳轮	轻		K7，M7	M7，N7
		正常			
		重		—	N7，P7

① 并列公差带随尺寸的增大从左至右选择，对旋转精度有较高要求时，可相应提高一个公差等级。

② 不适用于剖分式外壳。

表 14-7　　轴和轴承座孔的几何公差（摘自 GB/T 275—2015）

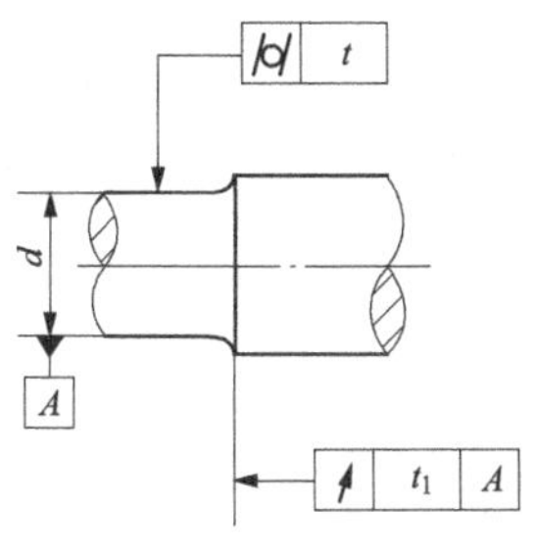

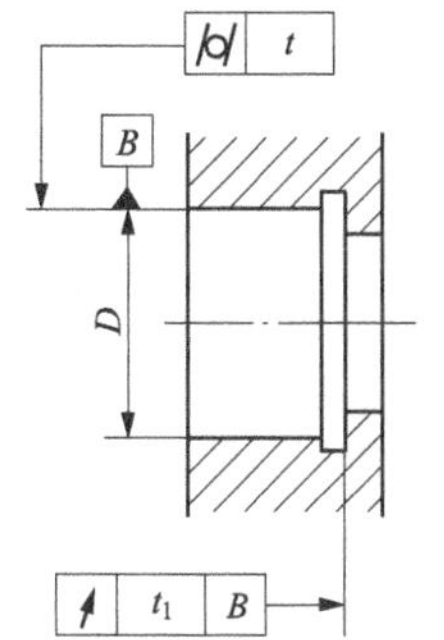

基本尺寸/mm $d(D)$		圆柱度 t				端面圆跳动 t_1			
		轴颈		轴承座孔		轴肩		轴承座孔肩	
		轴承公差等级							
		0	6 (6x)	0	6 (6x)	0	6 (6x)	0	6 (6x)
大于	至	公差值/μm							
	6	2.5	1.5	4	2.5	5	3	8	5
6	10	2.5	1.5	4	2.5	6	4	10	6
10	18	3.0	2.0	5	3.0	8	5	12	8
18	30	4.0	2.5	6	4.0	10	6	15	10
30	50	4.0	2.5	7	4.0	12	8	20	12
50	80	5.0	3.0	8	5.0	15	10	25	15
80	120	6.0	4.0	10	6.0	15	10	25	15
120	180	8.0	5.0	12	8.0	20	12	30	20
180	250	10.0	7.0	14	10.0	20	12	30	20
250	315	12.0	8.0	16	12.0	25	15	40	25

表 14-8　　配合面的表面粗糙度（摘自 GB/T 275—2015）

轴或轴承座孔直径/mm		轴或轴承座孔配合表面直径公差等级								
		IT7			IT6			IT5		
		表面粗糙度/μm								
大于	至	*Rz*	*Ra*		*Rz*	*Ra*		*Rz*	*Ra*	
			磨	车		磨	车		磨	车
	80	10	1.6	3.2	6.3	0.8	1.6	4	0.4	0.8
80	500	16	1.6	3.2	10	1.6	3.2	6.3	0.8	1.6
端面		25	3.2	6.3	25	3.2	6.3	10	1.6	3.2

注　与 0、6（6x）级公差轴承配合的轴，其公差等级一般为 IT6，轴承座孔一般为 IT7。

表 14-9　　角接触轴承的轴向游隙

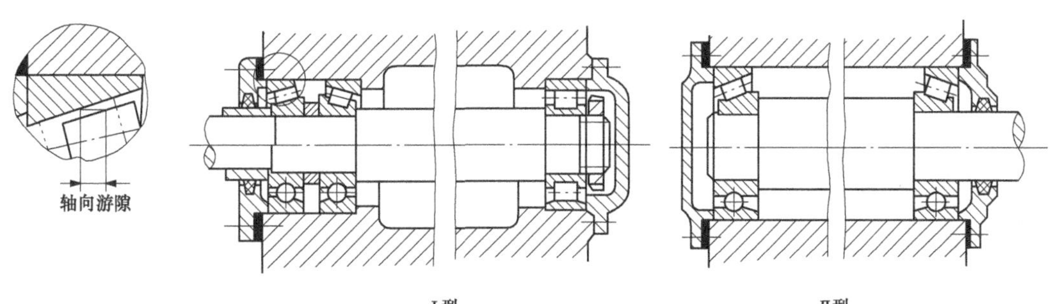

Ⅰ型　　Ⅱ型

续表

<table>
<tr><th rowspan="3">轴承类型</th><th colspan="2" rowspan="2">轴承内径 d/mm</th><th colspan="6">允许轴向游隙的范围/μm</th><th rowspan="4">Ⅱ型轴承间允许的距离（最大值）</th></tr>
<tr><th colspan="2">Ⅰ型</th><th colspan="2">Ⅱ型</th><th colspan="2">Ⅰ型</th></tr>
<tr><th>最小</th><th>最大</th><th>最小</th><th>最大</th><th>最小</th><th>最大</th></tr>
<tr><th></th><th>大于</th><th>至</th><th colspan="6">接触角 α</th></tr>
<tr><td rowspan="5">角接触球轴承</td><td></td><td></td><td colspan="4">α=15°</td><td colspan="2">α=25°，40°</td><td></td></tr>
<tr><td>—</td><td>30</td><td>20</td><td>40</td><td>30</td><td>50</td><td>10</td><td>20</td><td>8d</td></tr>
<tr><td>30</td><td>50</td><td>30</td><td>50</td><td>40</td><td>70</td><td>15</td><td>30</td><td>7d</td></tr>
<tr><td>50</td><td>80</td><td>40</td><td>70</td><td>50</td><td>100</td><td>20</td><td>40</td><td>6d</td></tr>
<tr><td>80</td><td>120</td><td>50</td><td>100</td><td>60</td><td>150</td><td>30</td><td>50</td><td>5d</td></tr>
<tr><td rowspan="5">圆锥滚子轴承</td><td></td><td></td><td colspan="4">α=10°～16°</td><td colspan="2">α=25°～29°</td><td></td></tr>
<tr><td>—</td><td>30</td><td>20</td><td>40</td><td>40</td><td>70</td><td>—</td><td>—</td><td>14d</td></tr>
<tr><td>30</td><td>50</td><td>40</td><td>70</td><td>50</td><td>100</td><td>20</td><td>40</td><td>12d</td></tr>
<tr><td>50</td><td>80</td><td>50</td><td>100</td><td>80</td><td>150</td><td>30</td><td>50</td><td>11d</td></tr>
<tr><td>80</td><td>120</td><td>80</td><td>150</td><td>120</td><td>200</td><td>40</td><td>70</td><td>10d</td></tr>
</table>

第十五章 电动机与联轴器

第一节 电 动 机

电动机类型很多，最常见的是 Y 系列三相异步电动机，它是按国际电工委员会（IEC）标准设计的。其中，Y 系列（IP44）电动机为笼型封闭式结构，能防止灰尘、水滴侵入电机内部，自扇冷却；可采用全压或降压启动，B 级绝缘。常用于对启动性能、调速性能及转差率无特殊要求的通用机械上，如机床、风机、泵、搅拌机、运输机械、农业机械等。Y 系列三相异步电动机相关技术数据见表 15-1～表 15-4。

表 15-1 Y 系列（IP44）三相异步电动机的技术数据（摘自 JB/T 10391—2008）

电机型号	额定功率/kW	满载转速 r/min	堵转转矩/额定转矩	最大转矩/额定转矩
同步转速 3000r/min，2 级				
Y80M1-2	0.75	2830	2.2	2.3
Y80M2-2	1.1			
Y90S-2	1.5	2840		
Y90L-2	2.2			
Y100L-2	3	2870		
Y112M-2	4	2890		
Y132S1-2	5.5	2900	2.0	
Y132S2-2	7.5			
Y160M1-2	11	2930		
Y160M2-2	15			
Y160L-2	18.5			2.2
Y180M-2	22	2940		
Y200L1-2	30	2950		
Y200L2-2	37			
Y225M-2	45	2970		
Y250M-2	55			
Y280S-2	75			
同步转速 1000r/min，6 级				
Y90S-6	0.75	910	2.0	2.2
Y90L-6	1.1			
Y100L-6	1.5	940		
Y112M-6	2.2			
Y132S-6	3	960		
Y132M1-6	4			
Y132M2-6	5.5			
Y160M-6	7.5	970		2.0
Y160L-6	11			
Y180L-6	15			
Y200L1-6	18.5			
Y200L2-6	22			
Y225M-6	30	980	1.7	
Y250M-6	37			
Y280S-6	45		1.8	
Y280M-6	55			

电机型号	额定功率/kW	满载转速/(r·min^{-1})	堵转转矩/额定转矩	最大转矩/额定转矩
同步转速 1500r/min，4 级				
Y80M1-4	0.55	1390	2.4	2.3
Y80M2-4	0.75		2.3	
Y90S-4	1.1	1400		
Y90L-4	1.5			
Y100L1-4	2.2	1430	2.2	
Y100L2-4	3			
Y112M-4	4	1440		
Y132S1-4	5.5			
Y132S2-4	7.5			
Y160M1-4	11	1460		
Y160M2-4	15			
Y160L-4	18.5	1470	2.0	2.2
Y180M-4	22			
Y200L1-4	30			
Y200L2-4	37	1480	1.9	
Y225M-4	45			
Y250M-4	55		2.0	
Y280S-4	75		1.9	
Y280M-4	90			
Y315S-4	110		1.8	
同步转速 750 r/min，8 级				
Y132S-8	2.2	710	2.0	2.0
Y132M-8	3			
Y160M1-8	4	720		
Y160M2-8	5.5			
Y160L-8	7.5			
Y180L-8	11	730	1.7	
Y200L-8	15		1.8	
Y225S-8	18.5		1.7	
Y225M-8	22	740	1.8	
Y250M-8	30			
Y280S-8	37			
Y280M-8	45			
Y315S-8	55		1.6	

注 电动机型号意义：以 Y132S2-2-B3 为例，Y 为系列代号，132 为机座中心高，S 为短机座（M 为中机座，L 为长机座），第 2 种铁芯长度，2 为电动机的极数，B3 为安装形式，见表 15-2。

表 15-2　Y 系列（IP44）三相异步电动机的安装代号

安装形式	基本安装型	B3 派生安装型				
	B3	V5	V6	B6	B7	B8
示意图	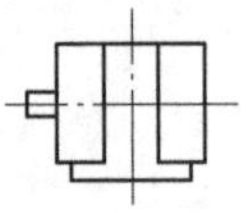	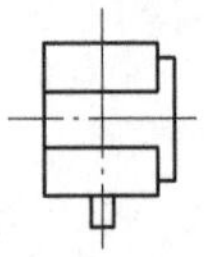	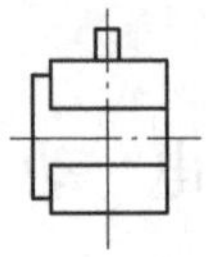	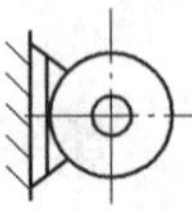	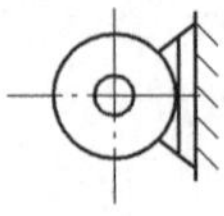	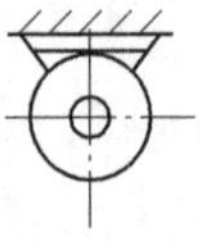

安装形式	基本安装型	B5 派生安装型		基本安装型	B35 派生安装型	
	B5	V1	V3	B35	V15	V36
示意图	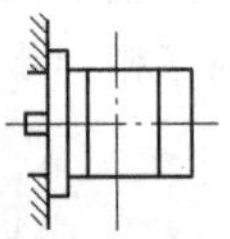	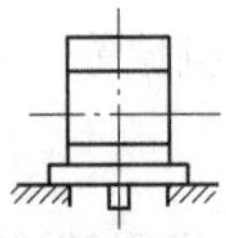	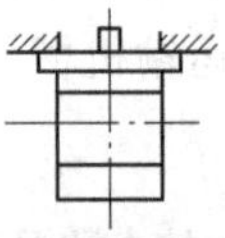	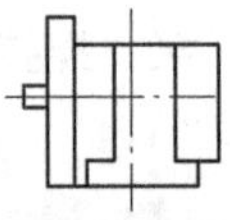	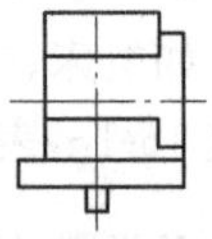	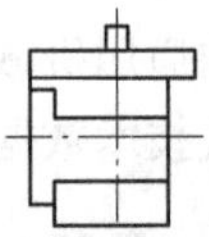

注　B 为卧式安装，V 为立式安装，其后数字表示不同的安装形式。

表 15-3　机座带底脚、端盖无凸缘（B3、B6、B7、B8、V5、V6 型）安装及外形尺寸（摘自 JB/T 10391—2008）　mm

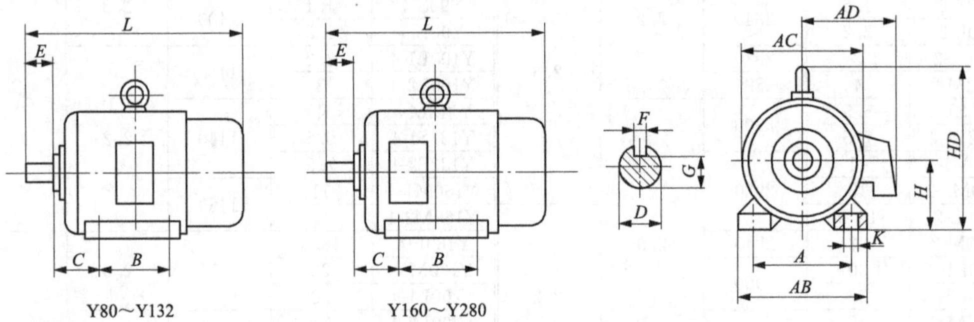

Y80～Y132　Y160～Y280

机座号	极数	*A*	*B*	*C*	*D*	*E*	*F*	*G*	*H*	*K*	*AB*	*AC*	*AD*	*HD*	*L*
80M	2，4	125	100	50	19 j6	40	6 N9	15.5	80	10	165	175	150	175	290
90S	2，4，6	140		56	24 j6	50	8 N9	20	90		180	195	160	195	315
90L			125												340
100L		160	140	63	28 j6	60		24	100	12	205	215	180	245	380
112M		190		70					112		245	240	190	265	400
132S	2，4，6，8	216		89	38 k6	80	10 N9	33	132		280	275	210	315	475
132M			178												515
160M		254	210	108	42 k6	110	12 N9	37	160	14.5	330	335	265	385	605
160L			254												650
180M		279	241	121	48 k6		14 N9	42.5	180		355	380	285	430	670
180L			279												710
200L		318	305	133	55 m6		16 N9	49	200		395	420	315	475	775
225S	4，8	356	286	149	60 m6	140	18 N9	53	225	18.5	435	475	345	530	820
225M	2		311		55 m6	110	16 N9	49							815
	4，6，8				60 m6	140	18 N9	53							845
250M	2	406	349	168					250	24	490	515	385	575	930
	4，6，8				65 m6			58							
280S	2	457	368	190					280		550	580	410	640	1000
	4，6，8				75 m6		20 N9	67.5							
280M	2		419		65 m6		18 N9	58							1050
	4，6，8				75 m6		20 N9	67.5							

表 15-4　　机座不带底脚、端盖有凸缘（B5、V3、V1 型）安装及外形尺寸（摘自 JB/T 10391—2008）　　mm

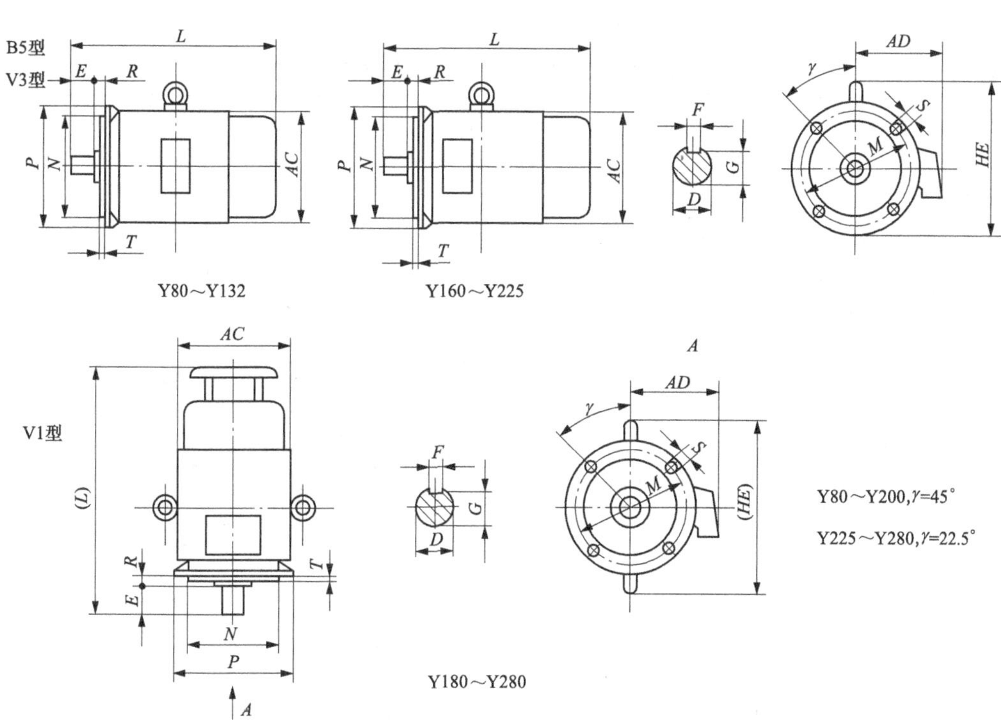

<table>
<tr><th>机座号</th><th>极数</th><th>D</th><th>E</th><th>F</th><th>G</th><th>M</th><th>N</th><th>P</th><th>R</th><th>S</th><th>T</th><th>凸缘孔数</th><th>AC</th><th>AD</th><th>HE (HE)</th><th>L (L)</th></tr>
<tr><td>80M</td><td>2，4</td><td>19 j6</td><td>40</td><td>6 N9</td><td>15.5</td><td rowspan="3">165</td><td rowspan="3">130 j6</td><td rowspan="3">200</td><td rowspan="21">0</td><td rowspan="3">12</td><td rowspan="3">3.5</td><td rowspan="12">4</td><td>175</td><td>150</td><td>185</td><td>290</td></tr>
<tr><td>90S</td><td rowspan="4">2，4，6</td><td rowspan="2">24 j6</td><td rowspan="2">50</td><td rowspan="4">8 N9</td><td rowspan="2">20</td><td rowspan="2">195</td><td rowspan="2">160</td><td rowspan="2">195</td><td>315</td></tr>
<tr><td>90L</td><td>340</td></tr>
<tr><td>100L</td><td rowspan="2">28 j6</td><td rowspan="2">60</td><td rowspan="2">24</td><td rowspan="2">215</td><td rowspan="2">180 j6</td><td rowspan="2">250</td><td rowspan="4">14.5</td><td rowspan="4">4</td><td>215</td><td>180</td><td>245</td><td>380</td></tr>
<tr><td>112M</td><td>240</td><td>190</td><td>265</td><td>400</td></tr>
<tr><td>132S</td><td rowspan="7">2，4，6，8</td><td rowspan="2">38 k6</td><td rowspan="2">80</td><td rowspan="2">10 N9</td><td rowspan="2">33</td><td rowspan="2">265</td><td rowspan="2">230 j6</td><td rowspan="2">300</td><td rowspan="2">275</td><td rowspan="2">210</td><td rowspan="2">315</td><td>475</td></tr>
<tr><td>132M</td><td>515</td></tr>
<tr><td>160M</td><td rowspan="2">42 k6</td><td rowspan="5">110</td><td rowspan="2">12 N9</td><td rowspan="2">37</td><td rowspan="4">300</td><td rowspan="4">250 j6</td><td rowspan="4">350</td><td rowspan="14">18.5</td><td rowspan="14">5</td><td rowspan="2">335</td><td rowspan="2">265</td><td rowspan="2">385</td><td>605</td></tr>
<tr><td>160L</td><td>650</td></tr>
<tr><td>180M</td><td rowspan="2">48 k6</td><td rowspan="2">14 N9</td><td rowspan="2">42.5</td><td rowspan="2">380</td><td rowspan="2">285</td><td rowspan="2">430</td><td>670</td></tr>
<tr><td>180L</td><td>710</td></tr>
<tr><td>200L</td><td>55 m6</td><td>16 N9</td><td>49</td><td>350</td><td>300 js6</td><td>400</td><td>420</td><td>315</td><td>480</td><td>775</td></tr>
<tr><td>225S</td><td>4，8</td><td>60 m6</td><td>140</td><td>18 N9</td><td>53</td><td rowspan="3">400</td><td rowspan="3">350 js6</td><td rowspan="3">450</td><td rowspan="9">8</td><td rowspan="3">475</td><td rowspan="3">345</td><td rowspan="3">535</td><td>820</td></tr>
<tr><td rowspan="2">225M</td><td>2</td><td>55 m6</td><td>110</td><td>16 N9</td><td>49</td><td>815</td></tr>
<tr><td>4，6，8</td><td rowspan="2">60 m6</td><td rowspan="7">140</td><td rowspan="4">18 N9</td><td rowspan="2">53</td><td>845</td></tr>
<tr><td rowspan="2">250M</td><td>2</td><td rowspan="6">500</td><td rowspan="6">450 js6</td><td rowspan="6">550</td><td rowspan="2">515</td><td rowspan="2">385</td><td rowspan="2">650</td><td rowspan="2">1035</td></tr>
<tr><td>4，6，8</td><td rowspan="2">65 m6</td><td rowspan="2">58</td></tr>
<tr><td rowspan="2">280S</td><td>2</td><td rowspan="4">580</td><td rowspan="4">410</td><td rowspan="4">720</td><td rowspan="2">1120</td></tr>
<tr><td>4，6，8</td><td>75 m6</td><td>20 N9</td><td>67.5</td></tr>
<tr><td rowspan="2">280M</td><td>2</td><td>65 m6</td><td>18 N9</td><td>58</td><td rowspan="2">1170</td></tr>
<tr><td>4，6，8</td><td>75 m6</td><td>20 N9</td><td>67.5</td></tr>
</table>

第二节 联 轴 器

常用联轴器技术数据见表 15-5～表 15-10。

表 15-5 **轴孔和键槽的形式及尺寸（摘自 GB/T 3852—2017）** mm

圆柱形和圆锥形轴孔、键槽形式	长圆柱形轴孔（Y 型）	有沉孔的短圆柱形轴孔（J 型）	无沉孔的短圆柱形轴孔（J_1 型）	有沉孔的圆锥形轴孔（Z 型）	圆锥形轴孔（Z_1 型）
	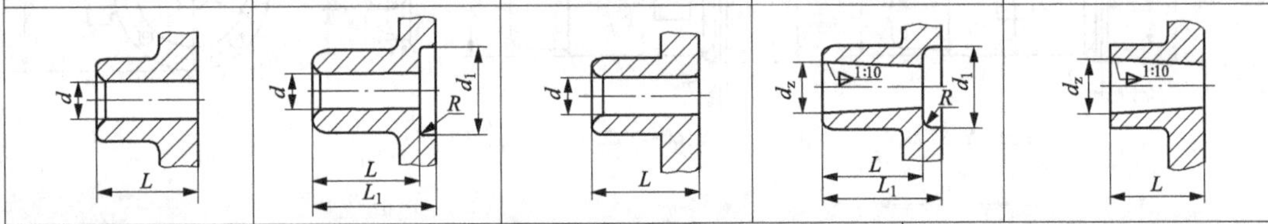 d, L	d, d_1, R, L, L_1	d, L	d_z, 1:10, d_1, R, L, L_1	d_z, 1:10, L
	平键单键槽（A 型）	120°布置平键双键槽（B 型）	180°布置平键双键槽（B_1 型）	圆锥形轴孔平键单键槽（C 型）	
	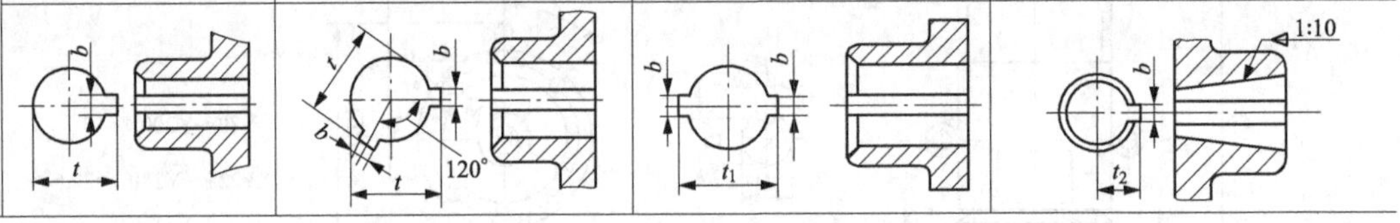 b, t	t, b, 120°	b, t_1	1:10, b, t_2	

尺寸系列

轴孔直径 d(H7) d_z(H10)	长度 L 长系列	长度 L 短系列	L_1	沉孔尺寸 d_1	沉孔尺寸 R	A型、B型、B_1型键槽 b（P9）公称尺寸	b（P9）极限偏差	t 公称尺寸	t 极限偏差	t_1 公称尺寸	t_1 极限偏差	C型键槽 b（P9）公称尺寸	b（P9）极限偏差	t_2 公称尺寸	t_2 极限偏差
16	42	30	42	38	1.5	5	−0.012 −0.042	18.3	+0.1 0	20.6	+0.2 0	3	−0.006 −0.031	8.7	+0.100 0
18						6		20.8		23.6		4	−0.012 −0.042	10.1	
19								21.8		24.6				10.6	
20	52	38	52					22.8		25.6				10.9	
22							−0.015 −0.051	24.8		27.6				11.9	
24						8		27.3		30.6		5		13.4	
25	62	44	62	48				28.3		31.6				13.7	
28								31.3		34.6				15.2	
30	82	60	82	55	2.0	10		33.3		36.6				15.8	
32								35.3		38.6		6		17.3	
35								38.3		41.6				18.8	
38				65			−0.018 −0.061	41.3	+0.2 0	44.6	+0.4 0			20.3	
40	112	84	112					43.3		46.6		10	−0.015 −0.051	21.2	+0.200 0
42								45.3		48.6				22.2	
45				80				48.8		52.6		12	−0.018 −0.061	23.7	
48								51.8		55.6				25.2	
50				95				53.8		57.6				26.2	
55					2.5			59.3		63.6		14		29.2	
56								60.3		64.6				29.7	

续表

尺寸系列															
轴孔直径 d(H7) d_z(H10)	长度 L			沉孔尺寸		A型、B型、B_1型键槽						C型键槽			
	L 长系列	L 短系列	L_1	d_1	R	b（P9）公称尺寸	b（P9）极限偏差	t 公称尺寸	t 极限偏差	t_1 公称尺寸	t_1 极限偏差	b（P9）公称尺寸	b（P9）极限偏差	t_2 公称尺寸	t_2 极限偏差
60	142	107	142	105	2.5	18	−0.018 −0.061	64.4	+0.2 0	68.8	+0.4 0	16	−0.018 −0.061	31.7	+0.200 0
63								67.4		71.8				32.2	
65								69.4		73.8				34.2	
70				120		20	−0.022 −0.074	74.9		79.8		18		36.8	
71								75.9		80.8				37.3	
75								79.9		84.8				39.3	

表 15-6　凸缘联轴器（摘自 GB/T 5843—2003）

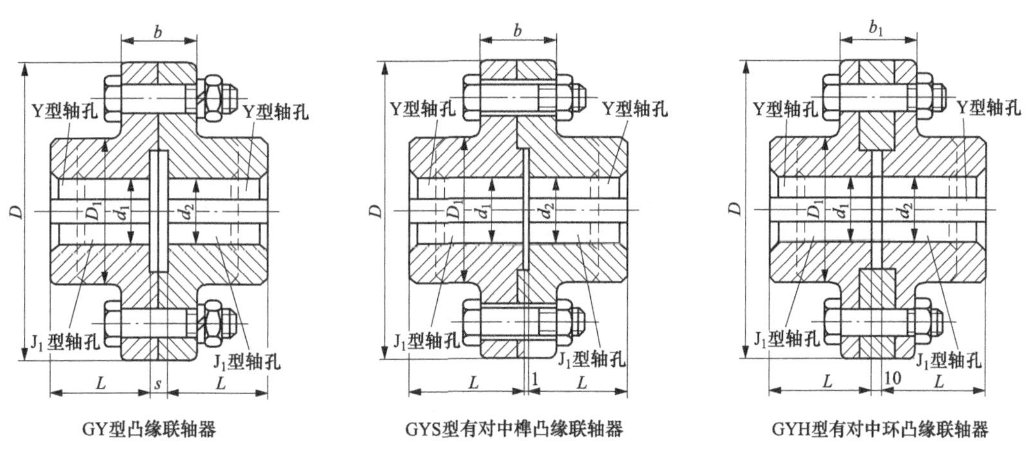

GY型凸缘联轴器　GYS型有对中榫凸缘联轴器　GYH型有对中环凸缘联轴器

标记示例

GY5 联轴器，主动端，Y 型轴孔，A 型键槽，d_1＝30mm，L＝82mm；从动端，J_1 型轴孔，A 型键槽，d_2＝30mm，L＝60mm

标记为

GY5 联轴器 $\dfrac{30\times 82}{J_1 30\times 60}$　GB/T 5843—2003

型号	公称转矩 /(N·m)	许用转速 /(r·min⁻¹)	轴孔直径 d_1，d_2/mm	轴孔长度 L/mm Y型	轴孔长度 L/mm J_1型	D/mm	D_1/mm	b/mm	b_1/mm	s/mm	转动惯量 /(kg·m²)
GY1 GYS1 GYH1	25	12 000	12，14	32	27	80	30	26	42	6	0.000 8
			16，18，19	42	30						
GY2 GYS2 GYH2	63	10 000	16，18，19	42	30	90	40	28	44	6	0.001 5
			20，22，24	52	38						
			25	62	44						
GY3 GYS3 GYH3	112	9500	20，22，24	52	38	100	45	30	46	6	0.002 5
			25，28	62	64						

续表

型号	公称转矩 /(N·m)	许用转速 /(r·min^{-1})	轴孔直径 d_1，d_2/mm	轴孔长度 L/mm Y型	轴孔长度 L/mm J_1型	D/mm	D_1/mm	b/mm	b_1/mm	s/mm	转动惯量 /(kg·m^2)
GY4 GYS4 GYH4	224	9000	25，28	62	64	105	55	32	48	6	0.003
			30，32，35	82	60						
GY5 GYS5 GYH5	400	8000	30，32，35，38	82	60	120	68	36	52	8	0.007
			40，42	112	84						
GY6 GYS6 GYH6	900	6800	38	82	60	140	80	40	56	8	0.015
			40,42,45,48,50	112	84						
GY7 GYS7 GYH7	1600	6000	48,50,55,56	112	84	160	100	40	56	8	0.031
			60，63	142	107						
GY8 GYS8 GYH8	3150	4800	60,63,65,70,71,75	142	107	200	130	50	68	10	0.103
			80	172	132						
GY9 GYS9 GYH9	6300	3600	75	142	107	260	160	66	84	10	0.319
			80，85，90，95	172	132						
			100	212	167						

表 15-7　　LT 型弹性套柱销联轴器（摘自 GB/T 4323—2017）

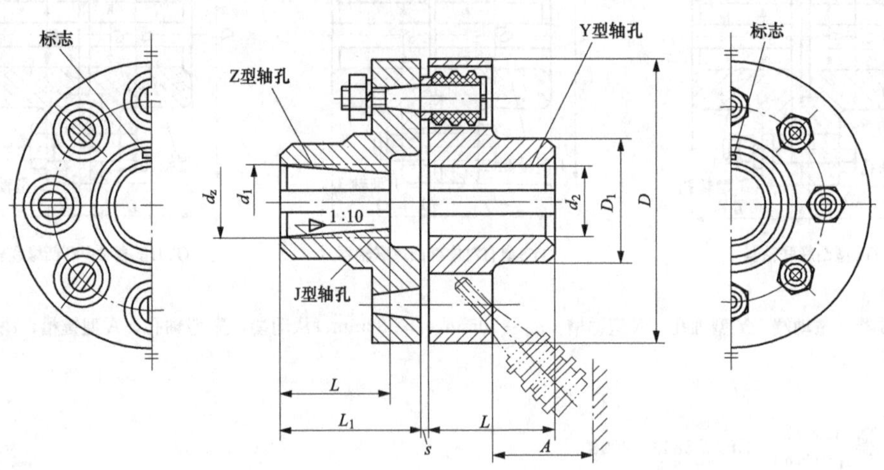

标记示例

LT8 联轴器，主动端，Z 型轴孔，C 型键槽，d_z=50mm，L=84mm；从动端，Y 型轴孔，A 型键槽，d_2=60mm，L=142mm。标记为

LT8 联轴器 $\frac{ZC50\times84}{60\times142}$ GB/T 4323—2017

型号	公称转矩 T_n N·m	许用转速 [n] r/min	轴孔直径 d_1，d_2，d_z mm	轴孔长度 Y型 L (mm)	轴孔长度 J，Z型 L_1 (mm)	轴孔长度 J，Z型 L (mm)	D mm	D_1 mm	s mm	A mm	转动惯量 kg·m^2	质量 kg
LT1	16	8800	10,11	22	25	22	71	22	3	18	0.000 4	0.7
			12,14	27	32	27						

续表

型号	公称转矩 T_n N·m	许用转速 [n] r/min	轴孔直径 d_1,d_2,d_z mm	轴孔长度 Y型 L mm	J,Z型 L_1 mm	J,Z型 L mm	D mm	D_1 mm	s mm	A mm	转动惯量 kg·m²	质量 kg
LT2	25	7600	12,14	27	32	27	80	30	3	18	0.001	1.0
			16,18,19	30	42	30						
LT3	63	6300	16,18,19	30	42	30	95	35	4	35	0.002	2.2
			20,22	38	52	38						
LT4	100	5700	20,22,24	38	52	38	106	42	4	35	0.004	3.2
			25,28	44	62	44						
LT5	224	4600	25,28	44	62	44	130	56	5	45	0.011	5.5
			30,32,35	60	82	60						
LT6	355	3800	32,35,38	60	82	60	160	71	5	45	0.026	9.6
			40,42	84	112	84						
LT7	560	3600	40,42,45,48	84	112	84	190	80	5	45	0.06	15.7
LT8	1120	3000	40,42,45,48,50,55	84	112	84	224	95	6	65	0.13	24.0
			60,63,65	107	142	107						
LT9	1600	2850	50,55	84	112	84	250	110	6	65	0.20	31.0
			60,63,65,70	107	142	107						
LT10	3150	2300	63,65,70,75	107	142	107	315	150	8	80	0.64	60.2
			80,85,90,95	132	172	132						
LT11	6300	1800	80,85,90,95	132	172	132	400	190	10	100	2.06	114
			100,110	167	212	167						
LT12	12 500	1450	100,110,120,125	167	212	167	475	220	12	130	5.00	212
			130	202	252	202						
LT13	22 400	1150	120,125	167	212	167	600	280	14	180	16.0	416
			130,140,150	202	252	202						
			160,170	242	302	242						

注 1. 转动惯量和质量是按Y型最大轴孔长度、最小轴孔直径计算的数值。

2. 轴孔型式组合为Y/Y、J/Y、Z/Y。

表 15-8　　LX型弹性柱销联轴器（摘自GB/T 5014—2017）

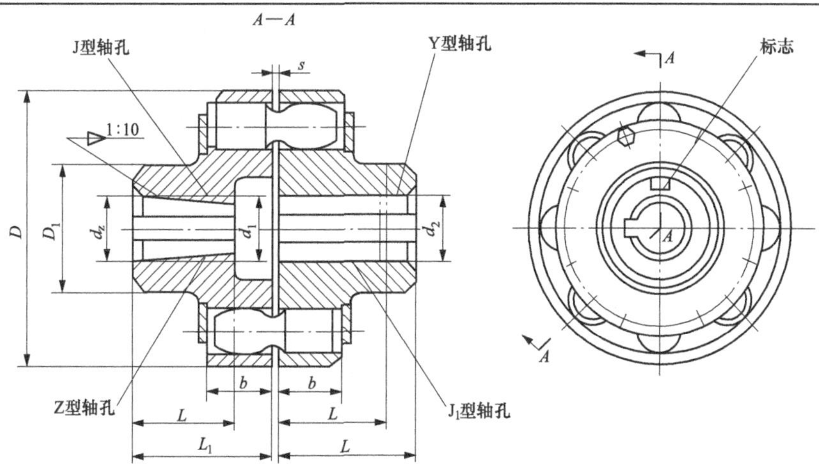

标记示例

LX5联轴器，主动轴，Z型轴孔，C型键槽，d_z=55mm，L_1=84mm；从动端，J型轴孔，B型键槽，d_2=50mm，L_1=84mm，标记为

LX5联轴器$\frac{ZC55\times84}{JB50\times84}$　GB/T 5014—2017

续表

型号	公称转矩/N·m	许用转速/(r·min^{-1})	轴孔直径 d_1，d_2，d_z/mm	轴孔长度/mm			D/mm	D_1/mm	b/mm	s/mm	转动惯量/(kg·m^2)
				Y型	J，J_1，Z型						
				L	L	L_1					
LX1	250	8500	12,14	32	27	—	90	40	20	2.5	0.002
			16,18,19	42	30	42					
			20,22,24	52	38	52					
LX2	560	6300	20,22,24	52	38	52	120	55	28	2.5	0.009
			25,28	62	44	62					
			30,32,35	82	60	82					
LX3	1250	4700	30,32,35,38	82	60	82	160	75	36	2.5	0.026
			40,42,45,48	112	84	112					
LX4	2500	3870	40,42,45,48,50,55	112	84	112	195	100	45	3	0.109
			60,63	142	107	142					
LX5	3150	3450	50,55,56	112	84	112	220	120	45	3	0.191
			60,63,65,70,71,75	142	107	142					
LX6	6300	2720	60,63,65,70,71,75	142	107	142	280	140	56	4	0.543
			80,85	172	132	172					
LX7	11 200	2360	70,71,75	142	107	142	320	170	56	4	1.314
			80,85,90,95	172	132	172					
			100,110	212	167	212					
LX8	16 000	2120	80,85,90,95	172	132	172	360	200	5	5	2.023
			100,110,120,125	212	167	212					
LX9	22 400	1850	100,110,120,125	212	167	212	410	230	63	5	4.386
			130,140	252	202	252					
LX10	35 500	1600	110,120,125	212	167	212	480	280	75	6	9.760
			130,140,150	252	202	252					
			160,170,180	302	242	302					

表 15-9 LM 型梅花形弹性联轴器（摘自 GB/T 5272—2017）

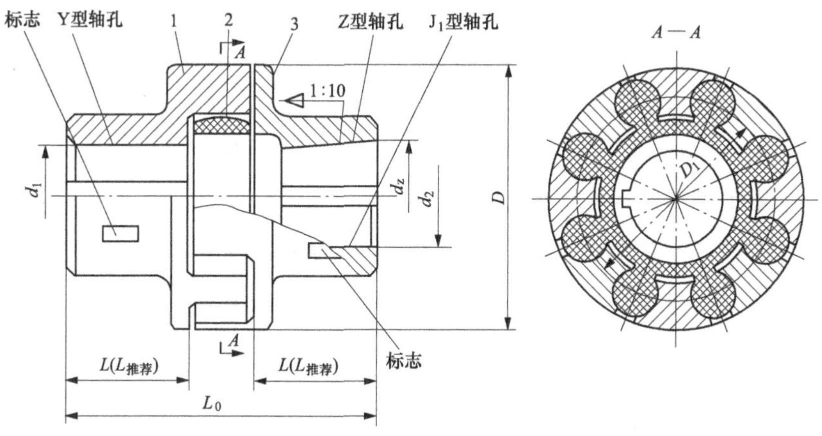

1、3—半联轴器 2—梅花弹性元件

标记示例：

LM3 型梅花联轴器，MT3 型弹性件为 a；主动端，Z 型轴孔，A 型键槽，d_z=30mm，L=40mm；从动端，Y 型轴孔，B 型键槽，d_1=25mm，L=40mm。标记为

LM3 联轴器$\frac{Z30\times40}{B25\times40}$ MT3-a GB/T 5272—2017

型号	公称转矩/(N·m) 弹性件硬度 a/H_A 80±5	公称转矩/(N·m) 弹性件硬度 b/H_D 60±5	许用转速/(r·min⁻¹)	轴孔直径 d_1，d_2，d_z /mm	轴孔长度 L/mm Y型 L	轴孔长度 L/mm J_1、Z型 L	L 推荐	L_0/mm	D/mm	弹性件型号	转动惯量/(kg·m²)	许用补偿量 径向 ΔY/mm	许用补偿量 轴向 ΔX/mm	许用补偿量 角向 Δα
LM1	25	45	15 300	12,14	32	27	35	86	50	$MT1^{-a}_{-b}$	0.000 2	0.5	1.2	2°
				16,18,19	42	30								
				20,22,24	52	38								
				25	62	44								
LM2	50	100	12 000	16,18,19	42	30	38	95	60	$MT2^{-a}_{-b}$	0.000 4	0.6	1.3	
				20,22,24	52	38								
				25,28	62	44								
				30	82	60								
LM3	100	200	10 900	20,22,24	52	38	40	103	70	$MT3^{-a}_{-b}$	0.000 9	0.8	1.5	
				25,28	62	44								
				30,32	82	60								
LM4	140	280	9000	22,24	52	38	45	114	85	$MT4^{-a}_{-b}$	0.002	0.8	2.0	
				25,28	62	44								
				30,32,35,38	82	60								
				40	112	84								
LM5	350	400	7300	25,28	62	44	50	127	105	$MT5^{-a}_{-b}$	0.005	0.8	2.5	
				30,32,35,38	82	60								
				40,42,45	112	84								
LM6	400	710	6100	30,32,35,38	82	60	55	143	125	$MT6^{-a}_{-b}$	0.011 4	1.0	3.0	1.5°
				40,42,45,48	112	84								
LM7	630	1120	5300	35*,38*	82	60	60	159	145	$MT7^{-a}_{-b}$	0.023 2	1.0	3.0	
				40*,42*,45,48,50,55	112	84								
LM8	1120	2240	4500	45*,48*,50,55,56			70	181	170	$MT8^{-a}_{-b}$	0.046 8	1.0	3.5	
				60,63,65*	142	107								

注 1. 带 * 号的轴孔直径可用于 Z 型轴孔。

2. a、b 为两种弹性材料硬度代号。

表 15-10　GICL 型鼓形齿联轴器(摘自 JB/T 8854.3—2001)

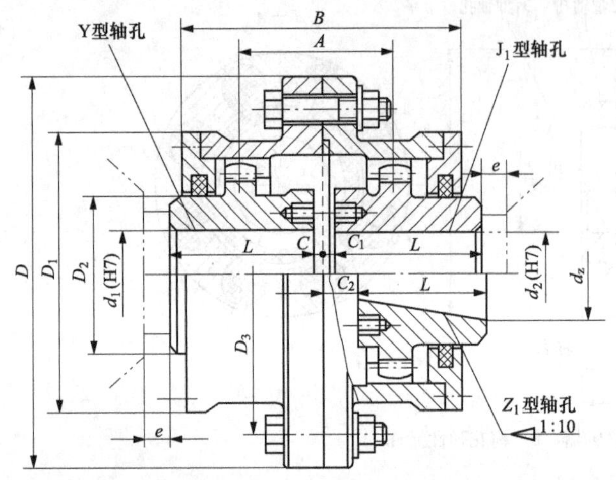

标记示例

GICL3 联轴器，主动端，Y 型轴孔，A 型键槽，d_1=45mm，L=112mm；从动端，J_1 型轴孔，B 型键槽，d_2=40mm，L=84mm。标记为

GICL3 联轴器 $\frac{\text{YA45}\times 112}{\text{J}_1\text{B40}\times 84}$

JB/T 8854.3—2001

型号	公称转矩 T_n/(N·m)	许用转速 [n]/(r·min^{-1})	轴孔直径 d_1、d_2、d_z	轴孔长度 L Y	轴孔长度 L J_1、Z_1	D	D_1	D_2	B	A	C	C_1	C_2	e	转动惯量 I/(kg·m^2)	许用补偿量 径向 ΔY/mm	许用补偿量 角向 $\Delta\alpha$
			/mm														
GICL1	800	7100	16、18、19	42	—	125	95	60	117	37	20	—	—	30	0.009	1.96	≤1°30′
			20、22、24	52	38						10	—	24				
			25、28	62	44						2.5	—	19				
			30、32、35、38	82	60							15	22				
GICL2	1200	6300	25、28	62	44	145	120	75	135	88	10.5	—	29	30	0.02	2.36	
			30、32、35、38	82	60						2.5	12.5	30				
			40、42、45、48	112	84							13.5	28				
GICL3	2800	5900	30、32、35、38	82	60	174	140	95	155	106	3	24.5	25	30	0.047	2.75	
			40、42、45、48、50、55、56	112	84							17	28				
			60	142	107								35				
GICL4	5000	5400	32、35、38	82	60	196	165	115	178	125	14	37	32	30	0.091	3.27	
			40、42、45、48、50、55、56	112	84						3	17	28				
			60、63、65、70	142	107								35				
GICL5	8000	5000	40、42、45、48、50、55、56	112	84	225	183	130	198	142	3	25	28	30	0.167	3.8	
			60、63、65、70、71、75	142	107							20	35				
			80	172	132							22	43				
GICL6	11 200	4800	48、50、55、56	112	84	240	200	145	218	160	6	35	35	30	0.267	4.3	
			60、63、65、70、71、75	142	107						4	20					
			80、85、90	172	132							22	43				
GICL7	15 000	4500	60、63、65、70、71、75	142	107	260	230	160	244	180	4	25	35	30	0.453	4.7	
			80、85、90、95	172	132							22	43				
			100	212	167								48				
GICL8	21 200	4000	65、70、71、75	142	107	280	245	175	264	193	5	35	35	30	0.646	5.24	
			80、85、90、95	172	132							22	43				
			100、110	212	167								48				

第十六章　润滑与密封

第一节　润　滑　剂

常用润滑剂技术数据见表 16-1～表 16-4。

表 16-1　　齿轮传动润滑油黏度的荐用值

齿轮材料	强度极限 σ_b/MPa	圆周速度 v/(m·s^{-1})						
		<0.5	0.5～1	1～2.5	2.5～5	5～12.5	12.5～25	>25
		运动黏度 ν/(mm^2·s^{-1})（50℃）						
塑料、铸铁、青铜	—	177	118	81.5	59	44	32.4	—
钢	450～1000	266	177	118	81.5	59	44	32.4
	1000～1250	266	266	117	118	81.5	59	44
渗碳或表面淬火钢	1250～1580	444	266	266	117	118	81.5	59

注　1. 对于多级齿轮传动，采用各级传动圆周速度的平均值来选取润滑油的黏度。

2. σ_b>800MPa 的镍铬钢制齿轮（不渗碳）的润滑油黏度应取高一档的值。

表 16-2　　蜗杆传动润滑油黏度的荐用值及给油方法

滑动速度 v_s/(m/s)	0～1	0～2.5	0～5	>5～10	>10～15	>15～20	>25
载荷类型	重	重	中	（不限）	（不限）	（不限）	（不限）
运动黏度 ν_{40}/(mm^2/s)	900	500	350	220	150	100	80
给油方法	油池润滑			喷油润滑或油池润滑	喷油润滑时的喷油压力/MPa		
					0.7	2	3

表 16-3　　常用润滑油的主要性质和用途

名称	代号	运动黏度 mm^2/s 40℃	倾点 ≤℃	闪点（开口）≥℃	主要用途
全损耗系统用油(GB 443—1989)	L-AN5	4.14～5.06	−5	80	用于各种高速轻载机械轴承的润滑和冷却（循环式或油箱式），如转速在 10000r/min 以上的精密机械、机床及纺织纱锭等
	L-AN7	6.12～7.48		110	
	L-AN10	9.00～11.0		130	
	L-AN15	13.5～16.5		150	用于小型机床齿轮箱、传动装置轴承、中小型电机、风动工具等
	L-AN22	19.8～24.2			
	L-AN32	28.8～35.2			用于一般机床齿轮箱、中小型机床导轨及 100kW 以上电机轴承
	L-AN46	41.4～50.6		160	主要用于大型机床如大型刨床的润滑
	L-AN68	61.2～74.8			主要用于低速重载的纺织机械及重型机床、锻造、铸造设备的润滑
	L-AN100	90～110		180	
	L-AN150	135～165			

续表

名称	代号	运动黏度 mm^2/s 40℃	倾点 ≤℃	闪点（开口）≥℃	主要用途
工业闭式齿轮油（GB 5903—2011）	L-CKC68	61.2～74.8	−8	180	用于煤炭、化工、建材、冶金等工业部门中等负荷封闭式齿轮传动装置的润滑
	L-CKC100	90～110			
	L-CKC150	135～165		200	
	L-CKC220	198～242			
	L-CKC320	288～352			
	L-CKC460	414～506			
	L-CKC680	612～748	−5		
蜗轮蜗杆油（SH/T 0094—1991）	L-CKE220	198～242	−6	200	用于钢-铜配合的圆柱形和双包络等类型承受轻负荷传动中平稳无冲击的蜗轮蜗杆副的润滑
	L-CKE320	288～352			
	L-CKE460	414～506		220	
	L-CKE680	612～748			
	L-CKE1000	900～1100			
	L-CKE/P220	198～242	−12	200	用于钢-铜配合的圆柱形承受重负荷传动中有振动和冲击的蜗轮蜗杆副的润滑
	L-CKE/P 320	288～352			
	L-CKE/P 460	414～506		220	
	L-CKE/P 680	612～748			
	L-CKE/P 1000	900～1100			

表 16-4　　常用润滑脂的主要性质及用途

名称	代号	滴点/℃ 不低于	工作锥入度（25℃，150g）1/10mm	特性与主要用途
钙基润滑脂（GB/T 491—2008）	1 号	80	310～340	具有良好的耐水性。用于工业、农业及交通运输等机械设备的轴承润滑。使用温度为 1 号和 2 号脂不高于 55℃，3 号和 4 号脂不高于 60℃
	2 号	85	265～295	
	3 号	90	220～250	
	4 号	95	175～205	
钠基润滑脂（GB 492—1989）	NG-2	140	265～295	适用于各种机械，耐热不耐水，使用温度为 2 号和 3 号脂不高于 120℃，4 号脂不高于 135℃
	NG-3	140	220～250	
	NG-4	150	175～205	
通用锂基润滑脂（GB/T 7324—2010）	ZL-1	170	310～340	良好的耐水性、机械安定性、防锈性和氧化安定性，适用于 −20～120℃ 范围内各种机械设备的滚动轴承、滑动轴承和其他摩擦部位的润滑
	ZL-2	175	265～295	
	ZL-3	180	265～295	

第二节　润　滑　装　置

常用润滑装置技术数据见表 16-5～表 16-8。

表 16-5　　直通式压注油杯（摘自 JB/T 7940.1—1995）　　mm

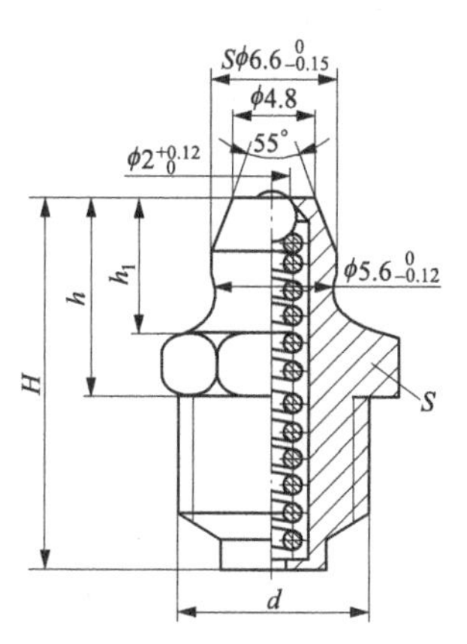

d	H	h	h_1	S	钢球 GB/T 308—2002
M6	13	8	6	$8_{-0.22}^{0}$	3
M8×1	16	9	6.5	$10_{-0.22}^{0}$	
M10×1	18	10	7	$11_{-0.22}^{0}$	

标记示例　连接螺纹 M10×1、直通式压注油杯，标记为
油杯 M10×1 JB/T 7940.1—1995

表 16-6　　接头式压注油杯（摘自 JB/T 7940.2—1995）　　mm

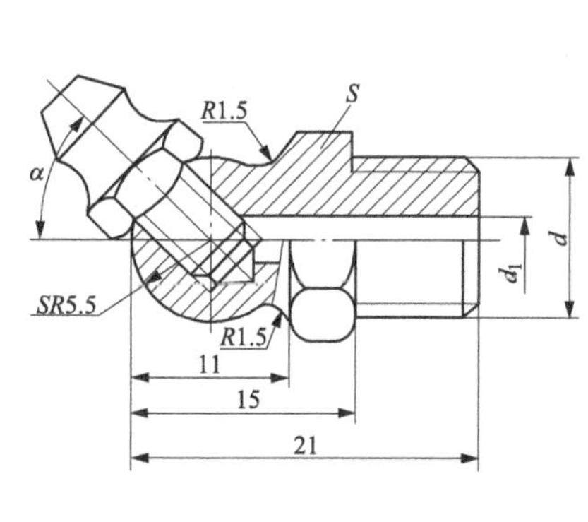

d	d_1	α	S	直通式压注油杯（按 JB/T 7940.1—1995）
M6	3	45°、90°	$11_{0.22}^{0}$	M6
M8×1	4			
M10×1	5			

标记示例　连接螺纹 M10×1、45°接头式压注油杯，标记为
油杯 45°M10×1 JB/T 7940.2—1995

表 16-7　　旋盖式油杯（摘自 JB/T 7940.3—1995）　　mm

A 型

最小容量 cm^3	d	l	H	h	h_1	d_1	D	L_{max}	S
1.5	M8×1	8	14	22	7	3	16	33	$10_{-0.22}^{0}$
3	M10×1		15	23	8	4	20	35	$13_{-0.27}^{0}$
6			17	26			26	40	
12	M14×1.5	12	20	30	10	5	32	47	$18_{-0.27}^{0}$
18			22	32			36	50	
25			24	34			41	55	
50	M16×1.5		30	44			51	70	$21_{-0.33}^{0}$
100			38	52			68	85	

标记示例
最小容量 12cm³、A 型旋盖式油杯，标记为
油杯 A12 JB/T 7940.3—1995

表 16-8 压配式压注油杯（摘自 JB/T 7940.4—1995） mm

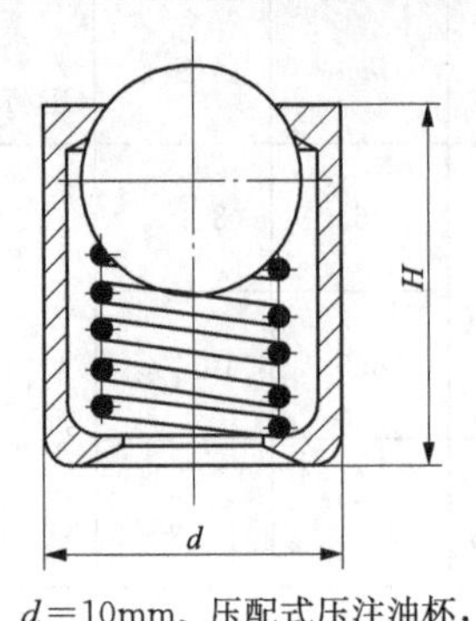

标记示例 d=10mm、压配式压注油杯，标记为
油杯 10 JB/T 7940.4—1995

d 基本尺寸	d 极限偏差	H	钢球 GB/T 308.1—2013
6	+0.004 +0.028	6	4
8	+0.049 +0.034	10	5
10	+0.058 +0.040	12	6
16	+0.063 +0.045	20	11
25	+0.085 +0.064	30	13

第三节 密 封 件

常用密封件技术数据见表 16-9～表 16-12。

表 16-9 毡圈油封和沟槽尺寸（摘自 JB/ZQ 4606—1997） mm

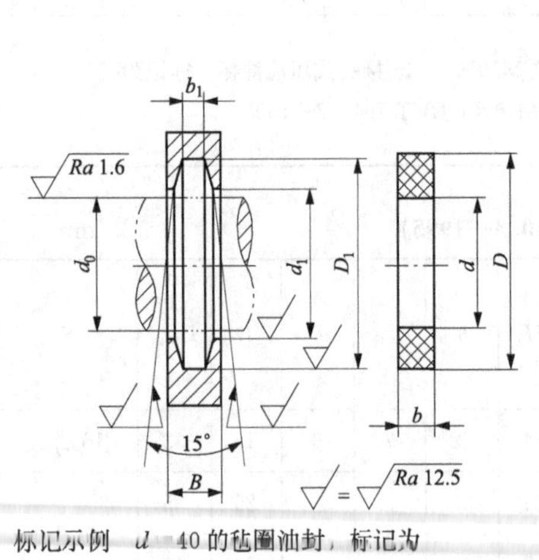

标记示例 d=40 的毡圈油封，标记为
毡圈 40 JB/ZQ 4606—1997

轴径 d_0	毡圈 D	毡圈 d	毡圈 b	沟槽 D_1	沟槽 d_1	沟槽 b_1	沟槽 B_{min} 钢	沟槽 B_{min} 铁
15	29	14	6	28	16	5	10	12
20	33	19		32	21			
25	39	24	7	38	26	6	12	15
30	45	29		44	31			
35	49	34		48	36			
40	53	39		52	41			
45	61	44	8	60	46	7		
50	69	49		68	51			
55	74	53		72	56			
60	80	58		78	61			
65	84	63		82	66			
70	90	[illegible]		88	71			
75	94	73		92	77			
80	102	78	9	100	82	8	15	18
85	107	83		105	87			
90	112	88		110	92			
95	117	93	10	115	97			
100	122	98		120	102			
105	127	103		125	107			

表 16-10　　液压气动用 O 形橡胶密封圈（摘自 GB/T 3452.1、3—2005）　　mm

沟槽尺寸（GB/T 3452.3—2005）

d_2	$b^{+0.25}_{0}$	$h^{+0.10}_{0}$	d_3 偏差值	r_1	r_2
1.8	2.4	1.32	$^{0}_{-0.04}$	0.2～0.4	0.1～0.3
2.65	3.6	2.0	$^{0}_{-0.05}$	0.2～0.4	0.1～0.3
3.55	4.8	2.9	$^{0}_{-0.06}$	0.4～0.8	0.1～0.3
5.3	7.1	4.31	$^{0}_{-0.07}$	0.4～0.8	0.1～0.3
7.0	9.5	5.85	$^{0}_{-0.09}$	0.8～1.2	0.1～0.3

标记示例

内径 d_1=32.5mm，截面直径 d_2=2.65mm，A 系列 N 级 O 形密封圈，标记为

O 形圈 32.5×2.65-A-N GB/T 3452.1—2005

d_1		d_2			d_1		d_2				d_1		d_2			d_1		d_2			
尺寸	公差 ±	1.8 ± 0.08	2.65 ± 0.09	3.55 ± 0.10	尺寸	公差 ±	1.8 ± 0.08	2.65 ± 0.09	3.55 ± 0.10	5.3 ± 0.13	尺寸	公差 ±	2.65 ± 0.09	3.55 ± 0.10	5.3 ± 0.13	尺寸	公差 ±	2.65 ± 0.09	3.55 ± 0.10	5.3 ± 0.13	7 ± 0.15
13.2	0.21	*	*		33.5	0.36	*	*	*		56	0.52	*	*	*	95	0.79	*	*	*	
14	0.22	*	*		34.5	0.37	*	*	*		58	0.54	*	*	*	97.5	0.81	*	*	*	
15	0.22	*	*		35.5	0.38	*	*	*		60	0.55	*	*	*	100	0.82	*	*	*	
16	0.23	*	*		36.5	0.38	*	*	*		61.5	0.56	*	*	*	103	0.85	*	*	*	
17	0.24	*	*		37.5	0.39	*	*	*		63	0.57	*	*	*	106	0.87	*	*	*	
18	0.25	*	*	*	38.7	0.40	*	*	*		65	0.58	*	*	*	109	0.89	*	*	*	
19	0.25	*	*	*	40	0.41	*	*	*	*	67	0.60	*	*	*	112	0.91	*	*	*	*
20	0.26	*	*	*	41.2	0.42	*	*	*	*	69	0.61	*	*	*	115	0.93	*	*	*	*
21.2	0.27	*	*	*	42.5	0.43	*	*	*	*	71	0.63	*	*	*	118	0.95	*	*	*	*
22.4	0.28	*	*	*	43.7	0.44	*	*	*	*	73	0.64	*	*	*	122	0.97	*	*	*	*
23.6	0.29	*	*	*	45	0.44	*	*	*	*	75	0.65	*	*	*	125	0.99	*	*	*	*
25	0.30	*	*	*	46.2	0.45	*	*	*	*	77.5	0.67	*	*	*	128	1.01	*	*	*	*
25.8	0.31	*	*	*	47.5	0.46	*	*	*	*	80	0.69	*	*	*	132	10.4	*	*	*	*
26.5	0.31	*	*	*	48.7	0.47	*	*	*	*	82.5	0.71	*	*	*	136	1.07	*	*	*	*
28.0	0.32	*	*	*	50	0.48	*	*	*	*	85	0.72	*	*	*	140	1.09	*	*	*	*
30.0	0.34	*	*	*	51.5	0.49		*	*	*	87.5	0.74	*	*	*	145	1.13	*	*	*	*
31.5	0.35	*	*	*	53	0.50		*	*	*	90	0.76	*	*	*	150	1.16	*	*	*	*
32.5	0.36	*	*	*	54.5	0.51		*	*	*	92.5	0.77	*	*	*	155	1.19		*	*	*

注　1. * 为可选规格。

2. 表中 h 值用于径向静密封时计算 d_3，其他密封类型还需查阅相关手册。

表 16-11　　旋转轴唇形密封圈（摘自 GB/T 13871.1—2007）　　mm

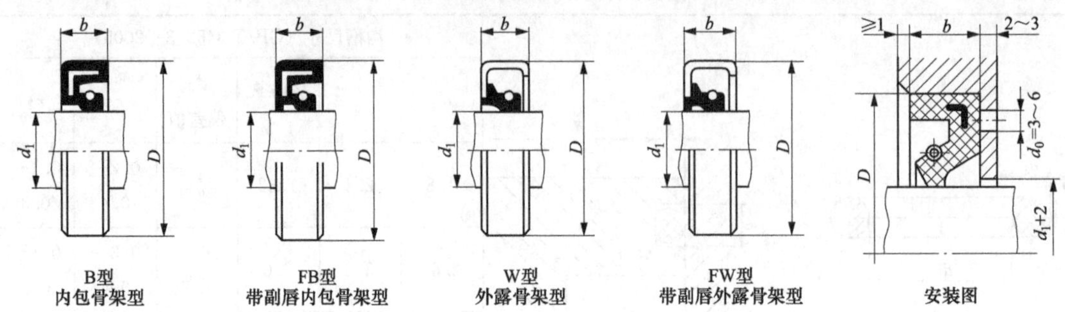

B型 内包骨架型　　FB型 带副唇内包骨架型　　W型 外露骨架型　　FW型 带副唇外露骨架型　　安装图

标记示例　$d_1=60$，$D=80$ 的带副唇的内包骨架型旋转轴唇形密封圈，标记为

（F）B 60 80 GB/T 13871.1—2007

d_1	D	b	d_1	D	b	d_1	D	b
6	16，22		25	40，47，52		60	80，85	8
7	22		28	40，47，52	7	65	85，90	
8	22，24		30	42，47，(50)，52		70	90，95	
9	22		32	45，47，52		75	95，100	10
10	22，25		35	50，52，55		80	100，110	
12	24，25，30	7	38	55，58，62		85	110，120	
15	26，30，35		40	55，(60)，62	8	90	(115)，120	
16	30，(35)		42	55，62		95	120	
18	30，35		45	62，65		100	125	12
20	35，40 (45)		50	68，(70)，72		105	(130)	
22	35，40，47		55	72，(75)，80		110	140	

表 16-12　　油沟式密封槽（摘自 JB/ZQ 4245—2006）

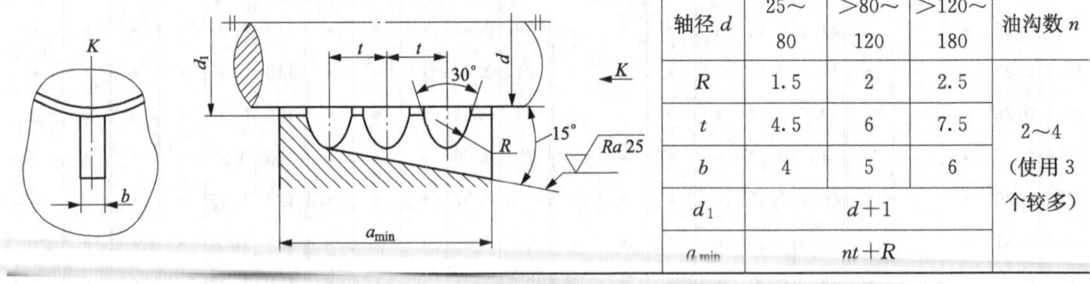

轴径 d	25～80	＞80～120	＞120～180	油沟数 n
R	1.5	2	2.5	2～4（使用 3 个较多）
t	4.5	6	7.5	
b	4	5	6	
d_1	$d+1$			
$a_{\min}$	$nt+R$			

第十七章 公差配合、几何公差及表面粗糙度

第一节 公差与配合

轴和孔的公称尺寸、极限尺寸、极限偏差和尺寸公差如图 17-1 所示。

轴和孔的基本偏差系列及配合种类（摘自 GB/T 1800.1—2009）如图 17-2 所示。

各种基本偏差、配合的应用以及标准公差值、极限偏差值等见表 17-1～表 17-7。

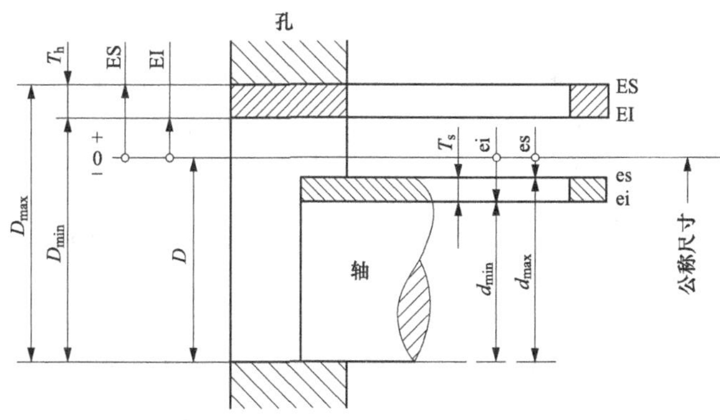

图 17-1 轴和孔的公称尺寸、极限尺寸、极限偏差和尺寸公差

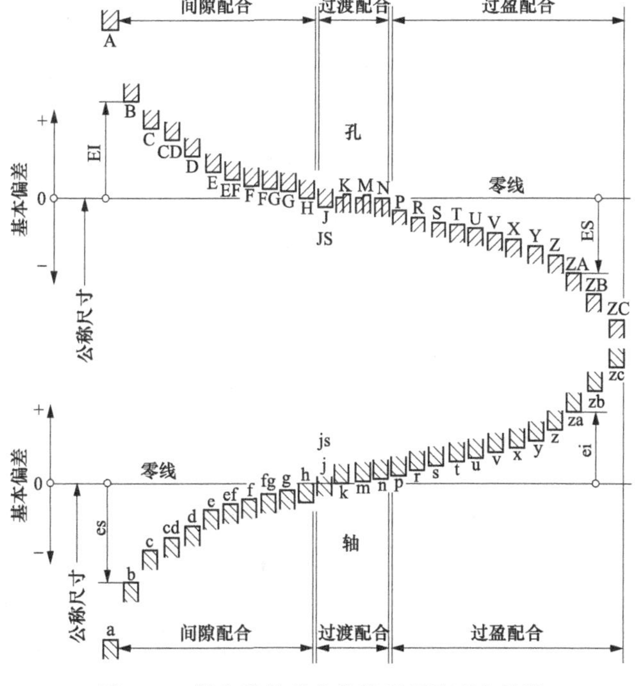

图 17-2 轴和孔的基本偏差系列及配合种类

表 17-1　基孔制轴各种基本偏差的应用

配合种类	基本偏差	配合特性及其应用
间隙配合	a、b	可得到特别大的间隙，很少应用
	c	可得到很大的间隙，一般适用于缓慢、松弛的动配合。用于工作条件较差（如农业机械），受力变形，或为了便于装配，而必须保证有较大的间隙时。推荐配合为 H11/c11，其较高级的配合 H8/c7 适用于轴在高温工作的紧密动配合，例如内燃机排气阀和导管
	d	配合一般用于 IT7～IT11 级，适用于松的转动配合，如密封盖、滑轮、空转带轮等与轴的配合。也适用于大直径滑动轴承的配合，如透平机、球磨机、轧滚成型和重型弯曲机及其他重型机械中的滑动支承
	e	多用于 IT7～IT9 级，通常适用于要求有明显间隙、易于转动的支承配合，如大跨距、多支点支承等，以及大型、高速、重载支承配合，如涡轮发电机、大型电动机、内燃机、凸轮轴及摇臂支撑等
	f	多用于 IT6～IT8 级的一般转动配合，当温度影响不大时，被广泛应用于普通润滑油（或润滑脂）润滑的支承，如齿轮箱、小电动机、泵等的转轴与滑动支承的配合
	g	配合间隙很小，制造成本高，除很轻负荷的精密装置外，不推荐用于转动配合。多用于 IT5～IT7 级，最适合不回转的精密滑动配合，也用于插销等定位配合。如精密连杆轴承、活塞、滑阀及连杆销等
	h	多用于 IT4～IT11 级。广泛用于无相对转动的零件，作为一般的定位配合。若无温度、变形的影响，也用于精密滑动配合
过渡配合	js	为完全对称偏差（±IT/2），平均为稍有间隙的配合，多用于 IT4～IT7 级，要求间隙比 h 轴小，并允许略有过盈的定位配合，如联轴器。可用手和木锤装配
	k	平均为没有间隙的配合。多用于 IT4～IT7 级。推荐用于稍有过盈的定位配合，例如为了消除振动用的定位配合。一般用木锤装配
	m	平均为具有小过盈的过渡配合，多用于 IT4～IT7 级。一般用木锤装配，但在最大过盈时，要求有相当大的压入力
	n	平均过盈比 m 轴稍大，很少得到间隙，适用于 IT4～IT7 级，用锤或压力机装配，通常用于紧密的配合，H6/n5 配合为过盈配合
过盈配合	p	与 H6、H7 配合时是过盈配合，与 H8 配合时是过渡配合。对于非铁类零件，为较轻的压入配合，当需要时易于拆装。对于钢、铸铁或铜、钢零件装配是标准压入装配
	r	对铁类零件为中等打入配合，对非铁类零件，为轻打入配合，当需要时可拆卸。与 H8 配合，直径 100mm 以上时为过盈配合，直径小时为过渡配合
	s	用于钢和铁制零件的永久性和半永久性装配，可产生相当大的结合力。当用弹性材料，如轻合金时，配合性质与铁类零件的 p 轴相当。例如套环压装在轴上、阀座等配合。尺寸较大时，为了避免损伤配合表面，需用热胀或冷缩法装配
	t、u、v x、y、z	过盈量依次增大，一般不推荐

表 17-2　标准公差值（摘自 GB/T 1800.1—2020）　μm

公称尺寸/mm	标准公差等级																	
	IT1	IT2	IT3	IT4	IT5	IT6	IT7	IT8	IT9	IT10	IT11	IT12	IT13	IT14	IT15	IT16	IT17	IT18
≤3	0.8	1.2	2	3	4	6	10	14	25	40	60	100	140	250	400	600	1000	1400
>3～6	1	1.5	2.5	4	5	8	12	18	30	48	75	120	180	300	480	750	1200	1800
>6～10	1	1.5	2.5	4	6	9	15	22	36	58	90	150	220	360	580	900	1500	2200

续表

公称尺寸/mm	标准公差等级																	
	IT1	IT2	IT3	IT4	IT5	IT6	IT7	IT8	IT9	IT10	IT11	IT12	IT13	IT14	IT15	IT16	IT17	IT18
>10~18	1.2	2	3	5	8	11	18	27	43	70	110	180	270	430	700	1100	1800	2700
>18~30	1.5	2.5	4	6	9	13	21	33	52	84	130	210	330	520	840	1300	2100	3300
>30~50	1.5	2.5	4	7	11	16	25	39	62	100	160	250	390	620	1000	1600	2500	3900
>50~80	2	3	5	8	13	19	30	46	74	120	190	300	460	740	1200	1900	3000	4600
>80~120	2.5	4	6	10	15	22	35	54	87	140	220	350	540	870	1400	2200	3500	5400
>120~180	3.5	5	8	12	18	25	40	63	100	160	250	400	630	1000	1600	2500	4000	6300
>180~250	4.5	7	10	14	20	29	46	72	115	185	290	460	720	1150	1850	2900	4600	7200
>250~315	6	8	12	16	23	32	52	81	130	210	320	520	810	1300	2100	3200	5200	8100
>315~400	7	9	13	18	25	36	57	89	140	230	360	570	890	1400	2300	3600	5700	8900
>400~500	8	10	15	20	27	40	63	97	155	250	400	630	970	1550	2500	4000	6300	9700
>500~630	9	11	16	22	32	44	70	110	175	280	440	700	1100	1750	2800	4400	7000	11000
>630~800	10	13	18	25	36	50	80	125	200	320	500	800	1250	2000	3200	5000	8000	12500
>800~1000	11	15	21	28	40	56	90	140	230	360	560	900	1400	2300	3600	5600	9000	14000

注　1. 公称尺寸>500mm 的 IT1~IT5 的标准公差数值为试行的。

2. 公称尺寸≤1mm 时，无 IT14~IT18。

表 17-3　各种加工方法能达到的标准公差等级

加工方法	IT 等级																	
	01	0	1	2	3	4	5	6	7	8	9	10	11	12	13	14	15	16
研磨	—	—	—	—	—	—	—											
珩						—	—	—	—									
内、外圆磨							—	—	—	—								
平面磨							—	—	—	—								
金刚石车							—	—	—									
金刚石镗							—	—	—									
拉削							—	—	—	—								
铰孔								—	—	—	—	—						
车									—	—	—	—	—					
镗									—	—	—	—	—					
铣										—	—	—	—					
刨插												—	—					
钻孔												—	—	—	—			
滚压、挤压												—	—					
冲压												—	—	—	—	—		
压铸													—	—	—	—		
粉末冶金成型								—	—	—								
粉末冶金烧结									—	—	—	—						
砂型铸造、气割																		—
锻造																	—	

表 17-4 优先配合特性及应用举例

基孔制	基轴制	优先配合特性及应用举例
$\frac{H11}{c11}$	$\frac{C11}{h11}$	间隙非常大，用于很松的、转动很慢的动配合，或要求大公差与大间隙的外露组件，或要求装配方便的很松的配合
$\frac{H9}{d9}$	$\frac{D9}{h9}$	间隙很大的自由转动配合，用于精度非主要要求时，或有大的温度变动、高转速或大的轴颈压力时
$\frac{H8}{f7}$	$\frac{F8}{h7}$	间隙不大的转动配合，用于中等转速与中等轴颈压力的精确转动，也用于装配较易的中等定位配合
$\frac{H7}{g6}$	$\frac{G7}{h6}$	间隙很小的滑动配合，用于不希望自由转动，但可自由移动和滑动并精密定位时，也可用于要求明确的定位配合
$\frac{H7}{h6}$，$\frac{H8}{h7}$ $\frac{H9}{h9}$，$\frac{H11}{h11}$	$\frac{H7}{h6}$，$\frac{H8}{h7}$ $\frac{H9}{h9}$，$\frac{H11}{h11}$	均为间隙定位配合，零件可自由装拆，而工作时一般相对静止不动。在最大实体条件下的间隙为零，在最小实体条件下的间隙由公差等级决定
$\frac{H7}{k6}$	$\frac{K7}{h6}$	过渡配合，用于精密定位
$\frac{H7}{n6}$	$\frac{N7}{h6}$	过渡配合，允许有较大过盈的更精密定位
$\frac{H7}{p6}$	$\frac{P7}{h6}$	过盈定位配合，即小过盈配合，用于定位精度特别重要时，能以最好的定位精度达到部件的刚性及对中性要求
$\frac{H7}{s6}$	$\frac{S7}{h6}$	中等压入配合，适用于一般钢件，或用于薄壁件的冷缩配合，用于铸铁件可得到最紧的配合
$\frac{H7}{u6}$	$\frac{U7}{h6}$	压入配合，适用于可以承受大压入力的零件或不宜承受压入力的冷缩配合

表 17-5 线性尺寸的未注公差（摘自 GB/T 1804—2000）

公差等级	基本尺寸分段							
	0.5～3	>3～6	>6～30	>30～120	>120～400	>400～1000	>1000～2000	>2000～4000
精密 f	±0.05	±0.05	±0.1	±0.15	±0.2	±0.3	±0.5	
中等 m	±0.1	±0.1	±0.2	±0.3	±0.5	±0.8	±1.2	±2
粗糙 c	±0.2	±0.3	±0.5	±0.8	±1.2	±2	±3	±4
最粗 v	—	±0.5	±1	±1.5	±2.5	±4	±6	±8

注 在图样上、技术文件或标准中的表示方法示例：GB/T 1084—m（表示公差等级为中等）。

表 17-6　　轴的极限偏差（摘自 GB/T 1800.2—2020）　　μm

公称尺寸/mm		公差带																			
		d					e					f					g				h		
大于	至	7	8*	9▲	10*	11*	6	7*	8*	9*	10	5*	6*	7▲	8*	9*	5*	6▲	7*	8	5*	6▲	7▲
3	6	−30 −42	−30 −48	−30 −60	−30 −78	−30 −105	−20 −28	−20 −32	−20 −38	−20 −50	−20 −68	−10 −15	−10 −18	−10 −22	−10 −28	−10 −40	−4 −9	−4 −12	−4 −16	−4 −20	0 −5	0 −8	0 −12
6	10	−40 −55	−40 −62	−40 −76	−40 −98	−40 −130	−25 −34	−25 −40	−25 −47	−25 −61	−25 −83	−13 −19	−13 −22	−13 −28	−13 −35	−13 −49	−5 −11	−5 −14	−5 −20	−5 −26	0 −6	0 −9	0 −15
10	18	−50 −68	−50 −77	−50 −93	−50 −120	−50 −160	−32 −43	−32 −50	−32 −59	−32 −75	−32 −102	−16 −24	−16 −27	−16 −34	−16 −43	−16 −59	−6 −14	−6 −17	−6 −24	−6 −33	0 −8	0 −11	0 −18
18	30	−65 −86	−65 −98	−65 −117	−65 −149	−65 −195	−40 −53	−40 −61	−40 −73	−40 −92	−40 −124	−20 −29	−20 −33	−20 −41	−20 −53	−20 −72	−7 −16	−7 −20	−7 −28	−7 −40	0 −9	0 −13	0 −21
30	50	−80 −105	−80 −119	−80 −142	−80 −180	−80 −240	−50 −66	−50 −75	−50 −89	−50 −112	−50 −150	−25 −36	−25 −41	−25 −50	−25 −64	−25 −87	−9 −20	−9 −25	−9 −34	−9 −48	0 −11	0 −16	0 −25
50	80	−100 −130	−100 −146	−100 −174	−100 −220	−100 −290	−60 −79	−60 −90	−60 −106	−60 −134	−60 −180	−30 −43	−30 −49	−30 −60	−30 −76	−30 −104	−10 −23	−10 −29	−10 −40	−10 −56	0 −13	0 −19	0 −30
80	120	−120 −155	−120 −174	−120 −207	−120 −260	−120 −340	−72 −94	−72 −107	−72 −126	−72 −212	−72 −159	−36 −51	−36 −58	−36 −71	−36 −90	−36 −123	−12 −27	−12 −34	−12 −47	−12 −66	0 −15	0 −22	0 −35
120	180	−145 −185	−145 −208	−145 −245	−145 −305	−145 −395	−85 −110	−85 −125	−85 −148	−85 −185	−85 −245	−43 −61	−43 −68	−43 −83	−43 −106	−43 −143	−14 −32	−14 −39	−14 −54	−14 −77	0 −18	0 −25	0 −40
180	250	−170 −216	−170 −242	−170 −285	−170 −355	−170 −400	−100 −129	−100 −146	−100 −172	−100 −215	−100 −285	−50 −70	−50 −79	−50 −96	−50 −122	−50 −165	−15 −35	−15 −44	−15 −61	−15 −87	0 −20	0 −29	0 −46
250	315	−190 −242	−190 −271	−190 −320	−190 −400	−190 −510	−110 −142	−110 −162	−110 −191	−110 −240	−110 −320	−56 −79	−56 −88	−56 −108	−56 −137	−56 −185	−17 −40	−17 −49	−17 −69	−17 −98	0 −23	0 −32	0 −52
315	400	−210 −267	−210 −299	−210 −350	−210 −440	−210 −570	−125 −161	−125 −182	−125 −214	−125 −265	−125 −335	−62 −87	−62 −98	−62 −119	−62 −151	−62 −202	−18 −43	−18 −54	−18 −75	−18 −107	0 −25	0 −36	0 −57
400	500	−230 −293	−230 −327	−230 −385	−230 −480	−230 −530	−135 −175	−135 −198	−135 −232	−135 −290	−135 −385	−68 95	−68 108	−68 131	−68 165	−68 223	−20 −47	−20 −60	−20 −83	−20 −117	0 −27	0 −40	0 −63

续表

公称尺寸/mm		公差带																					
		h					j			js				k				m				n	
大于	至	8*	9▲	10*	11▲	12*	5	6	7	5*	6*	7*	8	5*	6▲	7*	8	5*	*6	7*	8	5*	6▲
3	6	0 −18	0 −30	0 −48	0 −75	0 −120	+3 −2	+6 −2	+8 −4	+2.5 −2.5	+4 −4	+6 −6	+9 −9	+6 +1	+9 +1	+13 +1	+18 0	+9 +4	+12 +4	+12 +2	+16 +2	+13 +8	+16 +8
6	10	0 −22	0 −36	0 −58	0 −90	0 −150	+4 −2	+7 −2	+10 −5	+3 −3	+4.5 −4.5	+7 −7	+11 −11	+7 +1	+10 +1	+16 +1	+22 0	+12 +6	+15 +6	+16 +4	+22 +4	+16 +10	+19 +10
10	18	0 −27	0 −43	0 −70	0 −110	0 −180	+5 −3	+8 −3	+12 −6	+4 −4	+5.5 −5.5	+9 −9	+13 −13	+9 +1	+12 +1	+19 +1	+27 0	+15 +7	+18 +7	+21 +6	+28 +6	+20 +12	+23 +12
18	30	0 −33	0 −52	0 −84	0 −130	0 −210	+5 −4	+9 −4	+13 −8	+4.5 −4.5	+6.5 −6.5	+10 −10	+16 −16	+11 +2	+15 +2	+23 +2	+33 0	+17 +8	+21 +8	+25 +7	+34 +7	+24 +15	+28 +15
30	50	0 −39	0 −62	0 −100	0 −160	0 −250	+6 −5	+11 −5	+15 −10	+5.5 −5.5	+8 −8	+12 −12	+19 −19	+13 +2	+18 +2	+27 +2	+39 0	+20 +9	+25 +9	+29 +8	+41 +8	+28 +17	+33 +17
50	80	0 −46	0 −74	0 −120	0 −190	0 −300	+6 −7	+12 −7	+18 −12	+6.5 −6.5	+9.5 −9.5	+15 −15	+23 −23	+15 +2	+21 +2	+32 +2	+46 0	+24 +11	+30 +11	+34 +9	+48 +9	+33 +20	+39 +20
80	120	0 −54	0 −87	0 −140	0 −220	0 −350	+6 −9	+13 −9	+20 −15	+7.5 −7.5	+11 −11	+17 −17	+27 −27	+18 +3	+25 +3	+38 +3	+54 0	+28 +13	+35 +13	+41 +11		+38 +23	+45 +23
120	180	0 −63	0 −100	0 −160	0 −250	0 −400	+7 −11	+14 −11	+22 −18	+9 −9	+12.5 −12.5	+20 −20	+31 −31	+21 +3	+28 +3	+43 +3	+63 0	+33 +15	+40 +15	+48 +13		+45 +27	+52 +27
180	250	0 −72	0 −115	0 −185	0 −290	0 −460	+7 −13	+16 −13	+25 −21	+10 −10	+14.5 −14.5	+23 −23	+36 −36	+24 +4	+33 +4	+50 +4	+72 0	+37 +17	+46 +17	+55 +15		+51 +31	+60 +31
250	315	0 −81	0 −130	0 −210	0 −320	0 −520	+7 −16	+16 −16	+16 −16	+11.5 −11.5	+16 −16	+26 −26	+40 −40	+27 +4	+36 +4	+56 +4	+81 0	+43 +20	+52 +20	+63 +17		+57 +34	+66 +34
315	400	0 −89	0 −140	0 −230	0 −360	0 −570	+7 −18	+18 −18	+29 −28	+12.5 −12.5	+18 −18	+28 −28	+44 −44	+29 +4	+40 +4	+61 +4	+89 0	+46 +21	+57 +21	+72 +20		+62 +37	+73 +37
400	500	0 −97	0 −155	0 −250	0 −400	0 −630	+7 −20	+20 −20	+31 −32	+13.5 −13.5	+20 −20	+31 −31	+48 −48	+32 +5	+45 +5	+68 +5	+97 0	+50 +23	+63 +23	+78 +21		+67 +40	+80 +40

续表

公称尺寸/mm		公差带																					
		n		p				r				s				t				u			
大于	至	7＊	8	5＊	6▲	7＊	8	5＊	6＊	7＊	8	5＊	6▲	7＊	8	5＊	6＊	7＊	8	5	6▲	7＊	8
3	6	+20 +8	+26 +8	+17 +12	+20 +12	+24 +12	+30 +12	+20 +15	+23 +15	+27 +15	+33 +15	+24 −19	+27 +19	+31 +19	+37 +19					+28 +23	+31 +23	+35 +23	+41 +23
6	10	+25 +10	+32 +10	+21 +15	+24 +15	+30 +15	+37 +15	+25 +19	+28 +19	+34 +19	+41 +19	+29 +23	+32 +23	+38 +23	+45 +23					+34 +28	+37 +28	+43 +28	+50 +28
10	18	+30 +12	+39 +12	+26 +18	+29 +18	+36 +18	+45 +18	+31 +23	+34 +23	+41 +23	+50 +23	+36 +28	+39 +28	+46 +28	+55 +28					+41 +33	+44 +33	+51 +33	+60 +33
18	24	+36 +15	+48 +15	+31 +22	+35 +22	+43 +22	+55 +33	+37 +28	+41 +28	+49 +28	+61 +28	+44 +35	+48 +35	+56 +35	+68 +35					+50 +41	+54 +41	+62 +41	+74 +41
24	30															+50 +41	+54 +41	+62 +41	+74 +41	+57 +48	+61 +48	+69 +48	+81 +48
30	40	+42 +17	+56 +17	+37 +26	+42 +26	+51 +26	+65 +26	+45 +34	+50 +34	+59 +34	+73 +34	+54 +43	+59 +43	+68 +43	+82 +43	+59 +48	+64 +48	+73 +48	+87 +48	+71 +60	+76 +60	+85 +60	+99 +60
40	50															+65 +54	+70 +54	+79 +54	+93 +54	+81 +70	+86 +70	+95 +70	+109 +70
50	65	+50 +20	+51 +32	+45 +32	+62 +32	+78 +32	+51 +32	+54 +41	+60 +41	+71 +41	+87 +41	+66 +53	+72 +53	+83 +53	+99 +53	+79 +66	+85 +66	+96 +66	+112 +66	+100 +87	+106 +87	+117 +87	+183 +87
65	80							+56 +43	+62 +43	+72 +43	+89 +43	+72 +59	+78 +59	+89 +59	+105 +59	+88 +75	+94 +75	+105 +75	+121 +75	+115 +102	+121 +102	+132 +102	+148 +102
80	100	+58 +23	+59 +37	+52 +37	+72 +37	+91 +37	+59 +37	+66 +51	+73 +51	+86 +51	+105 +51	+86 +71	+93 +71	+106 +71	+125 +71	+106 +91	+113 +91	+126 +91	+145 +91	+139 +124	+146 +124	+159 +124	+178 +124
100	120							+69 +54	+76 +54	+89 +54	+108 +54	+94 +79	+101 +79	+114 +79	+133 +79	+119 +104	+126 +104	+139 +104	+158 +104	+159 +144	+166 +144	+179 +144	+196 +144

续表

公称尺寸/mm		公差带																			
		n		p				r				s				t				u			
大于	至	7＊	8	5＊	6▲	7＊	8	5＊	6＊	7＊	8	5＊	6▲	7＊	8	5＊	6＊	7＊	8	5	6▲	7＊	8
120	140							+81 +63	+88 +63	+103 +63	+126 +63	+110 +92	+117 +92	+132 +92	+155 +92	+140 +122	+147 +122	+162 +122	+185 +122	+188 +170	+195 +170	+210 +170	+233 +170
140	160	+67 +27		+61 +43	+68 +43	+83 +43	+106 +43	+83 +65	+90 +65	+105 +65	+128 +65	+118 +100	+125 +100	+140 +100	+163 +100	+152 +134	+159 +134	+174 +134	+197 +134	+208 +190	+215 +190	+230 +190	+253 +190
160	180							+86 +68	+93 +68	+108 +68	+131 +68	+126 +108	+133 +108	+148 +108	+171 +108	+164 +146	+171 +146	+186 +146	+209 +146	+228 +210	+235 +210	+250 +210	+273 +210
180	200							+97 +77	+106 +77	+123 +77	+149 +77	+142 +122	+151 +122	+168 +122	+194 +122	+186 +166	+195 +166	+212 +166	+238 +166	+256 +236	+265 +234	+282 +236	+308 +236
200	225	+77 +31		−70 −50	+79 +50	+96 +50	+122 +50	+100 +80	+109 +80	+126 +80	+152 +80	+150 +130	+159 +130	+176 +130	+202 +130	+200 +180	+209 +180	+226 +180	+252 +180	+278 +258	+287 +258	+304 +258	+330 +258
225	250							+104 +84	+113 +84	+130 +84	+156 +84	+160 +140	+169 +140	+186 +140	+212 +140	+216 +196	+225 +196	+242 +196	+268 +196	+304 +284	+313 +284	+330 +284	+356 +284
250	280	+86 +34		+79 +56	+88 +56	+108 +56	+137 +56	+117 +94	+126 +94	+146 +94	+175 +94	+181 +158	+190 +158	+210 +158	+239 +158	+241 +218	+250 +218	+270 +218	+299 +218	+338 +315	+347 +315	+367 +315	+396 +315
280	315							+121 +98	+130 +98	+150 +98	+179 +98	+193 +170	+202 +170	+222 +170	+251 +170	+263 +240	+272 +240	+292 +240	+321 +240	+373 +350	+382 +350	+402 +350	+431 +350
315	355	+94 +37		+87 +62	+98 +62	+119 +62	+151 +62	+133 +108	+144 +108	+165 +108	+197 +108	+215 +190	+226 +190	+247 +190	+279 +190	+293 +268	+304 +268	+325 +268	+357 +268	+415 +390	+426 +390	+447 +390	+497 +390
355	400							+139 +114	+150 +114	+171 +114	+203 +114	+233 +208	+244 +208	+265 +208	+297 +208	+319 +294	+330 +294	+351 +294	+383 +294	+460 +435	+471 +435	+492 +435	+524 +435
400	450	+103 +40		+95 +68	+108 +68	+121 +68	+165 +68	+153 +126	+166 +126	+189 +126	+223 +126	+259 +232	+272 +232	+295 +232	+329 +232	+357 +330	+370 +330	+393 +330	+427 +330	+517 +490	+530 +490	+553 +490	+587 +490
450	500							+159 +132	+172 +132	+195 +132	+229 +132	+297 +252	+292 +252	+315 +252	+349 +252	+387 +360	+400 +360	+423 +360	+457 +360	+567 +540	+580 +540	+603 +540	+637 +540

注 应优先选用带▲的公差带，其次选用带＊的公差带，最后选用其他的公差带。

表 17-7 **孔的极限偏差（摘自 GB/T 1800. 2—2020）** μm

公称尺寸/mm		公差带																					
		D					E					F					G					H	
大于	至	7	8 *	9▲	10 *	11 *	6	7	8 *	9 *	10	5	6 *	7 *	8▲	9 *	5	6 *	7▲	8	9	5	6 *
3	6	+42 +30	+48 +30	+60 +30	+78 +30	+105 +30	+28 +20	+32 +20	+38 +20	+50 +20	+68 +20	+15 +10	+18 +10	+22 +10	+28 +10	+40 +10	+9 +4	+12 +4	+16 +4	+22 +4	+34 +4	+5 0	+8 0
6	10	+55 +40	+62 +40	+76 +40	+98 +40	+130 +40	+34 +25	+40 +25	+47 +25	+61 +25	+83 +25	+19 +13	+22 +13	+28 +13	+35 +13	+49 +13	+11 +5	+14 +5	+20 +5	+27 +5	+41 +5	+6 0	+9 0
10	18	+68 +50	+77 +50	+93 +50	+120 +50	+160 +50	+43 +32	+50 +32	+59 +32	+75 +32	+102 +32	+24 +16	+27 +16	+34 +16	+43 +16	+59 +16	+14 +6	+17 +6	+24 +6	+33 +6	+49 +6	+8 0	+11 0
18	30	+86 +65	+98 +65	+117 +65	+149 +65	+195 +65	+53 +40	+61 +40	+73 +40	+92 +40	+124 +40	+29 +20	+33 +20	+41 +20	+53 +20	+72 +20	+16 +7	+20 +7	+28 +7	+40 +7	+59 +7	+9 0	+13 0
30	50	+105 +80	+119 +80	+142 +80	+180 +80	+240 +80	+66 +50	+75 +50	+89 +50	+112 +50	+150 +50	+36 +25	+41 +25	+50 +25	+64 +25	+87 +25	+20 +9	+25 +9	+34 +9	+48 +9	+71 +9	+11 0	+16 0
50	80	+130 +100	+146 +100	+174 +100	+220 +100	+290 +100	+79 +60	+90 +60	+106 +60	+134 +60	+180 +60	+43 +30	+49 +30	+60 +30	+76 +30	+104 +30	+23 +10	+29 +10	+40 +10	+56 +10		+13 0	+19 0
80	120	+155 +120	+174 +120	+207 +120	+260 +120	+340 +120	+94 +72	+107 +72	+125 +72	+159 +72	+212 +72	+51 +36	+58 +36	+71 +36	+90 +36	+123 +36	+27 +12	+34 +12	+47 +12	+66 +12		+15 0	+22 0
120	180	+185 +145	+208 +145	+245 +145	+305 +145	+39 +145	+110 +85	+125 +85	+148 +85	+185 +85	+245 +85	+61 +43	+68 +43	+83 +43	+106 +43	+143 +43	+32 +14	+39 +14	+54 +14	+77 +14		+18 0	+25 0
180	250	+216 +170	+242 +170	+285 +170	+355 +170	+460 +170	+129 +100	+146 +100	+172 +100	+215 +100	+285 +100	+70 +50	+79 +50	+96 +50	+122 +50	+165 +50	+35 +15	+44 +15	+61 +15	+87 +15		+20 0	+29 0
250	315	+242 +190	+271 +190	+320 +190	+400 +190	+510 +190	+142 +110	+162 +110	+191 +110	+240 +110	+320 +110	+79 +56	+88 +56	+108 +56	+137 +56	+186 +56	+40 +17	+49 +17	+69 +17	+98 +17		+23 0	+32 0
315	400	+267 +210	+299 +210	+350 +210	+440 +210	+570 +210	+161 +125	+182 +125	+214 +125	+265 +125	+355 +125	+87 +62	+98 +62	+119 +62	+151 +62	+202 +62	+43 +18	+54 +18	+75 +18	+107 +18		+25 0	+36 0
400	500	+293 +230	+327 +230	+385 +230	+480 +230	+630 +230	+175 +135	+198 +135	+232 +135	+290 +135	+385 +135	+95 +68	+108 +68	+131 +68	+165 +68	+223 +68	+47 +20	+60 +20	+83 +20	+117 +20		+27 0	+40 0

续表

公称尺寸/mm		公差带																					
		H						J			JS					K				M			
大于	至	7▲	8▲	9▲	10 *	11▲	12 *	6	7	8	6 *	7 *	8 *	9	10	5	6 *	7▲	8 *	5	6 *	7 *	8 *
3	6	+12 0	+18 0	+30 0	+48 0	+75 0	+120 0	+5 −3	+6 −6	+10 −8	+4 −4	+6 −6	+9 −9	+15 −15	+24 −24	0 −5	+2 −6	+3 −9	+5 −13	−3 −8	−1 −9	0 −12	+2 −16
6	10	+15 0	+22 0	+36 0	+58 0	+90 0	+150 0	+5 −4	+8 −7	+12 −10	+4.5 −4.5	+7 −7	+11 −11	+18 −18	+29 −29	+1 −5	+2 −7	+5 −10	+6 −16	−4 −10	−3 −12	0 −15	+1 −21
10	18	+18 0	+27 0	+43 0	+70 0	+110 0	+180 0	+6 −5	+10 −8	+15 −12	+5.5 −5.5	+9 −9	+13 −13	+21 −21	+36 −36	+2 −6	+2 −9	+6 −12	+8 −19	−4 −12	−4 −15	0 −18	+2 −25
18	30	+21 0	+33 0	+52 0	+84 0	+130 0	+210 0	+8 −5	+12 −9	+20 −13	+6.5 −6.5	+10 −10	+16 −16	+26 −26	+42 −42	+1 −8	+2 −11	+6 −15	+10 −23	−5 −14	−4 −17	0 −21	+4 −29
30	50	+25 0	+39 0	+62 0	+100 0	+160 0	+250 0	+10 −6	+14 −11	+24 −15	+8 −8	+12 −12	+19 −19	+31 −31	+50 −50	+2 −9	+3 −13	+7 −18	+12 −27	−5 −16	−4 −20	0 −25	+5 −34
50	80	+30 0	+46 0	+74 0	+120 0	+190 0	+300 0	+13 −6	+18 −12	+28 −18	+9.5 −9.5	+15 −15	+23 −23	+37 −37	+60 −60	+3 −10	+4 −15	+9 −21	+14 −32	−6 −19	−5 −24	0 −30	+5 −41
80	120	+35 0	+54 0	+87 0	+140 0	+220 0	+350 0	+16 −6	+22 −13	+34 −20	+11 −11	+17 −17	+27 −27	+43 −43	+70 −70	+2 −13	+4 −18	+10 −25	+16 −38	−8 −23	−6 −28	0 −35	+6 −48
120	180	+40 0	+63 0	+100 0	+160 0	+250 0	+400 0	+18 −7	+26 −14	+41 −22	+12.5 −12.5	+20 −20	+31 −31	+50 −50	+80 −80	+3 −15	+4 −21	+12 −28	+20 −43	−9 −27	−8 −33	0 −40	+8 −55
180	250	+46 0	+72 0	+115 0	+185 0	+290 0	+460 0	+22 −7	+30 −16	+47 −25	+14.5 −14.5	+23 −23	+36 −36	+57 −57	+92 −92	+2 −18	+5 −24	+13 −33	+22 −50	−11 −31	−8 −37	0 −46	+9 −63
250	315	+52 0	+81 0	+130 0	+210 0	+320 0	+520 0	+25 −7	+36 −16	+55 −26	+16 −16	+26 −26	+40 −40	+65 −65	+105 −105	+3 −20	+5 −27	+16 −36	+25 −56	−13 −36	−9 −41	0 −52	+9 −72
315	400	+57 0	+89 0	+140 0	+230 0	+360 0	+570 0	+29 −7	+39 −18	+60 −9	+18 −18	+28 −28	+44 −44	+70 −70	+115 −115	+3 −22	+7 −29	+17 −40	+28 −61	−14 −39	−10 −46	0 −57	+11 −78
400	500	+63 0	+97 0	+155 0	+250 0	+400 0	+630 0	+33 −7	+43 −20	+66 −31	+20 −20	+31 −31	+48 −48	+77 −77	+125 −125	+2 −25	+8 −32	+18 −45	+29 −68	−16 −43	−10 −50	0 −63	+11 −86

续表

公称尺寸/mm		公差带																					
		N				P				R				S				T			U		
大于	至	5	6＊	7▲	8＊	5	6＊	7▲	8	5	6＊	7＊	8	5	6＊	7▲	8	6＊	7＊	8	6	7▲	8
3	6	−7 −12	−5 −13	−4 −16	−2 −20	−11 −16	−9 −17	−8 −20	−12 −30	−14 −19	−12 −20	−11 −23	−15 −33	−18 −23	−16 −24	−15 −27	−19 −37				−20 −28	−19 −31	−23 −41
6	10	−8 −14	−7 −16	−4 −19	−3 −25	−13 −19	−12 −21	−9 −24	−15 −37	−17 −23	−16 −25	−13 −28	−19 −41	−21 −27	−20 −29	−17 −32	−23 −45				−25 −34	−22 −37	−28 −50
10	18	−9 −17	−9 −20	−5 −23	−3 −30	−15 −23	−15 −26	−11 −29	−18 −45	−20 −28	−20 −31	−16 −34	−23 −50	−25 −33	−25 −36	−21 −39	−28 −55				−30 −41	−26 −44	−33 −60
18	24	−12 −21	−11 −24	−7 −28	−3 −36	−19 −28	−18 −31	−14 −35	−22 −55	−25 −34	−24 −37	−20 −41	−28 −61	−32 −41	−31 −44	−27 −48	−35 −68				−37 −50	−33 −54	−41 −74
24	30																	−37 −50	−33 −54	−41 −74	−44 −57	−40 −61	−48 −81
30	40	−13 −24	−12 −28	−8 −33	−3 −42	−22 −33	−21 −37	−17 −42	−26 −65	−30 −41	−29 −45	−25 −50	−34 −73	−39 −50	−38 −54	−34 −59	−43 −82	−43 −59	−39 −64	−48 −87	−55 −71	−51 −76	−60 −99
40	50																	−49 −63	−45 −70	−54 −93	−65 −81	−61 −86	−70 −109
50	65	−15 −28	−14 −33	−9 −39	−4 −50	−27 −40	−26 −45	−21 −51	−32 −78	−36 −49	−35 −54	−30 −60	−41 −87	−48 −61	−47 −66	−42 −72	−53 −99	−60 −79	−55 −85	−66 −112	−81 −100	−76 −106	−87 −133
65	80									−38 −51	−37 −56	−32 −62	−43 −89	−54 −67	−53 −72	−48 −78	−59 −105	−69 −88	−64 −94	−75 −121	−96 −115	−91 −121	−102 −148
80	100	−18 −33	−16 −38	−10 −45	−4 −58	−32 −47	−30 −52	−24 −59	−37 −91	−46 −61	−44 −66	−38 −73	−51 −105	−66 −81	−64 −86	−58 −93	−71 −125	−84 −106	−78 −113	−91 −145	−117 −139	−111 −146	−124 −178
100	120									−49 −64	−47 −69	−41 −76	−54 −108	−74 −89	−72 −94	−66 −101	−79 −133	−97 −119	−91 −126	−104 −158	−137 −159	−131 −166	−144 −198

续表

公称尺寸/mm		公差带																					
		N				P				R				S				T			U		
大于	至	5	6 *	7▲	8 *	5	6 *	7▲	8	5	6 *	7 *	8	5	6 *	7▲	8	6 *	7 *	8	6	7▲	8
120	140									−57 −75	−56 −81	−48 −88	−63 −126	−86 −104	−85 −110	−77 −117	−92 −155	−155 −140	−107 −147	−122 −185	−163 −188	−155 −195	−170 −233
140	160	−21 −39	−20 −45	−12 −52	−4 −67	−37 −55	−36 −61	−28 −68	−43 −106	−59 −77	−58 −83	−50 −90	−65 −128	−94 −112	−93 −118	−85 −125	−100 −163	−127 −152	−119 −159	−135 −197	−183 −208	−175 −215	−190 −253
160	180									−62 −80	−61 −86	−53 −93	−68 −131	−102 −120	−101 −126	−93 −133	−108 −171	−193 −164	−131 −171	−146 −209	−203 −228	−195 −235	−210 −273
180	200									−71 −91	−68 −97	−60 −106	−77 −149	−116 −136	−113 −142	−105 −151	−122 −194	−157 −186	−149 −195	−166 −238	−227 −256	−219 −265	−236 −308
200	225	−25 −45	−22 −51	−14 −60	−5 −77	−44 −64	−41 −70	−33 −79	−50 −122	−74 −94	−71 −100	−63 −109	−80 −152	−124 −144	−121 −150	−113 −159	−130 −202	−171 −200	−163 −209	−180 −252	−249 −278	−241 −287	−258 −330
225	250									−78 −94	−75 −104	−67 −113	−84 −156	−124 −154	−121 −160	−113 −169	−130 −212	−187 −216	−179 −225	−196 −268	−275 −304	−267 −313	−284 −356
250	280	−27 −50	−25 −57	−14 −66	−5 −86	−49 −72	−47 −79	−36 −88	−56 −137	−87 −110	−85 −117	−74 −126	−94 −175	−151 −174	−149 −181	−138 −190	−158 −239	−209 −241	−198 −250	−218 −299	−306 −338	−295 −347	−315 −396
280	315									−91 −114	−89 −121	−78 −130	−98 −179	−163 −186	−161 −193	−150 9202	−170 −251	−231 −263	−220 −272	−240 −321	−341 −373	−330 −382	−350 −431
315	355	−30 −55	−26 −62	−16 −73	−5 −94	−55 −80	−51 −87	−41 −98	−62 −151	−101 −126	−97 −133	−87 −144	−108 −197	−183 −208	−179 −215	−169 −226	−190 −279	−257 −293	−247 −304	−268 −357	−379 −415	−369 −426	−390 −479
355	400									−107 −132	−103 −139	−93 −150	−114 −203	−201 −226	−197 −233	−187 −244	−208 −297	−283 −319	−273 −330	−294 −383	−424 −460	−414 −471	−435 −524
400	450	−33 −60	−27 −67	−17 −80	−6 −103	−61 −88	−55 −95	−45 −108	−68 −165	−119 −146	−113 −153	−103 −166	−126 −223	−225 −252	−219 −259	−209 −272	−232 −329	−317 −357	−307 −370	−330 −427	−477 −517	−467 −530	−490 −587
450	500									−125 −152	−119 −159	−109 −172	−132 −229	−245 −272	−239 −279	−229 −292	−252 −349	−347 −387	−337 −400	−360 −457	−527 −567	−517 −580	−540 −637

第二节　几　何　公　差

几何公差相关技术数据见表 17-8～表 17-11。

表 17-8　　直线度、平面度公差（摘自 GB/T 1184—1996）　　μm

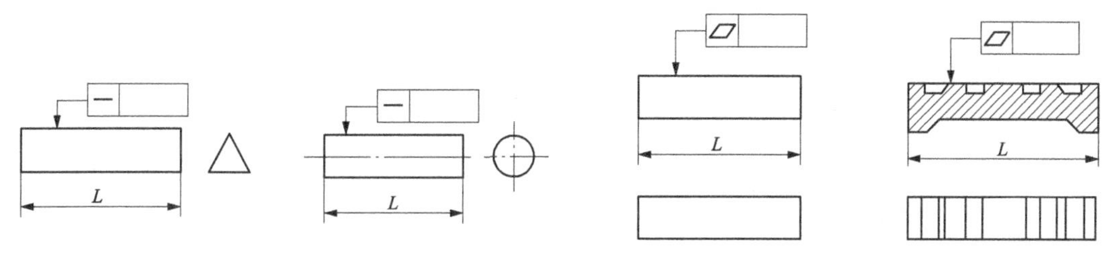

精度等级	主参数 L/mm											应用举例
	≤10	>10～16	>16～25	>25～40	>40～63	>63～100	>100～160	>160～250	>250～400	>400～630	>630～1000	
5	2	2.5	3	4	5	6	8	10	12	15	20	普通精度机床导轨，柴油机进、排气门导杆
6	3	4	5	6	8	10	12	15	20	25	30	
7	5	6	8	10	12	15	20	25	30	40	50	轴承的支承面，减速器箱体、油泵、轴系支承轴承的接合面，压力机导轨及滑块
8	8	10	12	15	20	25	30	40	50	60	80	
9	12	15	20	25	30	40	50	60	80	100	120	辅助机构及手动机械的支承面，液压管件和法兰的连接面
10	20	25	30	40	50	60	80	100	120	150	200	

表 17-9　　圆度、圆柱度公差（摘自 GB/T 1184—1996）　　μm

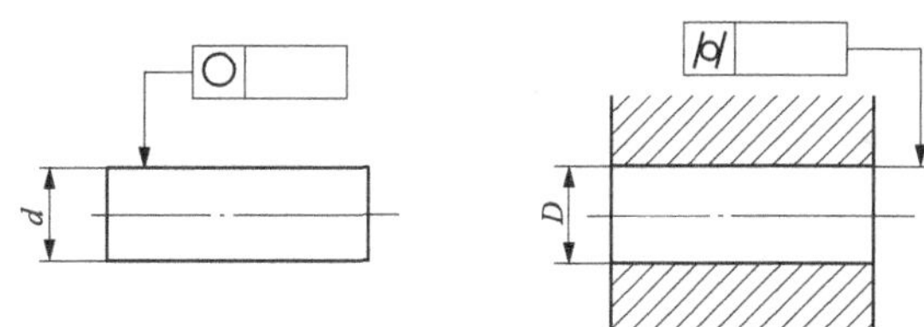

精度等级	主参数 $d(D)$ /mm											应用举例
	>6～10	>10～18	>18～30	>30～50	>50～80	>80～120	>120～180	>180～250	>250～315	>315～400	>400～500	
5	1.5	2	2.5	2.5	3	4	5	7	8	9	10	通用减速器轴颈，一般机床主轴
6	2.5	3	4	4	5	6	8	10	12	13	15	
7	4	5	6	7	8	10	12	14	16	18	20	压力油缸活塞，减速器轴颈，液压传动系统的分配机构
8	6	8	9	11	13	15	18	20	23	25	27	
9	9	11	13	16	19	22	25	29	32	36	40	起重机、卷扬机用的滑动轴承
10	15	18	21	25	30	35	40	46	52	57	63	

表 17-10 同轴度、对称度、圆跳动、全跳动公差（摘自 GB/T 1184—1996） μm

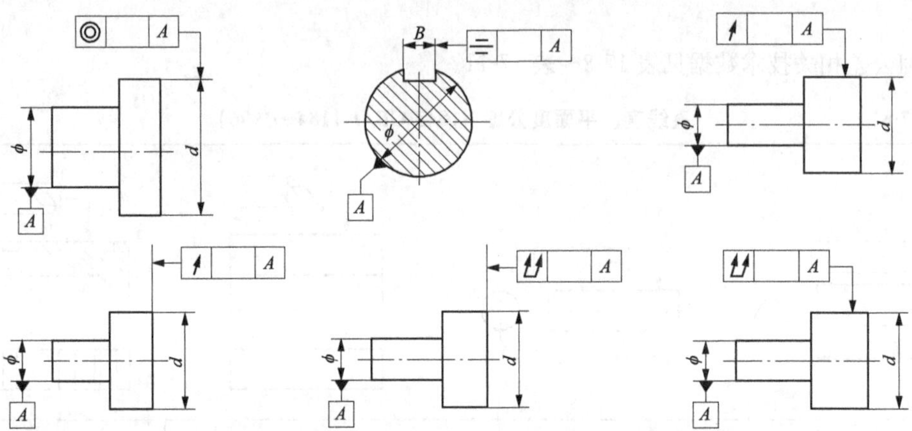

精度等级	主参数 $d(D)$、B/mm									应用举例
	>3~6	>6~10	>10~18	>18~30	>30~50	>50~120	>120~250	>250~500	>500~800	
5	3	4	5	6	8	10	12	15	20	6、7级精度齿轮轴的配合面，较高精度的高速轴，较高精度机床的轴套
6	5	6	8	10	12	15	20	25	30	
7	8	10	12	15	20	25	30	40	50	8、9级精度齿轮轴的配合面，普通精度高速轴（1000r/min以下），起重运输机的鼓轮配合孔和导轮的滚动面
8	12	15	20	25	30	40	50	60	80	
9	25	30	40	50	60	80	100	120	150	10、11级精度齿轮轴的配合面，发动机汽缸套配合面，摩托车活塞，自行车中轴
10	50	60	80	100	120	150	200	250	300	

表 17-11 平行度、垂直度、倾斜度公差（摘自 GB/T 1184—1996） μm

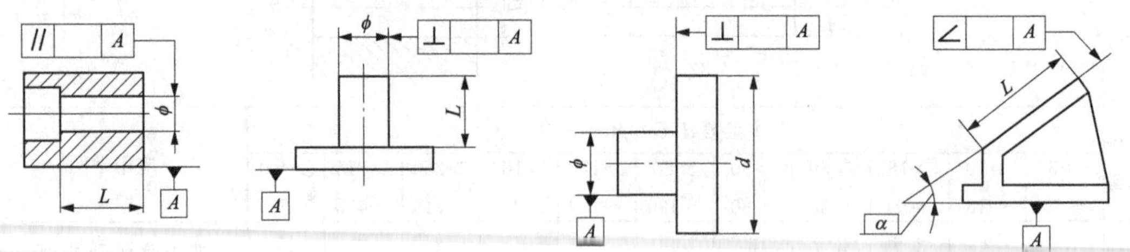

精度等级	主参数 L、$d(D)$ /mm											应用举例
	≤10	>10~16	>16~25	>25~40	>40~63	>63~100	>100~160	>160~250	>250~400	>400~630	>630~1 000	
5	5	6	8	10	12	15	20	25	30	40	50	重要轴承孔对基准的平行度要求。机床重要支承面，装4、5级轴承的箱体的凸肩对基准的垂直度要求

续表

精度等级	主参数 L、$d(D)$ /mm											应用举例
	≤10	>10~16	>16~25	>25~40	>40~63	>63~100	>100~160	>160~250	>250~400	>400~630	>630~1000	
6	8	10	12	15	20	25	30	40	50	60	80	机床一般轴承孔、变速箱孔对基准的平行度要求。 低精度机床主要基准面和工作面、一般导轨，主轴箱体孔，装6、0级轴承箱体孔的轴线对基准的垂直度要求
7	12	15	20	25	30	40	50	60	80	100	120	
8	20	25	30	40	50	60	80	100	120	150	200	
9	30	40	50	60	80	100	120	150	200	250	300	低精度零件，重型机械滚动轴承端盖对基准的垂直度要求。 带式输送机法兰盘等端面对轴心线的垂直度要求
10	50	60	80	100	120	150	200	250	300	400	500	

第三节　表 面 粗 糙 度

表面粗糙度相关技术数据见表17-12～表17-16。

表 17-12　表面粗糙度主要评定参数 *Ra*、*Rz* 的系列值（摘自 GB/T 1031—2009）　μm

Ra	0.012	0.2	3.2	50	*Rz*	0.025	0.4	6.3	100	1600
	0.025	0.4	6.3	100		0.05	0.8	12.5	200	
	0.05	0.8	12.5	—		0.1	1.6	25	400	
	0.1	1.6	25	—		0.2	3.2	50	800	

注　1. 在表面粗糙度常用的参数范围（*Ra* 为 0.025～6.3μm，*Rz* 为 0.1～25μm），推荐优先选用 *Ra*。

2. 根据表面功能和生产的经济合理性，当选用的数值系列不能满足要求时，可选用补充系列值。

表 17-13　表面粗糙度主要评定参数 *Ra*、*Rz* 的补充系列值（摘自 GB/T 1031—2009）　μm

Ra	0.008	0.125	2.0	32	*Rz*	0.032	0.50	8.0	125
	0.010	0.160	2.5	40		0.040	0.63	10.0	160
	0.016	0.25	4.0	63		0.063	1.00	16.0	250
	0.020	0.32	5.0	80		0.080	1.25	20	320
	0.032	0.50	8.0	—		0.125	2.0	32	500
	0.040	0.63	10.0	—		0.160	2.5	40	630
	0.063	1.00	16.0	—		0.25	4.0	63	1000
	0.080	1.25	20	—		0.32	5.0	80	1250

表 17-14 **各种加工方法能达到的 *Ra* 值（参考）**

加工方法		*Ra*	加工方法		*Ra*	加工方法		*Ra*
砂模铸造		6.3～100	镗孔	粗镗	5～20	齿轮加工	插齿	1.25～5
模锻		1.6～100		半精镗	2.5～10		滚齿	1.25～2.5
车外圆	粗车	10～80		精镗	0.63～5		剃齿	0.32～1.25
	半精车	2.5～12.5		金刚镗	0.16～1.25	切螺纹	板牙	2.5～10
	精车	1.25～6.3	磨内孔	粗磨	1.25～10		铣	1.25～5
	金刚石车	0.005～1.25		半精磨	0.32～1.25		磨削	0.32～2.5
磨外圆	粗磨	1.25～10		精磨	0.08～0.63	钳加工加	粗锉	10～40
	半精磨	0.63～2.5		精密磨	0.04～0.16		细锉	2.5～10
	精磨	0.16～1.25	铰孔	半精铰	1.25～10		刮研	0.04～1.25
	精密磨	0.08～0.32		精铰	0.32～5		研磨	0.008～0.63
铣平面	粗铣	5～20	刨平面	半精刨	2.5～10	抛光	一般抛	0.16～1.25
	半精铣	2.5～10		精刨	0.63～5		精抛	0.008～0.04
	精铣	0.63～5		宽刀精刨	0.16～1.25	滚压		0.01～1.25

表 17-15 **表面粗糙度值的选用实例**

表面粗糙度轮廓幅度参数 *Ra* 值/μm	表面形状特征		应用举例
>20	粗糙表面	明显可见刀痕	未标注公差（采用一般公差）的表面
>10～20		可见刀痕	半成品粗加工的表面、非配合的加工表面，如轴端面、倒角、钻孔、齿轮和带轮侧面、垫圈接触面等
>5～10	半光表面	微见加工痕迹	轴上不安装轴承或齿轮的非配合表面，键槽底面，紧固件的自由装配表面，轴和孔的退刀槽等
>2.5～5		微见加工痕迹	半精加工表面，箱体、支架、套筒等与其他零件结合而无配合要求的表面等
>1.25～2.5		看不清加工痕迹	接近于精加工表面，箱体上安装轴承的镗孔表面、齿轮齿面等
>0.63～1.25	光表面	可辨加工痕迹方向	圆柱销、圆锥销，与滚动轴承配合的表面，普通车床导轨表面，内、外花键定心表面、齿轮齿面等
>0.32～0.63		微辨加工痕迹方向	要求配合性质稳定的配合表面，工作时承受交变应力的重要表面，较高精度车床导轨表面、高精度齿轮齿面等
>0.16～0.32		不可辨加工痕迹方向	精密机床主轴圆锥孔、顶尖圆锥面，发动机曲轴轴颈表面和凸轮轴的凸轮工作表面等
>0.08～0.16	极光表面	暗光泽面	精密机床主轴轴颈表面，量规工作表面，汽缸套内表面，活塞销表面等
>0.04～0.08		亮光泽面	精密机床主轴轴颈表面，滚动轴承滚珠的表面，高压油泵中柱塞和柱塞孔的配合表面等
>0.01～0.04		镜状光泽面	
≤0.01		镜面	高精度量仪、量块的测量面，光学仪器中的金属镜面等

表 17-16　　**常用零件表面粗糙度标注方法**

内容	图例	说明
齿轮、花键	Ra 1.6 Ra 1.6 Ra 6.3 Ra 6.3 ϕ ϕ	1. 零件上重复要素（孔、槽、齿等）的表面，其表面粗糙度只标注一次； 2. 齿轮等的工作表面没画出齿形时，表面粗糙度代号标注在分度圆上
螺纹	Ra 3.2 M8×1-6h Ra 3.2 M8×1-6h	螺纹工作表面没有画出牙型时表面粗糙度的标注方法
键槽、中心孔	2×B3.15/6.70 Ra 3.2 Ra 3.2 Ra 3.2 Ra 6.3 Ra 6.3	键槽、中心孔的表面粗糙度的标注方法
不连续同一表面	Ra 12.5	不连续同一表面的表面粗糙度的标注方法
同一表面不同要求	Ra 3.2 Ra 1.6 70	同一表面具有不同的表面粗糙度要求时，应用细实线分开，并标注相应的表面粗糙度代号和数值

第十八章　齿轮传动、蜗杆传动的精度

第一节　渐开线圆柱齿轮精度

渐开线圆柱齿轮标准体系由 GB/T 10095.1—2008 及四个指导性技术文件组成。标准中对渐开线圆柱齿轮传动规定了 13 个精度等级，其中，0 级精度最高，12 级精度最低。通用减速器中的齿轮常用 6～9 级精度。

单个圆柱齿轮、齿轮副及齿轮毛坯的检验项目及精度指标应根据齿轮传动的具体使用要求确定。本书推荐的检验项目见表 18-1，各检验项目的取值见表 18-2～表 18-11，可供课程设计时参考。

表 18-1　推荐的单个圆柱齿轮、齿轮副及齿轮毛坯的检验项目

类型	检验项目		类型	检验项目	
单个齿轮	传递运动准确性	F_p，F_r	齿轮副	控制侧隙	E_{ws}，E_{wi}（或 E_{sns}，E_{sni}）
	传动平稳性	$\pm f_{pt}$，F_α		对传动	$\pm f_a$，接触斑点
	载荷分布均匀性	F_β		对箱体	$f_{\Sigma\delta}$，$f_{\Sigma\beta}$
齿轮毛坯	基准端面的跳动，齿顶圆直径偏差，齿轮毂孔直径偏差				

表 18-2　单个齿距偏差 $\pm f_{pt}$、齿距累计总偏差 F_p（摘自 GB/T 10095.1—2008）

分度圆直径 d/mm	模数 m/mm	精度等级									
		5	6	7	8	9	5	6	7	8	9
		$\pm f_{pt}$/μm					F_p/μm				
5≤d≤20	0.5≤m≤2	4.7	6.5	9.5	13	19	11	16	23	32	45
	2<m≤3.5	5	7.5	10	15	21	12	17	23	33	47
20<d≤50	0.5≤m≤2	5	7	10	14	20	14	20	29	41	57
	2<m≤3.5	5.5	7.5	11	15	22	15	21	30	42	59
	3.5<m≤6	6	8.5	12	17	24	15	22	31	44	62
	6<m≤10	7	10	14	20	28	16	23	33	46	65
50<d≤125	0.5≤m≤2	5.5	7.5	11	15	21	18	26	37	52	74
	2<m≤3.5	6	8.5	12	17	23	19	27	38	53	76
	3.5<m≤6	6.5	9	13	18	26	19	28	39	55	78
	6<m≤10	7.5	10	15	21	30	20	29	41	58	82
	10<m≤16	9	13	18	25	35	22	31	44	62	88
125<d≤280	0.5≤m≤2	6.0	8.5	12	17	24	24	35	49	69	98
	2<m≤3.5	6.5	9	13	18	26	25	35	50	70	100
	3.5<m≤6	7	10	14	20	28	26	36	51	72	102
	6<m≤10	8	11	16	23	32	26	37	53	75	106
	10<m≤16	9.5	13	19	27	38	28	39	56	79	112
280<d≤560	0.5≤m≤2	6.5	9.5	13	19	27	32	46	64	91	129
	2<m≤3.5	7	10	14	20	29	33	46	65	92	131
	3.5<m≤6	8	11	16	22	31	33	47	66	94	133
	6<m≤10	8.5	12	17	25	35	34	48	68	97	137
	10<m≤16	10	14	20	29	41	36	50	71	101	143
	16<m≤25	12	18	25	35	50	38	54	76	107	151

续表

分度圆直径 d/mm	模数 m/mm	精度等级									
		5	6	7	8	9	5	6	7	8	9
		$\pm f_{pt}$/μm					F_p/μm				
$560<d\leqslant1000$	$0.5\leqslant m\leqslant2$	7.5	11	15	21	30	41	59	83	117	166
	$2<m\leqslant3.5$	8	11	16	23	32	42	59	84	119	168
	$3.5<m\leqslant6$	8.5	12	17	24	35	43	60	85	120	170
	$6<m\leqslant10$	9.5	14	19	27	38	44	62	87	123	174
	$10<m\leqslant16$	11	16	22	31	44	45	64	90	127	180
	$16<m\leqslant25$	13	19	27	38	53	47	67	94	133	189

表 18-3　齿廓总偏差 F_α、径向跳动偏差 F_r（摘自 GB/T 10095.1—2008）

分度圆直径 d/mm	模数 m/mm	精度等级									
		5	6	7	8	9	5	6	7	8	9
		F_α/μm					F_r/μm				
$5\leqslant d\leqslant20$	$0.5\leqslant m\leqslant2$	4.6	6.5	9	13	18	9	13	18	25	36
	$2<m\leqslant3.5$	6.5	9.5	13	19	26	9.5	13	19	27	38
$20<d\leqslant50$	$0.5\leqslant m\leqslant2$	5	7.5	10	15	21	11	16	23	32	46
	$2<m\leqslant3.5$	7	10	14	20	29	12	17	24	34	47
	$3.5<m\leqslant6$	9	12	18	25	35	12	17	25	35	49
	$6<m\leqslant10$	11	15	22	31	43	13	19	26	37	52
$50<d\leqslant125$	$0.5\leqslant m\leqslant2$	6	8.5	12	17	23	15	21	29	42	59
	$2<m\leqslant3.5$	8	11	16	22	31	15	21	30	43	61
	$3.5<m\leqslant6$	9.5	13	19	27	38	16	22	31	44	62
	$6<m\leqslant10$	12	16	23	33	46	16	23	33	46	65
	$10<m\leqslant16$	14	20	28	40	56	18	25	35	50	70
$125<d\leqslant280$	$0.5\leqslant m\leqslant2$	7	10	14	20	28	20	28	39	55	78
	$2<m\leqslant3.5$	9	13	18	25	36	20	28	40	56	80
	$3.5<m\leqslant6$	11	15	21	30	42	20	29	41	58	82
	$6<m\leqslant10$	13	18	25	36	50	21	30	42	60	85
	$10<m\leqslant16$	15	21	30	43	60	22	32	45	63	89
$280<d\leqslant560$	$0.5\leqslant m\leqslant2$	8.5	12	17	23	33	26	36	51	73	103
	$2<m\leqslant3.5$	10	15	21	29	41	26	37	52	74	105
	$3.5<m\leqslant6$	12	17	24	34	48	27	38	53	75	106
	$6<m\leqslant10$	14	20	28	40	56	27	39	55	77	109
	$10<m\leqslant16$	16	23	33	47	66	29	40	57	81	114
	$16<m\leqslant25$	19	27	39	55	78	30	43	61	86	121
	$25<m\leqslant40$	23	33	46	65	92	33	47	66	94	133
$560<d\leqslant1000$	$0.5\leqslant m\leqslant2$	10	14	20	28	40	34	48	67	95	134
	$2<m\leqslant3.5$	12	17	24	34	48	34	48	68	96	136
	$3.5<m\leqslant6$	14	19	27	38	54	35	49	70	98	139
	$6<m\leqslant10$	16	22	31	44	62	36	51	72	102	144
	$10<m\leqslant16$	18	26	36	51	72	38	53	76	107	151
	$16<m\leqslant25$	21	30	42	59	84	9.0	13	18	25	36
	$25<m\leqslant40$	25	35	49	70	99	9.5	13	19	27	38

表 18-4　　**螺旋线总偏差 F_β（摘自 GB/T 10095.1—2008）**

分度圆直径 d /mm	齿宽 b /mm	F_β/μm 精度等级 6	7	8	9
$5 \leqslant d \leqslant 20$	$4 \leqslant b \leqslant 10$	8.5	12	17	24
	$10 < b \leqslant 20$	9.5	14	19	28
	$20 < b \leqslant 40$	11	16	22	31
$20 < d \leqslant 50$	$4 \leqslant b \leqslant 10$	9	13	18	25
	$10 < b \leqslant 20$	10	14	20	29
	$20 < b \leqslant 40$	11	16	23	32
	$40 < b \leqslant 80$	13	19	27	38
$50 < d \leqslant 125$	$4 \leqslant b \leqslant 10$	9.5	13	19	27
	$10 < b \leqslant 20$	11	15	21	30
	$20 < b \leqslant 40$	12	17	24	34
	$40 < b \leqslant 80$	14	20	28	39
	$80 < b \leqslant 160$	17	24	33	47
$125 < d \leqslant 280$	$4 \leqslant b \leqslant 10$	10	14	20	29
	$10 < b \leqslant 20$	11	16	22	32
	$20 < b \leqslant 40$	13	18	25	36
	$40 < b \leqslant 80$	15	21	29	41
$125 < d \leqslant 280$	$80 < b \leqslant 160$	17	25	35	49
	$160 < b \leqslant 250$	20	29	41	58
	$250 < b \leqslant 400$	24	34	47	67
$280 < d \leqslant 560$	$10 \leqslant b \leqslant 20$	12	17	24	34
	$20 < b \leqslant 40$	13	19	27	38
	$40 < b \leqslant 80$	15	22	31	44
	$80 < b \leqslant 160$	18	26	36	52
	$160 < b \leqslant 250$	21	30	43	60
	$250 < b \leqslant 400$	25	35	49	70
	$400 < b \leqslant 650$	29	41	58	82
$560 < d \leqslant 1000$	$20 < b \leqslant 40$	15	21	29	41
	$40 < b \leqslant 80$	17	23	33	47
	$80 < b \leqslant 160$	19	27	39	55
	$160 < b \leqslant 250$	22	32	45	63
	$250 < b \leqslant 400$	26	36	51	73
	$400 < b \leqslant 650$	30	42	60	85

表 18-5　　**中心距极限偏差 $\pm f_a$**　　μm

齿轮精度等级	齿轮副中心距 a_i /mm												
	f_a	>18~30	>30~50	>50~80	>80~120	>120~180	>180~250	>250~315	>315~400	>400~500	>500~630	>630~800	>800~1000
5~6	(1/2) IT7	10.5	12.5	15	17.5	20	23	26	28.5	31.5	35	40	45
7~8	(1/2) IT8	16.5	19.5	23	27	31.5	36	40.5	44.5	48.5	55	62	70
9~10	(1/2) IT9	26	31	37	43.5	50	57.5	65	70	77.5	87	100	115

注　此表不属于国家标准内容，课程设计时可参考。

表 18-6　　**轴线平行度偏差**

垂直平面内的轴线平行度偏差	$f_{\Sigma\beta}=0.5\left(\frac{L}{b}\right)F_\beta$	F_β 值见表 18-4 按大齿轮的分度圆直径查取
轴线平面内的轴线平行度偏差	$f_{\Sigma\delta}=2f_{\Sigma\beta}$	

注　L 为支承齿轮轴的两轴承间距，b 为齿宽

表 18-7　　**接触斑点**

参数 / 齿轮 / 精度等级	$b_{c1}/b\times100\%$		$h_{c1}/h\times100\%$		$b_{c2}/b\times100\%$		$h_{c2}/h\times100\%$	
	直齿轮	斜齿轮	直齿轮	斜齿轮	直齿轮	斜齿轮	直齿轮	斜齿轮
5~6	45	45	50	40	35	35	30	20
7~8	35	35	50	40	35	35	30	20
9~12	25	25	50	40	25	25	30	20

接触斑点示意见图 18-1。

对于大模数的齿轮，测量齿厚比较方便，故在齿轮工作图上标注分度圆弦齿厚 $\bar{s}_n$ 及其偏差，以及分度圆弦齿高 $\bar{h}_a$ 。对于中、小模数的齿轮，则测量公法线长度比较方便，在齿轮工作图上标注公法线长度 W_{kn} 及其偏差。

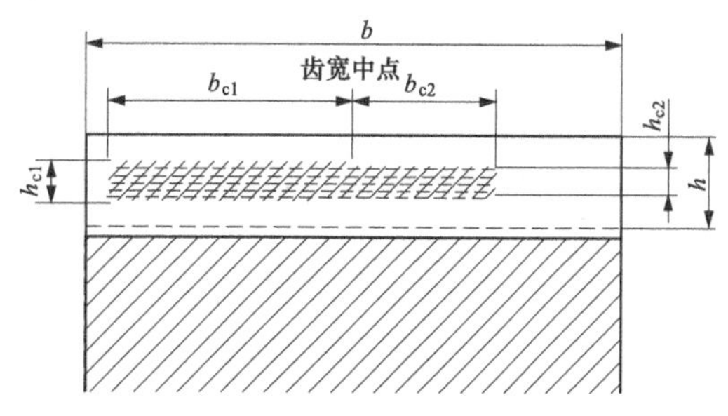

图 18-1　接触斑点示意

表 18-8　　标准圆柱齿轮齿厚偏差及弦齿厚、弦齿高计算公式

名称	公式	说明
最小法向侧隙	$j_{bn\min}=\frac{2}{3}(0.06+0.0005a+0.03m_n)$	a—中心距； m_n—法向模数； f_{pt}—单个齿距偏差，见表 18-2； L—齿轮轴上两轴承的间距； b—齿宽； F_β—螺旋线总偏差，见表 18-4； F_r—径向跳动偏差，见表 18-3； b_r—切齿径向进给公差，见表 18-9； α_n—法向压力角； f_a—中心距偏差，见表 18-5； z_v—当量齿数，$z_v=z/\cos^3\beta$
侧隙减小量	$J_{bn}=\sqrt{1.76f_{pt}^2+[2+0.34(L/b)^2]F_\beta^2}$	
齿厚公差	$T_{sn}=\sqrt{F_r^2+b_r^2}\times 2\tan\alpha_n$	
齿厚上极限偏差	$E_{sns}=-\left(f_a\tan\alpha_n+\frac{j_{bn\min}+J_{bn}}{2\cos\alpha_n}\right)$	
齿厚下极限偏差	$E_{sni}=E_{sns}-T_{sn}$	
分度圆弦齿厚	$\bar{s}_n=z_v m_n\sin\frac{90°}{z_v}$	
分度圆弦齿高	$\bar{h}_a=m_n+\frac{z_v m_n}{2}\left(1-\cos\frac{90°}{z_v}\right)$	

表 18-9　　切齿时的径向进给公差 b_r

齿轮精度等级	5	6	7	8	9
b_r	IT8	1.26IT8	IT9	1.26IT9	IT10

表 18-10　　标准圆柱齿轮公法线长度及其偏差计算公式

名称	公式	说明
公法线跨测齿数	$k=\frac{\alpha_n z'}{180°}+0.5$　（4 舍 5 入成整数）	$z'=z\frac{\tan\alpha_t-\alpha_t^*}{0.0149}$， $\tan\alpha_t=\frac{\tan\alpha_n}{\cos\beta}$，$\alpha_t^*=\frac{\pi\alpha_t}{180°}$ E_{sns}、E_{sni}—齿厚偏差，见表 18-8； z—齿数； m_n—法向模数； α_n—法向压力角
公法线长度	$W_{kn}=m_n\cos\alpha_n[\pi(k-0.5)+0.0149z']$	
公法线长度上极限偏差	$E_{ws}=E_{sns}\cos\alpha_n-0.72F_r\sin\alpha_n$	
公法线长度下极限偏差	$E_{wi}=E_{sni}\cos\alpha_n+0.72F_r\sin\alpha_n$	

注　E_{ws}、E_{wi}的计算公式用于外齿轮；内齿轮计算公式为

$$E_{ws}=-E_{sns}\cos\alpha_n-0.72F_r\sin\alpha_n$$

$$E_{wi}=-E_{sni}\cos\alpha_n+0.72F_r\sin\alpha_n$$

表 18-11　　齿坯公差

齿轮精度等级	轴		孔		齿顶圆直径公差		基准面的径向圆跳动、端面圆跳动/μm			
							分度圆直径/mm			
	尺寸公差	形状公差	尺寸公差	形状公差	作为测量基准	不作为测量基准	≤125	>125～400	>400～800	>800～1000
6	IT5		IT6		IT8	IT11 但不大于 $0.1m_n$	11	14	20	28
7～8	IT6		IT7				18	22	32	45
9～10	IT7		IT8		IT9		28	36	50	71

注　本表不属于国家标准内容，课程设计时可参考。

齿轮的工作图上应标注齿轮的精度等级。若齿轮的各项检验项目为同一精度等级，可标注精度等级和标准号。例如，齿轮的各检验项目为 7 级精度，标记为

7 GB/T 10095.1—2008

当齿轮各检验项目的精度等级不同时，例如，螺旋线总偏差 F_β 为 7 级，而齿距累积总偏差 F_p、单个齿距偏差 $\pm f_{pt}$ 和齿廓总偏差 F_α 皆为 8 级时，标记为

$7(F_\beta)$，$8(F_p$、$\pm f_{pt}$、$F_\alpha)$ GB/T 10095.1—2008

第二节　圆锥齿轮精度

GB/T 11365—2019《锥齿轮　精度制》对圆锥齿轮传动规定了 12 个精度等级，1 级精度最高，12 级精度最低。按照误差特性及其对传动性能的影响，将锥齿轮及锥齿轮副的公差项目分为三个公差组，允许各公差组选用不同的精度等级，但锥齿轮副中两个齿轮的同一公差组应采用同一精度等级。

单个圆锥齿轮、齿轮副及毛坯的检验项目及精度指标应根据锥齿轮传动的具体使用要求确定。本书推荐的检验项目见表 18-12，各检验项目的取值见表 18-13～表 18-24，可供课程设计时参考。

表 18-12　　推荐的圆锥齿轮及齿轮副的检验项目

类型	检验项目		类型	检验项目	
单个齿轮	Ⅰ公差组	F_p（用于 7、8 级精度） F_r（用于 9 级精度）	齿轮副	对齿轮	E_{ss}，E_{si}
				对传动	$\pm f_{AM}$，$\pm E_\Sigma$，j_{nmin}
	Ⅱ公差组	$\pm f_{pt}$		对箱体	$\pm f_a$
	Ⅲ公差组	接触斑点	齿轮毛坯	基准端面跳动公差，顶锥母线跳动公差，轮冠距和顶锥角极限偏差，外径极限偏差	

表 18-13　　锥齿轮齿距累积公差 F_p 值　　μm

中点分度圆弧长 L/mm		F_p 第Ⅰ公差组精度等级				中点分度圆弧长 L/mm		F_p 第Ⅰ公差组精度等级			
大于	至	6	7	8	9	大于	至	6	7	8	9
—	11.2	11	16	22	32	160	315	45	63	90	125
11.2	20	16	22	32	45	315	630	63	90	125	180
20	32	20	28	40	56	630	1000	80	112	160	224
32	50	22	32	45	63	1000	1600	100	140	200	280
50	80	25	36	50	71	1600	2500	112	160	224	315
80	160	32	45	63	90	2500	3150	140	200	280	400

注　F_p 按中点分度圆弧长 L 查表，$L=\pi d_m/2=\pi m_{nm}z/(2\cos\beta)$，其中，$\beta$ 为锥齿轮螺旋角，m_{nm} 为中点法向模数，d_m 为齿宽中点分度圆直径。

表 18-14　齿圈径向跳动公差 F_r 值、齿距极限偏差 $\pm f_{pt}$ 值　μm

中点分度圆直径 /mm		中点法向模数 /mm	F_r				f_{pt}			
			第Ⅰ公差组精度等级				第Ⅱ公差组精度等级			
大于	至		7	8	9	10	6	7	8	9
—	125	≥1～3.5	36	45	56	71	10	14	20	28
		>3.5～6.3	40	50	63	80	13	18	25	36
		>6.3～10	45	56	71	90	14	20	28	40
125	400	≥1～3.5	50	63	80	100	11	16	22	32
		>3.5～6.3	56	71	90	112	14	20	28	40
		>6.3～10	63	80	100	125	16	22	32	45
		>10～16	71	90	112	140	18	25	36	50
400	800	≥1～3.5	63	80	100	125	13	18	25	36
		>3.5～6.3	71	90	112	140	14	20	28	40
		>6.3～10	80	100	125	160	18	25	36	50
		>10～16	90	112	140	180	20	28	40	56
800	1600	>3.5～6.3	80	100	125	160	16	22	32	45
		>6.3～10	90	112	140	180	18	25	36	50
		>10～16	100	125	160	200	20	28	40	56

锥齿轮副的最小法向侧隙分为 6 种：a、b、c、d、e 和 h。其中，a 为最大侧隙，h 为零侧隙。最小法向侧隙种类与精度等级无关。齿轮副的法向侧隙公差有 5 种：A、B、C、D 和 H。推荐法向侧隙公差种类与最小侧隙种类的对应关系如图 18-2 所示。

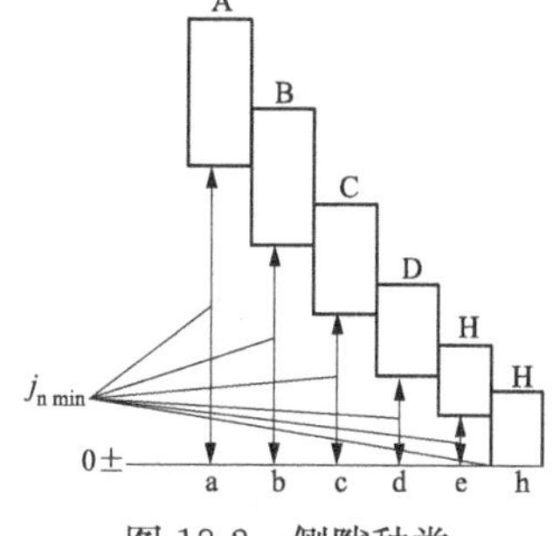

图 18-2　侧隙种类

表 18-15　最小法向侧隙 $j_{n\,min}$ 值　μm

中点锥距 /mm		小轮分锥角 /(°)		最小法向侧隙种类						中点锥距 /mm		小轮分锥角 /(°)		最小法向侧隙种类					
大于	至	大于	至	h	e	d	c	b	a	大于	至	大于	至	h	e	d	c	b	a
—	50	—	15	0	15	22	36	58	90	200	400	—	15	0	30	46	74	120	190
		15	25	0	21	33	52	84	130			15	25	0	46	72	115	185	290
		25	—	0	25	39	62	100	160			25	—	0	52	81	130	210	320
50	100	—	15	0	21	33	52	84	130	400	800	—	15	0	40	63	100	160	250
		15	25	0	25	39	62	100	160			15	25	0	57	89	140	230	360
		25	—	0	30	46	74	120	190			25	—	0	70	110	175	280	440
100	200	—	15	0	25	39	62	100	160	800	1600	—	15	0	52	81	130	210	320
		15	25	0	35	54	87	140	220			15	25	0	80	125	200	320	500
		25	—	0	40	63	100	160	250			25	—	0	105	165	260	420	660

表 18-16　锥齿轮齿厚偏差及弦齿厚、弦齿高计算公式

名称	公式	说明
齿厚上极限偏差	E_{ss}（表 18-17）	T_s 为齿厚公差，见表 18-18； z_v 为当量齿数，$z_v=z/\cos\delta$； m 为大端模数； z 为齿数
齿厚下极限偏差	$E_{si}=E_{ss}-T_s$	
大端分度圆弦齿厚	$\bar{s}=z_v m\sin\dfrac{90^\circ}{z_v}$	
大端分度圆弦齿高	$\bar{h}_a=m+\dfrac{z_v m}{2}\left(1-\cos\dfrac{90^\circ}{z_v}\right)$	

表 18-17　齿厚上极限偏差 E_{ss} 值　μm

	中点法向模数/mm	中点分度圆直径/mm											
		≤125			>125～400			>400～800			>800～1600		
		分锥角（°）											
		≤20	>20～45	>45	≤20	>20～45	>45	≤20	>20～45	>45	≤20	>20～45	>45
基本值	≥1～3.5	−20	−20	−22	−28	−32	−30	−36	−50	−45	—	—	—
	>3.5～6.3	−22	−22	−25	−32	−32	−30	−38	−55	−45	−75	−85	−80
	>6.3～10	−25	−25	−28	−36	−36	−34	−40	−55	−50	−80	−90	−85
	>10～16	−28	−28	−30	−36	−38	−36	−48	−60	−55	−80	−100	−85

	最小法向侧隙种类	第Ⅱ公差组精度等级					最小法向侧隙种类	第Ⅱ公差组精度等级			
		7	8	9	10			7	8	9	10
系数	h	1.0	—	—	—	系数	c	2.7	3.0	3.2	—
	e	1.6	—	—	—		b	3.8	4.2	4.6	4.9
	d	2.0	2.2	—	—		a	5.5	6.0	6.6	7.0

注　1. 各最小法向侧隙种类和各精度等级齿轮的 E_{ss} 值，由基本值栏查出的数值乘以系数得出。

2. 允许把大、小轮齿厚上偏差（E_{ss1}、E_{ss2}）之和，重新分配在两个齿轮上。

表 18-18　齿厚公差 T_s 值　μm

齿圈径向跳动公差 F_r		法向侧隙公差种类				
大于	到	H	D	C	B	A
32	40	42	55	70	85	110
40	50	50	65	80	100	130
50	60	60	75	95	120	150
60	80	70	90	110	130	180
80	100	90	110	140	170	220
100	125	110	130	170	200	260
125	160	130	160	200	250	320
160	200	160	200	260	320	400

表 18-19　　轴交角极限偏差$\pm E_{\Sigma}$值　　μm

中点锥距/mm		小轮分锥角/(°)		最小法向侧隙种类					中点锥距/mm		小轮分锥角/(°)		最小法向侧隙种类				
大于	到	大于	到	h、e	d	c	b	a	大于	到	大于	到	h、e	d	c	b	a
—	50	—	15	7.5	11	18	30	45	200	400	—	15	15	22	32	60	95
		15	25	10	16	26	42	63			15	25	24	36	56	90	140
		25	—	12	19	30	50	80			25	—	26	40	63	100	160
50	100	—	15	10	16	26	42	63	400	800	—	15	20	32	50	80	125
		15	25	12	19	30	50	80			15	25	28	45	71	110	180
		25	—	15	22	32	60	95			25	—	34	56	85	140	220
100	200	—	15	12	19	30	50	80	800	1600	—	15	26	40	63	100	160
		15	25	17	26	45	71	110			15	25	40	63	100	160	250
		25	—	20	32	50	80	125			25	—	53	85	130	210	320

注　$\pm E_{\Sigma}$的公差带位置相对于零线可以不对称或取在一侧。

表 18-20　　轴间距极限偏差$\pm f_{a}$值　　μm

中点锥距/mm		精度等级				中点锥距/mm		精度等级			
大于	到	6	7	8	9	大于	到	6	7	8	9
—	50	12	18	28	36	200	400	25	30	45	75
50	100	15	20	30	45	400	800	30	36	60	90
100	200	18	25	36	55	800	1600	40	50	85	130

注　表中数值用于无纵向修形的齿轮副。对纵向修形的齿轮副，允许采用低1级的$\pm f_{a}$值。

表 18-21　　齿圈轴向位移极限偏差$\pm f_{AM}$值　　μm

中点锥距/mm		分锥角/(°)		精度等级											
				7				8				9			
				中点法向模数/mm											
大于	到	大于	到	≥1~3.5	>3.5~6.3	>6.3~10	>10~16	≥1~3.5	>3.5~6.3	>6.3~10	>10~16	≥1~3.5	>3.5~6.3	>6.3~10	>10~16
—	50	—	20	20	11	—	—	28	16	—	—	40	22	—	—
		20	45	17	9.5	—	—	24	13	—	—	34	19	—	—
		45	—	7	4	—	—	10	5.6	—	—	14	8	—	—
50	100	—	20	67	38	24	18	95	53	34	26	140	75	50	38
		20	45	56	32	21	16	80	45	30	22	120	63	42	30
		45	—	24	13	8.5	6.7	34	17	12	9	48	26	17	13
100	200	—	20	150	80	53	40	200	120	75	56	300	160	105	80
		20	45	130	71	45	34	180	100	63	48	260	140	90	67
		45	—	53	30	19	14	75	40	26	20	105	60	38	28
200	400	—	20	340	180	120	85	480	250	170	120	670	860	240	170
		20	45	280	150	100	71	400	210	140	100	560	800	200	150
		45	—	120	63	40	30	170	90	60	42	240	130	85	60
400	800	—	20	750	400	250	180	1050	560	360	250	1500	800	500	380
		20	45	630	340	210	160	900	480	300	220	1300	670	440	300
		45	—	270	140	90	67	380	200	125	90	530	280	180	1300
800	1600	—	20	—	—	560	400	—	—	750	560	—	—	1100	800
		20	45	—	—	—	340	—	—	—	480	—	—	—	670
		45	—	—	—	—	140	—	—	—	200	—	—	—	280

注　1. 表中数值用于非修形齿轮。对于修形齿轮允许采用低1级的$\pm f_{AM}$值。

2. 表中数值用于$\alpha=20°$的齿轮，对于$\alpha\neq20°$的齿轮，将表中数值乘以$\sin20°/\sin\alpha$。

表 18-22　　　　接触斑点

精度等级	6～7	8～9	精度等级	6～7	8～9
沿齿长方向（%）	50～70	35～65	沿齿高方向（%）	55～75	40～70

注　表中数值范围用于齿面修形的齿轮。对齿面不做修形的齿轮，其接触斑点大小不小于其平均值。

表 18-23　　　　齿坯公差

齿坯尺寸公差

精度等级	6	7	8	9	10
轴径尺寸公差	IT5	IT6		IT7	
孔径尺寸公差	IT6	IT7		IT8	
外径尺寸极限偏差	0 −IT8			0 −IT9	

齿坯轮冠距和顶锥角极限偏差

中点法向模数/mm	≤1.2	>1.2～10	>10
轮冠距极限偏差/μm	0 −50	0 −75	0 −100
顶锥角极限偏差/(′)	+15 0	+10 0	+8 0

齿坯顶锥母线跳动公差/μm

精度等级		6	7	8	9	10
外径/mm	≤30	15	25		50	
	>30～50	20	30		60	
	>50～120	25	40		80	
	>120～250	30	50		100	
	>250～500	40	60		120	
	>500～800	50	80		150	
	>800～1250	60	100		200	

基准端面跳动公差/μm

精度等级		6	7	8	9	10
基准端面直径/mm	≤30	6	10		15	
	>30～50	8	12		20	
	>50～120	10	15		25	
	>120～250	12	20		30	
	>250～500	15	25		40	
	>500～800	20	30		50	
	>800～1250	25	40		60	

注　当三个公差组精度等级不同时，公差值按最高的精度等级查取。

表 18-24　　　　齿坯其余尺寸公差

名称	代号	公称尺寸/mm	单位	精度等级			
				6	7	8	9
背锥角的极限偏差	$\Delta\varphi_a$		(′)	±15	±15	±15	±15
基准端面到分度圆锥顶点间距离的公差	ΔL	分度圆锥母线长度≤200 >200～320 >320～500	μm	−30 −50 −80	−50 −80 −120	−80 −120 −200	−120 −200 −300

圆锥齿轮工作图上应标注齿轮的精度等级、最小法向侧隙种类和法向侧隙公差种类的代号。标记示例如下：

锥齿轮的三个公差组精度同为 7 级，最小法向侧隙种类为 b，法向侧隙公差种类为 B，标记为

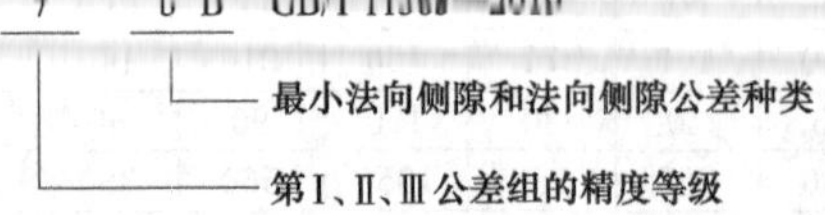

锥齿轮的三个公差组精度同为 7 级，最小法向侧隙为 400μm，法向侧隙公差种类为 B，标记为

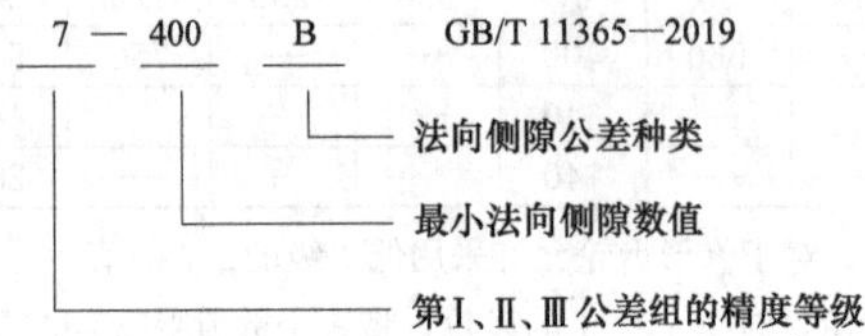

齿轮的第Ⅰ公差组精度为 8 级，第Ⅱ、Ⅲ公差组精度为 7 级，最小法向侧隙种类为 c、法向侧隙公差种类为 B，标记为

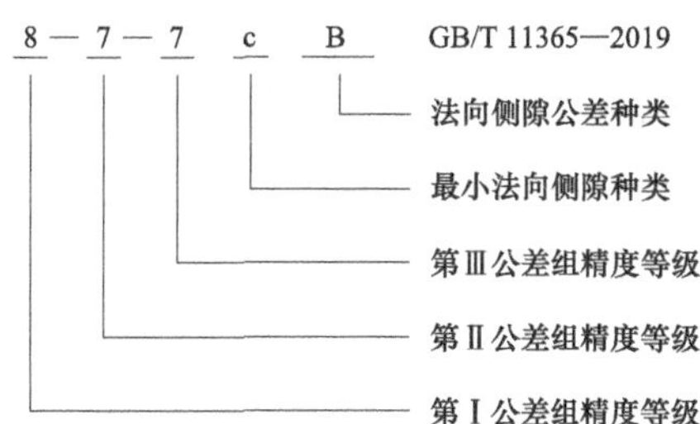

第三节　圆柱蜗杆、蜗轮的精度

GB/T 10089—2018《圆柱蜗杆、蜗轮精度》对蜗杆传动规定了 12 个精度等级，1 级精度最高，12 级精度最低。按公差特性对传动性能的影响将蜗杆传动的公差（或极限偏差）分成三个公差组。根据使用要求的不同，允许各公差组选用不同的精度等级，但在同一公差组中，各项公差及极限偏差应采用相同的精度等级。

蜗杆传动的精度检验项目应根据具体工作要求确定。对于一般用途的蜗杆传动本书推荐的检验项目见表 18-25，可供课程设计时参考。相关技术数据见表 18-26～表 18-34。

表 18-25　推荐的圆柱蜗杆、蜗轮、蜗杆副及毛坯的检验项目

<table>
<tr><td colspan="2" rowspan="3">项目</td><td colspan="6">蜗杆、蜗轮</td><td colspan="4">蜗杆副</td><td rowspan="3">毛坯公差</td></tr>
<tr><td colspan="2">公差组Ⅰ</td><td colspan="2">公差组Ⅱ</td><td colspan="2">公差组Ⅲ</td><td rowspan="2">蜗杆</td><td rowspan="2">蜗轮</td><td rowspan="2">箱体</td><td rowspan="2">传动</td></tr>
<tr><td>蜗杆</td><td>蜗轮</td><td>蜗杆</td><td>蜗轮</td><td>蜗杆</td><td>蜗轮</td></tr>
<tr><td rowspan="3">精度等级</td><td>7</td><td rowspan="3">—</td><td rowspan="2">F_p</td><td rowspan="3">$\pm f_{px}$，f_{pxl}，f_r</td><td rowspan="3">$\pm f_{pt}$</td><td rowspan="3">f_{f1}</td><td rowspan="3">f_{f2}</td><td rowspan="3">E_{ss1} E_{is1}</td><td rowspan="3">E_{ss2} E_{is2}</td><td rowspan="3">$\pm f_a$ $\pm f_x$ $\pm f_\Sigma$</td><td rowspan="3">接触斑点，$\pm f_a$，j_{nmin}</td><td rowspan="3">蜗杆、蜗轮齿坯尺寸公差，形状公差，基准面径向和端面跳动公差</td></tr>
<tr><td>8</td></tr>
<tr><td>9</td><td>F_r</td></tr>
</table>

注　当蜗杆副的接触斑点有要求时，蜗轮的齿形误差 f_{f2} 可不检验。

表 18-26　蜗杆的公差和极限偏差 f_r、$\pm f_{px}$、f_{pxl}、f_{f1} 值

第Ⅱ公差组											第Ⅲ公差组		
蜗杆齿槽径向跳动公差 f_r/μm					模数 m/mm	蜗杆轴向齿距极限偏差 $\pm f_{px}$/μm			蜗杆轴向齿距累积公差 f_{pxl}/μm			蜗杆齿形公差 f_{f1}/μm	
分度圆直径 d_1/mm	模数 m/mm	精度等级				精度等级							
		7	8	9		7	8	9	7	8	9	7	8	9
＞31.5～50	≥1～10	17	23	32	≥1～3.5	11	14	20	18	25	36	16	22	32
＞50～80	≥1～16	18	25	36	＞3.5～6.3	14	20	25	24	34	48	22	32	45
＞80～125	≥1～16	20	28	40	＞6.3～10	17	25	32	32	45	63	28	40	53
＞125～180	≥1～25	25	32	45	＞10～16	22	32	46	40	56	80	36	53	75

注　当蜗杆齿形角 $\alpha \neq 20°$ 时，f_r 值为本表公差值乘以 $\sin 20°/\sin\alpha$。

表 18-27　　蜗轮的公差和极限偏差 $F_p(F_{pk})$、F_r、$\pm f_{pt}$、$\pm f_{f2}$ 值

第Ⅰ公差组									第Ⅱ公差组			第Ⅲ公差组		
分度圆弧长 L/mm	蜗轮齿距累积公差 F_p 及 k 个齿距累积公差 F_{pk}/μm			分度圆直径 d_2/mm	模数 m/mm	蜗轮齿圈径向跳动公差 F_r/μm			蜗轮齿距极限偏差 $\pm f_{pt}$/μm			蜗轮齿形公差 f_{f2}/μm		
	精度等级					精度等级								
	7	8	9			7	8	9	7	8	9	7	8	9
>11.2～20	22	32	45	≤125	≥1～3.5	40	50	63	14	20	28	11	14	22
>20～32	28	40	56		>3.5～6.3	50	63	80	18	25	36	14	20	32
>32～50	32	45	63		>6.3～10	56	71	90	20	28	40	17	22	36
>50～80	36	50	71	>125～400	≥1～3.5	45	56	71	16	22	32	13	18	28
>80～160	45	63	90		>3.5～6.3	56	71	90	20	28	40	16	22	36
>160～315	63	90	125		>6.3～10	63	80	100	22	32	45	19	28	45
>315～630	90	125	180		>10～16	71	90	112	25	36	50	22	32	50

注　1. 查 F_p 时，取 $L=\pi d_2/2=\pi m z_2/2$；查 F_{pk}时，取 $L=k\pi m$（k 为 2 到小于 $z_2/2$ 的整数）。除特殊情况外，对于 F_{pk}，k 值规定取为小于 $z_2/6$ 的最大整数。

2. 当蜗杆齿形角 $\alpha\neq20°$时，F_r 的值为本表对应的公差值乘以 $\sin20°/\sin\alpha$。

表 18-28　　接触斑点

精度等级	接触面积的百分比（%）		接触位置
	沿齿高（不小于）	沿齿长（不小于）	
7、8	55	50	接触斑点痕迹应偏于啮出端，但不允许在齿顶和啮入、啮出端的棱边接触
9	45	40	

注　采用修形齿面的蜗杆传动，接触斑点的要求可不受本标准规定的限制。

表 18-29　　蜗杆传动的极限偏差 $\pm f_a$、$\pm f_x$、$\pm f_\Sigma$ 值

传动中心距 a/mm	蜗杆传动中心距极限偏差 $\pm f_a$/μm			蜗杆传动中间平面极限偏差 $\pm f_x$/μm			蜗轮宽度 b_2/mm	蜗杆传动轴交角极限偏差 $\pm f_\Sigma$/μm		
	精度等级							精度等级		
	7	8	9	7	8	9		7	8	9
≤30	26		42	21		34	≤30	12	17	24
>30～50	31		50	25		40	>30～50	14	19	28
>50～80	37		60	30		48	>50～80	16	22	32
>80～120	44		70	36		56				
>120～180	50		80	40		64	>80～120	19	24	36
>180～250	58		92	47		74	>120～180	22	28	42
>250～315	65		105	52		85	>180～250	25	32	48
>315～400	70		115	56		92				
>400～500	78		125	63		100				

蜗杆副的最小法向侧隙分为 8 种：a、b、c、d、e、f、g 和 h。其中，a 为最大侧隙，h 为零侧隙，如图 18-3 所示。最小法向侧隙种类根据工作条件和使用要求确定，与精度等级无关。

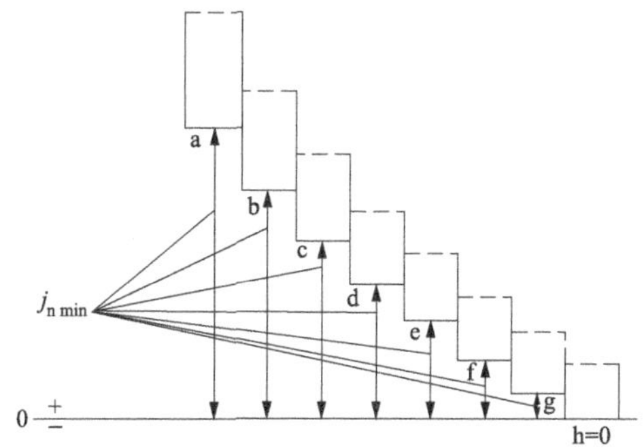

图 18-3　蜗杆副的最小法向侧隙种类

表 18-30　蜗杆传动的最小法向侧隙 $j_{n\,min}$ 值　μm

传动中心距 a/mm	侧隙种类							
	h	g	f	e	d	c	b	a
≤30	0	9	13	21	33	52	84	130
>30～50	0	11	16	25	39	62	100	160
>50～80	0	13	19	30	46	74	120	190
>80～120	0	15	22	35	54	87	140	220
>120～180	0	18	25	40	63	100	160	250
>180～250	0	20	29	46	72	115	185	290
>250～315	0	23	32	52	81	130	210	320
>315～400	0	25	36	57	89	140	230	360
>400～500	0	27	40	63	97	155	250	400

表 18-31　蜗杆与蜗轮的齿厚偏差及蜗杆法向弦齿厚和弦齿高的计算公式

名称	公式	说　明
蜗杆齿厚上极限偏差	$E_{ss1}=-\left(\frac{j_{n\,min}}{\cos\alpha_n}+E_{s\Delta}\right)$	$j_{n\,min}$—最小法向侧隙，见表 18-30； $E_{s\Delta}$—误差补偿部分，见表 18-32； T_{s1}—蜗杆齿厚公差，见表 18-33； T_{s2}—蜗轮齿厚公差，见表 18-33； γ—蜗杆导程角，$\tan\gamma=\frac{z_1 m}{d_1}$； m—蜗杆的轴向模数； z_1—蜗杆头数； d_1—蜗杆分度圆直径； α_n—蜗杆法向齿形角
蜗杆齿厚下极限偏差	$E_{si1}=E_{ss1}-T_{s1}$	
蜗轮齿厚上极限偏差	$E_{ss2}=0$	
蜗轮齿厚下极限偏差	$E_{si2}=-T_{s2}$	
蜗杆法向弦齿厚	$\bar{s}_n=\frac{\pi m}{2}\cos\gamma$	
蜗杆弦齿高	$\bar{h}_a=m$	

表 18-32　蜗杆齿厚上偏差（E_{ss1}）中的误差补偿部分 $E_{s\Delta}$ 值　μm

第Ⅱ公差组精度等级	模数 m/mm	传动中心距 a/mm								
		⩽30	>30~50	>50~80	>80~120	>120~180	>180~250	>250~315	>315~400	>400~500
7	⩾1~3.5	45	48	50	56	60	71	75	80	85
	>3.5~6.3	50	56	58	63	68	75	80	85	90
	>6.3~10	60	63	65	71	75	80	85	90	95
	>10~16	—	—	—	80	85	90	95	100	105
8	⩾1~3.5	50	56	58	63	68	75	80	85	90
	>3.5~6.3	68	71	75	78	80	85	90	95	100
	>6.3~10	80	85	90	90	95	100	100	105	110
	>10~16	—	—	—	110	115	115	120	125	130
9	⩾1~3.5	75	80	90	95	100	110	120	130	140
	>3.5~6.3	90	95	100	105	110	120	130	140	150
	>6.3~10	110	115	120	125	130	140	145	155	160
	>10~16	—	—	—	160	165	170	180	185	190

表 18-33　蜗杆齿厚公差 T_{s1} 和蜗轮齿厚公差 T_{s2} 值

第Ⅱ公差组精度等级	蜗杆齿厚公差 T_{s1}/μm				蜗轮齿厚公差 T_{s2}/μm									
	模数 m/mm				蜗轮分度圆直径 d_2/mm									
					⩽125			>125~400				>400~800		
					模数 m/mm									
	⩾1~3.5	>3.5~6.3	>6.3~10	>10~16	⩾1~3.5	>3.5~6.3	>6.3~10	⩾1~3.5	>3.5~6.3	>6.3~10	⩾10~16	>3.5~6.3	>6.3~10	>10~16
7	45	56	71	95	90	110	120	100	120	130	140	120	130	160
8	53	71	90	120	110	130	140	120	140	160	170	140	160	190
9	67	90	110	150	130	160	170	140	170	190	210	170	190	230

表 18-34　齿坯公差值

蜗杆、蜗轮齿坯尺寸公差和形状公差

精度等级		6	7	8	9	10
孔	尺寸公差	IT6	IT7		IT8	
	形状公差	IT5	IT6		IT7	
轴	尺寸公差					
	形状公差	IT4	IT5		IT6	
齿顶圆直径	作为测量基准	IT8			IT9	
	不为作测量基准	尺寸公差按 IT11 确定，但不大于 0.1mm				

蜗杆、蜗轮齿坯基准面径向和端面跳动公差/μm

基准面直径 d/mm	精度等级		
	6	7~8	9~10
⩽31.5	4	7	10
>31.5~63	6	10	16
>63~125	8.5	14	22
>125~400	11	18	28
>400~800	14	22	36
>800~1 600	20	32	50

注　1. 当三个公差组的精度等级不同时，按最高精度等级确定公差。

2. 当以齿顶圆作为测量基准时，也即为蜗杆、蜗轮的齿坯基准面。

在蜗杆、蜗轮工作图上，应分别标注精度等级、齿厚极限偏差或相应的侧隙种类代号和国标代号。标注示例如下：

蜗杆第Ⅱ、Ⅲ公差组的精度为 7 级，齿厚极限偏差为标准值，相配的侧隙种类为 f，标记为

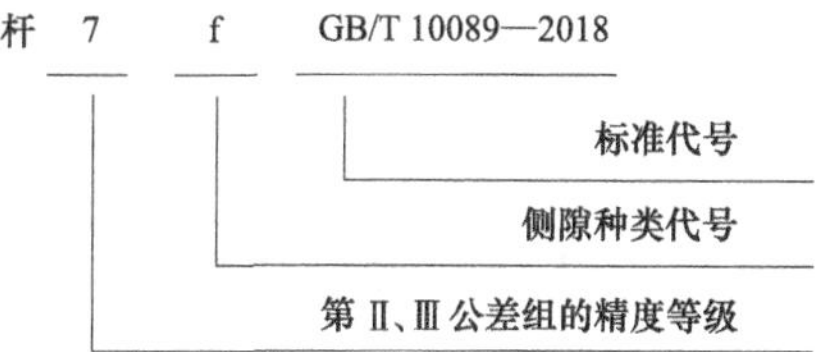

蜗轮的第Ⅰ公差组为 7 级精度，第Ⅱ、Ⅲ公差组的精度为 8 级，齿厚极限偏差为标准值，相配的侧隙种类为 f，标记为

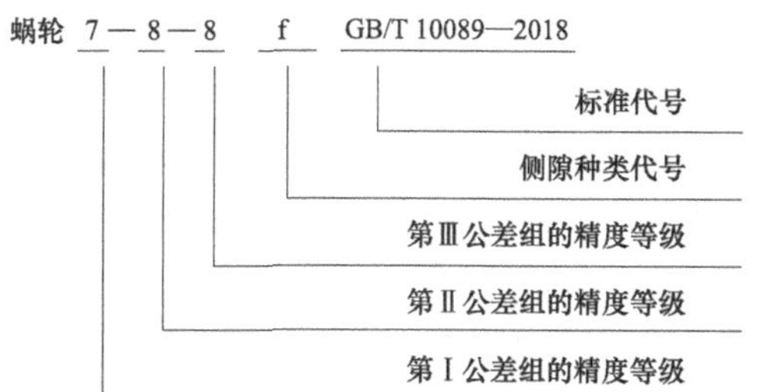

在蜗杆传动的装配图上，应标注出配对蜗杆、蜗轮的精度等级，侧隙种类代号和国标代号。标注示例如下：

传动的三个公差组精度同为 8 级，侧隙种类为 b，标记为

传动的第Ⅰ公差组为 7 级精度，第Ⅱ、Ⅲ公差组的精度为 8 级，侧隙种类为 b，标记为

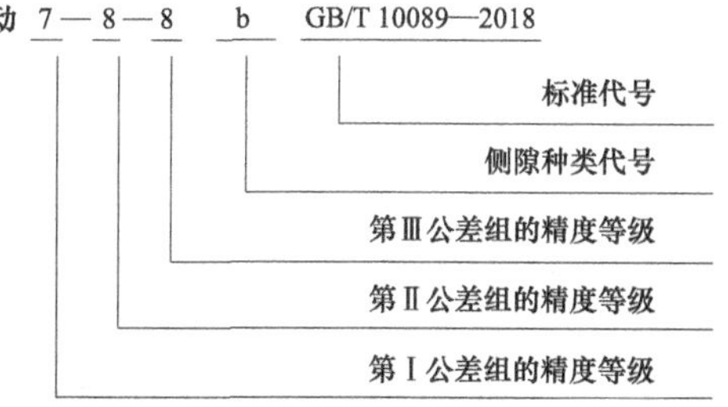

附录　课程设计题目

题目一　带式输送机传动装置设计

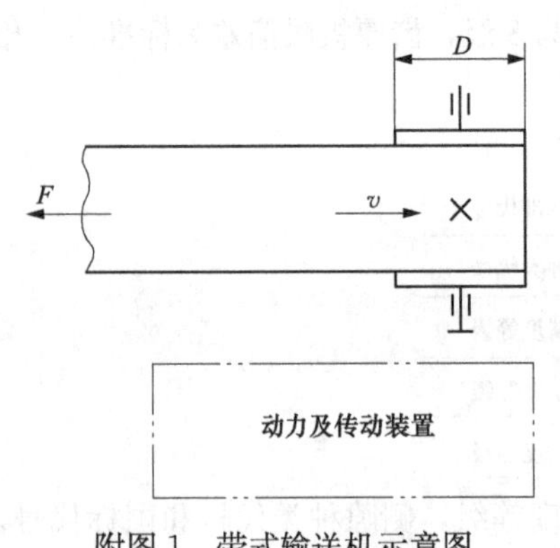

附图 1　带式输送机示意图

带式输送机主要用于运送煤、沙或谷物等散状物料。附图 1 所示为带式输送机示意图。课程设计需要做的工作是进行动力及传动装置的设计。

1. 工作条件

输送机连续单向运转，载荷变化不大，空载起动，室内工作，驱动卷筒效率为 0.96，输送带工作速度允许误差为±5%；使用期限 10 年，大修周期 4 年，每年工作 300 个工作日，两班制工作（每班按 8h 计算）；在专门工厂小批量生产。

2. 设计参数

设计参数见附表 1 和附表 2。

附表 1　　带式输送机传动装置设计参数Ⅰ

题号	A1	A2	A3	A4	A5	A6	A7	A8	A9	A10
输送带工作拉力 F/N	8000	9000	8000	9000	6000	7000	8000	7000	6000	5000
输送带速度 $v/(\mathrm{m \cdot s^{-1}})$	0.5	0.6	0.7	0.8	0.9	1.0	0.9	0.8	0.6	0.5
卷筒直径 D/mm	220	260	280	300	350	500	450	400	300	250

附表 2　　带式输送机传动装置设计参数Ⅱ

题　号	B1	B2	B3	B4	B5	B6	B7	B8	B9	B10
输送带工作拉力 F/N	6000	6500	7500	5000	6500	3500	4500	3500	5500	5000
输送带速度 $v/(\mathrm{m \cdot s^{-1}})$	0.6	0.75	0.5	0.85	0.6	1.1	1.2	1.0	1.1	0.9
卷筒直径 D/mm	230	330	240	450	260	470	480	420	420	360

题目二　链式输送机传动装置设计

链式输送机可用于散粒状、块状物料的输送。附图 2 所示为链式输送机示意图。课程设计需要做的工作是进行动力及传动装置的设计。

1. 工作条件

运输链连续单向运转，工作时有轻微振动，空载起动，运输链工作速度允许误差为±5%。使用期限为 10 年，大修周期 3 年，每年按 300 个工作日计算，两班制工作（每班按 8h 计算）。在专门工厂小批量生产。链式输送机的传动

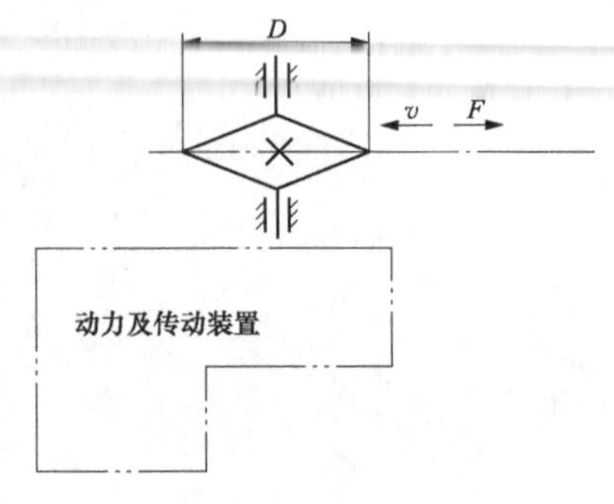

附图 2　链式输送机示意图

效率为 0.95。

2. 设计参数

设计参数见附表 3。

附表 3　　链式输送机传动装置设计参数

题　号	C1	C2	C3	C4	C5	C6	C7	C8	C9	C10
输送链工作拉力 F/KN	9.5	8	8.5	9	12	10	9.5	7.5	9	8
输送链速度 v/(m·s^{-1})	0.6	0.9	0.5	0.6	0.5	0.7	0.8	0.8	0.7	1.0
链轮节圆直径 D/mm	240	400	230	260	240	350	400	320	360	410

题目三　螺旋输送机传动装置设计

螺旋输送机可用于输送粉状、颗粒状或浆状物料。附图 3 所示为螺旋输送机示意图。课程设计需要做的工作是进行动力及传动装置的设计。

1. 工作条件

输送机连续单向运转，工作时有轻微振动，经常满载，空载起动，输送机工作轴转速允许误差为±5%；使用期限为 8 年，大修周期 3 年，每年按 300 个工作日计算，两班制工作（每班按 8h 计算），在专门工厂小批量生产。螺旋输送机传动效率为 0.98。

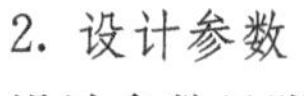
2. 设计参数

设计参数见附表 4。

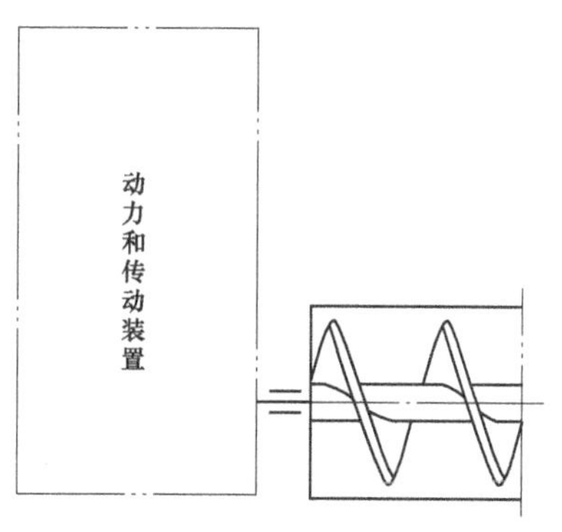

附图 3　螺旋输送机示意图

附表 4　　螺旋输送机传动装置设计参数

题　号	D1	D2	D3	D4	D5	D6	D7	D8	D9	D10
输送机工作轴转矩 T/(N·m)	1200	1400	2500	1700	2800	2200	2500	1800	2000	2000
输送机工作轴转速 n/(r/min)	50	50	20	40	20	30	30	30	40	30

题目四　搅拌机传动装置设计

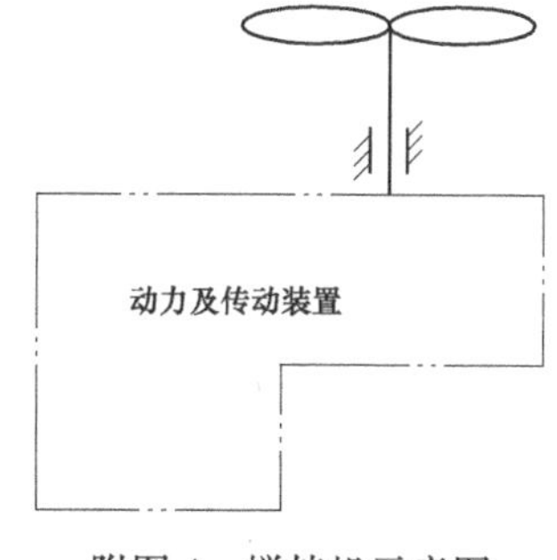

附图 4　搅拌机示意图

搅拌机用于搅拌物料。附图 4 所示为搅拌机示意图。课程设计需要做的工作是进行动力及传动装置的设计。

1. 工作条件

搅拌机主轴连续单向回转，工作时有轻微振动，带负载启动。工作轴转速允许误差为±5%；使用期限为 8 年，大修周期 3 年，每年按 300 个工作日计算，两班制工作（每班按 8h 计算），小批量生产。搅拌机传动效率为 0.98。

2. 设计参数

设计参数见附表 5。

附表 5 **搅拌机传动装置设计参数**

题　号	E1	E2	E3	E4	E5	E6	E7	E8	E9	E10
搅拌机工作轴转矩 T/(N·m)	2600	2000	1800	1900	1700	2200	3000	1800	3500	2000
搅拌机工作轴转速 n/(r/min)	20	40	30	20	40	30	20	40	20	20

参 考 文 献

[1] 李育锡．机械设计课程设计．2 版．北京：高等教育出版社，2014.
[2] 唐增宝，常建娥．机械设计课程设计．5 版．武汉：华中科技大学出版社，2017.
[3] 王军，田同海，何晓玲．机械设计课程设计．北京：机械工业出版社，2018.
[4] 冯立艳，李建功，陆玉．机械设计课程设计．5 版．北京：机械工业出版社，2016.
[5] 任秀华，邢琳，张秀芳．机械设计基础课程设计．2 版．北京：机械工业出版社，2017.
[6] 吴宗泽，罗圣国，高志，等．机械设计课程设计手册．5 版．北京：高等教育出版社，2018.
[7] 任济生，唐道武，马克新．机械设计机械设计基础：课程设计．徐州：中国矿业大学出版社，2008.
[8] 濮良贵，陈国定，吴立言．机械设计．10 版．北京：高等教育出版社，2019.
[9] 甘永立．几何量公差与检测．10 版．上海：上海科学技术出版社，2013.
[10] 伍驭美，李军．机械设计课程设计手册及指导书，北京：高等教育出版社，2018.
[11] 傅燕鸣．机械设计课程设计手册．2 版．上海：上海科学技术出版社，2016.
[12] 于惠力，冯新敏．机械工程师版简明机械设计手册，北京：机械工业出版社，2017.